Linux系列丛书

Linux企业运维实战指南

吴光科　赵　月　杨　强　◎　编著

北京理工大学出版社
BEIJING INSTITUTE OF TECHNOLOGY PRESS

内 容 简 介

本书系统地论述了 Linux 企业运维领域的各种技术，全书共 22 章，主要内容包括 Linux 操作系统快速入门、Linux 操作系统的发展及系统安装、Linux 操作系统管理、Linux 操作系统必备命令集、Linux 操作系统用户及权限管理、Linux 操作系统软件包企业实战、Linux 操作系统磁盘管理、NTP 服务器企业实战、DHCP 服务器企业实战、Samba 服务器企业实战、rsync 服务器企业实战、Linux 操作系统文件服务器企业实战、大数据备份企业实战、Kickstart 企业系统部署实战、DNS 解析服务器企业实战、HTTP 协议详解、Apache Web 服务器企业实战、MySQL 服务器企业实战、MyCAT+MySQL 读写分离实战、LAMP 架构企业实战、Zabbix 分布式监控企业实战、Prometheus+Grafana 分布式监控实战等内容。

本书可作为系统管理员、网络管理员、在校大学生、Linux 运维工程师、Linux 系统管理人员及从事云计算、网站开发、测试、设计人员的参考用书。

版权专有　侵权必究

图书在版编目（CIP）数据

Linux 企业运维实战指南 / 吴光科, 赵月, 杨强编著.
北京 : 北京理工大学出版社, 2025.1.
ISBN 978-7-5763-4997-9

Ⅰ . TP316.85-62

中国国家版本馆 CIP 数据核字第 202538WP33 号

责任编辑：王晓莉	**文案编辑**：王晓莉
责任校对：周瑞红	**责任印制**：施胜娟

出版发行	/ 北京理工大学出版社有限责任公司
社　　址	/ 北京市丰台区四合庄路 6 号
邮　　编	/ 100070
电　　话	/ （010）68944451（大众售后服务热线）
	（010）68912824（大众售后服务热线）
网　　址	/ http://www.bitpress.com.cn
版 印 次	/ 2025 年 1 月第 1 版第 1 次印刷
印　　刷	/ 三河市中晟雅豪印务有限公司
开　　本	/ 787 mm × 1020 mm　1/16
印　　张	/ 24.25
字　　数	/ 539 千字
定　　价	/ 119.00 元

图书出现印装质量问题，请拨打售后服务热线，负责调换

前言
PREFACE

Linux 是当今三大操作系统（Windows、macOS、Linux）之一。Linux 操作系统创始人 Linus Torvalds（林纳斯·托瓦兹）在 21 岁时，用 4 个月的时间创建了 Linux 操作系统内核的第一个版本，并于 1991 年 10 月 5 日正式对外发布。该版本继承了 UNIX 操作系统以网络为核心的思想，是一个性能稳定的多用户网络操作系统。

随着互联网的飞速发展，IT 技术引领时代潮流，而 Linux 技术又是一切 IT 技术的基石，应用领域包括个人计算机、服务器、嵌入式应用、智能手机、云计算、大数据、人工智能、数字货币、区块链等。

为什么编写《Linux 企业运维实战指南》？这要从我的经历说起。我出生在贵州省一个贫困的小山村，从小经历了砍柴、放牛、挑水、做饭、日出而作、日落而归的朴素生活，看到父母一辈子都在小山村，没有见过大城市，所以我从小立志要走出大山，让父母过上幸福的生活。正是这样一种信念让我不断地努力，大学毕业至今，我在"北漂"的 IT 运维路上走过了十多年，从初创小公司到国企、机关单位，再到图吧、研修网、京东商城等一线 IT 企业，分别担任过 Linux 运维工程师、Linux 运维架构师、运维经理，直到今天创办了京峰教育培训机构。

一路走来，感谢生命中遇到的每一个人，是大家的帮助，让我不断地进步和成长，也让我明白了一个人活着不应该只为自己和自己的家人，也应该为社会贡献出哪怕只是一点点的价值。

为了帮助更多的人通过技术改变自己的命运，我决定编写《Linux 企业运维实战指南》。虽然市面上有很多关于 Linux 操作系统的书籍，但是很难找到一本详细、全面地讲解 Linux 操作系统的发展、系统原理、系统安装、必备命令、用户权限、磁盘管理、数据库读写分离，以及 Redis、Nginx Web 实战、企业生产环境、企业自动化运维、Docker、Podman 虚拟化、K8S 云计算、Devops 微服务等主流技术的书籍，这正是我编写本书的初衷！

本书读者对象包括系统管理员、网络管理员、在校大学生、Linux 运维工程师、Linux 系统管理人员及从事云计算、网站开发、测试、设计的人员。

尽管笔者花费了大量的时间和精力核对书中的代码和语法，但其中难免还会存在一些疏漏，恳请读者批评指正。

吴光科
2024 年 5 月

致 谢
THANKS

感谢 Linux 之父 Linus Torvalds，他不仅创造了 Linux 操作系统，还影响了整个开源世界，同时也影响了我的一生。

感谢我亲爱的父母，其含辛茹苦地把我们兄弟三人抚养长大，是他们对我无微不至的照顾，让我有更多的精力和动力工作，帮助更多的人。

感谢潘彦伊、周飞、何红敏、周孝坤、杨政平、王帅、李强、刘继刚、常青帅、孙娜、花杨梅、吴俊、李芬伦、陈洪刚、黄宗兴、代敏、杨永琴、姚钗、王志军、谭陈诚、王振、杨浩鹏、张德、刘建波、洛远、谭庆松、王志军、李涛、张强、刘峰、周育佳、谢彩珍、王奇、李建堂、张建潮、佘仕星、潘志付、薛洪波、王中、朱愉、左堰鑫、齐磊、韩刚、舒畅、何新华、朱军鹏、孟希东、黄鑫、陈权志、胡智超、焦伟、曾地长、孙峰、黄超、陈宽、罗正峰、潘禹之、揭长华、姚仑、高玲、陈培元、秦业华、沙伟青、戴永涛、唐秀伦、金鑫、石耀文、梁凯、彭浩、唐彪、郭大德、田文杰、柴宗虎、张馨、佘仕星、赵武星、王永明、何庆强、张镇卿、周聪、周玉海、周泊江、吴啸烈、卫云龙、刘祥胜等挚友多年来对我的信任和支持。

感谢腾讯公司腾讯课堂所有课程经理及平台老师，感谢51CTO学院院长一休和全体工作人员对我及京峰教育培训机构的大力支持。

感谢京峰教育培训机构的每位学员对我的支持和鼓励，希望他们都学有所成，最终成为社会的中流砥柱；感谢京峰教育培训机构COO蔡正雄，以及京峰教育培训机构的全体老师和助教，是他们的大力支持，让京峰教育能够帮助更多的学员。

最后感谢我的爱人黄小红，是她一直在背后默默地支持我、鼓励我，让我有更多的精力和时间完成本书。

目 录
CONTENTS

第 1 章 Linux 操作系统快速入门 1
1.1 Linux 操作系统简介 1
1.2 Linux 操作系统优点 2
1.3 Linux 操作系统发行版 2
1.4 32 位与 64 位操作系统的区别 4
1.5 Linux 内核命名规则 5

第 2 章 Linux 操作系统的发展及系统安装 7
2.1 Linux 操作系统发展前景及就业形势 7
2.2 Windows 操作系统简介 8
2.3 硬盘分区简介 9
2.4 Linux 操作系统安装环境准备 10
2.5 openEuler 22.x 操作系统安装图解 14
2.6 CentOS 8.x 安装图解 22
2.7 Rocky Linux 操作系统安装图解 27
2.8 新手学好 Linux 操作系统的捷径 32
2.9 本章小结 33
2.10 同步作业 33

第 3 章 Linux 操作系统管理 34
3.1 操作系统启动概念 34
  3.1.1 BIOS 34
  3.1.2 MBR 34
  3.1.3 GPT 35
  3.1.4 GRUB 36
3.2 Linux 操作系统启动流程 37
3.3 CentOS 6 与 CentOS 7 的区别 39
3.4 CentOS 7 与 CentOS 8 的区别 41
3.5 NetworkManager 概念剖析 42

3.6　NMCLI 常见命令实战 44
3.7　TCP/IP 概述 45
3.8　IP 地址及网络常识 46
　　3.8.1　IP 地址分类 47
　　3.8.2　子网掩码 48
　　3.8.3　网关地址 49
　　3.8.4　MAC 地址 49
3.9　Linux 操作系统配置 IP 49
3.10　Linux 操作系统配置 DNS 51
3.11　CentOS 7 和 CentOS 8 密码重置 52
3.12　远程管理 Linux 服务器 55
3.13　Linux 系统目录功能 56

第 4 章　Linux 操作系统必备命令集 58
4.1　Linux 操作系统命令集 58
4.2　cd 命令详解 59
4.3　ls 命令详解 60
4.4　pwd 命令详解 61
4.5　mkdir 命令详解 61
4.6　rm 命令详解 62
4.7　cp 命令详解 62
4.8　mv 命令详解 64
4.9　touch 命令详解 65
4.10　cat 命令详解 65
4.11　zip 命令详解 66
4.12　gzip 命令详解 67
4.13　bzip2 命令详解 68
4.14　tar 命令详解 69
4.15　head 命令详解 70
4.16　tail 命令详解 70
4.17　less 命令详解 71
4.18　more 命令详解 71
4.19　chmod 命令详解 72
4.20　chown 命令详解 72

4.21	echo 命令详解	73
4.22	df 命令详解	74
4.23	du 命令详解	75
4.24	fdisk 命令详解	75
4.25	mount 命令详解	76
4.26	parted 命令详解	77
4.27	free 命令详解	78
4.28	diff 命令详解	78
4.29	ping 命令详解	79
4.30	ifconfig 命令详解	80
4.31	wget 命令详解	80
4.32	scp 命令详解	83
4.33	rsync 命令详解	84
4.34	vi|vim 编辑器实战	85
4.35	vim 编辑器模式	86
4.36	vim 编辑器必备	86
4.37	本章小结	88
4.38	同步作业	88

第 5 章 Linux 操作系统用户及权限管理 ... 89

5.1	Linux 用户及组	89
5.2	Linux 用户管理	90
5.3	Linux 组管理	91
5.4	Linux 用户及组案例	92
5.5	Linux 权限管理	94
5.6	chown 属主及属组	95
5.7	chmod 用户及组权限	95
5.8	chmod 二进制权限	96
5.9	Linux 特殊权限及掩码	97
5.10	本章小结	99
5.11	同步作业	99

第 6 章 Linux 操作系统软件包企业实战 ... 101

6.1	RPM 软件包管理	101
6.2	tar 软件包管理	103

	6.2.1	tar 命令参数详解	103
	6.2.2	tar 企业案例演示	104
	6.2.3	tar 实现 Linux 系统备份	104
	6.2.4	shell + tar 实现增量备份	106
6.3	zip 软件包管理	108
6.4	源码包软件安装	110
6.5	yum 软件包管理	111
	6.5.1	yum 工作原理	112
	6.5.2	配置 yum 源（仓库）	112
	6.5.3	yum 企业案例演练	113
6.6	yum 优先级配置实战	116
6.7	基于 ISO 镜像构建 yum 本地源	118
6.8	基于 HTTP 构建 yum 网络源	119
6.9	yum 源端软件包扩展	121
6.10	同步外网 yum 源	122
6.11	本章小结	123
6.12	同步作业	123

第 7 章 Linux 操作系统磁盘管理　124

7.1	计算机硬盘简介	124
7.2	硬盘 Block 及 indoe 详解	125
7.3	硬链接介绍	126
7.4	软链接介绍	127
7.5	Linux 下磁盘实战操作命令	128
7.6	基于 GPT 格式磁盘分区	132
7.7	mount 命令工具	134
	7.7.1　mount 命令参数详解	134
	7.7.2　企业常用 mount 案例	135
7.8	Linux 硬盘故障修复	135
7.9	本章小结	137
7.10	同步作业	138

第 8 章 NTP 服务器企业实战　139

8.1	NTP 服务简介	139
8.2	NTP 服务器配置	139

8.3　NTP 配置文件 ··· 140

8.4　NTP 参数详解 ··· 140

第 9 章　DHCP 服务器企业实战 ··· 141

9.1　DHCP 服务简介 ··· 141

9.2　DHCP 服务器配置 ·· 141

9.3　DHCP 参数详解 ··· 142

9.4　客户端使用 ··· 143

第 10 章　Samba 服务器企业实战 ·· 144

10.1　Samba 服务器简介 ·· 144

10.2　Samba 服务器配置 ·· 144

10.3　Samba 参数详解 ··· 145

第 11 章　rsync 服务器企业实战 ··· 147

11.1　rsync 服务器配置 ·· 147

11.2　rsync 参数详解 ··· 149

11.3　基于 SSH 协议的 rsync 同步服务 ··· 149

11.4　基于 sersync 服务的 rsync 实时同步服务 ··· 150

11.5　基于 inotify 服务的 rsync 实时同步服务 ·· 153

第 12 章　Linux 文件服务器企业实战 ··· 155

12.1　进程与线程的概念及区别 ··· 155

12.2　Vsftpd 服务器企业实战 ·· 156

　　12.2.1　FTP 传输模式 ··· 157

　　12.2.2　Vsftpd 服务器简介 ··· 158

　　12.2.3　Vsftpd 服务器安装配置 ··· 158

　　12.2.4　Vsftpd 匿名用户配置 ·· 160

　　12.2.5　Vsftpd 系统用户配置 ·· 161

　　12.2.6　Vsftpd 虚拟用户配置 ·· 163

第 13 章　大数据备份企业实战 ··· 166

13.1　企业级数据库备份实战 ·· 166

13.2　数据库备份方法及策略 ·· 166

13.3　xtrabackup 企业实战 ·· 167

13.4　Percona Xtrabackup 备份实战 ··· 168

13.5　innobackupex 增量备份 ··· 171

13.6　MySQL 增量备份恢复 ·· 172

第 14 章　Kickstart 企业系统部署实战 ... 174
14.1　Kickstart 使用背景介绍 ... 174
14.2　Kickstart 企业实战配置 ... 174
14.3　Kickstart TFTP+PXE 实战 ... 175
14.4　配置 Tftpboot 引导案例 ... 175
14.5　Kickstart+Httpd 配置 ... 176
14.6　DHCP 服务配置实战 ... 177
14.7　Kickstart 客户端案例 ... 177
14.8　Kickstart 案例扩展 ... 179

第 15 章　DNS 解析服务器企业实战 ... 181
15.1　DNS 服务器工作原理 ... 181
15.2　DNS 解析过程 ... 181
15.3　DNS 服务器种类 ... 182
15.4　DNS 服务器安装配置 ... 182
15.5　DNS 主配置文件详解 ... 183
15.6　DNS 自定义区域详解 ... 184
15.7　DNS 正反向文件详解 ... 185

第 16 章　HTTP 详解 ... 187
16.1　TCP 与 HTTP ... 187
16.2　资源定位标识符 ... 188
16.3　HTTP 与端口通信 ... 189
16.4　HTTP Request 与 Response 详解 ... 190
16.5　HTTP 1.0/1.1 区别 ... 192
16.6　HTTP 状态码详解 ... 193
16.7　HTTP MIME 类型支持 ... 194

第 17 章　Apache Web 服务器企业实战 ... 196
17.1　Apache Web 服务器简介 ... 196
17.2　Prefork MPM 工作原理 ... 196
17.3　Worker MPM 工作原理 ... 197
17.4　Apache Web 服务器安装 ... 198
17.5　Apache Web 虚拟主机的企业应用 ... 199
17.6　Apache 常用目录学习 ... 202
17.7　Apache 配置文件详解 ... 202

17.8　Apache Rewrite 规则实战 ··· 203

第 18 章　MySQL 服务器企业实战 ··· 207
18.1　MySQL 数据库入门简介 ·· 207
18.2　MySQL 数据库 yum 方式 ·· 209
18.3　源码部署 MySQL 5.5.20 版本 ··· 210
18.4　源码部署 MySQL 5.7 版本 ·· 211
18.5　二进制方式部署 MySQL 8.0 版本 ··· 213
18.6　二进制方式部署 MariaDB 10.2.40 ·· 214
18.7　MySQL 数据库必备命令操作 ·· 215
18.8　MySQL 数据库字符集设置 ·· 221
18.9　MySQL 数据库密码管理 ·· 222
18.10　MySQL 数据库配置文件详解 ·· 223
18.11　MySQL 数据库索引案例 ·· 224
18.12　MySQL 数据库慢查询 ··· 226
18.13　MySQL 数据库优化 ··· 228
18.14　MySQL 数据库集群实战 ··· 230
18.15　MySQL 主从复制实战 ··· 232
18.16　MySQL 主从同步排错思路 ·· 237

第 19 章　MyCAT+MySQL 读写分离实战 ··· 239
19.1　MyCAT 背景 ··· 239
19.2　MyCAT 发展历程 ··· 239
19.3　MyCAT 中间件原理 ··· 241
19.4　MyCAT 应用场景 ··· 242
19.5　MyCAT 概念详解 ··· 243
　　19.5.1　MyCAT 数据库中间件 ··· 243
　　19.5.2　MyCAT 逻辑库（schema） ·· 244
　　19.5.3　MyCAT 逻辑表（table） ·· 244
　　19.5.4　MyCAT 分片表 ·· 244
　　19.5.5　MyCAT 非分片表 ··· 244
　　19.5.6　MyCAT E-R 表 ·· 244
　　19.5.7　MyCAT 全局表 ·· 245
　　19.5.8　分片节点 ·· 245
　　19.5.9　节点主机 ·· 245

- 19.5.10 分片规则 ················· 245
- 19.5.11 MyCAT 多租户 ············· 245
- 19.6 数据多租户方案 ················· 245
  - 19.6.1 独立数据库 ················· 246
  - 19.6.2 共享数据库，隔离数据架构 ····· 246
  - 19.6.3 共享数据库，共享数据架构 ····· 246
- 19.7 MyCAT 数据切分 ················· 247
  - 19.7.1 垂直切分 ················· 247
  - 19.7.2 水平切分 ················· 248
- 19.8 典型的分片规则 ················· 248
- 19.9 MyCAT 安装配置 ················· 249
- 19.10 MyCAT 读写分离测试 ············· 252
- 19.11 MyCAT 管理命令 ················· 254
- 19.12 MyCAT 状态监控 ················· 256

第 20 章 LAMP 架构企业实战 ············· 258

- 20.1 LAMP 企业架构简介 ··············· 258
- 20.2 Apache 与 PHP 工作原理 ··········· 259
- 20.3 LAMP 企业安装配置 ··············· 260
- 20.4 LAMP 企业架构拓展实战 ··········· 265
- 20.5 LAMP+Redis 企业实战 ············· 266
  - 20.5.1 Redis 入门简介 ············· 266
  - 20.5.2 LAMP+Redis 工作机制 ······· 267
  - 20.5.3 LAMP+Redis 操作案例 ······· 267
- 20.6 Redis 配置文件详解 ··············· 272
- 20.7 Redis 常用配置 ················· 276
- 20.8 Redis 集群主从实战 ··············· 277
- 20.9 Redis 数据备份与恢复 ············· 281
  - 20.9.1 半持久化 RDB 模式 ··········· 281
  - 20.9.2 全持久化 AOF 模式 ··········· 283
  - 20.9.3 Redis 主从复制备份 ········· 283
- 20.10 CentOS7 Redis Cluster 实战 ····· 284
- 20.11 LAMP 企业架构读写分离 ··········· 289

第 21 章 Zabbix 分布式监控企业实战 ... 295

- 21.1 Zabbix 监控系统入门简介 ... 295
- 21.2 Zabbix 监控组件及流程 ... 296
- 21.3 Zabbix 监控方式及数据采集 ... 297
- 21.4 Zabbix 监控平台概念 ... 298
- 21.5 Zabbix 监控平台部署 ... 299
- 21.6 Zabbix 配置文件优化实战 ... 308
- 21.7 Zabbix 自动发现及注册 ... 310
- 21.8 Zabbix 监控邮件报警实战 ... 314
- 21.9 Zabbix 监控 MySQL 主从实战 ... 320
- 21.10 Zabbix 日常问题汇总 ... 323
- 21.11 Zabbix 触发命令及脚本 ... 326
- 21.12 Zabbix 分布式监控实战 ... 329
- 21.13 Zabbix 监控微信报警实战 ... 332
- 21.14 Zabbix 监控原型及批量端口实战 ... 341
- 21.15 Zabbix 监控网站关键词 ... 346
- 21.16 Zabbix 高级宏案例实战 ... 351

第 22 章 Prometheus+Grafana 分布式监控实战 ... 356

- 22.1 Prometheus 概念剖析 ... 356
- 22.2 Prometheus 监控优点 ... 356
- 22.3 Prometheus 监控特点 ... 357
- 22.4 Prometheus 组件实战 ... 357
- 22.5 Prometheus 体系结构 ... 358
- 22.6 Prometheus 工作流程 ... 359
- 22.7 Prometheus 服务器部署 ... 359
- 22.8 Node_Exporter 客户端安装 ... 362
- 22.9 Grafana Web 部署实战 ... 363
- 22.10 Grafana+Prometheus 整合 ... 364
- 22.11 Alertmanager 安装 ... 367
- 22.12 配置 Alertmanager ... 368
- 22.13 Prometheus 报警规则 ... 369
- 22.14 Prometheus 邮件模板 ... 370
- 22.15 Prometheus 启动和测试 ... 370
- 22.16 Prometheus 验证邮箱 ... 370

第 1 章 Linux 操作系统快速入门

Linux 是一套基于可免费使用和自由传播的类 UNIX 操作系统可移植操作系统接口（portable operating system interface of UNIX，POSIX）和 UNIX 多用户、多任务、支持多线程和多 CPU。

Linux 操作系统广泛用于企业服务器、Web 网站平台、大数据、虚拟化、Android、超级计算机等领域，未来 Linux 操作系统将应用于各行各业，如云计算、物联网、人工智能等。

本章将介绍 Linux 操作系统的发展、版本特点、32 位及 64 位 CPU 特性及 Linux 内核命名规则。

1.1 Linux 操作系统简介

Linux 操作系统基于 UNIX 操作系统并以网络为核心设计，是一个性能稳定的多用户网络操作系统。Linux 操作系统能运行各种工具软件、应用程序及网络协议，支持安装在 32 位和 64 位 CPU 硬件上。

Linux 一词本身通常只表示 Linux 内核，但是人们已经习惯用 Linux 来形容整个基于 Linux 内核的操作系统，以及使用 GNU 通用公共许可证（GNU General Public License，GPL）工程的各种工具和数据库的操作系统。

GNU 是一个操作系统，名称来自 GNU is Not Unix，其目标是创建一套完全自由的操作系统。由于 GNU 兼容 UNIX 操作系统（注：UNIX 是一种广泛使用的商业操作系统）的接口标准，因此 GNU 计划可以分别开发不同的操作系统部件，并采用部分可以自由使用的软件。

为了保证 GNU 软件可以自由地使用、复制、修改和发布，所有的 GNU 软件都在一份禁止其他人添加任何限制的情况下授权所有权利给任何人的协议条款里，这个条款称为 GPL。

1991 年 10 月 5 日，Linux 创始人 Linus Torvalds 在 comp.os.minix 新闻组上发布消息，正式向外宣布 Linux 内核的诞生。1994 年 3 月，Linux 1.0 发布，代码量达 17 万行。当时完全按照自由免费的协议发布，随后正式采用 GPL 协议。目前 GPL 协议版本包括 GPLv1、GPLv2、GPLv3 及未来的 GPLv4、GPLv5 等。

1.2 Linux 操作系统优点

随着 IT 产业的不断发展，Linux 操作系统应用领域越来越广泛，尤其是近年来 Linux 操作在服务器领域飞速发展，主要得益其具备如下优点：

（1）开源、免费；
（2）迭代更新快；
（3）性能稳定；
（4）安全性高；
（5）多任务、多用户；
（6）耗资源少；
（7）内核小；
（8）应用领域广泛；
（9）使用及入门容易。

1.3 Linux 操作系统发行版

学习 Linux 操作系统需要选择不同的发行版本。Linux 操作系统是一个大类别，其主流发行版本包括 Red Hat Linux、CentOS、Ubuntu、SUSE Linux、Fedora Linux、Rocky Linux 和 CloudLinux 等。不同发行版本简介如下。

1. Red Hat Linux

Red Hat Linux 是最早的 Linux 发行版本之一，同时也是最著名的 Linux 版本。其已经创造了自己的品牌，即"红帽操作系统"（Red Hat）。Red Hat 于 1994 年创立，一直致力于开放的源代码体系，为用户提供了一套完整的服务，这使 Red Hat Linux 操作系统特别适合在公共网络中使用。这个版本的 Linux 操作系统也使用最新的内核，还拥有大多数人都需要使用的主体软件包。

Red Hat Linux 发行版操作系统的安装过程非常简单，图形安装过程提供简易设置服务器的全部信息，磁盘分区过程可以自动完成，还可以通过图形界面（graphical user interface，GUI）完成安装，即使对于 Linux 新手也非常简单。后期如果需要批量安装 Red Hat Linux 发行版操作系统，可以通过批量的工具来实现快速安装。

2. CentOS

社区企业版操作系统（community enterprise operating system，CentOS）是 Linux 发行版之一，基于 RHEL（Red Hat Enterprise Linux）操作系统，按照开放源代码编译而成。由于出自同样的源代码，因此有些要求高度稳定性的服务器以 CentOS 替代商业版的 RHEL 使用。

CentOS 与 Red Hat Linux 操作系统的不同之处在于，CentOS 并不包含封闭的源代码软件，可以开源免费使用，受到运维人员、企业、程序员的青睐。CentOS 发行版是目前企业使用最多的操作系统之一。2016 年 12 月 12 日，基于 RHEL 操作系统的 CentOS Linux 7 (1611) 正式对外发布。

3. Ubuntu

Ubuntu 是一个以桌面应用为主的 Linux 操作系统，其名称来自非洲南部祖鲁语或豪萨语的"ubuntu"一词（音译为吾帮托或乌班图）。

Ubuntu 操作系统基于 Debian 发行版和 GNOME 桌面环境开发，Ubuntu 发行版操作系统的目标在于为一般用户提供一个最新且稳定的以开放自由软件构建而成的操作系统。目前 Ubuntu 操作系统具有庞大的社区力量，用户可以方便地从社区获得帮助。

4. SUSE Linux

SUSE（/ˈsuːsə/）Linux 操作系统出自德国。该新产品隶属于 SUSE Linux AG 公司。2004 年 1 月，Novell 公司收购了 SUSE Linux 公司。

Novell 公司保证 SUSE Linux 操作系统的开发工作仍会继续下去，把公司内所有计算机的系统换成 SUSE Linux 操作系统，并表示将会把 SUSE Linux 操作系统特有而优秀的系统管理程序——YaST2 以 GPL 授权释出。

5. Fedora Linux

Fedora 是一个知名的 Linux 发行版，是一款由全球社区爱好者构建的面向日常应用的快速、稳定、强大的操作系统。无论现在还是将来，它允许任何人自由地使用、修改和重发布。它由一个强大的社群开发，这个社群的成员以自己的不懈努力，提供并维护自由、开放源码的软件和开放的标准。

约每 6 个月 Fedora 操作系统会发布新版本。美国当地时间 2015 年 11 月 3 日，北京时间 2015 年 11 月 4 日，Fedora Project 宣布 Fedora 23 正式对外发布，美国当地时间 2017 年 6 月 Fedora 26 发布。

6. Rocky Linux

Rocky Linux 是一个社区化的企业级操作系统。其设计为的是与 CentOS 实现 100% Bug 级兼容，原因是 CentOS 的下游合作伙伴转移了发展方向。目前社区正在集中力量发展有关设施。Rocky Linux 由 CentOS 项目的创始人 Gregory M. Kurtzer 领导。

Red Hat 公司决定使用一个滚动发行版本 CentOS Stream 来替代稳定的 CentOS Linux 版本。有一种简单的方法可以从 CentOS 8 迁移到 CentOS Stream，但并不是每个人都希望在生产服务器上采用滚动发行版本。虽然有许多可用的服务器发行版，但 CentOS 是首选，因为它是 RHEL Linux 操作系统的免费社区版本。

人们想要 RHEL 操作系统的社区分支，这就是为什么 CentOS 的原始创建者 Gregory M. Kurtzer 为全新的 Rocky Linux 创建了一个与 RHEL 完全兼容的存储库。

7. CloudLinux

Rocky Linux 并不是唯一一个试图填补 CentOS 留下空白的系统。面向企业的服务器发行版，CloudLinux 公司已经宣布他们也在致力于研发 RHEL 的社区驱动分支。

该公司提供定制的 RHEL 和 CentOS 解决方案已有 11 年之久。CloudLinux 已于 2021 年第一季度发布了一个开源的、由社区驱动的 RHEL 分支。

CloudLinux Inc. 是一家总部位于美国的公司，开发、销售并支持基于 RHEL 定制的操作系统，例如 CloudLinux OS、CloudLinux OS+，并为 CentOS 6 提供扩展的生命周期支持。

该公司成立于 2009 年，拥有大量的 Linux 专家，长期致力于 Linux 操作系统研发，他们研发的开源 CloudLinux 操作系统是 CentOS 的绝佳替代品之一。

如果用户使用的是 CentOS 8，他们将发布与其非常相似的操作系统。他们还将提供稳定且经过测试的更新版本，这些版本直到 2029 年完全免费。最重要的是，您将能够通过执行一个命令将操作系统从 CentOS 8 迁移到 CloudLinux 操作系统，该命令将切换仓库和密钥。

IBM 虽然消灭了 CentOS，但社区已经带来了两个 CentOS。这对大公司来说是一个教训，开源社区不是企业垄断的地方。

8. openEuler

openEuler 是华为自主研发的服务器操作系统，能够满足用户从传统信息技术（information technology，IT）基础设施到云计算服务的需求。openEuler 操作系统对 ARM64 架构提供全栈支持，打造完善的从芯片到应用的一体化生态系统。

openEuler 操作系统以 Linux 稳定系统内核为基础，支持鲲鹏处理器和容器虚拟化技术，是一个面向企业级的通用服务器架构平台。

2021 年 11 月 9 日，在北京举行的"操作系统产业峰会 2021"上，华为携手行业用户和生态伙伴带来操作系统产业的最新进展和欧拉（openEuler）系列发布，包括欧拉捐赠；首批欧拉生态创新中心正式启动；欧拉人才发展加速计划正式发布等。openEuler 是开放原子开源基金会（OpenAtom Foundation）孵化及运营的开源项目。

1.4　32 位与 64 位操作系统的区别

学习 Linux 操作系统之前，需要理解计算机的基本常识。计算机内部对数据的传输和储存都是使用二进制，二进制是计算技术中广泛采用的一种数制，而比特（bit）则表示二进制位，二进制数是用 0 和 1 两个数码来表示的数。基数为 2，进位规则是"逢二进一"，0 或者 1 分别表示 1 b。

位（bit）是计算机中最小的数据单位，而字节（Byte）是计算机中数据处理的基本单位，转换规则为 1 B=8 b，4 B=32 b。

中央处理器（central processing unit，CPU）的位数指的是通用寄存器（general-purpose registers，GPRs）的数据宽度，也就是处理器一次可以处理的数据量。

目前主流 CPU 处理器包括 32 位和 64 位 CPU 处理器。32 位 CPU 处理器可以一次性处理 4 个字节的数据量，而 64 位处理器可以一次性处理 8 个字节的数据量（1 B=8 b）。64 位 CPU 处理器在随机存取储存器（random access memory，RAM）里处理信息的效率比 32 位 CPU 更高。

X86_32 位操作系统和 X86_64 操作系统也是基于 CPU 位数的支持，具体区别如下。

（1）32 位操作系统表示 32 位 CPU 的内存寻址能力。

（2）64 位操作系统表示 64 位 CPU 的内存寻址能力。

（3）32 位的操作系统可以安装在 32 位和 64 位 CPU 处理器上。

（4）64 位操作系统只能安装在 64 位 CPU 处理器上。

（5）32 位操作系统的内存寻址范围不能超过 4 GB。

（6）64 位操作系统的内存寻址范围可以超过 4 GB，企业服务器更多安装 64 位操作系统，该操作系统支持更多内存资源的利用。

（7）64 位操作系统是为高性能处理需求设计的，可满足数据处理、图片处理和实时计算等需求。

（8）32 位操作系统是为普通用户设计的，可满足普通办公、上网冲浪等需求。

1.5 Linux 内核命名规则

Linux 内核是 Linux 操作系统的核心，一个完整的 Linux 内核包括进程管理、内存管理、文件系统、系统管理和网络操作等部分。

Linux 内核的官网可以提供 Linux 内核版本、现行版本、历史版本的下载，各个版本有助于用户了解不同版本的特性。

Linux 内核版本在不同的时期有不同的命名规范。在 2.X 版本中，X 如果为奇数表示开发版、X 如果为偶数表示稳定版。从 2.6.X 及 3.X 版本起，内核版本命名就不再有严格的约定规范。

从 1994 年发布的 Linux 内核 1.0，到目前主流的 3.X、4.X 版本，目前它的最新稳定版本是 6.7.9。Linux 操作系统内核如图 1-1 所示。

```
[root@www-jfedu-net ~]# uname -a
Linux www-jfedu-net 3.10.0-1062.el7.x86_64 #1 SMP Wed Aug 7 18:08:02 UTC 2019 x86_64 x86_64 x86_64 GNU/Linux
[root@www-jfedu-net ~]#
```

图 1-1 操作系统内核

Linux 内核命名格式为 "R.X.Y-Z"，其中 R、X、Y、Z 命名意义如下。

（1）数字 R 表示内核版本号，只会随代码和内核的重大改变而发生变化。

（2）数字 X 表示内核主版本号，根据传统的奇偶系统版本编号来分配，奇数为开发版，偶数为稳定版。

（3）数字 Y 表示内核次版本号，会随内核增加安全补丁、修复 bug（程序缺陷）、实现新的特性或者驱动而发生变化。

（4）数字 Z 表示内核小版本号，会随内核功能的修改、bug 修复而发生变化。

官网内核版本如图 1-2 所示。其中 mainline 表示主线开发版本；stable 表示稳定版本，稳定版本主要由 mainline 测试通过而发布；longterm 表示长期支持版，将持续更新及修复 bug，如果长期版本被标记为 EOL（end of life），表示不再提供更新。

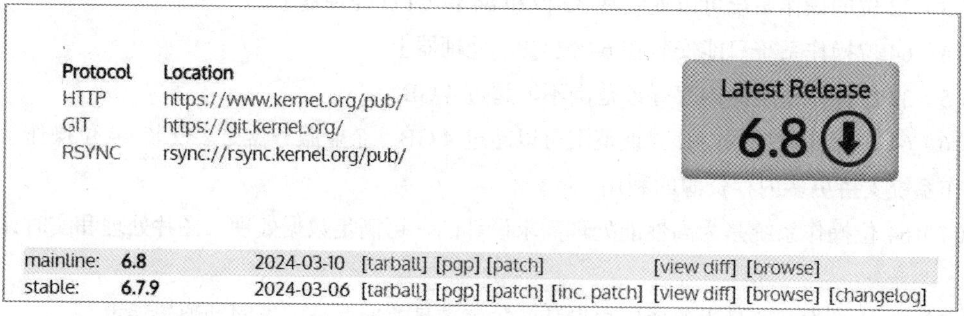

```
Protocol    Location
HTTP        https://www.kernel.org/pub/
GIT         https://git.kernel.org/
RSYNC       rsync://rsync.kernel.org/pub/

Latest Release
6.8

mainline:   6.8     2024-03-10  [tarball] [pgp] [patch]                 [view diff] [browse]
stable:     6.7.9   2024-03-06  [tarball] [pgp] [patch] [inc. patch]    [view diff] [browse] [changelog]
```

图 1-2 官网内核版本

第 2 章 Linux 操作系统的发展及系统安装

随着互联网飞速发展,用户对网站体验的要求也越来越高。目前主流 Web 网站后端承载系统均为 Linux 操作系统,Android 手机也基于 Linux 内核而研发,企业大数据、云存储、虚拟化等先进技术也均以 Linux 操作系统为载体,满足企业的高速发展。

本章将介绍 Linux 操作系统的发展前景、Windows 操作系统与 Linux 操作系统的区别、硬盘分区、CentOS 7 安装及菜鸟学好 Linux 操作系统的必备大绝招。

2.1 Linux 操作系统发展前景及就业形势

根据权威部门统计,未来几年内我国软件行业的从业机会十分庞大,中国每年对 IT 软件人才的需求量将达到 200 万人。而 Linux 操作系统专业人才的就业前景则更加广阔:据悉在未来 5~10 年内 Linux 专业人才的需求量将达到 150 万人,具备 Linux 操作系统行业经验的、资深的 Linux 操作系统工程师尤其缺乏;薪资也非常诱人,平均月薪达 15 000~25 000 元,甚至更高,Linux 操作系统行业薪资如图 2-1 所示。

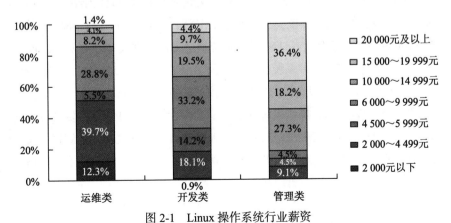

图 2-1 Linux 操作系统行业薪资

2.2 Windows 操作系统简介

为什么要学习 Windows 操作系统？了解 Windows 操作系统结构，有助于快速学习 Linux 操作系统。

计算机的硬件组成包括 CPU、内存、网卡、硬盘、数字通用光盘（digital versatile disc，DVD）光驱、电源、主板、显示器、鼠标、键盘等设备。计算机硬件不能直接被人使用，需要在其上安装各种操作系统，并安装驱动程序后才能进行办公、上网冲浪等操作。

计算机主要硬件组成的详细介绍如下。

（1）CPU：中央处理器，相当于人的大脑。

（2）内存：存储设备，用于临时存储。CPU 所需数据从内存中读取，内存读写速度很快。

（3）硬盘：持久化设备。内存空间小，费用高，大量的数据存在硬盘，硬盘读写速度比内存慢。

驱动程序主要指设备驱动程序（device driver），是一种可以使计算机系统和设备通信的特殊程序，相当于硬件的接口，操作系统只有通过这个接口，才能控制硬件设备，进行资源调度。

Windows 操作系统主要以窗口形式对用户展示。操作系统须安装在硬盘上，安装操作系统之前需对硬盘进行分区并格式化。默认 Windows 操作系统安装在 C 盘分区，D 盘分区用于存放数据文件。

格式化需要指定格式化的类型，告诉操作系统如何去管理磁盘空间，如何存放文件，如何查找及调用文件。然而操作系统并不知道如何存放文件以及文件结构，因此诞生了文件系统的概念。

文件系统是操作系统用于明确磁盘或分区上存放文件的方法和数据存储结构。文件系统由 3 部分组成：文件管理相关软件、被管理文件及实施文件管理所需的数据结构。

Windows 操作系统中，文件系统类型一般包括 FAT、FAT16、FAT32、NTFS 等，不同的文件系统类型有不同的特点，例如，NTFS 文件系统类型支持文件及文件夹安全设置，而 FAT32 文件系统类型则不支持；NTFS 文件系统类型支持的单个最大文件大小为单个磁盘分区的容量大小 2 TB，而 FAT32 文件系统类型支持的单个最大文件不能超过 4 GB。

从设计层面来看，Windows 操作系统主要用来管理计算机硬件与软件资源的程序，大致包括 5 个方面的管理功能：进程与处理机管理、作业管理、存储管理、设备管理、文件管理；而从个人使用角度来看，主要有个人计算机办公、软件安装、上网冲浪、游戏、数据分析、数据存储等功能。

2.3 硬盘分区简介

学习 Windows、Linux 操作系统，必须了解硬盘设备。硬盘是计算机主要的存储媒介之一，硬盘必须进行分区和格式化才能安装操作系统或者存放数据。Windows 操作系统常见分区有 3 种：主磁盘分区、扩展磁盘分区和逻辑磁盘分区。

一块硬盘，主分区至少有 1 个，最多 4 个，扩展分区可以为 0 个，最多 1 个，且主分区加扩展分区总数不能超过 4 个，逻辑分区可以有若干个。在 Windows 下激活的主分区是硬盘的启动分区，是独立的，也是硬盘的第一个分区，通常作为 C 盘系统分区。

扩展分区不能直接使用，需以逻辑分区的方式来使用。扩展分区可分成若干逻辑分区，二者是包含的关系，所有的逻辑分区都是扩展分区的一部分。

在 Windows 操作系统安装时，硬盘驱动器通过磁盘 0、磁盘 1 来显示，其中磁盘 0 表示第一块硬盘，磁盘 1 表示第二块硬盘，然后在第一块硬盘即磁盘 0 上进行分区，主分区数量最多不能超过 4 个，分别为 C、D、E、F。

硬盘接口是硬盘与主机系统间的连接部件，作用是在硬盘缓存和主机内存之间传输数据。不同的硬盘接口决定着硬盘与计算机之间的连接速度，在整个系统中，硬盘接口的优劣直接影响程序运行快慢和系统性能好坏。常见的硬盘接口类型有 IDE（integrated drive electronics）、SATA（serial advanced technology attachment）、SCSI（small computer system interface）、SAS（serial attached SCSI）和光纤通道等。

IDE 接口的硬盘多用于早期的个人计算机，部分也应用于传统服务器；SCSI、SAS 接口的硬盘则主要应用于服务器市场；而光纤通道接口硬盘则主要用于高端服务器；SATA 接口的硬盘主要用于个人家庭办公计算机及低端服务器。

在 Linux 操作系统中，可以看到硬盘驱动器的第一块 IDE 接口的硬盘设备为 hda，或者 SATA 接口的硬盘设备为 sda，主分区编号为 hda1～hda4 或者 sda1～sda4，逻辑分区从 5 开始。如果有第二块硬盘，主分区编号为 hdb1～hdb4 或者 sdb1～sdb4。

不论是 Windows 操作系统还是 Linux 操作系统，硬盘的总容量等于主分区的容量加上扩展分区的容量，而扩展分区的容量等于各逻辑分区的容量之和。主分区也称"引导分区"，将被操作系统和主板认定为这个硬盘的第一个分区，所以 C 盘永远都排在所有磁盘分区的第一位置上。

主引导记录格式（master boot record，MBR）和全局唯一标识分区表（GUID partition table，GPT）是在磁盘上存储分区信息的两种不同方式。这些分区信息包含了分区从哪里开始的信息，这样操作系统才知道哪个扇区属于哪个分区，以及哪个分区可以启动操作系统。

在磁盘上创建分区时，必须选择 MBR 或者 GPT，默认是 MBR，也可以通过其他方式修改为 GPT 方式。MBR 分区的硬盘最多支持 4 个主分区，如果希望支持更多主分区，可以考虑使用 GPT 格式分区。

2.4　Linux 操作系统安装环境准备

要学好 Linux 操作系统，首先需安装 Linux 操作系统，其是每个初学者的必备技能。而安装 Linux 操作系统，最大的困惑莫过于对操作系统进行磁盘分区。

虽然目前各种发行版本的 Linux 操作系统已经提供了友好的图形交互界面，但很多初学者还是感觉无从下手，原因主要是不清楚 Linux 操作系统的分区规定。

Linux 操作系统安装中规定，每块硬盘设备最多只能分 4 个主分区（其中包含扩展分区），任何一个扩展分区都要占用一个主分区号码，也就是在一个硬盘中，主分区和扩展分区一共最多是 4 个。

为了让读者能将本书所有 Linux 操作系统技术应用于企业，本书案例以企业里基于主流 Linux 内核为基础的 CentOS、Rocky Linux 和国产 openEuler 操作系统为蓝本，目前主流 CentOS 发行版本为 CentOS 8.x。

安装 CentOS 时，如果没有多余的计算机裸机设备，可以在 Windows 操作系统主机上安装 Vmware workstation 工具，该工具可以在 Windows 主机上创建多个计算机裸机设备资源，包括 CPU、内存、硬盘、网卡、DVD 光驱、通用串行总线（universal serial bus，USB）接口、声卡，创建的多个计算机裸机设备共享 Windows 操作系统主机的所有资源。

安装 CentOS 时，如果有多余的计算机裸机设备或者企业服务器，可以将 CentOS 直接安装在多余的设备上。安装之前需要下载 CentOS 8.0 版本的操作系统镜像文件（international organization for standardization，ISO 9660 标准），通过刻录工具，将 ISO 镜像文件刻录至 DVD 光盘或者 U 盘，通过 DVD 或者 U 盘启动然后安装系统。

以下为在 Windows 操作系统主机上安装 VMware Workstation 虚拟机软件，虚拟机软件的用途是可以在真实机上模拟一个新的计算机完整的资源设备，进而可以在计算机裸设备上安装 CentOS 8.0 版本的操作系统，步骤如下。

（1）安装环境准备。

准备安装 VMware workstation 14.0 及 CentOS 8.0 x86_64。

（2）Vmware Workstation 14.0 下载。

下载网址为 http://download3.vmware.com/software/wkst/file/VMware-workstation-full-14.0.0-6661328.exe。

（3）CentOS 8.0 ISO 镜像文件下载。

下载网址为 http://ftp.sjtu.edu.cn/centos/8.0.1905/isos/x86_64/CentOS-8-x86_64-1905-dvd1.iso。

（4）将 VMware workstation 14.0 和 CentOS 8.0 ISO 镜像文件下载至 Windows 操作系统，双击 VMware-workstation-full-14.0.0-6661328.exe，根据提示完成安装，Windows 操作系统桌面将显示 VMware Workstation 图标，如图 2-2 所示。

图 2-2　VMware Workstation 图标

（5）双击桌面上的 VMware Workstation 图标打开虚拟机软件，单击"创建新的虚拟机"按钮，如图 2-3 所示。

图 2-3　VMware Workstation 创建新的虚拟机

（6）新建虚拟机向导，选中"自定义（高级）"单选按钮，如图 2-4 所示。

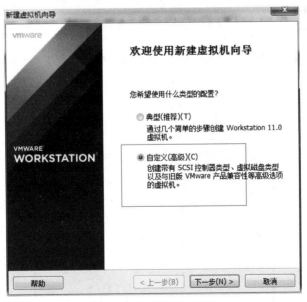

图 2-4　创建虚拟机向导

（7）安装客户机操作系统，选中"稍后安装操作系统"单选按钮，如图 2-5 所示。

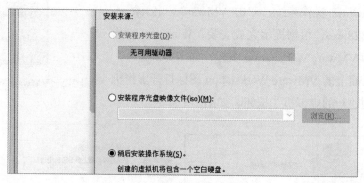

图 2-5　安装客户机操作系统

（8）选择需要安装的客户机操作系统位置，因为即将安装 CentOS 8.0 版本的操作系统，所以需要填写虚拟机名称，如图 2-6 所示。

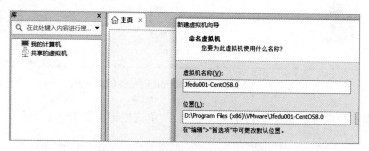

图 2-6　选择客户机操作系统位置

（9）虚拟机内存设置，默认为 1 024 MB，如图 2-7 所示。

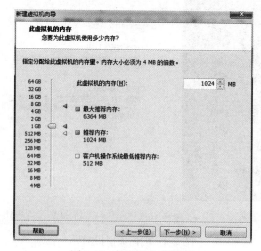

图 2-7　虚拟机内存设置

（10）选择虚拟机网络类型，此处选择网络连接，单击"使用桥接网络"单选按钮，如图 2-8 所示。

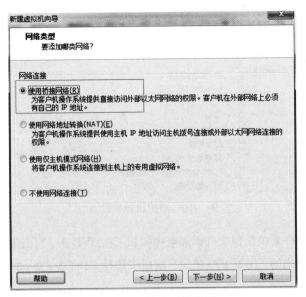

图 2-8　虚拟机网络类型

（11）指定磁盘容量，设置虚拟机磁盘大小为 40.0 GB，选中"将虚拟磁盘拆分成多个文件"单选按钮，如图 2-9 所示。

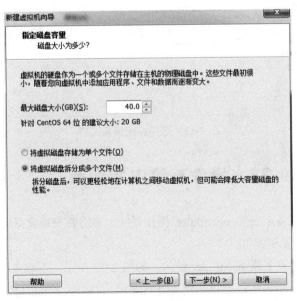

图 2-9　设置虚拟机磁盘大小

（12）虚拟机硬件资源创建完成，设备详情包括计算机常用设备，例如，内存、处理器、硬盘、CD/DVD、网络适配器等，如图 2-10 所示。

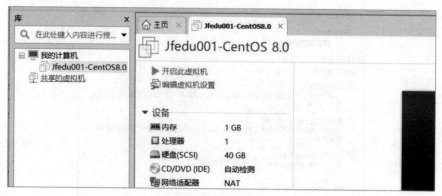

图 2-10　虚拟机裸机设备

（13）将 CentOS ISO 系统镜像文件添加至虚拟机 CD/DVD 中，双击虚拟机"CD/DVD（IDE）自动检测"选项，在弹出的"浏览 ISO 映像"窗口中选择 CentOS-8.0-x86_64-1905-dvd1.iso 镜像文件，如图 2-11 所示。

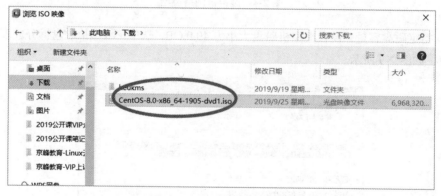

图 2-11　选择系统镜像文件

2.5　openEuler 22.x 操作系统安装图解

如果直接在硬件设备上安装 openEuler 操作系统，不需要安装虚拟机等步骤，而直接将 U 盘或者光盘插入 DVD 光驱即可。

从清华大学镜像站点下载 openEuler 镜像，如图 2-12 所示。下载地址如下：https://mirrors.tuna.tsinghua.edu.cn/openeuler/openEuler-22.03-LTS-SP3/ISO/x86_64/openEuler-22.03-LTS-SP3-x86_64-dvd.iso

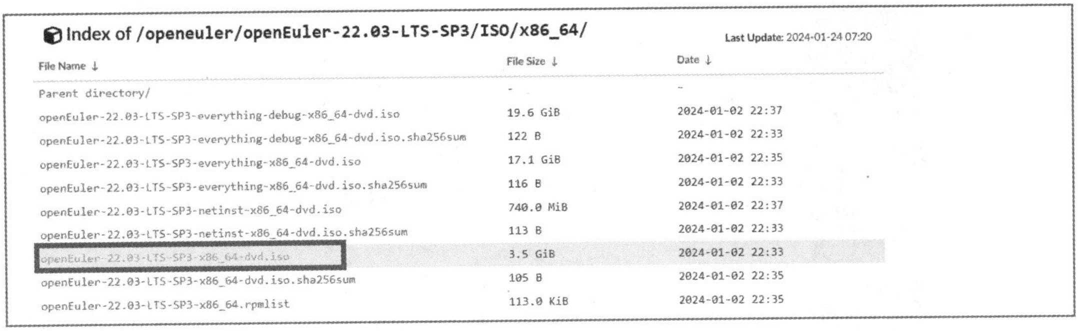

图 2-12　清华镜像站点镜像列表

（1）如图 2-13 所示，光标选择第一项 Install openEuler 22.03-LTS-SP3，直接按 Enter 键进行系统安装。

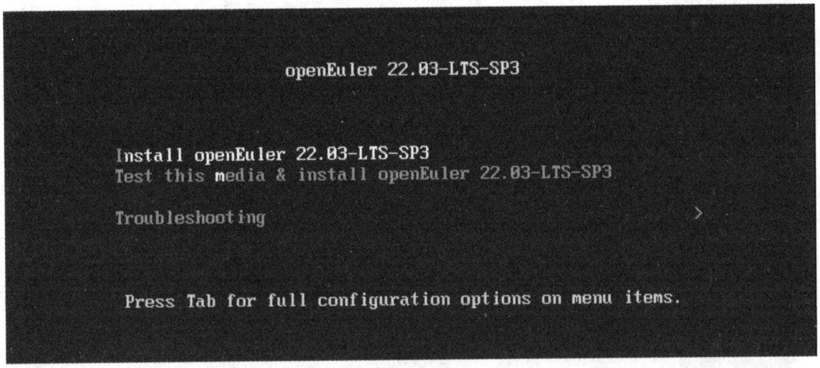

图 2-13　选择 openEuler 操作系统安装菜单

（2）继续按 Enter 键启动安装进程，进入光盘检测。按 Esc 键跳过检测，如图 2-14 所示。

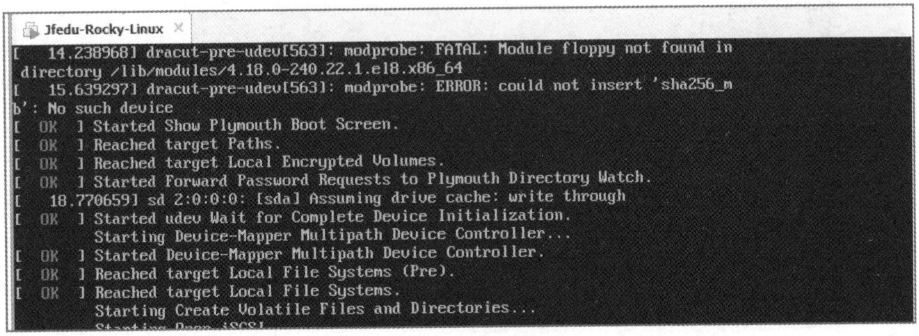

图 2-14　openEuler 操作系统安装跳过 ISO 镜像检测

（3）在 openEuler 操作系统欢迎界面，选择安装过程中界面显示的语言，初学者可以选择简体中文或者默认 English，如图 2-15 所示。

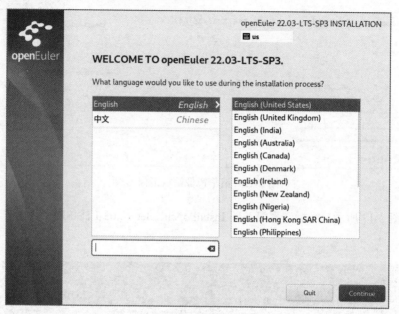

图 2-15 选择安装过程中界面显示的语言

（4）openEuler Linux 操作系统的安装总览界面如图 2-16 所示。

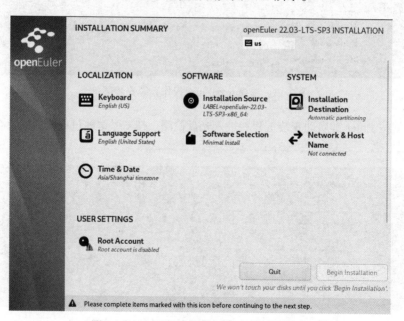

图 2-16 openEuler 操作系统安装总览界面

（5）选中 I will configure portioning 单选按钮或者 Custom 单选按钮，单击 Done 按钮，如图 2-17 所示。

第 2 章　Linux 操作系统的发展及系统安装　　17

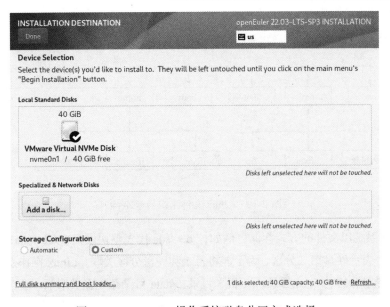

图 2-17　openEuler 操作系统磁盘分区方式选择

（6）在下拉框中选择 Standard Partition 选项，单击"+"按钮，创建 /（根）分区，如图 2-18 所示。

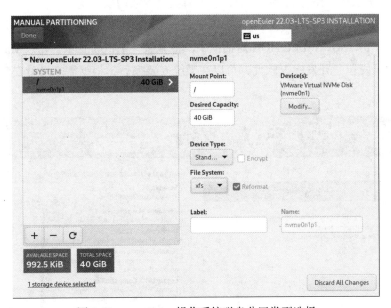

图 2-18　openEuler 操作系统磁盘分区类型选择

（7）Linux 操作系统分区与 Windows 操作系统分区（如 C 盘、D 盘）有很大区别，Linux 操作系统的分区采用树形的文件系统管理方式，所有的文件存储以 /（根）开始，如图 2-19 所示。

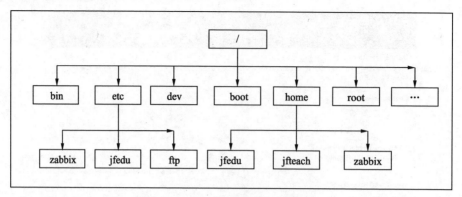

图 2-19　Linux 文件系统目录结构

Linux 操作系统以文件的方式存储，例如，/dev/sda 代表整块硬盘，/dev/sda1 表示硬盘第一分区，/dev/sda2 表示硬盘第二分区，为了能将目录和硬盘分区关联，Linux 操作系统采用挂载点的方式来关联磁盘分区，/boot 目录、/（根）目录、/data 目录跟磁盘关联后，称为分区，每个分区功能如下。

① /boot 分区用于存放 Linux 内核及系统启动过程所需文件。

② swap 分区又称交换分区，类似 Windows 操作系统的虚拟内存，物理内存不足时使用。

③ /（根）分区用于系统安装核心分区及所有文件存放的根系统。

④ /data 分区为自定义分区，企业服务器中用于存放应用数据。

（8）在 SOFTWARE SELECTION 对话框中，将 Base Environment 设置为 Minimal Install，如果后期需要开发包、开发库等软件，可以在系统安装完后，根据需求增量安装，如图 2-20 所示。

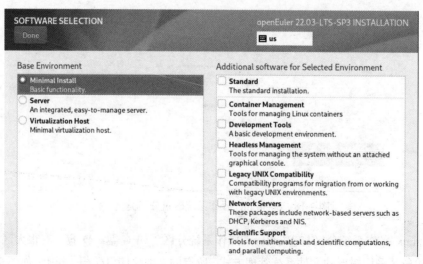

图 2-20　选择 openEuler 操作系统安装的软件

（9）操作系统时区依次选择，选择 Asia、Shanghai 选项，关闭 Network Time 按钮，如图 2-21 所示。

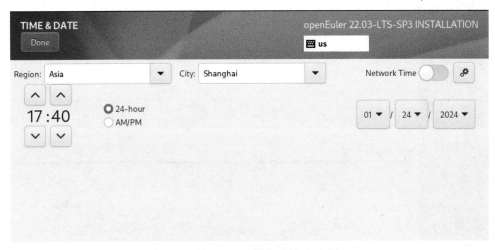

图 2-21　openEuler 操作系统时区选择

（10）openEuler 操作系统默认禁用 root 用户，可以在图 2-22 的界面中开启或者登录系统并修改/etc/ssh/sshd_config 配置文件，如图 2-22 所示。

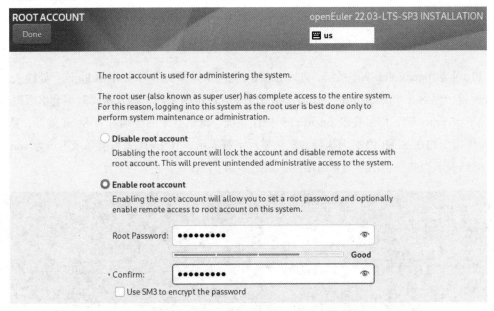

图 2-22　openEuler 操作系统修改 root 账户

（11）以上配置完毕后，单击 Begin Installation 按钮。安装进程完毕，单击 Reboot System 按

钮重启系统，如图 2-23 所示。

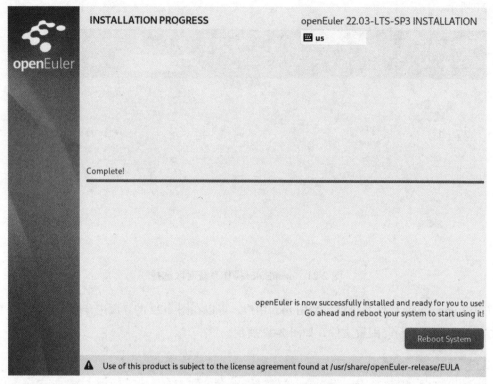

图 2-23　openEuler 操作系统安装完毕

（12）重启 openEuler 操作系统，进入 Login（登陆）界面，在"localhost login:"处输入 root，按 Enter 键，然后在"password:"处输入系统安装时设定的密码（输入密码时不会出现提示），输入完毕按 Enter 键，即可登录 openEuler 操作系统。默认登录的终端称为 Shell 终端，所有的后续操作指令均在 Shell 终端上执行，默认显示字符提示，其中#代表当前登录用户为 root，如果显示$则表示当前登录用户为普通用户，如图 2-24 所示。

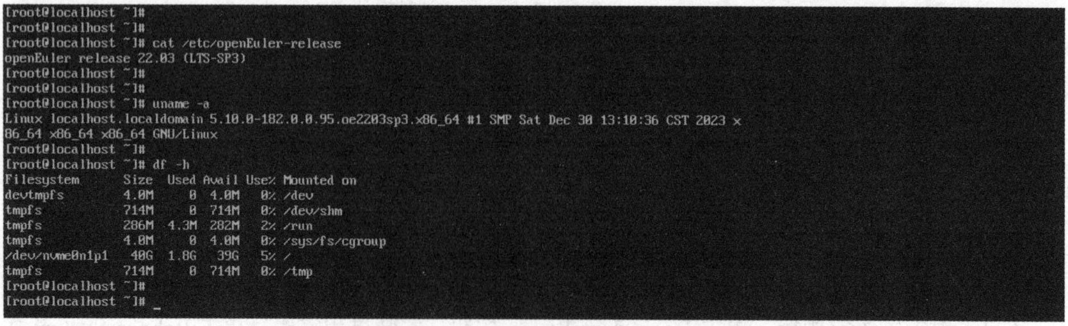

图 2-24　openEuler 操作系统 Login 界面

（13）使用 vi 命令打开网卡配置文件/etc/sysconfig/network-scripts/ifcfg-ens160，默认为 DHCP 方式，配置如下。

```
DEVICE=ens160
BOOTPROTO=dhcp
HWADDR=00:0c:29:52:c7:4e
ONBOOT=yes
TYPE=Ethernet
```

修改 BOOTPROTO 为 DHCP，同时添加 IPADDR、NETMASK、GATEWAY 信息如下。

```
DEVICE=ens160
BOOTPROTO=static
HWADDR=00:0c:29:52:c7:4e
ONBOOT=yes
TYPE=Ethernet
IPADDR=192.168.1.103
NETMASK=255.255.255.0
GATEWAY=192.168.1.1
```

服务器网卡配置文件，详细参数如下。

```
DEVICE=eth0              #物理设备名
ONBOOT=yes               # [yes|no]（重启网卡是否激活网卡设备）
BOOTPROTO=static         #[none|static|bootp|dhcp]（不使用协议|静态分配|BOOTP
                         #协议|DHCP 协议）
TYPE=Ethernet            #网卡类型
IPADDR=192.168.1.103     #IP 地址
NETMASK=255.255.255.0    #子网掩码
GATEWAY=192.168.1.1      #网关地址
```

服务器网卡配置完毕后，重启网卡服务，操作命令如下。

```
systemctl restart NetworkManager
nmcli c down ens160
nmcli c up ens160
```

然后查看 ip 地址，命令为 ifconfig 或者 ip addr show，表示查看当前服务器所有网卡的 IP 地址。

openEuler Linux 操作系统中，如果没有 ifconfig 命令，可以使用 ip addr list/show 命令查看，也可以安装 ifconfig 命令，需安装软件包 net-tools，安装命令如图 2-25 所示。

```
yum install net-tools -y
```

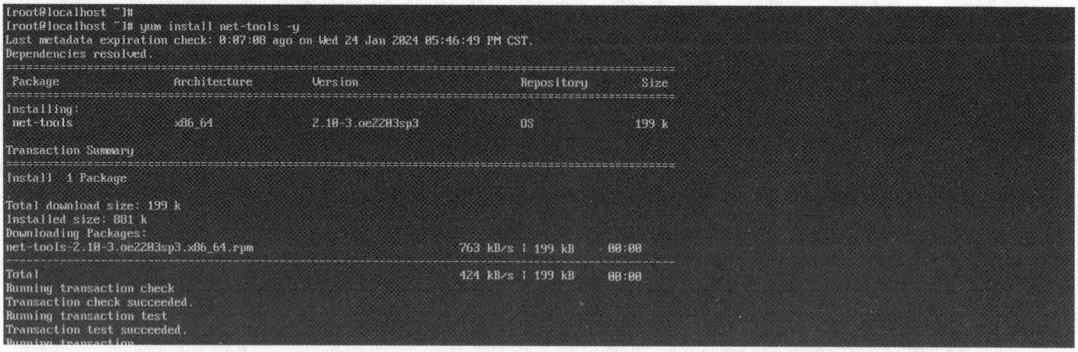

图 2-25　yum 安装 net-tools 工具

2.6　CentOS 8.x 安装图解

如果直接在硬件设备上安装 CentOS，则不需要安装虚拟机等步骤。直接将 U 盘插入 USB 接口，或者将光盘插入 DVD 光驱，打开电源设备。

（1）如图 2-26 所示，通过光标选择第一项 Install CentOS Linux 8.0.1905，直接按 Enter 键进行系统安装。

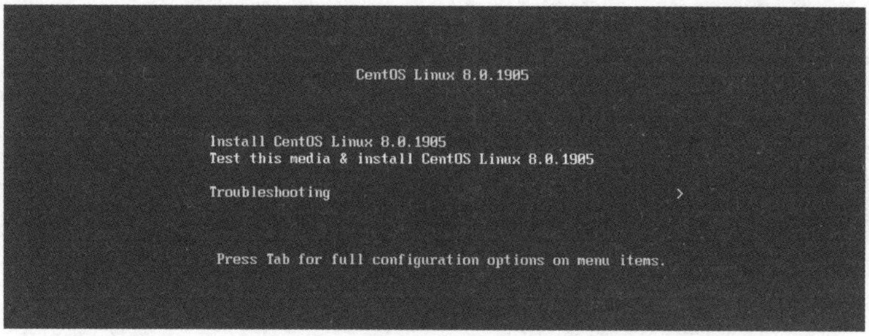

图 2-26　选择 CentOS 安装菜单

（2）继续按 Enter 键启动安装进程，进入光盘检测，按 Esc 键跳过检测，如图 2-27 所示。

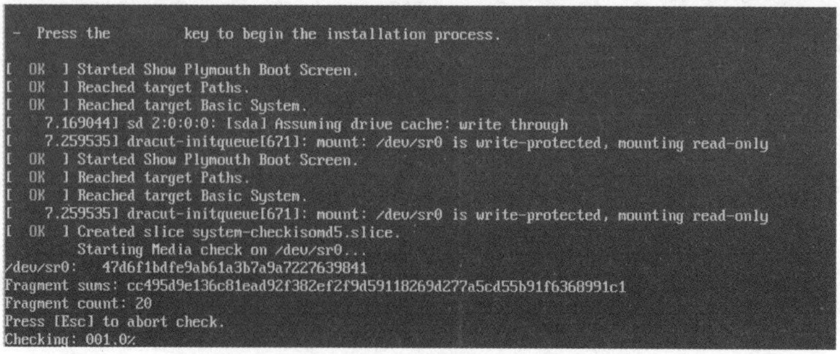

图 2-27　CentOS 安装跳过 ISO 镜像检测

（3）在欢迎界面中，选择安装过程中界面的显示语言，初学者可以选择"简体中文"或者默认 English，如图 2-28 所示。

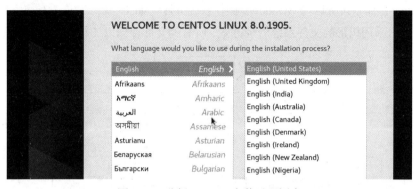

图 2-28　选择 CentOS 安装过程语言

（4）CentOS 8 安装总览界面如图 2-29 所示。

图 2-29　CentOS 8 安装总览界面

（5）选中 Automatic 单选按钮或 Custom 单选按钮，如图 2-30 所示。

图 2-30　CentOS 磁盘分区方式选择

（6）单击 Done 按钮，在弹出的下拉列表框中选择 Standard Partition 选项，单击"+"按钮创建分区。

（7）Linux 操作系统分区与 Windows 操作系统分区（如 C 盘、D 盘）有很大区别，Liunx 操作系统的分区采用树形的文件系统管理方式，所有的文件存储以/（根）开始，如图 2-31 所示。

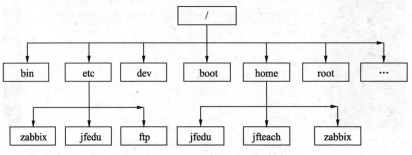

图 2-31　Linux 文件系统目录结构

Linux 操作系统以文件的方式存储，例如，/dev/sda 代表整块硬盘，/dev/sda1 表示硬盘第一分区，/dev/sda2 表示硬盘第二分区。为了能将目录和硬盘分区关联，Linux 采用挂载点的方式来关联磁盘分区，/boot 目录、/根目录、/data 目录跟磁盘关联后，称为分区，每个分区功能如下。

① /boot 分区用于存放 Linux 内核及系统启动过程所需文件。

② swap 分区又称为交换分区，类似 Windows 操作系统的虚拟内存，供物理内存不足时使用。

③ /（根）分区用于系统安装核心分区及所有文件存放的根系统。

④ /data 分区为自定义分区，企业服务器中用于存放应用数据。

如图 2-32 所示，创建/boot 分区并挂载，分区大小为 200MB。

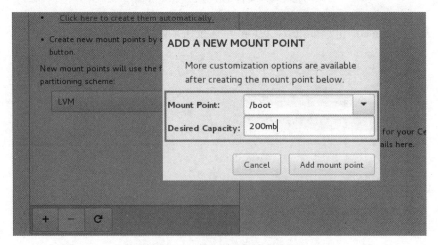

图 2-32　CentOS 创建/boot 分区

单击 Add mount point 按钮即可完成创建。磁盘分区默认文件系统类型为 XFS。根据以上方法，依次创建 swap 分区，大小为 0，创建/（根）分区，大小为剩余所有空间，最终如图 2-33 所示。

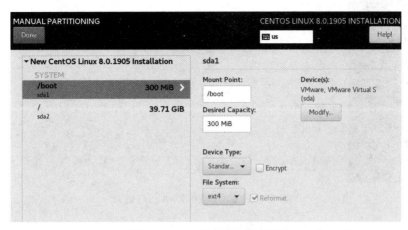

图 2-33　CentOS 磁盘完整分区

（8）在 SOFTWARE SELECTION 对话框中，将 Base Environment 设置为 Minimal Install，如果后期需要开发包、开发库等软件，可以在系统安装完后根据需求安装，如图 2-34 所示。

图 2-34　选择 CentOS 安装的软件

（9）操作系统时区依次选择 Asia、Shanghai，关闭 Network Time。

（10）以上配置完毕后，单击 Begin Installation 按钮，在弹出的 CONFIGURATION 对话框中单击 Root Password 按钮设置 Root 用户密码，如图 2-35 所示。如果需要新增普通用户，可以单击 User Creation 按钮创建。

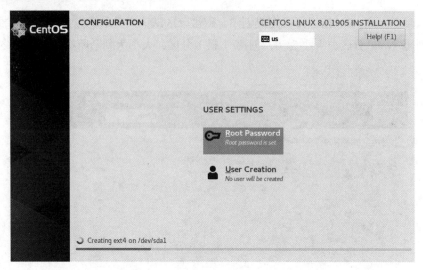

图 2-35　设置 CentOS Root 用户密码

（11）安装完毕，单击 Reboot 按钮重启系统，如图 2-36 所示。

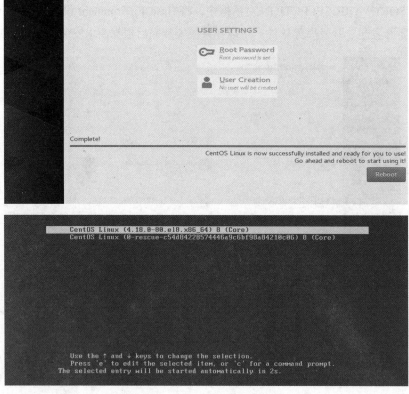

图 2-36　CentOS 系统安装完毕

（12）重启 CentOS 8，进入 Login 界面，在 "localhost login:" 处输入 root，按 Enter 键，然后在 "Password:" 处输入系统安装时设定的密码（输入密码时不会出现提示），输入完毕按 Enter 键，即可登录 CentOS 8。默认登录的终端称为 Shell 终端，所有的后续操作指令均在 Shell 终端上执行，默认显示字符提示，其中#代表当前登录用户为 root，如果显示$则表示当前登录用户为普通用户，如图 2-37 所示。

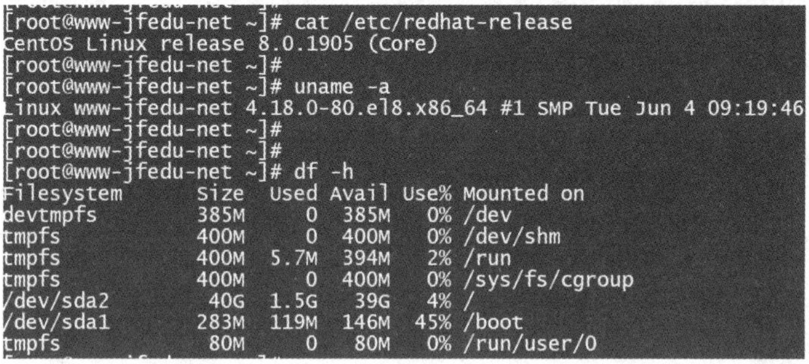

图 2-37　CentOS Login 界面

2.7　Rocky Linux 操作系统安装图解

如果直接在硬件设备上安装 Rocky Linux 操作系统，则不需要安装虚拟机等步骤，直接将 U 盘插入 USB 接口或者将光盘插入 DVD 光驱即可。

（1）如图 2-38 所示，通过光标选择第一项 Install Rocky Linux 9.2，直接按 Enter 键进行系统安装。

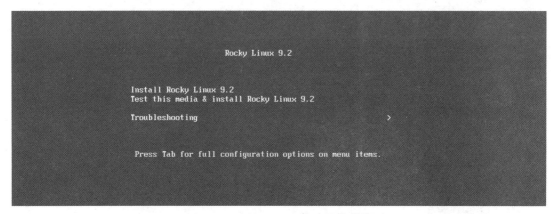

图 2-38　选择 Rocky Linux 安装菜单

（2）继续按 Enter 键启动安装进程，进入光盘检测，按 Esc 键可跳过检测，如图 2-39 所示。

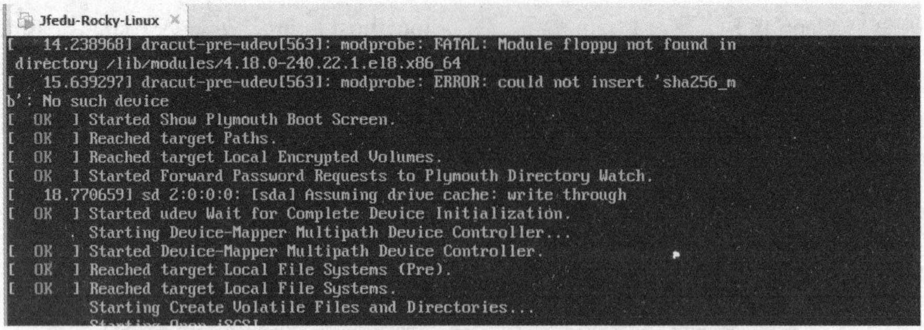

图 2-39　Rocky Linux 操作系统安装跳过 ISO 镜像检测

（3）来到 Rocky Linux 操作系统欢迎界面，选择安装过程中界面的显示语言，初学者可以选择"简体中文"或者默认 English，如图 2-40 所示。

图 2-40　Rocky Linux 操作系统选择安装过程语言

（4）Rocky Linux 操作系统安装总览界面如图 2-41 所示。

图 2-41　Rocky Linux 操作系统安装总览界面

（5）选中 Automatic 单选按钮或 Custom 单选按钮，如图 2-42 所示。

图 2-42　Rocky Linux 操作系统磁盘分区方式选择

（6）单击 Done 按钮，在弹出的下拉列表框中选择 Standard Partition 选项，单击"+"按钮创建分区。

（7）如图 2-43 所示，创建 /boot 分区并挂载，分区大小为 500 MB。

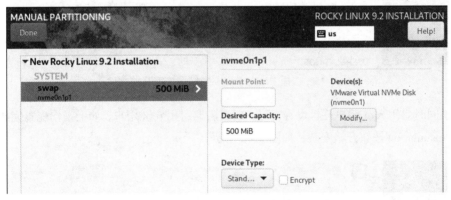

图 2-43　Rocky Linux 操作系统创建/boot 分区

单击 Add mount point 按钮即可。磁盘分区默认文件系统类型为 XFS。根据以上方法，依次创建 swap 分区，大小为 500 MB，创建/（根）分区，大小为剩余所有空间，最终如图 2-44 所示。

（8）在 Software Selection 对话框中将 Base Environment 设置为 Minimal Install，如果后期需要开发包、开发库等软件，可以在系统安装完后根据需求安装，如图 2-45 所示。

（9）操作系统时依次区选择 Asia、Shanghai，关闭 Network Time。

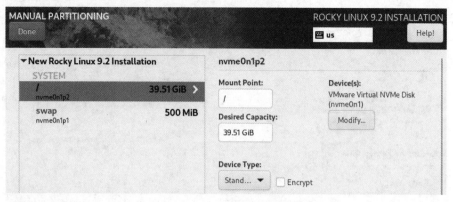

图 2-44 Rocky Linux 操作系统磁盘完整分区

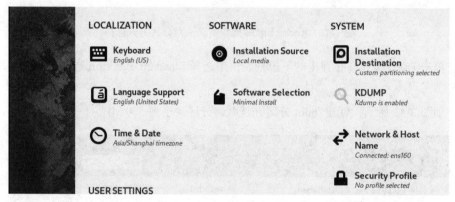

图 2-45 选择 Rocky Linux 操作系统安装的软件

（10）同时启用 root 用户并且设置密码，或者后期启用 root 用户，如上操作配置完毕后，单击 Begin Installation 按钮开始安装，如图 2-46 所示。

图 2-46 Rocky Linux 操作系统开始安装

（11）安装完毕，单击 Reboot System 按钮重启系统，如图 2-47 所示。

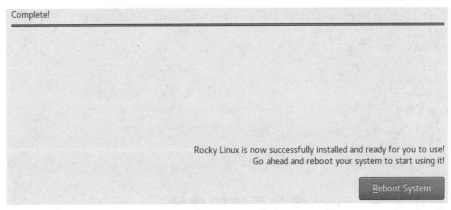

图 2-47　Rocky Linux 系统安装完毕

（12）重启 Rocky Linux 操作系统，进入 Login 界面，在"localhost login:"处输入 root，按 Enter 键，然后在"Password:"处输入系统安装时设定的密码（输入密码时不会出现提示），输入完毕按 Enter 键，即可登录 Rocky Linux 操作系统。默认登录的终端称为 Shell 终端，所有的后续操作指令均在 Shell 终端上执行。默认显示字符提示，其中#代表当前登录用户为 root，如果显示$则表示当前登录用户为普通用户。

根据如上操作系统安装步骤，系统安装完成之后，如图 2-48 所示，提示安装成功，单击 Reboot System 按钮重启即可。

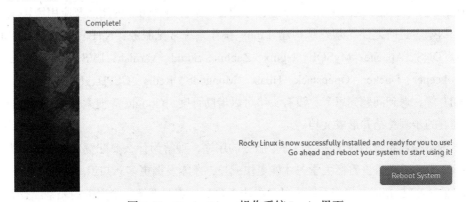

图 2-48　Rocky Linux 操作系统 Login 界面

（13）Rocky Linux 操作系统配置 IP 的方法如下。

```
#刷新并重新设置缓存
yum clean all
#如果没有网络，需要重启 Rocky Linux 网卡服务
nmcli c reload
```

```
nmcli c up ens33
#修改网卡配置文件
vi /etc/NetworkManager/system-connections/ens33.nmconnection
[ipv4]
address1=192.168.101.135/24,192.168.101.2
dns=8.8.8.8
method=manual
#method=auto                                             //为自动获取 IP
#重启网卡服务
systemctl restart NetworkManager
nmcli c down ens33
nmcli c up ens33
```

2.8 新手学好 Linux 操作系统的捷径

Linux 操作系统的安装是初学者的门槛，系统安装完毕后，很多初学者不知道该如何学习，以及如何快速进阶，下面是作者总结的菜鸟学好 Linux 操作系统技能大绝招。

（1）初学者完成 Linux 操作系统分区及安装之后，须熟练掌握 Linux 操作系统管理必备的命令，包括 cd、ls、pwd、clear、chmod、chown、chattr、useradd、userdel、groupadd、vi、vim、cat、more、less、mv、cp、rm、rmdir、touch、ifconfig、ip addr、ping、route、echo、wc、expr、bc、ln、head、tail、who、hostname、top、df、du、netstat、ss、kill、alias、man、tar、zip、unzip、jar、fdisk、free、uptime、lsof、lsmod、lsattr、dd、date、crontab、ps、find、awk、sed、grep、sort、uniq 等，每个命令须至少练习 30 遍，才能逐步掌握每个命令的用法及应用场景。

（2）初学者进阶之路，须熟练构建 Linux 操作系统常见服务：NTP、VSFTPD、DHCP、SAMBA、DNS、Apache、MySQL、Nginx、Zabbix、Squid、Varnish、LVS、Keepalived、ELK、MQ、Zookeeper、Docker、Openstack、Hbase、Mongodb、Redis、CEPH、Prometheus、Jenkins、SVN、GIT 等，遇到问题先思考，没有头绪可以借助百度、Google 等搜索引擎。问题解决后，将解决问题的步骤总结并形成文档。

（3）理解操作系统的每个命令、每个服务的用途，理解为什么要配置这个服务，为什么需要调整该参数，只有带着目标去学习才能更快成长，才能发掘更多新知识。

（4）熟练搭建 Linux 操作系统上的各种服务之后，需要理解每个服务的完整配置和优化方法，从而拓展思维。例如，LNMP 所有服务为什么放在一台机器上，能否分开放在多台服务器上以平衡压力，如何构建和部署？一台物理机构建 Docker 虚拟化，如果是 100 台、1 000 台，应如何实施，又会遇到哪些问题？

（5）Shell 是 Linux 操作系统最经典的命令解释器，Shell 脚本可以实现自动化运维。平时多练习 Shell 脚本编程，每个 Shell 脚本多练习几遍，从中学习关键的参数、语法，只有不断练习，才能不断提高。

（6）建立个人学习博客，把平时工作、学习中的知识都记录到博客，一方面可以供别人参考，另一方面可以提高自己文档编写及总结的能力。

（7）学习 Linux 技术是一个长期的过程，一定要坚持。

（8）通过以上学习，不断进步，如果想达到高级、资深大牛级别，还需要进一步深入学习 Web 集群架构、网站负载均衡、网站架构优化、自动化运维、运维开发、虚拟化、云计算、分布式集群等知识。

（9）最后，多练习才是硬道理，实践出真知。

2.9 本章小结

通过对本章内容的学习，对 Linux 操作系统应有初步的理解，了解 Linux 行业的发展前景，学会如何在企业中或者虚拟机中安装 Linux 操作系统。

对 32 位、64 位 CPU 处理器及 Linux 内核版本命名规则也应有进一步的认识，同时掌握学习 Linux 操作系统的大绝招。

2.10 同步作业

1. 企业中服务器品牌 DELL R730，其硬盘总量为 300 GB，现需安装 CentOS 7 版本的操作系统，请问如何进行分区？

2. GNU 与 GPL 的区别是什么？

3. 企业有一台 Linux 服务器，查看该 Linux 内核显示为 3.10.0-327.36.3.el7.x86_64，请分别说出点号分隔的每个数字及字母的含义。

4. CentOS 至今发布了多少个系统版本？

5. 如果 Linux 操作系统采用光盘安装，如何将 ISO 镜像文件刻录成光盘？请写出具体实现流程。

第 3 章 Linux 操作系统管理

Linux 操作系统安装完毕后，需要对系统进行管理和维护，让 Linux 服务器能真正应用于企业。

本章将介绍 Linux 操作系统引导原理、启动流程、系统目录、权限、命令及 CentOS 7 和 CentOS 6 在系统管理、命令方面的区别。

3.1 操作系统启动概念

不管是 Windows 还是 Linux 操作系统，底层设备一般均为物理硬件，操作系统启动之前会对硬件进行检测，然后硬盘引导启动操作系统。以下为操作系统启动相关的概念。

3.1.1 BIOS

基本输入输出系统（basic input output system，BIOS）是一组固化在计算机主板只读内存镜像（read only memory image，ROM）芯片上的程序，它保存着计算机最重要的基本输入输出的程序、系统设置信息、开机后自检程序和系统自启动程序，主要功能是为计算机提供最底层的、最直接的硬件设置和控制。

3.1.2 MBR

全新硬盘在使用之前必须进行分区格式化，硬盘分区初始化的格式主要有两种，分别为 MBR 格式和 GPT 格式。

如果使用 MBR 格式，操作系统将创建主引导记录扇区，MBR 位于整块硬盘的 0 磁道 0 柱面 1 扇区，主要功能是操作系统对磁盘进行读写时，判断分区的合法性以及分区引导信息的定位。

主引导扇区共有 512 B，MBR 只占用其中的 446 B，另外的 64B 为硬盘分区表（disk partition table，DPT），最后两个字节"55，AA"是分区的结束标志。

在 MBR 硬盘中，硬盘分区信息直接存储于 MBR 中，同时 MBR 还存储着系统的引导程序，如表 3-1 所示。

表 3-1 MBR 分区表内容

0000～0088	master boot record 主引导程序	主引导程序
0089～01BD	出错信息数据区	数据区
01BE～01CD	分区项1（16 B）	分区表
01CE～01DD	分区项2（16 B）	
01DE～01ED	分区项3（16 B）	
01EE～01FD	分区项4（16 B）	
01FE	55	结束标志
01FF	AA	

MBR 是计算机启动时最先执行的硬盘上的程序，只有 512 B 大小，所以不能载入操作系统的核心，只能先载入一个可以载入计算机核心的程序，称为引导程序。

因为 MBR 分区标准决定了 MBR 只支持 2 TB 以下的硬盘，硬盘上的多余空间只能浪费。为了支持大于 2 TB 的硬盘空间，微软和英特尔公司在可扩展固件接口（Extensible Firmware Interface，EFI）方案中开发了全局唯一标识符（globally unique identifier，GUID），进而全面支持大于 2 TB 硬盘空间。

3.1.3 GPT

GPT 正逐渐取代 MBR 成为新标准。它和统一的可扩展固件接口（unified extensible firmware interface，UEFI）相辅相成。UEFI 用于取代老旧的 BIOS，而 GPT 则取代老旧的 MBR。

在 GPT 硬盘中，分区表的位置信息储存在 GPT 头中。出于兼容性考虑，第一个扇区同样有一个与 MBR 类似的标记，称为受保护的主引导记录（protected main boot record，PMBR）。

PMBR 的作用是当使用不支持 GPT 的分区工具时，整个硬盘将显示为一个受保护的分区，以防止分区表及硬盘数据遭到破坏，而其中存储的内容和 MBR 一样，之后才是 GPT 头。

GPT 的优点是支持 2 TB 以上磁盘。如果使用 Fdisk 分区，最大只能创建 2 TB 大小的分区，创建大于 2 TB 的分区须使用 parted，同时必须使用 64 位操作系统。Mac、Linux 操作系统都支持 GPT 分区格式，Windows 7/8 64 位操作系统、Windows Server 2008 64 位操作系统也支持 GPT。如图 3-1 所示为 GPT 硬盘分区表内容。

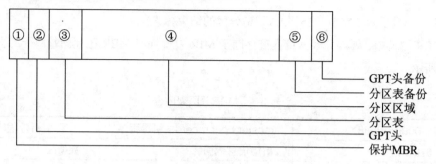

图 3-1　GPT 硬盘分区表内容

3.1.4　GRUB

GNU 项目的多操作系统启动程序（grand unified bootloader，GRUB），可以支持多操作系统的引导，它允许用户在计算机内同时拥有多个操作系统，并在计算机启动时选择希望运行的操作系统。

GRUB 可用于选择操作系统分区上的不同内核，也可用于向这些内核传递启动参数。它是一个多重操作系统启动管理器，用来引导不同操作系统，如 Windows 操作系统、Linux 操作系统。Linux 操作系统常见的引导程序包括 LILO、GRUB、GRUB2，CentOS 7。Linux 操作系统默认使用 GRUB2 作为引导程序。图 3-2 为 GRUB 加载引导流程。

GRUB2 是基于 GRUB 开发而成的更加安全强大的多系统引导程序，最新 Linux 操作系统发行版均使用 GRUB2 作为引导程序。同时 GRUB2 采用了模块化设计，使得 GRUB2 核心更加精炼，使用更加灵活，同时不需要像 GRUB 分为 stage1、stage1.5、stage2 三个阶段。

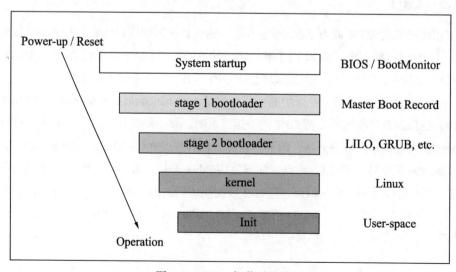

图 3-2　GRUB 加载引导流程

3.2 Linux 操作系统启动流程

初学者对 Linux 操作系统启动流程的理解,有助于后期在企业中更好地维护 Linux 服务器,快速定位系统问题,进而解决问题。Linux 操作系统启动流程如图 3-3 所示。

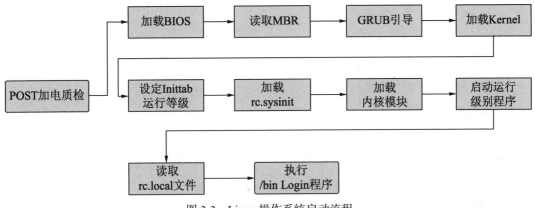

图 3-3　Linux 操作系统启动流程

1. 加载BIOS

计算机电源加电质检,首先加载 BIOS。BIOS 中包含硬件 CPU、内存、硬盘等相关信息,包含设备启动顺序信息、硬盘信息、内存信息、时钟信息、即插即用(plug-and-play,PNP)特性等。加载完 BIOS 信息,计算机将根据顺序进行启动。

2. 读取MBR

读取完 BIOS 信息,计算机将查找 BIOS 所指定硬盘的 MBR 引导扇区,将其内容复制到 0x7c00 地址所在的物理内存中。被复制到物理内存的内容是 Boot Loader,然后进行引导。

3. GRUB引导

GRUB 启动引导器是计算机启动过程中运行的第一个软件程序,计算机读取内存中的 GRUB 配置信息后,会根据其配置信息来启动硬盘中不同的操作系统。

4. 加载kernel

计算机读取内存映像,并进行解压缩操作,屏幕一般会输出"Uncompressing Linux"的提示,当解压缩内核完成后,屏幕输出"OK, booting the kernel"。系统将解压后的内核放置在内存之中,调用 start_kernel( )函数来启动一系列的初始化函数并初始化各种设备,完成 Linux 核心环境的建立。

5. 设定inittab运行等级

内核加载完毕,会启动 Linux 操作系统的第一个守护进程 init,然后通过该进程读取

/etc/inittab 文件，/etc/inittab 文件的作用是设定 Linux 操作系统的运行等级，Linux 操作系统常见运行级别如下。

（1）0，关机模式。

（2）1，单用户模式。

（3）2，无网络支持的多用户模式。

（4）3，字符界面多用户模式。

（5）4，保留，未使用模式。

（6）5，图像界面多用户模式。

（7）6，重新引导系统，重启模式。

6. 加载rc.sysinit

读取完运行级别，Linux 操作系统执行第一个用户层文件/etc/rc.d/rc.sysinit，该文件功能包括设定 PATH 运行变量、设定网络配置、启动 swap 分区、设定/proc、系统函数、配置 Selinux 等。

7. 加载内核模块

读取/etc/modules.conf 文件及/etc/modules.d 目录下的文件来加载系统内核模块。该模块文件可以后期添加、修改及删除。

8. 启动运行级别程序

根据之前读取的运行级别，操作系统会运行 rc0.d～rc6.d 中相应的脚本程序，来完成相应的初始化工作和启动相应的服务。其中，以 S 开头表示系统即将启动的程序，以 K 开头则代表停止该服务。S 和 K 后紧跟的数字为启动顺序编号，如图 3-4 所示。

```
[root@www-jfedu-net etc]# ls rc
rc          rc1.d/      rc3.d/      rc5.d/      rc.d/       rc.sysinit
rc0.d/      rc2.d/      rc4.d/      rc6.d/      rc.local
[root@www-jfedu-net etc]# ls rc5.d/
K01smartd             K16php-fpm            K75ntpdate            K99lvm2-mon
K05atd                K35dovecot            K75quota_nld          K99rngd
K05trqauthd           K36mysqld             K80redis              S01sysstat
K10flow-capture       K50kdump              K85mdmonitor          S10network
K10psacct             K50netconsole         K85messagebus         S11portrese
K10saslauthd          K50snmpd              K87irqbalance         S12rsyslog
K10zabbix_server      K50snmptrapd          K87restorecond        S25cups
K15collectd           K60munge              K88auditd             S26udev-pos
K15htcacheclean       K61nfs-rdma           K89rdisc              S30nscd
K15httpd              K74acpid              K92ip6tables          S50aegis
K15svnserve           K74haldaemon          K92iptables           S50cloud-in
K16abrt-ccpp          K75blk-availability   K95rdma               S51cloud-in
K16abrtd              K75netfs              K99cpuspeed           S52cloud-in
[root@www-jfedu-net etc]# ls rc5.d/
```

图 3-4　运行级别服务

9. 读取rc.local文件

操作系统启动完相应服务之后，会读取执行/etc/rc.d/rc.local 文件，可以将需要开机启动的任务加到该文件末尾，系统会逐行执行并启动相应命令，如图3-5所示。

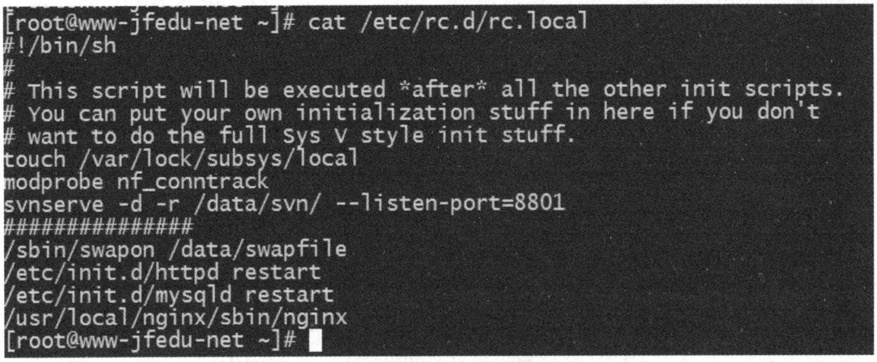

图3-5　开机运行加载文件

10. 执行/bin/login程序

执行/bin/login 程序，启动到系统登录界面，输入用户名和密码，即可登录 Shell 终端，如图 3-6 所示。输入用户名、密码即可登录 Linux 操作系统，至此 Linux 操作系统启动完毕。

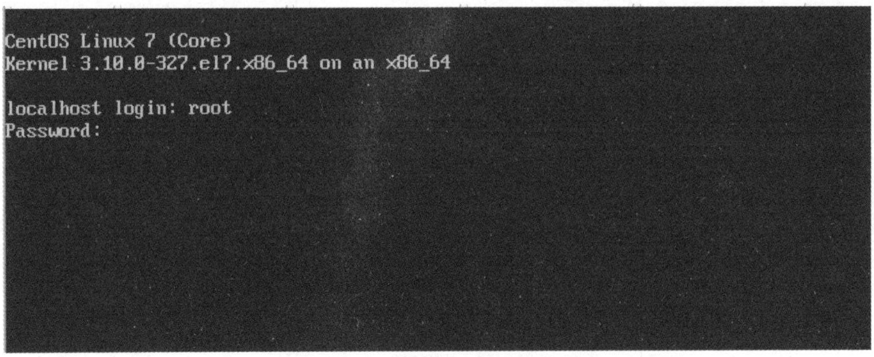

图3-6　Linux 操作系统登录界面

3.3　CentOS 6 与 CentOS 7 的区别

CentOS 6 默认采用 Sysvinit 风格，Sysvinit 就是 system V 风格的 init 系统，Sysvinit 用术语 runlevel 定义"预定的运行模式"。Sysvinit 检查/etc/inittab 文件中是否含有 initdefault 项，该选项指定 init 的默认运行模式。Sysvinit 使用脚本、文件命名规则和软链接来实现不同的 runlevel，串行启动各个进程及服务。

CentOS 7 默认采用 Systemd 风格，Systemd 是 Linux 系统中最新的初始化系统（init），它主要的设计目标是克服 Sysvinit 固有的缺点，提高系统的启动速度。

Systemd 和 Ubuntu 的 Upstart 是竞争对手，预计会取代 UpStart。Systemd 的目标是尽可能启动更少的进程，尽可能将更多进程并行启动。表 3-2 所示为 CentOS 6 与 CentOS 7 的区别。

表 3-2 CentOS 6 与 CentOS 7 区别

编号	系统功能	CentOS 6	CentOS 7
1	init系统	sysvinit	Systemd
2	桌面系统	GNOME 2.x	GNOME 3.x/ GNOME Shell
3	文件系统	ext4	XFS
4	内核版本	2.6.x	3.10.x
5	启动加载器	GRUB Legacy(+efibootmgr)	GRUB2
6	防火墙	iptables	firewalld
7	数据库	mysql	MariaDB
8	文件目录	/bin,/sbin,/lib, and /lib64在/根下	/bin,/sbin,/lib, and /lib64在/usr下
9	主机名	/etc/sysconfig/network	/etc/hostname
10	时间同步	ntp, ntpq-p	chrony, chronyc sources

11	修改时间	#vi /etc/sysconfig/clock
		ZONE="Asia/Tokyo"
		UTC=false
		#ln -s
		/usr/share/zoneinfo/Asia/Tokyo /etc/localtime
			#timedatectl set-timezone Asia/Tokyo
			#timedatectl status

12	区域及字符设置	/etc/sysconfig/i18n	/etc/locale.conf localectl set-locale LANG=zh_CN.utf8 localectl status
13	启动停止服务	#service service_name start # service service_name stop # service sshd restart/status/reload	#systemctl start service_name # systemctl stop service_name # systemctl restart/status/reload sshd
14	自动启动	chkconfig service_name on/off	#systemctl enable service_name #systemctl disable service_name
15	服务列表	chkconfig --list	#systemctl list-unit-files #systemctl --type service
16	kill服务	kill -9 <PID>	systemctl kill --signal=9 sshd
17	网络及端口信息	netstat	ss
18	IP信息	ifconfig	ip address show

续表

编 号	系统功能	CentOS 6	CentOS 7
19	路由信息	route -n	ip route show
20	关闭停止系统	shutdowm -h now	systemctl poweroff
21	单用户模式	init S	systemctl rescue
22	运行模式	vim /etc/inittab id:3:initdefault:	systemctl set-default graphical.target systemctl set-default multi-user.target

Linux 操作系统的文件系统类型主要有 EXT3、EXT4、XFS 等，其中 CentOS 6 普遍采用 EXT3 和 EXT4 文件系统格式，而 CentOS 7 默认采用 XFS 格式。EXT3、EXT4、XFS 区别如下。

（1）第四代扩展文件系统（fourth eXtended filesystem，EXT4）是 Linux 系统下的日志文件系统，是 EXT3 的后继版本。

（2）EXT3 支持最大 16 TB 的文件系统和最大 2 TB 的文件。

（3）EXT4 分别支持 1 EB（1 EB=1 024 PB，1 PB=1 024 TB）的文件系统，以及 16 TB 的单个文件。

（4）EXT3 只支持 32 000 个子目录，而 EXT4 支持无限数量的子目录。

（5）EXT4 磁盘结构支持 40 亿个 inode，而且 EXT4 支持最大 16 TB 的单个文件。

（6）XFS 是一个 64 位文件系统，最大支持 8 EB 减 1 字节的单个文件系统，实际部署时取决于宿主操作系统的最大块限制，常用于 64 位操作系统，发挥更好的性能。

（7）XFS 一种高性能的日志文件系统，最早于 1993 年由 Silicon Graphics 为他们的 IRIX 操作系统而开发，是 IRIX 5.3 版的默认文件系统。

（8）XFS 于 2000 年 5 月由 Silicon Graphics 作为 GPL 源代码发布，之后被移植到 Linux 内核上。XFS 特别擅长处理大文件，同时提供平滑的数据传输。

3.4 CentOS 7 与 CentOS 8 的区别

CentOS 8 已于 2021 年 9 月对外发布。CentOS 完全遵守 Red Hat 公司的再发行政策，且致力于与上游产品在功能上完全兼容。CentOS 对组件的修改主要是去除 Red Hat 公司的商标及美工图。

该版本还包含全新的 CentOS Streams。CentOS Stream 是一个滚动发布的 Linux 操作系统发行版，它介于 Fedora 的上游开发和 RHEL 的下游开发之间。可以把 CentOS Streams 当成是用来体验最新红帽系 Linux 操作系统特性的一个版本，而无须等太久。

CentOS 8 主要改动和 RHEL 8 操作系统一致，基于 Fedora 28 和内核版本 4.18，为用户提供一个稳定的、安全的、一致的基础，跨越混合云部署，支持传统和新兴的工作负载所需的工具。

表 3-3 为 CentOS 7 和 CentOS 8 对比。

表 3-3 CentOS 7 和CentOS 8 对比

编号	项目	CentOS 7	CentOS 8
1	kernel	3.10+	4.18+
2	文件系统	xfs	xfs
3	网络管理	NetworkManager	nmcli
4	NTP管理	Chronyd	Chronyd
5	网卡名称	ens33	ens33
6	字符集	/etc/locale.conf	/etc/locale.conf
7	服务管理	systemctl	systemctl
8	运行级别	target	target
9	Apache	2.4	2.4
10	PHP	5.4	7.2
11	MySQL	MariaDB 5.5	MySQL 8.0
12	MariaDB	MariaDB 5.5	MariaDB 10.2
13	Python	2.7.5	3.6.8
14	Ruby	2.0.0	2.5.5
15	Perl	5.16.3	5.26.3
16	OpenSSL	1.0.1	1.1.1
17	TLS	1	1.0和1.3
18	防火墙	Firewalld	Firewalld
19	软件管理	yum	DNF
20	JDK	JDK8	JDK11

在 CentOS 7 上，同时支持 network.service 和 NetworkManager.service（简称 NM）。默认情况下，这 2 个服务都会开启，但许多人都会将 NM 禁用。在 CentOS 8 上，已废弃 network.service，因此只能通过 NM 进行网络配置，包括动态 IP 和静态 IP。换言之，在 CentOS 8 上，必须开启 NM，否则无法使用网络。

CentOS 8 依然支持 network.service，只是默认不安装，后期可以通过 dnf 或 yum 命令安装 Network.service 来管理网卡服务。

3.5 NetworkManager 概念剖析

NetworkManager 是 2004 年 Red Hat 启动的项目，旨在让 Linux 操作系统用户能够更轻松地处理尤其是无线网络的现代网络需求，能自动发现网卡并配置IP地址。类似在手机上同时开启Wi-Fi和蜂窝网络，自动探测可用网络并连接，无须手动切换。虽然NM的初衷是针对无线网络，但是在服务器领域，NM已大获成功。

NM能管理以下各种网络。

（1）有线网卡、无线网卡。

（2）动态IP、静态IP。

（3）以太网、非以太网。

（4）物理网卡、虚拟网卡。

NM使用以下命令。

（1）nmcli，命令行。这是最常用的工具，下文将详细讲解该工具的使用。

（2）nmtui，在Shell终端开启文本图形界面。

（3）Freedesktop applet，GNOME上自带的网络管理工具。

（4）cockpit，redhat操作系统自带的基于Web图形界面的"驾驶舱"工具，具有dashborad和基础管理功能。

为什么要用NM？理由如下。

（1）工具齐全：NM工具有命令行、文本界面、图形界面、Web，非常齐全。

（2）广纳天地：纳管各种网络，包括有线网络、无线网络、物理网络、虚拟网络等。

（3）参数丰富：有200多项配置参数（包括ethtool参数）。

（4）"一统江湖"：支持RedHat系、Suse系、Debian/Ubuntu系。

（5）大势所趋：下一个大版本的RHEL操作系统只能通过NM管理网络。

nmcli命令使用方法非常类似linux ip命令和cisco交换机命令，并且支持tab补全，也可在命令最后通过-h、--help、help查看帮助。在nmcli中有2个命令最为常用。

（1）nmcli connection：译作连接，可理解为配置文件，相当于ifcfg-ethX。可以简写为nmcli c。

（2）nmcli device：译作设备，可理解为实际存在的网卡（包括物理网卡和虚拟网卡）。可以简写为nmcli d。

在NM中，有2个维度：连接（connection）和设备（device），这是多对一的关系。要为某个网卡配IP，首先NM要能纳管这个网卡。设备中存在的网卡（使用"nmcli d"命令可以查看），就是NM纳管的。接着，可以为一个设备配置多个连接（使用"nmcli c"命令可以查看），每个连接可以理解为一个ifcfg配置文件。同一时刻，一个设备只能有一个连接活跃。可以通过"nmcli c up"命令切换连接。

NM connection有2种状态。

（1）活跃（带颜色字体）：表示当前该connection生效。

（2）非活跃（正常字体）：表示当前该connection不生效。

device 有 4 种常见状态。

（1）connected：已被 NM 纳管，且当前有活跃的 connection。

（2）disconnected：已被 NM 纳管，但是当前没有活跃的 connection。

（3）unmanaged：未被 NM 纳管。

（4）unavailable：不可用，NM 无法纳管，通常出现于网卡 link 为 down 的时候（比如 ip link set ethX down）。

3.6　NMCLI 常见命令实战

NMCLI 相关命令如下。

```
#查看 IP(类似于 ifconfig、ip addr)
nmcli
#创建 connection,配置静态 IP(等同于配置 ifcfg,其中 BOOTPROTO=none)
nmcli c add type ethernet con-name ethX ifname ethX ipv4.addr 192.168.1.100/24 ipv4.gateway 192.168.1.1 ipv4.method manual
#创建 connection,配置动态 IP(等同于配置 ifcfg,其中 BOOTPROTO=dhcp)
nmcli c add type ethernet con-name ethX ifname ethX ipv4.method auto
#修改 IP(非交互式)
nmcli c modify ethX ipv4.addr '192.168.1.100/24'
nmcli c up ethX
#修改 IP(交互式)
nmcli c edit ethX
nmcli> goto ipv4.addresses
nmcli ipv4.addresses> change
Edit 'addresses' value: 192.168.1.100/24
Do you also want to set 'ipv4.method' to 'manual'? [yes]: yes
nmcli ipv4> save
nmcli ipv4> activate
nmcli ipv4> quit
#启用 connection(相当于 ifup)
nmcli c up ethX
#停止 connection(相当于 ifdown)
nmcli c down
#删除 connection(类似于 ifdown 并删除 ifcfg)
nmcli c delete ethX
#查看 connection 列表
nmcli c show
#查看 connection 详细信息
nmcli c show ethX
#重载所有 ifcfg 或 route 到 connection(不会立即生效)
```

```
nmcli c reload
#重载指定 ifcfg 或 route 到 connection(不会立即生效)
nmcli c load /etc/sysconfig/network-scripts/ifcfg-ethX
nmcli c load /etc/sysconfig/network-scripts/route-ethX
#立即生效 connection,有 3 种方法
nmcli c up ethX
nmcli d reapply ethX
nmcli d connect ethX
#查看 device 列表
nmcli d
#查看所有 device 详细信息
nmcli d show
#查看指定 device 的详细信息
nmcli d show ethX
#激活网卡
nmcli d connect ethX
#关闭无线网络(NM 默认启用无线网络)
nmcli r all off
#查看 NM 纳管状态
nmcli n
#开启 NM 纳管
nmcli n on
#关闭 NM 纳管(谨慎执行)
nmcli n off
#监听事件
nmcli m
#查看 NM 本身状态
nmcli
#检测 NM 是否在线可用
nm-online
```

3.7 TCP/IP 概述

要学好 Linux 操作系统，对网络协议也要有充分的了解和掌握，如传输控制协议/网际协议（transmission control protocol/internet protocol，TCP/IP），又称网络通信协议，是互联网最基本的协议，同时也是互联网国际互联网络的基础，由网络层的 IP 协议和传输层的 TCP 协议组成。

TCP/IP 定义了电子设备如何接入互联网，以及数据在设备之间传输的标准。协议采用了 4 层的层级结构，每层都呼叫其下一层所提供的协议来完成自己的需求。

TCP 负责发现传输的问题，出现问题就发出信号，要求重新传输，直到所有数据安全正确

地传输到目的地,而 IP 是为互联网的每台联网设备规定的一个地址。

基于 TCP/IP 的参考模型将协议分成 4 个层次,分别是网络接口层、网际互联层(IP 层)、传输层(TCP 层)和应用层。图 3-7 所示为开放系统互联(open system interconnection,OSI)模型与 TCP/IP 模型对比。

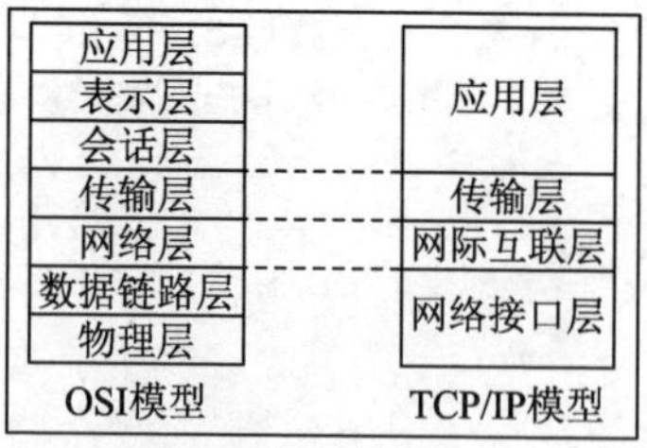

图 3-7 OSI 模型与 TCP/IP 模型对比

OSI 7 层模型与 TCP/IP 模型功能实现对比如图 3-8 所示。

OSI 7层	每层功能	TCP/IP模型
应用层	文件传输,电子邮件,文件服务,虚拟终端	TFTP、HTTP、SNMP、FTP、SMTP、DNS、Telnet
表示层	数据格式化,代码转换,数据加密	没有协议
会话层	解除或建立与别的接点的联系	没有协议
传输层	提供端对端的接口	TCP、UDP
网络层	为数据包选择路由	IP、ICMP、OSPF、BGP、IGMP、ARP、RARP
数据链路层	传输有地址的帧以及错误检测功能	SLIP、PPP、MTU
物理层	以二进制数据形式在物理媒体上传输数据	ISO 2110、IEEE 802、IEEE 802.2

图 3-8 OSI 7 层模型与 TCP/IP 模型协议功能实现对比

3.8 IP 地址及网络常识

IP 地址,是 IP 协议提供的一种统一的地址格式,它为互联网上的每个网络和每台主机分配一个逻辑地址,以此来屏蔽物理地址的差异。IP 地址被用来为互联网上的每个通信设备编号,每台联网的个人计算机(personal computer,PC)上都需要有 IP 地址,这样才能正常通信。

IP 地址是一个 32 位的二进制数,通常被分割为 4 个 "8 位二进制数"(4 B)。IP 地址通常用 "点分十进制" 表示成 a.b.c.d 的形式,其中 a、b、c、d 都是 0~255 之间的十进制整数。

常见的 IP 地址分为 IPv4 与 IPv6 两大类。IP 地址编址方案将 IP 地址空间划分为 A、B、C、D、E 五类,其中 A、B、C 是基本类,D、E 类作为多播和保留使用。

IPv4 有 4 段数字,每段最大不超过 255。由于互联网的蓬勃发展,IP 地址的需求量越来越大,这使得 IP 地址的发放愈趋严格,各项资料显示,全球 IPv4 地址在 2011 年已经全部分发完毕。

地址空间的不足必将妨碍互联网的进一步发展。为了扩大地址空间，拟通过 IPv6 重新定义地址空间。IPv6 采用 128 位地址长度。IPv6 的设计一劳永逸地解决了地址短缺问题。IPv6 可以给全球每粒沙子配置一个 IP 地址，还考虑了在 IPv4 中解决不了的其他问题，如图 3-9 所示。

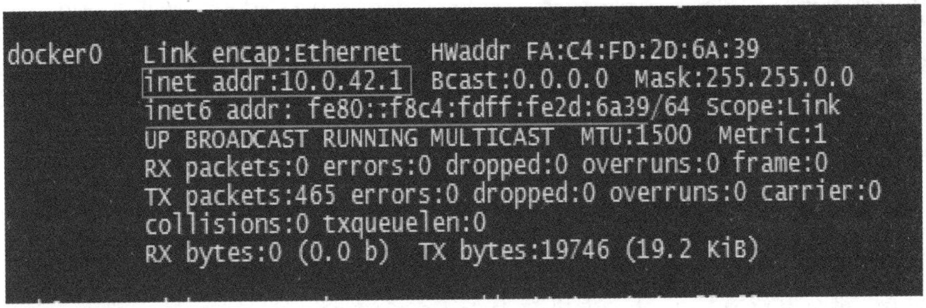

图 3-9 IPv4 与 IPv6 地址

3.8.1 IP 地址分类

IPv4 地址编址方案有 A、B、C、D、E 五类，其中 A、B、C 是基本类，D、E 类作为多播和保留使用。

1. A类IP地址

一个 A 类 IP 地址是指在 IP 地址的 4 段号码中，第一段号码为网络号码，剩下的 3 段号码为本地计算机的号码。如果用二进制表示 IP 地址，A 类 IP 地址就由 1 字节的网络地址和 3 字节主机地址组成，网络地址的最高位必须是"0"。A 类 IP 地址中网络的标识长度为 8 位，主机标识的长度为 24 位。A 类网络地址数量较少，有 126 个网络，每个网络可以容纳主机数达 1 600 万台。

A 类 IP 地址范围为 1.0.0.0～127.255.255.255（二进制表示为 00000001 00000000 00000000 00000000～01111110 11111111 11111111 11111111），最后一个为广播地址。A 类 IP 地址的子网掩码为 255.0.0.0，每个网络支持的最大主机数为 $256^3-2=16\ 777\ 214$ 台。

2. B类IP地址

一个 B 类 IP 地址是指在 IP 地址的 4 段号码中，前两段号码为网络号码。如果用二进制表示 IP 地址，B 类 IP 地址就由 2 字节的网络地址和 2 字节主机地址组成，网络地址的最高位必须是"10"。

B 类 IP 地址中网络的标识长度为 16 位，主机标识的长度为 16 位，B 类网络地址适用于中等规模的网络，有 16 384 个网络，每个网络所能容纳的计算机数为 6 万多台。

B 类 IP 地址范围为 128.0.0.0～191.255.255.255（二进制表示为：10000000 00000000 00000000 00000000～10111111 11111111 11111111 11111111）。最后一个是广播地址，B 类 IP 地址的子网掩

码为 255.255.0.0，每个网络支持的最大主机数为 $256^2-2=65\ 534$ 台。

3. C类IP地址

一个 C 类 IP 地址是指在 IP 地址的 4 段号码中，前三段号码为网络号码，剩下的一段号码为本地计算机的号码。如果用二进制表示 IP 地址，C 类 IP 地址就由 3 字节的网络地址和 1 字节主机地址组成，网络地址的最高位必须是"110"。C 类 IP 地址中网络标识的长度为 24 位，主机标识的长度为 8 位。C 类网络地址数量较多，有 209 万余个网络，适用于小规模的局域网络，每个网络最多只能包含 254 台计算机。

C 类 IP 地址范围为 192.0.0.0～223.255.255.255 （二进制表示为 11000000 00000000 00000000 00000000～11011111 11111111 11111111 11111111）。C 类 IP 地址的子网掩码为 255.255.255.0，每个网络支持的最大主机数为 256-2=254 台。

4. D类IP地址

D 类 IP 地址又称多播地址（multicast address），即组播地址。在以太网中，多播地址命名了一组应该在这个网络应用中接收到一个分组的站点。多播地址的最高位必须是"1110"，范围为 224.0.0.0～239.255.255.255。

5. 特殊的地址

每个字节都为 0 的地址（0.0.0.0）表示当前主机，IP 地址中的每个字节都为 1 的 IP 地址（255.255.255.255）是当前子网的广播地址，IP 地址中凡是以"11110"开头的 E 类 IP 地址都保留用于将来和实验使用。

IP 地址中不能以十进制"127"作为开头，而以数字 127.0.0.1～127.255.255.255 段的 IP 地址称为回环地址，用于回路测试，如 127.0.0.1 可以代表本机 IP 地址。网络标识的第一个 8 位组也不能全置为"0"，全为"0"表示本地网络。

3.8.2 子网掩码

子网掩码（subnet mask）又称网络掩码、地址掩码，它用来指明一个 IP 地址的哪些位标识的是主机所在的子网，以及哪些位标识的是主机的位掩码。

子网掩码通常不能单独存在，它必须结合 IP 地址一起使用。子网掩码只有一个作用，就是将某个 IP 地址划分成网络地址和主机地址两部分。

子网掩码是一个 32 位地址，用于屏蔽 IP 地址的一部分以区别网络标识和主机标识，并说明该 IP 地址是在局域网上，还是在远程网上。

对于 A 类地址，默认的子网掩码是 255.0.0.0；对于 B 类地址，默认的子网掩码是 255.255.0.0；对于 C 类地址，默认的子网掩码是 255.255.255.0。

互联网由各种小型网络构成，每个网络上都有许多主机，这样便构成了一个有层次的结构。

IP 地址在设计时就考虑到地址分配的层次特点,将每个 IP 地址都分割成网络号和主机号两部分,以便于 IP 地址的寻址操作。

子网掩码的设定必须遵循一定的规则。同二进制 IP 地址,子网掩码由 1 和 0 组成,且 1 和 0 分别连续。子网掩码的长度也是 32 位,左边是网络位,用二进制数字"1"表示,1 的数目等于网络位的长度;右边是主机位,用二进制数字"0"表示,0 的数目等于主机位的长度。

3.8.3 网关地址

网关(gateway)是一个网络连接到另一个网络的"关口", 实质上是一个网络通向其他网络的 IP 地址。网关主要用于不同网络之间传输数据。

例如,设备接入同一个交换机,在交换机内部传输数据是不需要经过网关的。但是两台设备不在一个交换机网络,则需要在本机配置网关,内网服务器的数据通过网关,网关再把数据转发到其他网络的网关,直至找到对方的主机网络,然后返回数据。

3.8.4 MAC 地址

媒体访问控制(media access control 或 medium access control,MAC)地址,即物理地址、硬件地址,用来定义网络设备的位置。

在 OSI 模型中,第三层网络层负责 IP 地址,第二层数据链路层则负责 MAC 地址。因此,一台主机会有一个 MAC 地址,而每个网络位置会有一个专属于它的 IP 地址。

IP 地址工作在 OSI 参考模型的第三层网络层。二者分工明确,默契合作,完成通信过程。IP 地址专注于网络层,将数据包从一个网络转发到另外一个网络;而 MAC 地址则专注于数据链路层,将一个数据帧从一个节点传送到相同链路的另一个节点。

IP 地址和 MAC 地址一般成对出现。如果一台计算机要和网络中另一台计算机通信,那么这两台计算机必须配置 IP 地址和 MAC 地址,而 MAC 地址是网卡出厂时设定的,这样配置的 IP 地址与 MAC 地址形成了一种对应关系。

在数据通信时,IP 地址负责表示计算机的网络层地址,网络层设备(如路由器)根据 IP 地址进行操作;MAC 地址负责表示计算机的数据链路层地址,数据链路层设备根据 MAC 地址进行操作。IP 和 MAC 地址这种映射关系是通过地址解析协议(address resolution protocol,ARP)实现。

3.9 Linux 操作系统配置 IP

Linux 操作系统安装完毕,接下来如何让 Linux 操作系统连接互联网?

(1)CentOS Linux 服务器配置 IP 的方法。

CentOS 服务器网卡默认配置文件在 /etc/sysconfig/network-scripts/ 和 /etc/Network Manager/system-connections/ 目录下，名称一般为 ifcfg-eth0 或 ifcfg-ens160。例如，DELL R720 标配有 4 块千兆网卡，在系统显示的名称依次为 eth0、eth1、eth2 和 eth3。

修改服务器网卡的 IP 地址命令为 vi /etc/sysconfig/network-scripts/ifcfg-eth0，通过 vi 命令打开网卡配置文件，默认为 dhcp 方式，配置如下。

```
DEVICE=eth0
BOOTPROTO=dhcp
HWADDR=00:0c:29:52:c7:4e
ONBOOT=yes
TYPE=Ethernet
```

修改 BOOTPROTO 为 dhcp 方式，同时添加 IPADDR、NETMASK、GATEWAY 信息如下。

```
DEVICE=eth0
BOOTPROTO=dhcp
HWADDR=00:0c:29:52:c7:4e
ONBOOT=yes
TYPE=Ethernet
IPADDR=192.168.1.103
NETMASK=255.255.255.0
GATEWAY=192.168.1.1
```

服务器网卡配置文件的详细参数如下。

```
DEVICE=eth0                    #物理设备名
ONBOOT=yes                     #[yes|no]（重启网卡是否激活网卡设备）
BOOTPROTO=static               #[none|static|bootp|dhcp]（不使用协议|静态分
                               #配|BOOTP 协议|DHCP 协议）
TYPE=Ethernet                  #网卡类型
IPADDR=192.168.1.103           #IP 地址
NETMASK=255.255.255.0          #子网掩码
GATEWAY=192.168.1.1            #网关地址
```

服务器网卡配置完毕后，重启网卡服务（/etc/init.d/network restart）即可。然后查看 IP 地址，命令为 ifconfig 或 ip addr show，可查看当前服务器所有网卡的 IP 地址。

在 Linux 操作系统中，如果没有 ifconfig 命令，可以用 ip addr list/show 命令查看，也可以安装 ifconfig 命令，须安装软件包 net-tools，命令如下，如图 3-10 所示。

```
yum install net-tools -y
```

（2）Rocky Linux 服务器配置 IP 的方法。

```
#刷新并重新设置缓存
yum clean all
```

```
#如果没有网络,需要重启 Rocky Linux 网卡服务
nmcli c reload
nmcli c up ens33
#修改网卡配置文件
vi /etc/NetworkManager/system-connections/ens33.nmconnection
[ipv4]
address1=192.168.101.135/24,192.168.101.2
dns=8.8.8.8
method=manual
#method=auto                                        //为自动获取 IP
#重启网卡服务
systemctl restart NetworkManager
nmcli c down ens33
nmcli c up ens33
```

```
[root@localhost ~]# ifconfig
-bash: ifconfig: command not found
[root@localhost ~]# yum install net-tools -y
Loaded plugins: fastestmirror
Loading mirror speeds from cached hostfile
 * base: mirrors.btte.net
 * extras: mirror.bit.edu.cn
 * updates: mirrors.tuna.tsinghua.edu.cn
Resolving Dependencies
--> Running transaction check
---> Package net-tools.x86_64 0:2.0-0.17.20131004git.el7 will be installed
--> Finished Dependency Resolution

Dependencies Resolved
```

图 3-10　安装 net-tools 工具命令

3.10　Linux 操作系统配置 DNS

IP 地址配置完毕,如果服务器需要连接外网,还须配置域名系统(domain name system, DNS)。DNS 主要用于将请求的域名转换为 IP 地址,其配置方法如下。

修改 vi /etc/resolv.conf 文件,在文件中加入以下内容:

```
nameserver 202.106.0.20
nameserver 8.8.8.8
```

以上两行内容分别表示主 DNS 与备 DNS,DNS 配置完毕后,无须重启网络服务,DNS 将立即生效。

可以执行命令 ping -c 6 www.baidu.com 查看返回结果,如果有数据包返回,则表示服务器 DNS 配置正确,如图 3-11 所示。

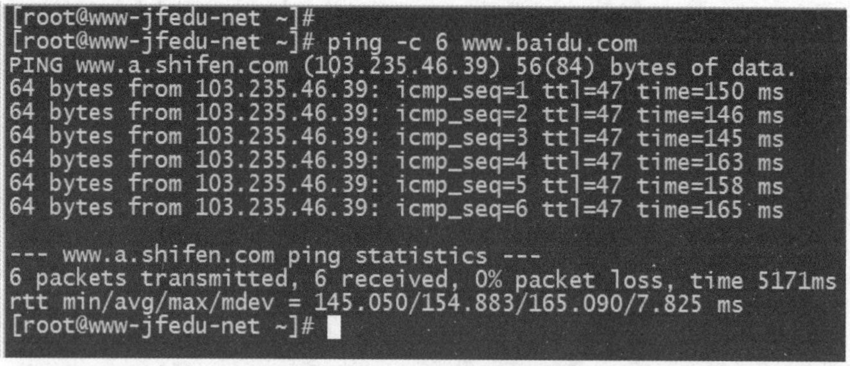

图 3-11 ping 命令返回值

3.11 CentOS 7 和 CentOS 8 密码重置

修改 CentOS 7 的 root 用户密码非常简单，只须登录系统，执行命令 passwd 并按 Enter 键即可。但是如果忘记 root 用户密码，无法登录系统，如何重置？

（1）重启系统，系统启动进入欢迎界面。加载内核步骤时，按 E 键，然后选中 CentOS Linux （3.10.0-327.e17.x86_64）7（Core），如图 3-12 所示。

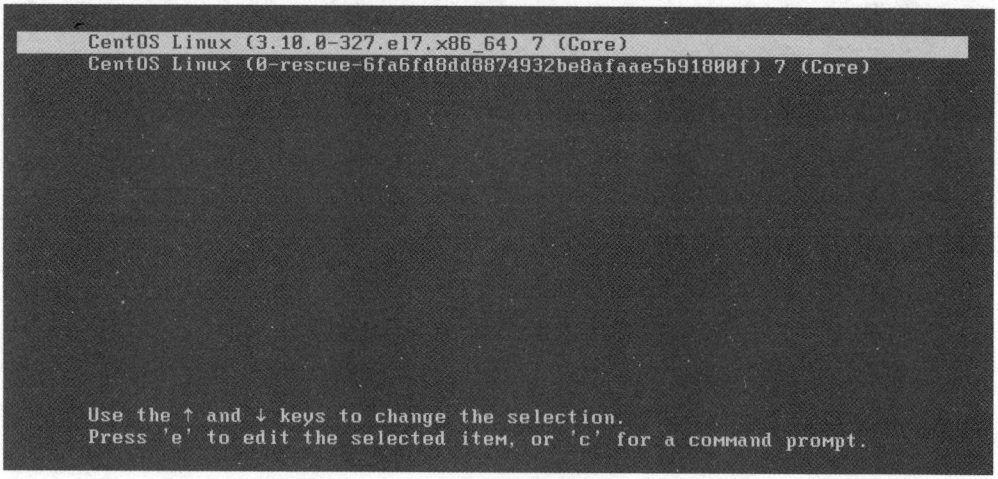

图 3-12 内核菜单选择界面

（2）继续按 E 键进入编辑模式，找到 ro   crashkernel=auto xxx 项，将 ro 改成 rw init=/sysroot/bin/sh，如图 3-13（a）和图 3-13（b）所示。

（3）修改后的内核编辑界面如图 3-14 所示。

（4）按 Ctrl+X 组合键进入单用户模式，如图 3-15 所示。

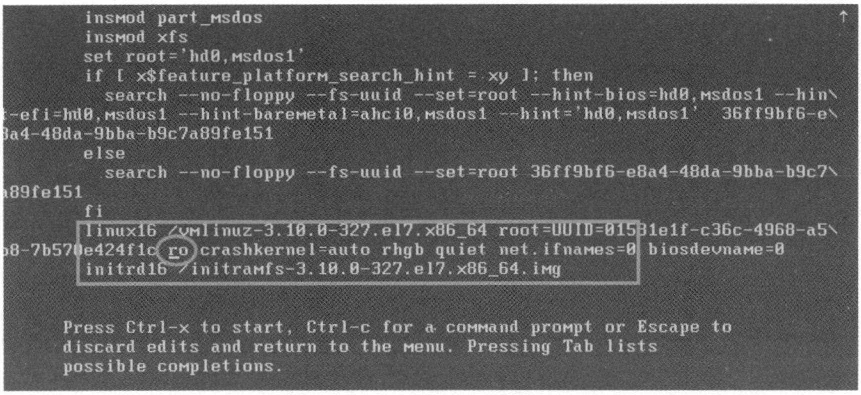

（a）

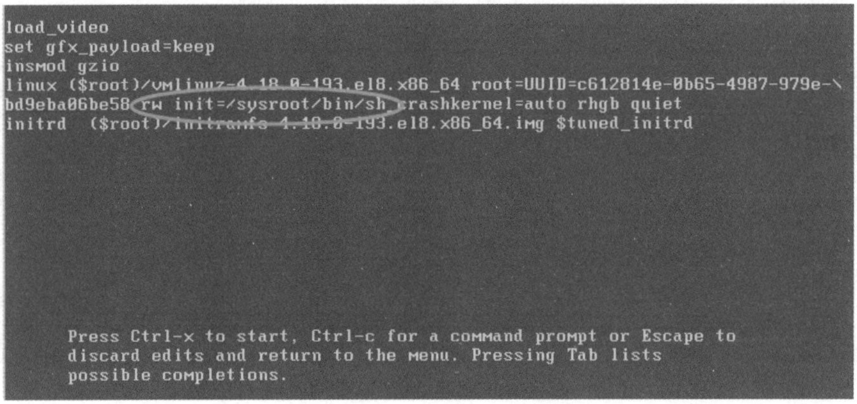

（b）

图 3-13 内核编辑界面

（a）CentOS 7 内核编辑界面；（b）CentOS 8 内核编辑界面

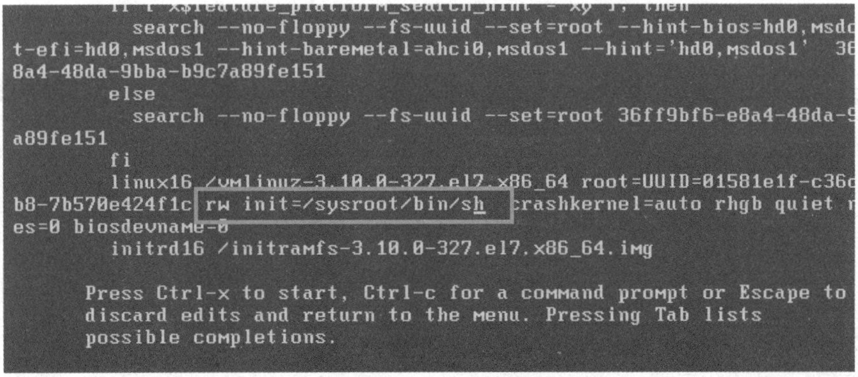

图 3-14 修改后的内核编辑界面

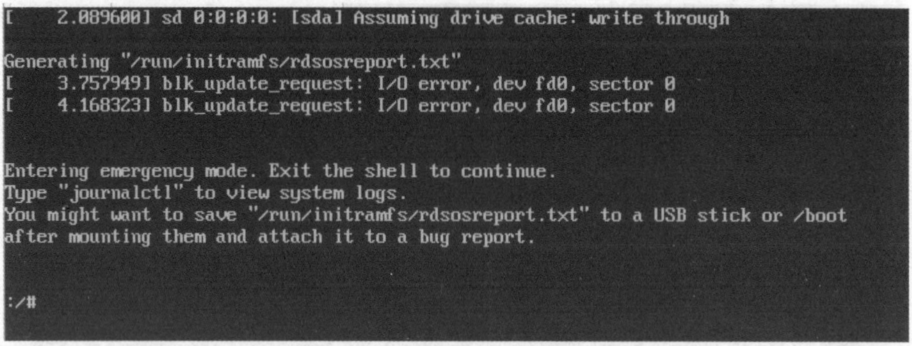

图 3-15　进入系统单用户模式

（5）执行命令 chroot /sysroot，并使用 passwd 命令修改 root 用户密码，如图 3-16 所示。

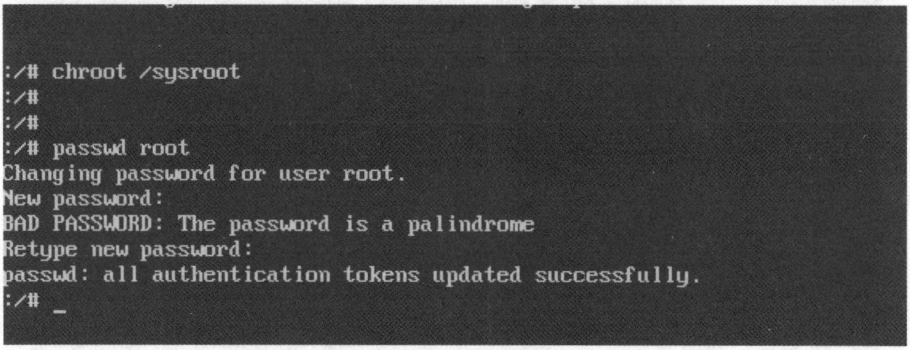

图 3-16　修改 root 用户密码

（6）更新系统信息，执行命令 touch /.autorelabel，在/（根）目录下创建一个 .autorelabel 文件。如果该文件存在，系统在重启时就会对整个文件系统进行 relabeling（重新标记），可以理解为对文件进行底层权限的控制和标记，如果 seLinux 属于 disabled（关闭）状态则不需要执行该条命令，如图 3-17 所示。

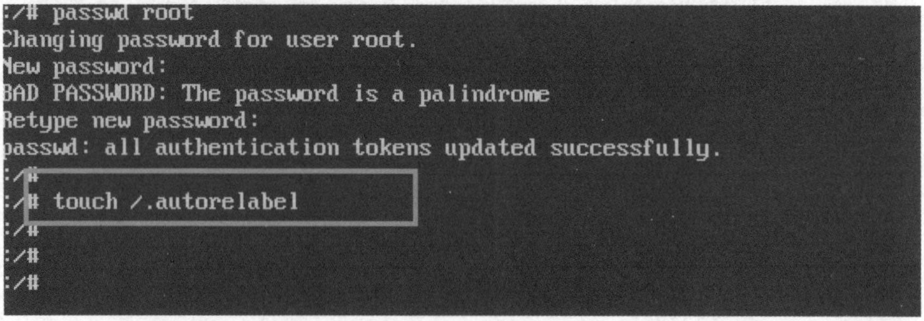

图 3-17　创建 .autorelabel 文件

3.12 远程管理 Linux 服务器

系统安装完毕后，可以通过远程工具连接 Linux 服务器。远程连接服务器管理的优势在于可以跨地区管理服务器，如读者在北京，需要管理的服务器在上海某信息传播中心的（information dissemination center，IDC）机房，通过远程管理，不需要到 IDC 机房现场去操作，直接通过远程工具即可管理，与现场管理的效果完全相同。

远程管理 Linux 服务器须满足以下 3 个条件。

（1）服务器配置 IP 地址。如果服务器在公网，须配置公网 IP，如果服务器在内部局域网，可以直接配置内部私有 IP。

（2）服务器安装安全外壳守护进程（secure shell daemon，SSHD）软件服务并启动该服务。几乎所有的 Linux 服务器系统安装完毕均会自动安装并启动 SSHD 服务，SSHD 服务监听 22 端口。SSHD 服务、OpenSSH 及 SSH 协议将在后续章节讲解。

（3）在服务器中防火墙服务需要允许 22 端口对外开放，初学者可以临时关闭防火墙。CentOS 6 关闭防火墙的命令为 service iptables stop，而 CentOS 8、Rocky Linux9.x 操作系统关闭防火墙的命令为 systemctl stop firewalld.service。

常见的 Linux 操作系统远程管理工具包括 SecureCRT、Xshell、Putty、Xmanger 等。目前主流的远程管理 Linux 服务器工具为 SecureCRT。在官网 https://www.vandyke.com 下载并安装 SecureCRT，打开工具，单击左上角的 quick connect 快速连接，将弹出如图 3-18 所示的对话框，连接配置具体步骤如下。

图 3-18　快速连接界面

（1）协议（P）：选择 SSH2。

（2）主机名（H）：输入 Linux 服务器 IP 地址。

（3）端口（O）：设置为22。

（4）防火墙（F）：设置为None。

（5）用户名（U）：设置为root。

单击下方的"连接"按钮，会提示输入密码，输入root用户对应的密码即可。

通过SecureCRT工具远程连接Linux服务器之后，将弹出如图3-19所示的界面，同服务器本地操作界面。在命令行可以执行命令，操作结果与在服务器本地操作一致。

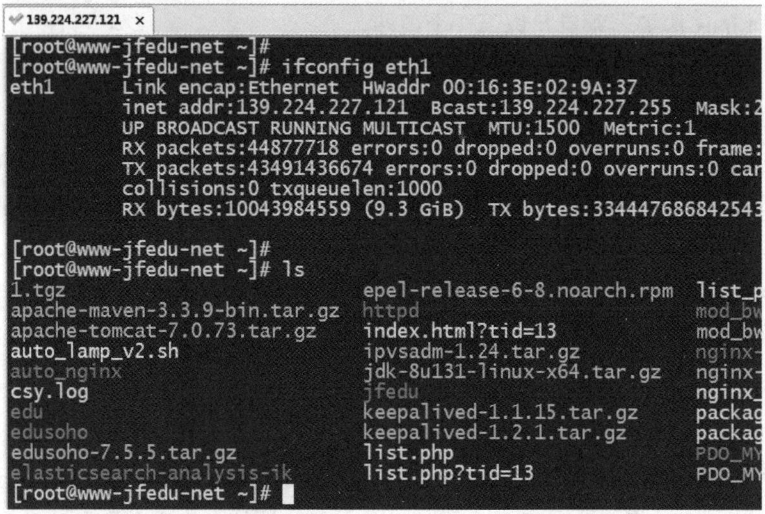

图3-19　SecureCRT工具远程连接Linux服务器

3.13　Linux系统目录功能

通过以上知识的学习，读者应能够独立安装Linux操作系统并配置Linux服务器IP以及进行远程连接。为了进一步学习Linux操作系统，需熟练掌握Linux操作系统各目录的功能。

Linux操作系统主要树结构目录包括/（根）、/root、/home、/usr、/bin、/tmp、/sbin、/proc、/boot等，图3-20所示为典型的Linux操作系统目录结构。

Linux系统中常见目录功能如下。

（1）/（根）：根目录。

（2）/bin：存放必要的命令。

（3）/boot：存放内核以及启动所需的文件。

（4）/dev：存放硬件设备文件。

（5）/etc：存放系统配置文件。

（6）/home：普通用户的宿主目录，用户数据存放在其主目录中。

（7）/lib|lib64：存放必要的运行库。
（8）/mnt：存放临时的映射文件系统，通常用来挂载使用。
（9）/proc：存放存储进程和系统信息。
（10）/root：超级用户的主目录。
（11）/sbin：存放系统管理程序。
（12）/srv：存储系统提供的数据。
（13）/sys：提供关于系统和连接硬件信息的接口。
（14）/tmp：存放临时文件。
（15）/usr：存放应用程序，命令程序文件、程序库、手册和其他文档。
（16）/var：系统默认日志存放目录。

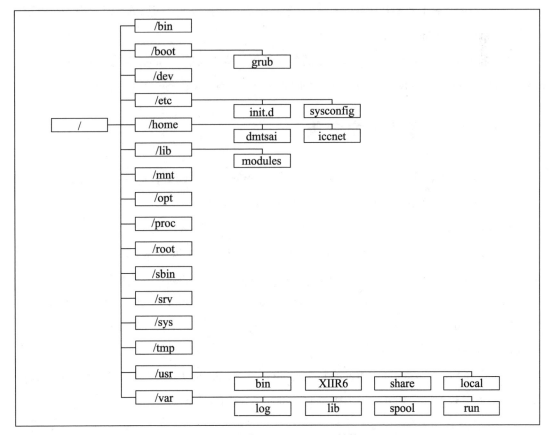

图 3-20　典型的 Linux 目录结构

第 4 章　Linux 操作系统必备命令集

Linux 操作系统启动默认为字符界面，一般不会启动图形界面，所以熟练掌握命令行能更加方便、高效地管理 Linux 操作系统。

本章将介绍 Linux 操作系统必备命令的各项参数及功能场景，Linux 常见命令包括 cd、ls、pwd、mkdir、rm、cp、mv、touch、cat、head、tail、chmod、vim 等。

4.1　Linux 操作系统命令集

初学者完成 Linux 操作系统安装以后，须学习 Linux 操作系统必备命令，基于 Linux 命令管理 Linux 操作系统。必备 Linux 操作系统命令如下。

（1）基础命令如下。

cd、ls、pwd、help、man、if、for、while、case、select、read、test、ansible、iptables、firewall-cmd、salt、mv、cut、uniq、sort、wc、source、sestatus、setenforce、Date、ntpdate、crontab、rsync、ssh、scp、nohup、sh、bash、hostname、hostnamectl、source、ulimit、export、env、set、at、dir、db_load、diff、dmsetup、declare。

（2）用户权限相关命令如下。

useradd、userdel、usermod、groupadd、groupmod、groupdel、Chmod、chown、chgrp、umask、chattr、lsattr、id、who、whoami、last、su、sudo、w、chpasswd、chroot。

（3）文件管理相关命令如下。

touch、mkdir、rm、rmdir、vi、vim、cat、head、tail、less、more、find、sed、grep、awk、echo、ln、stat、file。

（4）软件资源管理相关命令如下。

rpm、yum、tar、unzip、zip、gzip、wget、curl、rz、sz、jar、apt-get、bzip2、service、systemctl、make、cmake、chkconfig。

（5）系统资源管理相关命令如下。

fdisk、mount、umount、mkfs.ext4、fsck.ext4、parted、lvm、dd、du、df、top、iftop、free、w、uptime、iostat、vmstat、iotop、ps、netstat、lsof、ss、sar。

（6）网络管理相关命令如下。

ping、ifconfig、ip addr、ifup、ifdown、nmcli、route、nslookup、traceroute、dig、tcpdump、nmap、brctl、ethtool、setup、arp、ab、iperf。

（7）开关机相关命令如下。

init、reboot、shutdown、halt、poweroff、runlevel、login、logout、exit。

Linux 操作系统命令可以分为内置命令和外部命令，内置命令直接内置在 Shell 程序之中，随系统启动而自动加载至内存，不受此盘文件影响；外部命令由相应的系统软件提供，用户需要时才从硬盘中读入内存。相关命令如下。

```
# 常用查看内置命令如下
[root@node1 ~]# enable
enable .
enable :
enable [
enable alias
enable bg
enable bind
# 禁用某个内置命令
[root@www.jfedu.net ~]# enable -n alias

# 启用内置命令（默认为启动）
[root@www.jfedu.net ~]# enable alias
```

4.2　cd 命令详解

cd 命令主要用于目录切换，例如，cd /home 表示切换至/home 目录；cd /root 表示切换至/root 目录；cd ../表示切换至上一级目录；cd./表示切换至当前目录。

其中，"."和".."可以理解为相对路径，例如，cd ./test 表示以当前目录为参考，表示相对于当前；而 cd /home/test 表示完整的路径，可理解为绝对路径，如图 4-1 所示。

```
[root@www-jfedu-net tmp]# cd
[root@www-jfedu-net ~]#
[root@www-jfedu-net ~]# cd /home/
[root@www-jfedu-net home]#
[root@www-jfedu-net home]# cd /root/
[root@www-jfedu-net ~]#
[root@www-jfedu-net ~]# cd /
[root@www-jfedu-net /]#
[root@www-jfedu-net /]# cd /usr/local/sbin/
[root@www-jfedu-net sbin]#
[root@www-jfedu-net sbin]# cd /root/
[root@www-jfedu-net ~]#
[root@www-jfedu-net ~]#
[root@www-jfedu-net ~]# cd /opt/
[root@www-jfedu-net opt]#
[root@www-jfedu-net opt]#
```

图 4-1 Linux cd 命令操作

4.3 ls 命令详解

ls 命令主要用于浏览目录下的文件或文件夹，使用方法为 ls ./用于查看当前目录所有的文件和目录；ls -a 用于查看所有的文件，包括隐藏文件和以"."开头的文件，常用参数详解如下。

```
-a, --all                   #不隐藏任何以"."开头的项目
-A, --almost-all            #列出除以"."及".."开头以外的任何项目
    --author                #与-l 同时使用时列出每个文件的作者
-b, --escape                #以八进制溢出序列表示不可打印的字符
    --block-size=大小       #块以指定大小的字节为单位
-B, --ignore-backups        #不列出任何以"~"字符结束的项目
-d, --directory             #当遇到目录时列出目录本身而非目录内的文件
-D, --dired                 #产生适合 Emacs 的 dired 模式使用的结果
-f                          #不进行排序,-aU 选项生效,-lst 选项失效
-i, --inode                 #显示每个文件的 inode 号
-I, --ignore=PATTERN        #不显示任何符合指定 Shell PATTERN 的项目
-k                          #即--block-size=1KB
-l                          #使用较长格式列出信息
-n, --numeric-uid-gid       #类似 -l,但列出 UID 及 GID 号
-N, --literal               #输出未经处理的项目名称 (如不特别处理控制字符)
-r, --reverse               #排序时保留顺序
-R, --recursive             #递归显示子目录
-s, --size                  #以块数形式显示每个文件分配的尺寸
-S                          #根据文件大小排序
-t                          #根据修改时间排序
```

```
-u                          #同-lt 一起使用：按照访问时间排序并显示
                            #同-l 一起使用：显示访问时间并按文件名排序
                            #其他：按照访问时间排序
-U                          #不进行排序；按照目录顺序列出项目
-v                          #在文本中进行数字(版本)的自然排序
### 范例如下
【-l】参数主要是可以看到文件更详细的信息。
[root@www.jfedu.net ~]# ls -l /etc/fstab
-rw-r--r-- 1 root root 501 4月 1 2021 /etc/fstab
#长格式分别显示了文件类型及权限,文件链接次数,文件所有者,文件属组,文件大小,文件修改时
#间,文件名
```

4.4 pwd 命令详解

pwd 命令主要用于显示或查看当前目录，如图 4-2 所示。

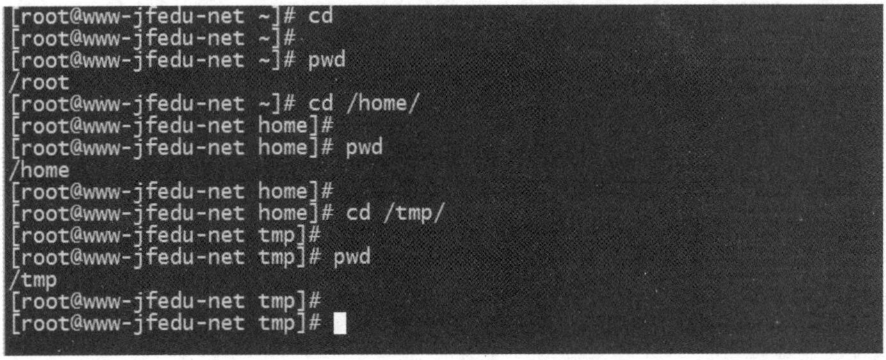

图 4-2 pwd 命令查看当前目录

4.5 mkdir 命令详解

mkdir 命令主要用于创建目录，用法为 mkdir dirname，命令后接目录的名称，常用参数详解如下：

```
#用法为 mkdir [选项]... 目录;若指定目录不存在则创建目录
#长选项必须使用的参数对于短选项时也必须使用
-m, --mode=模式             #设置权限模式(类似 chmod),而不是 rwxrwxrwx 减 umask
-p, --parents               #需要时创建目标目录的上层目录,但即使这些目录已存在也不当作
                            #错误处理
-v, --verbose               #每次创建新目录都显示信息
-Z, --context=CTX           #将每个创建的目录的 SELinux 安全环境设置为 CTX
```

```
--help                      #显示此帮助信息并退出
--version                   #显示版本信息并退出
### 范例如下
#【-p】递归创建目录,如果上级目录不存在,自动创建上级目录;如果目录已经,则不创建,不会提示报错
mkdir -p /data/nginx/html
#【-d】指定创建目录的权限
[root@www.jfedu.net ~]# mkdir -m 700 /data/jfedu
[root@www.jfedu.net ~]# ll /data/jfedu-d
drwx------ 2 root root 6 11月 27 11:34 /data/jfedu
```

4.6　rm 命令详解

rm 命令主要用于删除文件或者目录,用法为 rm –rf test.txt(r 表示递归,f 表示强制),常用参数详解如下:

```
#用法为 rm [选项]... 文件...删除 (unlink) 文件
-f, --force                 #强制删除。忽略不存在的文件,不提示确认
-i                          #在删除前需要确认
-I                          #在删除超过三个文件或者递归删除前要求确认。此选项比-i 提示
                            #内容更少但同样可以阻止大多数错误发生
-r, -R, --recursive         #递归删除目录及其内容
-v, --verbose               #详细显示进行的步骤
--help                      #显示此帮助信息并退出
--version                   #显示版本信息并退出
#默认 rm 不会删除目录,使用--recursive(-r 或-R)选项可删除每个给定的目录,以及其下所
#有的内容
#要删除第一个字符为"-"的文件 (例如"-foo"),请使用以下方法之一
rm -- -foo
rm ./-foo
```

4.7　cp 命令详解

cp 命令主要用于复制文件,用法为 cp old.txt /tmp/new.txt,常用于备份,如果复制目录需要加–r 参数。常用参数详解如下:

```
#用法为 cp [选项]... [-T] 源文件 目标文件
#或:cp [选项]... 源文件... 目录
#或:cp [选项]... -t 目录 源文件...
#将源文件复制至目标文件,或将多个源文件复制至目标目录
```

```
#长选项必须使用的参数对于短选项时也是必须使用的
-a, --archive              #等于-dR --preserve=all
    --backup[=CONTROL]     #为每个已存在的目标文件创建备份
-b                         #类似--backup 但不接受参数
    --copy-contents        #在递归处理是复制特殊文件内容
-d                         #等于--no-dereference --preserve=links
-f, --force                #如果目标文件无法打开则将其移除并重试(当采用-n 选项)
                           #存在时则不需再选此项)
-i, --interactive          #覆盖前询问（使前面的 -n 选项失效）
-H                         #跟随源文件中的命令行符号链接
-l, --link                 #链接文件而不复制
-L, --dereference          #总是跟随符号链接
-n, --no-clobber           #不覆盖已存在的文件(使前面的 -i 选项失效)
-P, --no-dereference       #不跟随源文件中的符号链接
-p                         #等于--preserve=模式,所有权,时间戳
    --preserve[=属性列表]   #保持指定的属性(默认:模式,所有权,时间戳)
                           #可能保持附加属性：环境、链接、xattr 等
-c                         same as --preserve=context
    --sno-preserve=属性列表 #不保留指定的文件属性
    --parents              #复制前在目标目录创建来源文件路径中的所有目录
-R, -r, --recursive        #递归复制目录及其子目录内的所有内容
### 范例如下
# 【-u】只复制源文件有更新的,否则不执行
[root@www.jfedu.net ~]# cp fstab /tmp/
cp: 是否覆盖"/tmp/fstab"? y
[root@www.jfedu.net ~]# cp -u fstab /tmp/   #因为文件没变,所以没有执行
[root@www.jfedu.net ~]# echo "this is update" >> fstab
[root@www.jfedu.net ~]# cp -u fstab /tmp/   #因为源文件更新,所以执行复制动作
cp: 是否覆盖"/tmp/fstab"? y
# 【-d】复制链接文件,如果直接复制,不带参数,会导致软连接失效,直接创建普通文件
[root@www.jfedu.net ~]# ln -s /etc/fstab fs
[root@www.jfedu.net ~]# cp -d fs /tmp/
[root@www.jfedu.net ~]# ll /tmp/fs
lrwxrwxrwx 1 root root 10 9月  2 14:34 /tmp/fs -> /etc/fstab
# 【-S】复制同名文件到目的目录时,对已存在的文件进行备份,且自定义备份文件后缀名
[root@www.jfedu.net ~]# cp /etc/passwd /tmp/
[root@www.jfedu.net ~]# \cp -S ".'date +%F'" /etc/passwd /tmp/
[root@www.jfedu.net ~]# ll /tmp/passwd*
-rw-r--r-- 1 root root 1119 9月  2 14:37 /tmp/passwd
-rw-r--r-- 1 root root 1119 9月  2 14:36 /tmp/passwd.2021-09-02
# 【-a 】重要参数可以实现递归,复制软连接,保留文件属性,应掌握
```

4.8 mv 命令详解

mv 命令主要用于重命名或移动文件或目录,用法为 mv old.txt new.txt,常用参数详解如下:

```
#用法如下：mv [选项]... [-T] 源文件 目标文件
#或：mv [选项]... 源文件... 目录
#或：mv [选项]... -t 目录 源文件
#将源文件重命名为目标文件,或将源文件移动至指定目录。长选项必须使用的参数对于短选项也是
#必须使用的
      --backup[=CONTROL]          #为每个已存在的目标文件创建备份
-b                                #类似于--backup 但不接受参数
-f, --force                       #覆盖前不询问
-i, --interactive                 #覆盖前询问
-n, --no-clobber                  #不覆盖已存在文件,如果指定了-i、-f、-n 中的多个
                                  #仅最后一个生效
      --strip-trailing-slashes    #去掉每个源文件参数尾部的斜线
-S, --suffix=SUFFIX               #替换常用的备份文件后缀
-t, --target-directory=DIRECTORY  #指定目的目录
-T, --no-target-directory         #将目标文件视作普通文件处理
-u, --update                      #只在源文件比目标文件新,或目标文件
                                  #不存在时才进行移动
-v, --verbose                     #详细显示进行的步骤
    --help                        #显示此帮助信息并退出
    --version                     #显示版本信息并退出
### 范例如下
#【-t】将文件或者目录移动到指定目录
[root@www.jfedu.net ~]# cp /etc/passwd
[root@www.jfedu.net ~]# mv -t /tmp/ passwd
[root@www.jfedu.net ~]# ll /tmp/passwd
-rw-r--r-- 1 root root 1119 9月  2 14:47 /tmp/passwd
#【-b】移动文件前,对已存在的文件进行备份
[root@www.jfedu.net ~]# mv -b passwd  /tmp/
mv: 是否覆盖"/tmp/passwd"? y
[root@www.jfedu.net ~]# ll /tmp/passwd*
-rw-r--r-- 1 root root 1119 9月  2 14:47 /tmp/passwd
-rw-r--r-- 1 root root 1119 9月  2 14:37 /tmp/passwd~
#【-f】强制覆盖,不提示
[root@www.jfedu.net ~]# cp /etc/passwd
[root@www.jfedu.net ~]# mv -f passwd  /tmp/
```

4.9 touch 命令详解

touch 命令主要用于创建普通文件，用法为 touch test.txt，如果文件存在，则表示修改当前文件时间。常用参数详解如下：

```
#用法为 touch [选项]... 文件...
#将每个文件的访问时间和修改时间改为当前时间
#不存在的文件将会被创建为空文件,除非使用-c 或-h 选项
#如果文件名为"-"则特殊处理,更改与标准输出相关文件的访问时间
#长选项必须使用的参数在短选项时也是必须使用的
-a                          #只更改访问时间
-c, --no-create             #不创建任何文件
-d, --date=字符串           #使用指定字符串表示时间而非当前时间
-f                          #（忽略）
-h, --no-dereference        #会影响符号链接本身,而非符号链接所指示的目的地
                            # (当系统支持更改符号链接的所有者时,此选项才有用)
-m                          #只更改修改时间
-r, --reference=文件        #使用指定文件的时间属性而非当前时间
-t STAMP                    #使用[[CC]YY]MMDDhhmm[.ss] 格式的时间而非当前时间
--time=WORD                 #使用 WORD 指定的时间：access、atime、use 都等于-a
                            #选项的效果,而 modify、mtime 等于-m 选项的效果
--help                      #显示此帮助信息并退出
--version                   #显示版本信息并退出
### 范例如下：
#【-t】指定修改文件时间
[root@www.jfedu.net ~]# touch -t 202109021412 file
[root@www.jfedu.net ~]# ll file
-rw-r--r-- 1 root root 0 9月  2 14:12 file
```

4.10 cat 命令详解

cat 命令主要用于查看文件内容，用法为 cat test.txt，可以查看 test.txt 内容，常用参数详解如下：

```
#用法为 cat [选项]... [文件]...
#将[文件]或标准输入组合输出到标准输出
-A, --show-all              #等于-vET
-b, --number-nonblank       #对非空输出行编号
-e                          #等于-vE
-E, --show-ends             #在每行结束处显示"$"
```

```
-n, --number                    #对输出的所有行编号
-s, --squeeze-blank             #不输出多行空行
-t                              #与-vT 等价
-T, --show-tabs                 #将跳格字符显示为^I
-u                              #(被忽略)
-v, --show-nonprinting          #使用^ 和 M- 引用,LFD 和 TAB 除外
--help                          #显示此帮助信息并退出
--version                       #显示版本信息并退出
```

cat 命令还有一种用法,即 cat...EOF...EOF,表示追加内容至/tmp/test.txt 文件中,详细如下:

```
# 在文件最后一行追加以下内容
cat >>/tmp/test.txt<<EOF
My Name is JFEDU.NET
I am From Bei jing.
EOF
# 从文件开头用新内容覆盖原内容
cat >/tmp/test.txt<<EOF
This is new line
EOF
```

4.11 zip 命令详解

zip 命令主要用来解压缩文件,或者对文件进行打包操作。文件被压缩后会另外产生一个具有.zip 扩展名的压缩文件,压缩命令执行完不会删除源文件。

```
# 语法如下
zip 选项 参数
# 常用选项如下
-F                              #尝试修复已损坏的压缩文件
-g                              #将文件压缩后附加在已有的压缩文件之后,而非另行建
                                #立新的压缩文件
-h                              #在线帮助
-k                              #使用 MS-DOS 兼容格式的文件名称
-l                              #压缩文件时,把 LF 字符置换成 LF+CR 字符
-m                              #将文件压缩并加入压缩文件后,删除原始文件,即把文
                                #件移到压缩文件中
-o                              #以压缩文件内拥有最新更改时间的文件为准,将压缩文
                                #件的更改时间设成和该文件相同
-q                              #不显示指令执行过程
-r                              #递归处理,将指定目录下的所有文件和子目录一并处理
-S                              #包含系统和隐藏文件
-t<日期时间>                    #把压缩文件的日期设成指定的日期
```

```
-n                              #压缩效率 n 是一个介于 1~9 的数值
### 范例如下
# 压缩单个文件
zip fstab.zip /etc/fstab
# 把/tmp/整个目录压缩到指定文件
[root@www.jfedu.net ~]# zip tmp.zip /tmp/*
#【-n】指定压缩级别
zip -9 fstab2.zip /etc/fstab
#【-r】递归压缩目录中的子目录
#【-m】压缩完移除源文件,只保留压缩后的文件
[root@www.jfedu.net ~]# zip -rm tmp.zip /tmp/*
# 解压缩文件
[root@www.jfedu.net ~]# unzip tmp.zip
```

4.12 gzip 命令详解

gzip 是 Linux 操作系统中经常使用的一个对文件进行压缩和解压缩的命令。gzip 命令不仅可以用来压缩体积大的、使用次数较少的文件以节省磁盘空间,还可以和 tar 命令一起构成 Linux 操作系统中比较流行的压缩文件格式。

```
# 语法如下
gzip 选项 参数
# 常用选项如下
-d                              #解开压缩文件
-f                              #强行压缩文件
-h                              #在线帮助
-l                              #列出压缩文件的相关信息
-N                              #压缩文件时,保存原来的文件名称及时间戳
-q                              #不显示警告信息
-r                              #递归处理,将指定目录下的所有文件及子目录一并处理
-t                              #测试压缩文件是否正确无误
-v                              #显示指令执行过程
-V                              #显示版本信息
-n                              #指定压缩级别,-1 或 --fast 表示最快压缩方法(低压缩比)
                                #-9 或 --best 表示最慢压缩方法(高压缩比)。默认级别为 6
-c                              #保留原始文件,生成标准输出流(结合重定向使用)
### 范例如下
# 压缩普通文件
[root@www.jfedu.net ~]# dd if=/dev/zero of=jfedu bs=1M count=100#
#创建一个 100MB 的文件
#记录了 100+0 的读入
```

```
#记录了 100+0 的写出
104857600Byte(105MB)已复制,1.42292 s,73.7 MB/s
[root@www.jfedu.net ~]# gzip jfedu
[root@www.jfedu.net ~]# ll -h
#总用量 100KB
-rw-r--r-- 1 root root 100K 9月  2 15:38 jfedu.gz        #经过压缩,100MB 的文
                                                          #件压缩为 100KB

#【-r】递归压缩目录中的文件,不会压缩目录本身
[root@www.jfedu.net ~]# gzip -r /tmp/
[root@www.jfedu.net ~]# ll /tmp/
#总用量 20
-rw-r--r-- 1 root root 312 4月  1 2020 fs.gz
-rw-r--r-- 1 root root 326 9月  2 14:31 fstab.gz
#省略部分文件
# 【-c】压缩完文件后,保留原文件
[root@www.jfedu.net ~]# cp /etc/fstab
[root@www.jfedu.net ~]# gzip -c fstab > fstab.gz
[root@www.jfedu.net ~]# ll
#总用量 8
-rw-r--r-- 1 root root 501 9月  2 15:45 fstab
-rw-r--r-- 1 root root 315 9月  2 15:45 fstab.gz
#【-d】解压文件
[root@www.jfedu.net ~]# gzip -d fstab.gz
#或者
[root@www.jfedu.net ~]# gunzip fstab.gz
[root@www.jfedu.net ~]# ls
fstab
#不解压,直接查看压缩文件内容
[root@www.jfedu.net ~]# zcat  fstab.gz
#
# /etc/fstab
# Created by anaconda on Wed Apr  1 20:41:42 2020
#省略部分内容
```

4.13 bzip2 命令详解

bzip2 命令是 Linux 操作系统常用解压缩命令之一,压缩比非常高。经过 bzip2 压缩的文件后缀名为.bz2。

```
# 语法如下
bzip2 [option]   参数
# 常用选项如下:
```

```
-k                      #保留源文件
-d                      #解压缩
-1~9                    #定义压缩级别
### 范例如下
# 压缩普通文件
[root@www.jfedu.net ~]# ll -h
#总用量 100MB
-rw-r--r-- 1 root root 100M 9月  2 15:55 jfedu
[root@www.jfedu.net ~]# bzip2 jfedu
[root@www.jfedu.net ~]# ll -h
#总用量 4.0KB
-rw-r--r-- 1 root root 113 9月  2 15:55 jfedu.bz2
【-d】解压缩文件
[root@www.jfedu.net ~]# ll -h
#总用量 4.0KB
-rw-r--r-- 1 root root 113 9月  2 15:55 jfedu.bz2
[root@www.jfedu.net ~]# bzip2 -d jfedu.bz2
[root@www.jfedu.net ~]# ll
#总用量 102400
-rw-r--r-- 1 root root 104857600 9月  2 15:55 jfedu
#【-k】压缩完,保留原文件
[root@www.jfedu.net ~]# bzip2 -k jfedu
[root@www.jfedu.net ~]# ll -h
#总用量 101MB
-rw-r--r-- 1 root root 100M 9月  2 15:55 jfedu
-rw-r--r-- 1 root root 113 9月  2 15:55 jfedu.bz2
```

4.14 tar 命令详解

tar 命令主要用于创建归档文件。

```
#语法如下
tar   选项   参数
#常用选项如下
-c                  #创建新的 tar 包
-f                  #指定 tar 包名
-r                  #添加文件到归档文件,须与 f 结合使用,指定归档文件
-z                  #指定 gzip 压缩 tar 包,后缀为 .tar.gz
-j                  #指定 bzip2 解压缩文件,后缀为 .tar.bz2
-p                  #保留文件的权限和属性
--remove-files      #归档后删除源文件
### 范例如下
#创建一个归档文件
```

```
[root@www.jfedu.net ~]# tar -cf jfedu.tar jfedu*
#【-r】在归档文件中添加新文件
[root@www.jfedu.net ~]# tar -rf jfedu.tar  fstab
#【-t】列出归档文件中的文件
[root@www.jfedu.net ~]# tar -tf jfedu.tar
jfedu
jfedu.bz2
fstab
#【x】从归档文件中提取文件
[root@www.jfedu.net ~]# tar -xf jfedu.tar
#【z】创建归档文件时，直接压缩文件
[root@www.jfedu.net ~]# tar -czf jfedu.tar.gz fstab  jfedu
[root@www.jfedu.net ~]# ll jfedu.tar.gz
-rw-r--r-- 1 root root 102216 9月  2 16:21 jfedu.tar.gz
```

4.15　head 命令详解

head 命令主要用于查看文件内容，通常查看文件前 10 行。head -10 /var/log/messages 可以查看该文件前 10 行的内容。常用参数详解如下：

```
#用法为 head [选项]... [文件]...
#将每个指定文件的头 10 行显示到标准输出
#如果指定了多于一个文件，在每一段输出前会给出文件名作为文件头
#如果不指定文件，或者文件为"-"，则从标准输入读取数据，长选项必须使用的参数在短选项时
#也是必须使用的
-q, --quiet, --silent          #不显示包含给定文件名的文件头
-v, --verbose                  #总是显示包含给定文件名的文件头
--help                         #显示此帮助信息并退出
--version                      #显示版本信息并退出
-c, --bytes=[-]K               #显示每个文件的前 K 字节内容，如果附加"-"参数，则
                               #除了每个文件的最后 K 字节数据外显示剩余全部内容
-n, --lines=[-]K               #显示每个文件的前 K 行内容，如果附加"-"参数，则除
                               #了每个文件的最后 K 行外显示剩余全部内容
```

4.16　tail 命令详解

tail 命令主要用于查看文件内容，通常查看末尾 10 行。tail –fn 100 /var/log/messages 可以实时查看该文件末尾 100 行的内容。常用参数详解如下：

```
用法为 tail [选项]... [文件]...
#显示每个指定文件的最后 10 行到标准输出
#若指定了多于一个文件，程序会在每段输出的开始添加相应文件名作为头
```

```
#如果不指定文件或文件为"-",则从标准输入读取数据
#长选项必须使用的参数在短选项时也是必须使用的
-n, --lines=K                           #输出的总行数,默认为 10 行
-q, --quiet, --silent                   #不输出给出文件名的头
--help                                  #显示此帮助信息并退出
--version                               #显示版本信息并退出
-f, --follow[={name|descriptor}]        #即时输出文件变化后追加的数据
            -f, --follow                #等于--follow=descriptor
-F                                      #即--follow=name -retry
-c, --bytes=K                           #输出最后 K 字节;另外,使用-c
+K                                      #从每个文件的第 K 字节输出
```

4.17 less 命令详解

less 命令通常用于查看大文件,可以分屏显示文件内容。

```
# 语法如下
less 选项  参数
# 打开文件后,常用快捷键如下
空格:显示下一屏内容
b:显示上一屏内容
f:显示下一屏内容
```

4.18 more 命令详解

more 命令用于分页显示文本文件,允许用户一页一页地阅读文件内容,而不是一次性显示整个文件,特别适用于查看较大的文件。

```
more [-dlfpcsu] [-num] [+/pattern] [+linenum] [file ...]
more [-dlfpcsu ] [-num ] [+/ pattern] [+ linenum] [file ... ]
#命令参数如下
+n              #从第 n 行开始显示
-n              #屏幕显示 n 行
+/pattern       #在每个档案显示前搜寻该字串(pattern),然后从该字串前两行之后开始显示
-c              #从顶部清屏,然后显示
-d              #提示"Press space to continue,'q' to quit(按空格键继续,按 Q 键退出)"
                #禁用响铃功能
-l              #忽略 Ctrl+l(换页)字符
-p              #通过清除窗口而不是滚屏来对文件进行换页,与-c 选项相似
-s              #把连续的多个空行显示为一行
-u              #把文件内容中的下划线去掉
```

```
#常用操作命令如下
Enter           #向下 n 行,需要定义。默认为 1 行
Ctrl+F          #向下滚动一屏
空格键          #向下滚动一屏
Ctrl+B          #返回上一屏
=               #输出当前行的行号
:f              #输出文件名和当前行的行号
V               #调用 vi 编辑器
!               #调用 Shell,并执行命令
q               #退出 more
```

4.19 chmod 命令详解

chmod 命令主要用于修改文件或目录的权限,如 chmod o+w test.txt 表示为其他人赋予 test.txt 写入权限。常用参数详解如下:

```
#用法为 chmod [选项]... 模式[,模式]... 文件...
#或: chmod [选项]... 八进制模式 文件...
#或: chmod [选项]... --reference=参考文件 文件,将每个文件的模式更改为指定值
-c, --changes                    #类似 --verbose,但只在有更改时才显示结果
    --no-preserve-root           #不特殊对待根目录(默认)
    --preserve-root              #禁止对根目录进行递归操作
-f, --silent, --quiet            #去除大部分错误信息
-R, --recursive                  #以递归方式更改所有的文件及子目录
    --help                       #显示此帮助信息并退出
    --version                    #显示版本信息并退出
-v, --verbose                    #为处理的所有文件显示诊断信息
    --reference=参考文件         #使用指定参考文件的模式,而非自行指定权限模式
```

4.20 chown 命令详解

chown 命令主要用于文件或文件夹属主及所属组的修改,例如,chown -R root.root /tmp/test.txt 表示修改 test.txt 文件的用户和组均为 root。常用参数详解如下。

```
#用法为 chown [选项]... [所有者][:[组]] 文件...
#或: chown [选项]... --reference=参考文件 文件...
#更改每个文件的所有者和/或所属组
#当使用 --referebce 参数时,将文件的所有者和所属组更改为与指定参考文件相同
-f, --silent, --quiet            #去除大部分的错误信息
    --reference=参考文件         #使用参考文件的所属组,而非指定值
-R, --recursive                  #递归处理所有的文件及子目录
```

```
-v, --verbose        #为处理的所有文件显示诊断信息
-H                   #命令行参数是一个文件或目录的符号链接,则遍历符号链接
-L                   #遍历每一个遇到的文件或目录的符号链接
-P                   #遍历任何符号链接(默认)
--help               #显示帮助信息并退出
--version            #显示版本信息并退出
```

4.21 echo 命令详解

echo 命令主要用于打印字符或回显,例如,输入 echo ok,会显示 ok,"echo ok > test.txt"则使用字符串"ok"覆盖 text.txt 文件的内容。">"表示覆盖,用户原内容将被覆盖;">>"表示追加,而原内容不变。

例如,echo ok >> test.txt 表示向 test.txt 文件追加字符串"ok",不覆盖原文件里的内容。常用参数详解如下:

```
使用-e 扩展参数选项时,与如下参数一起使用,有不同含义,例如
\a                   #发出警告声
\b                   #删除前一个字符
\c                   #最后不加上换行符号
\f                   #换行但光标仍旧停留在原来的位置
\n                   #换行且光标移至行首
\r                   #光标移至行首,但不换行
\t                   #插入 tab; \v 与\f 相同
\\                   #插入\字符
\033[30m             #黑色字 \033[0m
\033[31m             #红色字 \033[0m
\033[32m             #绿色字 \033[0m
\033[33m             #黄色字 \033[0m
\033[34m             #蓝色字 \033[0m
\033[35m             #紫色字 \033[0m
\033[36m             #天蓝色字 \033[0m
\033[37m             #白色字 \033[0m
\033[40;37m          #黑底白字 \033[0m
\033[41;37m          #红底白字 \033[0m
\033[42;37m          #绿底白字 \033[0m
\033[43;37m          #黄底白字 \033[0m
\033[44;37m          #蓝底白字 \033[0m
\033[45;37m          #紫底白字 \033[0m
\033[46;37m          #天蓝底白字 \033[0m
\033[47;30m          #白底黑字 \033[0m
```

使用 echo 命令可以打印带有色彩的文字，如 auto_lamp_v2.sh 内容如下：

```
echo -e "\033[36mPlease Select Install Menu follow:\033[0m"
echo -e "\033[32m1)Install Apache Server\033[1m"
echo "2)Install MySQL Server"
echo "3)Install PHP Server"
echo "4)Configuration index.php and start LAMP server"
echo -e "\033[31mUsage: { /bin/sh $0 1|2|3|4|help}\033[0m"
```

其执行结果如图 4-3 所示。

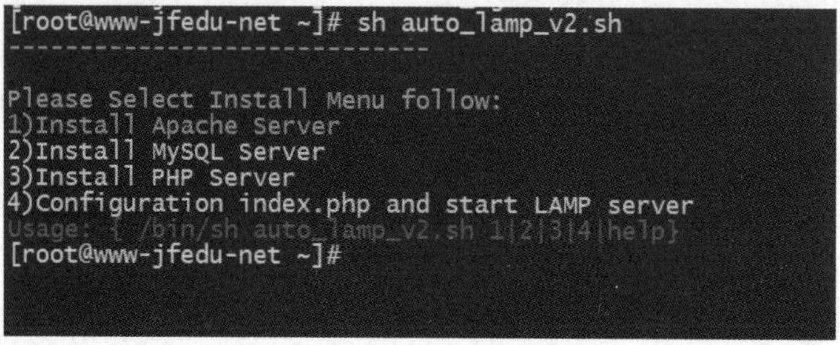

图 4-3　echo -e 颜色打印执行结果

4.22　df 命令详解

df 命令常用于磁盘分区查询，常用命令为 df -h。常用参数详解如下：

```
#用法为 df [选项]... [文件]...
#显示每个文件所在的文件系统的信息，默认是显示所有文件系统
#长选项必须使用的参数在短选项时也是必须使用的
-a, --all                   #显示所有文件系统的使用情况,包括虚拟文件系统
-B, --block-size=SIZE       #使用字节大小块
-h, --human-readable        #以人们可读的形式显示大小
-H, --si                    #同-h,但是强制使用 1000 而不是 1024
-i, --inodes                #显示 inode 信息而非块使用量
-k                          #即--block-size=1K
-l, --local                 #只显示本机的文件系统
    --no-sync               #取得使用量数据前不进行同步动作(默认)
-P, --portability           #使用 POSIX 兼容的输出格式
    --sync                  #取得使用量数据前先进行同步动作
-t, --type=类型             #只显示指定文件系统为指定类型的信息
-T, --print-type            #显示文件系统类型
-x, --exclude-type=类型     #只显示文件系统不是指定类型信息
--help                      #显示帮助信息并退出
--version                   #显示版本信息并退出
```

4.23 du 命令详解

du 命令常用于查看文件在磁盘中的使用量，常用命令为 du -sh，用于查看当前目录所有文件及文件的大小。常用参数详解如下：

```
#用法为 du [选项]... [文件]...
#或：du [选项]... --files0-from=F
#计算每个文件的磁盘用量，目录则取总用量
#长选项必须使用的参数对于短选项时也是必须使用的
-a, --all                    #输出所有文件的磁盘用量,不仅仅是目录
--apparent-size              #显示表面用量,而并非磁盘用量;虽然表面用量通常会小一
                             #些,但有时会因为稀疏文件间的"洞"、内部碎片、非直接引
                             #用的块等原因而变大
-B, --block-size=大小        #使用指定字节数的块
-b, --bytes                  #等于--apparent-size --block-size=1
-c, --total                  #显示总计信息
-H                           #等于--dereference-args (-D)
-h, --human-readable         #以可读性较好的方式显示尺寸(例如:1KB 234MB 2GB)
   --si                      #类似于-h,但在计算时使用1000 为基底而非1024
-k                           #等于--block-size=1K
-l, --count-links            #如果是硬连接,则多次计算其尺寸
-m                           #等于--block-size=1M
-L, --dereference            #找出任何符号链接指示的真正目的地
-P, --no-dereference         #不跟随任何符号链接(默认)
-0, --null                   #将每个空行视作 0 字节而非换行符
-S, --separate-dirs          #不包括子目录的占用量
-s, --summarize              #只分别计算命令列中每个参数所占的总用量
-x, --one-file-system        #跳过处于不同文件系统之上的目录
-X, --exclude-from=文件      #排除与指定文件中描述的模式相符的文件
-D, --dereference-args       #解除命令行中列出的符号连接
   --files0-from=F           #计算文件 F 中以 NUL 结尾的文件名对应占用的磁盘空间,如
                             #果 F 的值是"-",则从标准输入读入文件名
```

以上为 Linux 操作系统初学者必备命令，当然 Linux 命令还有很多，后续章节会随时学习新的命令。

4.24 fdisk 命令详解

fdisk 命令用于创建和维护分区表，详解如下：

```
#用法如下
    fdisk [options] <disk>         #change partition table
    fdisk [options] -l <disk>      #list partition table(s)
    fdisk -s <partition>           #give partition size(s) in blocks
#常用选项如下
    -b <size>                      #sector size (512, 1024, 2048 or 4096)
    -c                             #switch off DOS-compatible mode
    -h                             #print help
    -u <size>                      #give sizes in sectors instead of cylinders
    -v                             #打印版本
    d                              # 删除分区
    l                              # 列出分区类型
    m                              # 帮助信息
    n                              # 添加一个分区
    o                              # DOS partition table
    p                              # 列出分区表
    q                              # 不保存退出
    t                              # 改变分区类型
    w                              # 把分区表写入硬盘并退出
```

4.25　mount 命令详解

mount 命令可以将分区挂接到 Linux 的一个文件夹下，从而将分区与该目录联系起来，命令详解如下：

```
mount [-Vh]
mount -a [-fFnrsvw] [-t vfstype]
mount [-fnrsvw] [-o options [,...]] device | dir
mount [-fnrsvw] [-t vfstype] [-o options] device dir
    -V              #显示 mount 工具版本号
    -l              #显示已加载的文件系统列表
    -h              #显示帮助信息并退出
    -v              #输出指令执行的详细信息
    -n              #加载没有写入文件/etc/mtab 中的文件系统
    -r              #将文件系统加载为只读模式
    -a              #加载文件/etc/fstab 中配置的所有文件系统
    -o              #指定 mount 挂载扩展参数，常见扩展指令有 rw、remount、loop 等
                    #其中-o 相关指令如下
    -o atime        #系统会在每次读取文档时更新文档时间
    -o noatime      #系统会在每次读取文档时不更新文档时间
    -o defaults     #使用预设的选项 rw,suid,dev,exec,auto,nouser 等
    -o exec         #允许执行档被执行
```

```
-o user、-o nouser      #使用者可以执行 mount/umount 的动作
-o remount              #将已挂载的系统分区重新以其他再次模式挂载
-o ro                   #只读模式挂载
-o rw                   #可读可写模式挂载
-o loop                 #使用 loop 模式,把文件当成设备挂载至系统目录
-t                      #指定 mount 挂载设备类型,常见类型有-3g、vfat、iso9660 等,其
                        #中-t 相关指令如下
iso9660                 #光盘或光盘镜像
msdos                   #Fat16 文件系统
vfat                    #Fat32 文件系统
ntfs                    #NTFS 文件系统
ntfs-3g                 #识别移动硬盘格式
smbfs                   #挂载 Windows 文件网络共享
nfs                     #UNIX/Linux 文件网络共享
```

4.26 parted 命令详解

parted 命令是一款强大的磁盘分区和分区大小调整工具,其帮助选项如下:

```
-h, --help                              #显示此求助信息
-l, --list                              #列出所有设别的分区信息
-i, --interactive                       #在必要时,提示用户
-s, --script                            #从不提示用户
-v, --version                           #显示版本
操作命令如下
cp [FROM-DEVICE] FROM-MINOR TO-MINOR    #将文件系统复制到另一个分区
help [COMMAND]                          #打印通用求助信息,或关于 COMMAND 的信息
mklabel 标签类型                         #创建新的磁盘标签(分区表)
mkfs MINOR 文件系统类型                   #在 MINOR 创建类型为"文件系统类型"的文
                                        #件系统
mkpart 分区类型 [文件系统类型] 起始点 终止点  #创建一个分区
mkpartfs 分区类型 文件系统类型 起始点 终止点  #创建一个带有文件系统的分区
move MINOR 起始点 终止点                  #移动编号为 MINOR 的分区
name MINOR 名称                         #将编号为 MINOR 的分区命名为"名称"
print [MINOR]                          #打印分区表,或者分区
quit                                    #退出程序
rescue 起始点 终止点                      #挽救临近"起始点"、"终止点"的遗失的分区
resize MINOR 起始点 终止点                #改变位于编号为MINOR 的分区中文件系统的
                                        #大小
rm MINOR                               #删除编号为 MINOR 的分区
select 设备                             #选择要编辑的设备
```

```
set MINOR 标志 状态                    #改变编号为 MINOR 的分区的标志
```

4.27 free 命令详解

free 命令用来查看系统内存的使用情况,命令详解如下:

```
free [参数]
-b                          #以 B 为单位显示内存使用情况
-k                          #以 KB 为单位显示内存使用情况
-m                          #以 MB 为单位显示内存使用情况
-g                          #以 GB 为单位显示内存使用情况
-o                          #不显示缓冲区调节列
-s<间隔秒数>                 #持续观察内存使用状况
-t                          #显示内存总和列
-V                          #显示版本信息
```

4.28 diff 命令详解

diff 命令用于比较两个文件或目录的内容差异,命令详解如下:

```
#用法为 diff[参数][文件1或目录1][文件2或目录2]
# diff 命令能比较单个文件或者目录内容。如果指定比较的是文件,则只有当输入为文本文件时才
# 有效。以逐行的方式,比较文本文件的异同处。如果指定比较的是目录,diff 命令会比较两个目
# 录下名字相同的文本文件。列出不同的二进制文件、公共子目录和只在一个目录出现的文件

-a or --text                      #diff 预设只会逐行比较文本文件
-b or --ignore-space-change       #不检查空格字符的不同
-B or --ignore-blank-lines        #不检查空白行
-c                                #显示全部内文,并标出不同之处
-C or --context                   #与执行"-c-"指令相同
-d or --minimal                   #使用不同的演算法,以较小的单位作比较
-D or ifdef                       #此参数的输出格式可用于前置处理器巨集
-e or --ed                        #此参数的输出格式可用于 ed 的 script 文件
-f or -forward-ed                 #输出的格式类似 ed 的 script 文件,但按照原来文件
                                  #的顺序显示不同之处
-H or --speed-large-files         #比较大文件时,可加快速度
-l or --ignore-matching-lines     #若两个文件在某几行有所不同,而这几行同时都包含了
                                  #选项中指定的字符或字符串,则不显示这两个文件的差异
-i or --ignore-case               #不检查大小写的不同
-l or --paginate                  #将结果交由 pr 程序来分页
-n or --rcs                       #将比较结果以 RCS 的格式来显示
```

-N or --new-file	#在比较目录时,若文件A仅出现在某个目录中,预设会 #显示Only in目录。文件A若使用-N参数,则diff #会将文件A与一个空白的文件比较
-p	#若比较的文件为C语言的程序码文件,则显示差异所在 #的函数名称
-P or --unidirectional-new-file	#与-N类似,但只有当第二个目录包含了一个第一个目录 #所没有的文件时,才会将这个文件与空白的文件做比较
-q or --brief	#仅显示有无差异,不显示详细的信息
-r or --recursive	#比较子目录中的文件。
-s or --report-identical-files	#若没有发现任何差异,仍然显示信息
-S or --starting-file	#在比较目录时,从指定的文件开始比较
-t or --expand-tabs	#在输出时,将tab字符展开
-T or --initial-tab	#在每行前面加上tab字符以便对齐
-u,-U or --unified=	#以合并的方式来显示文件内容的不同
-v or --version	#显示版本信息
-w or --ignore-all-space	#忽略全部的空格字符
-W or --width	#在使用-y参数时,指定栏宽
-x or --exclude	#不比较选项中所指定的文件或目录
-X or --exclude-from	#可以将文件或目录类型保存成文本文件,然后在 #=中指定此文本文件
-y or --side-by-side	#以并列的方式显示文件的异同之处

4.29 ping 命令详解

ping命令用于测试与目标主机的连通性,命令详解如下:

```
#用法为ping [参数] [主机名或IP地址]
#常用选项如下
    -d              #使用Socket的SO_DEBUG功能
    -f              #极限检测。大量且快速地送网络封包给一台机器,看它的回应
    -n              #只输出数值
    -q              #不显示任何传送封包的信息,只显示最后的结果
    -r              #忽略普通的Routing Table,直接将数据包送到远端主机上。通常用于查看
                    #本机的网络接口是否有问题
    -R              #记录路由过程
    -v              #详细显示指令的执行过程
    <p>-c 数目       #在发送指定数目的包后停止
    -i 秒数          #设定间隔几秒送一个网络封包给一台机器,预设值是1s送一次
    -I 网络界面      #使用指定的网络界面送出数据包
    -l 前置载入      #设置在送出要求信息之前,先行发出的数据包
    -p 范本样式      #设置填满数据包的范本样式。
```

-s 字节数	#指定发送的数据字节数,预设值是56,加上8字节的ICMP头,一共是64ICMP #数据字节
-t 存活数值	#设置存活数值 TTL 的大小

4.30 ifconfig 命令详解

ifconfig 命令用于显示或配置网络设备,命令详解如下:

```
#用法为 ifconfig [网络设备] [参数]
常用选项如下
up                       #启动指定网络设备/网卡
down                     #关闭指定网络设备/网卡
arp                      #设置指定网卡是否支持 ARP 协议
-promisc                 #设置是否支持网卡的 promiscuous 模式,如果选择此参数,网卡将接收
                         
                         #网络中发给它的所有数据包
-allmulti                #设置是否支持多播模式,如果选择此参数,网卡将接收网络中所有的多播数
-a                       #据包显示全部接口信息
-s                       #显示摘要信息(类似于 netstat -i)
add<硬件地址>             #给指定网卡配置 IPv6 地址
del<硬件地址>             #删除指定网卡的 IPv6 地址
mtu<字节数>               #设置网卡的最大传输单元(Bytes)
netmask<子网掩码>         #设置网卡的子网掩码。掩码可以是有前缀 0x 的 32 位十六进制数,也可
                         #以是用 "." 分开的 4 个十进制数。如果不打算将网络分成子网,可以不
                         #管这一选项;如果要使用子网,那么请记住,网络中每一个系统必须有
                         #相同的子网掩码
tunel                    #建立隧道
dstaddr                  #设定一个远端地址,建立点对点通信
-broadcast<地址>          #为指定网卡设置广播协议
-pointtopoint<地址>       #为网卡设置点对点通信协议
multicast                #为网卡设置组播标志
address                  #为网卡设置 IPv4 地址
txqueuelen<长度>          #为网卡设置传输列队的长度
```

4.31 wget 命令详解

wget 是一个在命令行中使用的用于下载文件的工具,命令详解如下:

```
#用法为 wget [参数] [URL 地址]
#启动参数如下
-V, -version                      #显示 wget 的版本后退出
```

```
-h, -help                       #打印语法帮助
-b, -background                 #启动后转入后台执行
-e, -execute=COMMAND            #执行'.wgetrc'格式的命令,wgetrc格式参见/etc
                                #/wgetrc 或~/.wgetrc

#记录和输入文件参数如下
-o, -output-file=FILE           #把记录写到FILE文件中
-a, -append-output=FILE         #把记录追加到FILE文件中
-d, -debug                      #打印调试输出
-q, -quiet                      #安静模式(没有输出)
-v, -verbose                    #冗长模式(默认设置)
-nv, -non-verbose               #关掉冗长模式,但不是安静模式
-i, -input-file=FILE            #下载在FILE文件中出现的URLs
-F, -force-html                 #把输入文件当作HTML格式文件对待
-B, -base=URL                   #将URL作为在-F -i参数指定的文件中出现的相对链接的前缀
-sslcertfile=FILE               #可选客户端证书
-sslcertkey=KEYFILE             #可选客户端证书的KEYFILE
-egd-file=FILE                  #指定EGD socket的文件名

#下载参数如下
-bind-address=ADDRESS           #指定本地使用地址(主机名或IP,当本地有多个IP或名
                                #字时使用)
-t, -tries=NUMBER               #设定最大尝试链接次数(0 表示无限制)
-O -output-document=FILE        #把文档写到FILE文件中
-nc, -no-clobber                #不要覆盖存在的文件或使用".#"前缀
-c, -continue                   #接着下载没下载完的文件
-progress=TYPE                  #设定进程条标记
-N, -timestamping               #不要重新下载文件除非比本地文件新
-S, -server-response            #打印服务器的回应
-spider                         #不下载任何东西
-T, -timeout=SECONDS            #设定响应超时的秒数
-w, -wait=SECONDS               #两次尝试之间间隔SECONDS s
-waitretry=SECONDS              #在重新链接之间等待1…SECONDS s
-random-wait                    #在下载之间等待0…2×WAIT s
-Y, -proxy=on/off               #打开或关闭代理
-Q, -quota=NUMBER               #设置下载的容量限制
-limit-rate=RATE                #限定下载速率

#目录参数如下
-nd -no-directories             #不创建目录
-x, -force-directories          #强制创建目录
```

```
-nH, -no-host-directories        #不创建主机目录
-P, -directory-prefix=PREFIX     #将文件保存到目录 PREFIX/…
-cut-dirs=NUMBER                 #忽略 NUMBER 层远程目录

#HTTP 选项参数如下
-http-user=USER                  #设定 HTTP 用户名为 USER
-http-passwd=PASS                #设定 http 密码为 PASS
-C, -cache=on/off                #允许/不允许服务器的数据缓存 (一般情况下允许)
-E, -html-extension              #将所有 text/html 文档以.html 扩展名保存
-ignore-length                   #忽略'Content-Length'头域
-header=STRING                   #在 headers 中插入字符串 STRING
-proxy-user=USER                 #设定代理的用户名为 USER
-proxy-passwd=PASS               #设定代理的密码为 PASS
-referer=URL                     #在 HTTP 请求中包含'Referer: URL'头
-s, -save-headers                #保存 HTTP 头到文件
-U, -user-agent=AGENT            #设定代理的名称为 AGENT 而不是 Wget/VERSION
-no-http-keep-alive              #关闭 HTTP 活动链接 (永远链接)
-cookies=off                     #不使用 cookies
-load-cookies=FILE               #在开始会话前从文件 FILE 中加载 cookie
-save-cookies=FILE               #在会话结束后将 cookies 保存到 FILE 文件中

#FTP 选项参数如下
-nr, -dont-remove-listing        #不移走 '.listing'文件
-g, -glob=on/off                 #打开或关闭文件名的 globbing 机制
-passive-ftp                     #使用被动传输模式（默认值）
-active-ftp                      #使用主动传输模式
-retr-symlinks                   #在递归的时候,将链接指向文件(而不是目录)

#递归下载参数如下
-r, -recursive                   #递归下载——慎用
-l, -level=NUMBER                #最大递归深度 (inf 或 0 代表无穷)
-delete-after                    #在现在完毕后局部删除文件
-k, -convert-links               #转换非相对链接为相对链接
-K, -backup-converted            #在转换文件 X 之前，将其备份为 X.orig
-m, -mirror                      #等价于 -r -N -l inf -nr
-p, -page-requisites             #下载显示 HTML 文件的所有图片

#递归下载中的包含和不包含（accept/reject）
-A, -accept=LIST                 #分号分隔的被接受扩展名的列表
-R, -reject=LIST                 #分号分隔的不被接受的扩展名的列表
-D, -domains=LIST                #分号分隔的被接受域的列表
-exclude-domains=LIST            #分号分隔的不被接受的域的列表
```

```
-follow-ftp                              #跟踪HTML文档中的FTP链接
-follow-tags=LIST                        #分号分隔的被跟踪的HTML标签的列表
-G, -ignore-tags=LIST                    #分号分隔的被忽略的HTML标签的列表
-H, -span-hosts                          #当递归时转到外部主机
-L, -relative                            #仅跟踪相对链接
-I, -include-directories=LIST            #允许目录的列表
-X, -exclude-directories=LIST            #不被包含目录的列表
-np, -no-parent                          #不要追溯到父目录
wget -S -spider url                      #不下载只显示过程
### 范例：
#【-P】下载文件到指定目录
wget  -P   /usr/src/  https://nginx.org/download/nginx-1.20.1.tar.gz
#【-O】下载文件到指定目录并改名字
wget -O /usr/src/nginx.tar.gz https://nginx.org/download/nginx-1.20.1.tar.gz
#【-b】在后台下载某文件,可以看wget-log日志看进度
[root@www-jfedu-net ~]# wget -b https://mirrors.aliyun.com/centos/7/isos/
x86_64/CentOS-7-x86_64-DVD-2009.iso
#继续在后台运行,pid 为 1677
#将把输出写入至 "wget-log"
[root@www-jfedu-net ~]# tail wget-log
837100K .......... .......... .......... .......... ..........  18%  179K 6m17s
837150K .......... .......... .......... .......... ..........  18%  223M 6m17s
837200K .......... .......... .......... .......... ..........  18%  196K 6m18s
837250K .......... .......... .......... .......... ..........  18%  127M 6m18s
837300K .......... .......... .......... .......... ..........  18%  282M 6m18s
837350K .......... .......... .......... .......... ..........  18%  334M 6m18s
#【-i】下载多个文件,将要下载的文件地址放在某文件中
[root@www-jfedu-net ~]# cat urlllist
https://nginx.org/download/nginx-1.20.1.tar.gz
https://nginx.org/download/nginx-1.18.0.tar.gz
[root@www-jfedu-net ~]# wget -i urlllist
```

4.32 scp 命令详解

scp 命令用于不同 Linux 服务器之间的文件和目录复制，命令详解如下：

```
#用法为 scp [参数]  [原路径]  [目标路径]
-1                     #强制scp命令使用协议ssh1
-2                     #强制scp命令使用协议ssh2
-4                     #强制scp命令只使用IPv4寻址
-6                     #强制scp命令只使用IPv6寻址
-B                     #使用批处理模式(传输过程中不询问传输口令或短语)
-C                     #允许压缩。(将-C标志传递给ssh,从而打开压缩功能)
```

```
-p                          #保留原文件的修改时间,访问时间和访问权限
-q                          #不显示传输进度条
-r                          #递归复制整个目录
-v                          #详细方式显示输出。scp 和 ssh(1)会显示出整个过程的调试信息。这
                            #些信息用于调试连接,验证和配置问题
-c cipher                   #以 cipher 将数据传输进行加密,这个选项将直接传递给 ssh
-F ssh_config               #指定一个替代的 ssh 配置文件,此参数直接传递给 ssh
-i identity_file            #从指定文件中读取传输时使用的密钥文件,此参数直接传递#给 ssh
-l limit                    #限定用户所能使用的带宽,以 Kbit/s 为单位
-o ssh_option               #使用 ssh_config 中的参数传递
-P port                     #注意是大写的 P, port 是指定数据传输用到的端口号
-S program                  #指定加密传输时所使用的程序。此程序必须能够理解 ssh(1)的选项
### 范例如下
#将本地的文件发送给本地的临时目录
[root@www.jfedu.net ~] # scp /etc/fstab  /tmp/
#将本地的文件发送给远程服务器的临时目录
[root@www.jfedu.net ~] # scp /etc/fstab 192.168.75.122:/tmp/
fstab       100%  501     21.2KB/s   00:00
#在 121 服务器把 122 服务器的文件发送给 123 服务器:
[root@www.jfedu.net ~]# scp 192.168.75.122:/etc/fstab 192.168.75.123:/tmp/
```

4.33 rsync 命令详解

rsync 命令是一个远程数据同步工具,通过算法来使本地和远程两个主机之间的文件达到同步,这个算法只传送两个文件的不同部分,而不是每次都传送整份文件,因此速度相当快。命令详解如下。

```
# 语法
Usage: rsync [OPTION]... SRC [SRC]... DEST
  or   rsync [OPTION]... SRC [SRC]... [USER@]HOST:DEST
  or   rsync [OPTION]... SRC [SRC]... [USER@]HOST::DEST
  or   rsync [OPTION]... SRC [SRC]... rsync://[USER@]HOST[:PORT]/DEST
  or   rsync [OPTION]... [USER@]HOST:SRC [DEST]
  or   rsync [OPTION]... [USER@]HOST::SRC [DEST]
  or   rsync [OPTION]... rsync://[USER@]HOST[:PORT]/SRC [DEST]

# 常用选项
-v, --verbose               #详细模式输出
-q, --quiet                 #精简输出模式
-c, --checksum              #打开校验开关,强制对文件传输进行校验
-a, --archive               #归档模式,表示以递归方式传输文件,并保持所有文件属性,等于
```

```
                            #-rlptgoD
-r, --recursive             #对子目录以递归模式处理
-b, --backup                #创建备份,也就是对于目的已经存在的文件名进行备份
-l, --links                 #保留软链接
-p, --perms                 #保持文件权限
-o, --owner                 #保持文件属主信息
-g, --group                 #保持文件属组信息
-D, --devices               #保持设备文件信息
-t, --times                 #保持文件时间信息
-e, --rsh=command           #指定使用rsh、ssh方式进行数据同步
--delete                    #删除那些DST中SRC没有的文件
-z, --compress              #对备份的文件在传输时进行压缩处理
### 范例
#将本地文件同步到本地临时目录
[root@www.jfedu.net ~] # rsync /etc/fstab /tmp/
#【-a】递归同步,并且保留文件时间,权限等属性
[root@www.jfedu.net ~] # rsync -a /etc/fstab /tmp/
#【--delete】使目的目录文件与源目录文件保持一致
[root@www.jfedu.net ~] # rsync -av --delete /usr/local/bin/ /tmp/
#将本地文件同步到远程
[root@www.jfedu.net ~] # rsync -av /etc/fstab 192.168.75.122:/tmp/
#指定远程服务器端口同步,如果远程服务器修改了ssh的默认端口
rsync -av -e 'ssh -p 2222' /etc/fstab 192.168.75.122:/tmp/
```

4.34 vi|vim 编辑器实战

vi 是一个命令行界面下的文本编辑工具,最早在 1976 年由 Bill Joy 开发,当时名为 ex。vi 支持绝大多数操作系统(最早在 BSD 上发布),且功能强大。

1991 年 Bram Moolenaar 基于 vi 进行改进,发布了 vim,加入了对 GUI 的支持。

随着 vim 更新发展,vim 已经不是普通意义上的文本编辑器,广泛用于文本编辑、文本处理、代码开发等。Linux 操作系统中主流的文本编辑器包括 vi、vim、Sublime、Emacs、Light Table、Eclipse、Gedit 等。

vim 强大的编辑能力很大一部分来自其普通模式命令的组合。vim 的设计理念是命令的组合,其常用命令如下。

(1) 5dd:5 表示总共 5 行,删除光标所在后的 5 行,包含光标行。

(2) d$:$"代表行尾,删除到行尾的内容,包含光标行。

(3) 2yy:表示复制光标及后 2 行,包括光标行。

(4) %d:%代表全部或者全局,%d 表示删除文本所有的内容,即清空文档所有的内容。

vim 是一个主流开源的编辑器,其默认执行 vim 命令。图 4-4 为 vim 与键盘键位的对应关系。

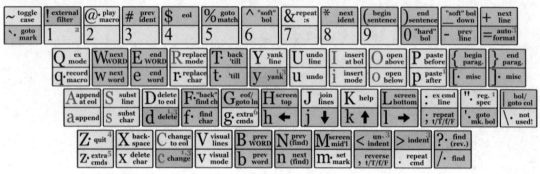

图 4-4　vim 与键盘键位对应关系

4.35　vim 编辑器模式

常用的 vim 编辑器模式有如下 3 种。

(1) 命令行模式。

(2) 文本输入模式。

(3) 末行模式。

vim 是 vi 的升级版本,它是安装在 Linux 操作系统中的一个软件,官网地址为 www.vim.org。在 Linux Shell 终端下默认执行 vim 命令,其基本操作流程如下。

(1) 按 Enter 键,默认进入命令行模式。

(2) 在命令行模式下按 I 键进入文本输入模式。

(3) 按 Esc 键进入命令行模式。

(4) 按 shift+;组合键进入末行模式。

4.36　vim 编辑器必备

vim 编辑器最强大的功能在于内部命令及规则使用。以下为 vim 编辑器最常用的语法及规则:

```
#命令行模式:可以删除、复制、粘贴、撤销,可以切换到输入模式,输入模式跳转至命令行模式
#按 ESC 键
```

```
yy                      #复制光标所在行
nyy                     #复制 n 行
3yy                     #复制 3 行
p,P                     #粘贴
yw                      #复制光标所在的词组，不复制标点符号
3yw                     #复制 3 个词组
u                       #撤销上一次
U                       #撤销当前所有
dd                      #删除整行
ndd                     #删除 n 行
x                       #删除一个字符
u                       #逐行撤销
dw                      #删除一个词组
a                       #从光标所在字符后一个位置开始录入
A                       #从光标所在行的行尾开始录入
i                       #从光标所在字符前一个位置开始录入
I                       #从光标所在行的行首开始录入
o                       #跳至光标所在行的下一行行首开始录入
O                       #跳至光标所在行的上一行行首开始录入
R                       #从光标所在位置开始替换
#末行模式主要功能包括：查找、替换、末行保存、退出等
:w                      #保存
:q                      #退出
:s/x/y                  #替换 1 行
:wq                     #保存退出
1,5s/x/y                #替换 1、5 行
:wq!                    #强制保存退出
1,$sx/y                 #从第一行到最后一行
:q!                     #强制退出
:x                      #保存
/word                   #从前往后找,正向搜索
?word                   #从后往前走,反向搜索
:s/old/new/g            #将 old 替换为 new,前提是光标一定要移到那一行
:s/old/new              #将这一行中的第一次出现的 old 替换为 new,只替换第一个
:1,$s/old/new/g         #第一行到最后一行中的 old 替换为 new
:1,2,3s/old/new/g       #第一行第二行第三行中的 old 改为 new
vim +2 jfedu.txt        #打开 jfedu.txt 文件,并将光标定位在第二行
vim +/string jfedu.txt  #打开 jfedu.txt 文件,并搜索关键词
```

4.37 本章小结

通过对本章内容的学习，读者对 Linux 操作系统引导程序应有了进一步的理解，能够快速解决 Linux 操作系统启动过程中的故障。同时学习了 CentOS 6 与 CentOS 7 的区别，应理解 TCP/IP 协议及 IP 地址相关基础内容。

应学会 Linux 操作系统初学必备的 16 个 Linux 命令，能使用命令熟练的操作 Linux 系统。通过对 vim 编辑器的深入学习，应能够熟练编辑、修改系统中任意的文本及配置文件。对 Linux 操作系统及操作应有了更进一步的认识。

4.38 同步作业

1．修改密码的命令默认为 passwd，需要按 Enter 键两次，如何通过一条命令快速修改密码？

2．某天，发现企业服务器系统访问很慢，需要查看系统内核日志，请写出查看系统内核日志的命令。

3．如果在 Linux 操作系统/tmp/目录快速创建 1000 个目录，目录名为 jfedu1、jfedu2、jfedu、……以此类推，不断增加。

4．Httpd.conf 配置文件中存在很多以#开头的行，请使用 vim 相关指令删除以#开头的行。

第 5 章　Linux 操作系统用户及权限管理

Linux 是一个多用户操作系统。引入用户，可以更加方便管理 Linux 服务器。操作系统默认需要以一个用户的身份登入，在其上启动进程也需要以一个用户身份去运行，用户可以限制某些进程对特定资源的权限控制。

本章将介绍 Linux 操作系统如何管理创建、删除、修改用户角色，用户权限配置，组权限配置及特殊权限深入剖析。

5.1　Linux 用户及组

Linux 操作系统对多用户的管理非常烦琐，使用组的概念来管理用户就很简单，每个用户可以在一个独立的组，每个组也可以有零个或多个用户。

Linux 操作系统根据用户 ID 来识别用户，默认 ID 编号从 0 开始，但是为了和老式系统兼容，用户 ID 限制在 60 000 以下。Linux 用户可分为 4 种，分别如下。

（1）root 用户：ID 为 0。
（2）预分配用户：ID 范围为 1 ~ 200。
（3）系统用户：ID 范围为 201 ~ 999。
（4）普通用户：ID 为 1 000 以上。

Linux 操作系统中的每个文件或文件夹，都有一个所属用户及所属组，使用 id 命令可以显示当前用户的信息，使用 passwd 命令可以修改当前用户密码。Linux 操作系统用户的特点如下。

（1）每个用户拥有一个 UserID，操作系统实际读取的是 UID，而非用户名。
（2）每个用户属于一个主组，属于一个或多个附属组，一个用户最多有 31 个附属组。
（3）每个组拥有一个 GroupID。
（4）每个进程以一个用户身份运行，该用户对进程拥有资源控制权限。
（5）每个可登录用户拥有一个指定的 Shell 环境。

5.2 Linux 用户管理

Linux 用户在操作系统内可以进行日常管理和维护，涉及的相关配置文件如下。
（1）/etc/passwd　　　　　　　#保存用户信息
（2）/etc/shdaow　　　　　　　#保存用户密码（以加密形式保存）
（3）/etc/group　　　　　　　　#保存组信息
（4）/etc/login.defs　　　　　　#用户属性限制，密码过期时间，密码最大长度等限制
（5）/etc/default/useradd　　　　#显示或更改默认的 useradd 配置文件

如需创建新用户，可以使用命令 useradd，执行命令 useradd jfedu1 即可创建 jfedu1 用户，同时会创建一个同名的组 jfedu1，默认该用户属于 jfedu1 主组。

Useradd　jfedu1 命令将根据以下步骤进行操作。
（1）读取/etc/default/useradd，根据配置文件执行创建操作。
（2）在/etc/passwd 文件中添加用户信息。
（3）如使用 passwd 命令创建密码，密码会被加密保存在/etc/shdaow 文件中。
（4）为 jfedu1 创建家目录：/home/jfedu1。
（5）将/etc/skel 中以.bash 开头的文件复制至/home/jfedu1 目录。
（6）创建与用户名相同的 jfedu1 组，jfedu1 用户默认属于 jfeud1 同名组。
（7）jfedu1 组信息保存在/etc/group 配置文件中。

在使用 useradd 命令创建用户时，可以支持以下参数：

```
#用法: useradd [选项] 登录
useradd -D
useradd -D [选项]
#选项
-b, --base-dir BASE_DIR         #指定新账户的家目录
-c, --comment COMMENT           #新账户的 GECOS 字段
-d, --home-dir HOME_DIR         #新账户的主目录
-D, --defaults                  #显示或更改默认的 useradd 配置
-e, --expiredate EXPIRE_DATE    #新账户的过期日期
-f, --inactive INACTIVE         #新账户的密码不活动期
-g, --gid GROUP                 #新账户主组的名称或 ID
-G, --groups GROUPS             #新账户的附加组列表
-h, --help                      #显示此帮助信息并退出
-k, --skel SKEL_DIR             #使用此目录作为骨架目录
-K, --key KEY=VALUE             #不使用 /etc/login.defs 中的默认值
-l, --no-log-init               #不要将此用户添加到最近登录和登录失败数据库
```

```
-m, --create-home              #创建用户的主目录
-M, --no-create-home           #不创建用户的主目录
-N, --no-user-group            #不创建同名的组
-o, --non-unique               #允许使用重复的 UID 创建用户
-p, --password PASSWORD        #加密后的新账户密码
-r, --system                   #创建一个系统账户
-R, --root CHROOT_DIR          #chroot 到的目录
-s, --shell SHELL              #新账户登录 shell
-u, --uid UID                  #新账户的用户 ID
-U, --user-group               #创建与用户同名的组
-Z, --selinux-user SEUSER      #为 SELinux 用户映射使用指定 SEUSER
```

Useradd 案例演示如下。

（1）新建 jfedu 用户，并加入 jfedu1，jfedu2 附属组。

```
useradd -G jfedu1,jfedu2 jfedu
```

（2）新建 jfedu3 用户，并指定新的家目录，同时指定其登录的 Shell。

```
useradd jfedu3 -d /tmp/ -s /bin/bash
```

（3）新建系统用户，不允许登录系统。

```
useradd -r -s /sbin/nologin jfedu4
```

（4）新建 jfedu5 用户，并指定用户家目录的根目录。

```
[root@www-jfedu-net ~]# useradd -b /data jfedu5
[root@www-jfedu-net ~]# su - jfedu5
[jfedu5@www-jfedu-net ~]$ pwd
/data/jfedu5
```

（5）新建 jfedu6 用户，并且指定 UID。

```
[root@www-jfedu-net ~]# useradd -u 2000 jfedu6
```

5.3 Linux 组管理

所有的 Linux 或 Windows 操作系统都有组的概念，通过组可以更加方便地管理用户。组的概念应用于各行业，例如，企业会使用部门、职能或地理区域的分类方式来管理成员，映射在 Linux 操作系统，同样可以创建用户，并用组的概念对其进行管理。

Linux 组有以下特点。

（1）每个组有一个组 ID。

（2）组信息保存在/etc/group 中。

（3）每个用户至少拥有一个主组，同时还可以拥有 31 个附属组。

通过命令 groupadd、groupdel、groupmod 对组进行管理，详细参数如下：

```
#groupadd用法
-f, --force                    #如果组已经存在则退出
                               #如果 GID 已经存在则取消 -g
-g, --gid GID                  #为新组使用 GID
-h, --help                     #显示此帮助信息并退出
-K, --key KEY=VALUE            #不使用 /etc/login.defs 中的默认值
-o, --non-unique               #允许创建有重复 GID 的组
-p, --password PASSWORD        #为新组使用此加密过的密码
-r, --system                   #创建一个系统账户
#groupmod用法
-g, --gid GID                  #将组 ID 改为 GID
-h, --help                     #显示此帮助信息并退出
-n, --new-name NEW_GROUP       #改名为 NEW_GROUP
-o, --non-unique               #允许使用重复的 GID
-p, --password PASSWORD        #将密码更改为(加密过的) PASSWORD
#groupdel用法
groupdel jfedu                 #删除 jfedu 组
```

groupadd 案例演示如下。

（1）groupadd 创建 jingfeng 组。

```
groupadd jingfeng
```

（2）groupadd 创建 jingfeng 组，并指定 GID 为 1000。

```
groupadd -g 1000 jingfeng
```

（3）groupadd 创建一个 system 组，名为 jingfeng 组。

```
groupadd -r jingfeng
```

groupmod 案例演示如下。

（1）groupmod 修改组名称，将 jingfeng 组名，改成 jingfeng1。

```
groupmod -n jingfeng1 jingfeng
```

（2）groupmod 修改组 GID 号，将原 jingfeng1 组 gid 改成 gid 1000。

```
groupmod -g 1000 jingfeng1
```

5.4　Linux 用户及组案例

useradd 命令主要用于新建用户，而用户新建完毕，可以使用 usermod 来修改用户及组的属性，如下为 usermod 详细参数：

```
#用法：usermod [选项] 登录
#选项
-c, --comment 注释                    #GECOS 字段的新值
-d, --home HOME_DIR                   #用户的新主目录
-e, --expiredate EXPIRE_DATE          #设定账户过期的日期为 EXPIRE_DATE
-f, --inactive INACTIVE               #过期 INACTIVE 天数后,设定密码为失效状态
-g, --gid GROUP                       #强制使用 GROUP 为新主组
-G, --groups GROUPS                   #新的附加组列表 GROUPS
-a, --append GROUP                    #将用户追加至上边 -G 中提到的附加组中
                                      #并不从其他组中删除此用户
-h, --help                            #显示此帮助信息并退出
-l, --login LOGIN                     #新的登录名称
-L, --lock                            #锁定用户账号
-m, --move-home                       #将家目录内容移至新位置 (仅与-d 一起使用)
-o, --non-unique                      #允许使用重复的 (非唯一的) UID
-p, --password PASSWORD               #将加密过的密码 (PASSWORD)设为新密码
-R, --root CHROOT_DIR                 #chroot 到的目录
-s, --shell SHELL                     #该用户账号的新登录 Shell 环境
-u, --uid UID                         #用户账号的新 UID
-U, --unlock                          #解锁用户账号
-Z, --selinux-user  SEUSER            #用户账户的新 SELinux 用户映射
```

usermod 案例演示如下。

(1) 将 jfedu 用户属组修改为 jfedu1、jfedu2 附属组。

```
usermod -G jfedu1,jfedu2 jfedu
```

(2) 将 jfedu 用户加入 jfedu3、jfedu4 附属组,-a 为添加新组,原组保留。

```
usermod -a -G jfedu3,jfedu4 jfedu
```

(3) 修改 jfedu 用户,并指定新的家目录,同时指定其登录的 Shell。

```
usermod -d /tmp/ -s /bin/sh jfedu
```

(4) 将 jfedu 用户名修改为 jfedu1。

```
usermod -l jfedu1 jfedu
```

(5) 锁定 jfedu1 用户及解锁 jfedu1 用户方法如下。

```
usermod -L jfedu1
usermod -U jfedu1
```

userdel 案例演示如下。

使用 userdel 命令可以删除指定用户及该用户的邮箱目录或 SElinux 映射环境。

```
userdel  jfedu1                 #保留用户的家目录
```

```
userdel -r jfedu1        #删除用户及用户家目录,用户如果已登录系统则无法删除
userdel -rf jfedu1       #强制删除用户及该用户家目录,不论是否已登录系统
```

5.5 Linux 权限管理

Linux 权限是操作系统用来限制资源访问权限的机制,权限一般分为读、写和执行。系统中每个文件都对应特定的权限、所属用户及所属组,通过这样的机制来限制哪些用户或用户组可以对特定文件进行相应的操作。

Linux 每个进程都以某个用户身份运行,进程的权限与该用户的权限一样,用户的权限越大,则进程拥有的权限就越大。

Linux 操作系统中所有的文件及文件夹都有至少 3 种权限,常见的权限如表 5-1 所示。

表 5-1　Linux文件及权限

权　　限	对文件的影响	对目录的影响
r（读取）	可读取文件内容	可列出目录内容
w（写入）	可修改文件内容	可在目录中创建删除内容
x（执行）*	可作为命令执行	可访问目录内容

*目录必须拥有x权限,否则无法查看其内容

Linux 权限,默认授予 3 种角色,分别是 user、group 和 other。Linux 权限与用户之间的关联如下。

（1）u 代表 user,g 代表 group,o 代表 other。

（2）每个文件的权限基于 ugo 进行设置。

（3）权限三位一组（rwx）,同时需授权给 3 种角色,即 ugo。

（4）每个文件拥有一个所属用户和所属组,对应 ug,不属于该文件所属用户或所属组则用 o 表示。

在 Linux 操作系统中,可以通过 ls -l 命令查看 jfedu.net 目录的详细属性,如图 5-1 所示。

```
drwxrwxr-x  2   jfedu1 jfedu1   4096   Dec 10 01:36      jfedu.net
```

jfedu.net 目录属性参数详解如下。

（1）d 表示目录,同一位置如果为-则表示普通文件。

（2）rwxrwxr-x 表示 3 种角色的权限,每 3 位为一种角色,依次为 u、g、o 权限,如上则表示 user 的权限为 rwx,group 的权限为 rwx,other 的权限为 r-x。

（3）2 表示文件夹的链接数量,可理解为该目录下子目录的数量。

（4）从左到右,第一个 jfedu1 表示该用户名,第二个 jfedu1 则为组名,其他角色默认不

显示。

（5）4096 表示该文件夹占据的字节数。

（6）Dec 10 01:36 表示文件创建或者修改的时间。

（7）jfedu.net 为目录的名，或者文件名。

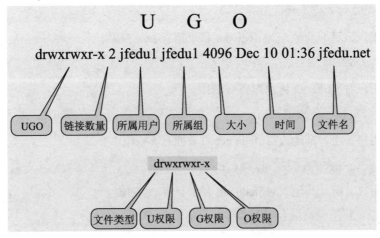

图 5-1　Linux jfedu.net 目录详细属性

5.6　chown 属主及属组

修改某个用户、组对文件夹的属主及属组，用命令 chown 实现。案例演示如下。

（1）修改 jfedu.net 文件夹所属的用户为 root，其中-R 参数表示递归处理所有的文件及子目录。

```
chown -R root jfedu.net
```

（2）修改 jfedu.net 文件夹所属的组为 root。

```
chown -R :root jfedu.net 或者 chgrp -R root jfedu.net
```

（3）修改 jfedu.net 文件夹所属的用户及组为 root。

```
chown -R root:root jfedu.net
#或者
chown -R root. jfedu.net
```

5.7　chmod 用户及组权限

修改某个用户、组对文件夹的权限，用命令 chmod 实现，其中以 u　g　o，+、-、=代表加入、删除和等于对应权限,具体案例如下。

(1)授予用户对 jfedu.net 目录拥有 rwx 权限。

```
chmod  -R  u+rwx  jfedu.net
```

(2)授予组对 jfedu.net 目录拥有 rwx 权限。

```
chmod  -R  g+rwx  jfedu.net
```

(3)授予用户、组、其他人对 jfedu.net 目录拥有 rwx 权限。

```
chmod  -R  u+rwx,g+rwx,o+rwx  jfedu.net
```

(4)撤销用户对 jfedu.net 目录拥有 w 权限。

```
chmod  -R  u-w  jfedu.net
```

(5)撤销用户、组、其他人对 jfedu.net 目录拥有 x 权限。

```
chmod  -R  u-x,g-x,o-x  jfedu.net
```

(6)授予用户、组、其他人对 jfedu.net 目录只有 rx 权限。

```
chmod  -R  u=rx,g=rx,o=rx  jfedu.net
```

5.8　chmod 二进制权限

Linux 权限默认使用 rwx 来表示,为了更简化在系统中对权限进行配置和修改,Linux 权限引入二进制表示方法,代码如下。

```
#Linux 权限可以将 rwx 用二进制来表示,其中有权限用 1 表示,没有权限用 0 表示
#Linux 权限用二进制显示如下
rwx=111
r-x=101
rw-=110
r--=100
#依此类推,转化为十进制,对应十进制结果显示如下
rwx=111=4+2+1=7
r-x=101=4+0+1=5
rw-=110=4+4+0=6
r--=100=4+0+0=4
#可得出结论,用 r=4,w=2,x=1 来表示权限
```

使用二进制方式来修改权限案例演示如下,其中 jfedu.net 目录默认权限为 755。

(1)授予用户对 jfedu.net 目录拥有 rwx 权限。

```
chmod  -R  755  jfedu.net
```

(2)授予用户、组对 jfedu.net 目录拥有 rwx 权限。

```
chmod  -R  775  jfedu.net
```
（3）授予用户、组、其他人对 jfedu.net 目录拥有 rwx 权限。
```
chmod  -R  777  jfedu.net
```
（4）撤销用户对 jfedu.net 目录拥有 w 权限。
```
chmod  -R  555  jfedu.net
```
（5）撤销用户、组、其他人对 jfedu.net 目录拥有 x 权限。
```
chmod  -R  644  jfedu.net
```
（6）授予用户、组、其他人对 jfedu.net 目录只有 rx 权限。
```
chmod  -R  555  jfedu.net
```

5.9 Linux 特殊权限及掩码

Linux 操作系统除常见的 rwx 权限外，还有很多特殊的权限。细心的读者会发现，为什么 Linux 目录默认权限 755，而文件默认权限为 644 呢？这是 Linux 权限掩码 umask 导致。

每个 Linux 终端都拥有一个 umask 属性，umask 属性可以用来确定新建文件、目录的默认权限，默认系统权限掩码为 022。在系统中每创建一个文件或目录，文件默认权限是 666，而目录权限则为 777，权限对外开放较大，所以设置了权限掩码之后，默认的文件和目录权限减去 umask 值才是真实的文件和目录的权限。

（1）对应目录权限为 777-022=755；

（2）对应文件权限为 666-022=644；

（3）执行 umask 命令可以查看当前默认的掩码，umask -s 023 可以设置默认的权限掩码。

在 Linux 权限中，除了普通权限外，还有表 5-2 所示的 3 个特殊权限。

表 5-2 Linux 操作系统的 3 种特殊权限

权限	对文件的影响	对目录的影响
suid	以文件的所属用户而非执行文件的用户身份执行	无
sgid	以文件所属组身份执行	在该目录中创建任意新文件的所属组与该目录的所属组相同
sticky	无	对目录拥有写入权限的用户仅可以删除其拥有的文件，无法删除其他用户所拥有的文件

Linux 操作系统中设置特殊权限方法如下。

（1）设置 suid：chmod u+s jfedu.net。

(2)设置 sgid：chmod g+s jfedu.net。

(3)设置 sticky：chmod o+t jfedu.net。

特殊权限与设置普通权限一样，可以使用数字方式表示。

(1)suid=4。

(2)sgid=2。

(3)sticky=1。

可以通过命令 chmod 4755 jfedu.net 对该目录授予特殊权限为 s 的权限，如图 5-2 所示。Linux 操作系统系统中 s 权限的常见应用包括 su、passwd 和 sudo。

```
[root@www-jfedu-net ~]# ll /bin/su
-rwsr-xr-x 1 root root 34904 5月  11 2016 /bin/su
[root@www-jfedu-net ~]#
[root@www-jfedu-net ~]# ll /usr/bin/pa
package-cleanup              pango-querymodules-64       paste
package-stash-conflicts      pango-view                  patch
pal2rgb                      passwd                      patchperl
[root@www-jfedu-net ~]# ll /usr/bin/passwd
-rwsr-xr-x 1 root root 30768 11月 24 2015 /usr/bin/passwd
[root@www-jfedu-net ~]#
[root@www-jfedu-net ~]# ll /usr/bin/sudo
sudo        sudoedit        sudoreplay
[root@www-jfedu-net ~]# ll /usr/bin/sudo
---s--x--x 1 root root 123832 12月   7 08:36 /usr/bin/sudo
You have new mail in /var/spool/mail/root
[root@www-jfedu-net ~]#
```

图 5-2　Linux 操作系统中特殊权限 s 的应用

其使用范例如下：

```
### 范例
#【u+s】设置使文件在执行阶段具有文件所有者的权限
#创建普通用户
[root@www-jfedu-net ~]# useradd  jfedu
#设置登录密码
[root@www-jfedu-net ~]# echo "1" | passwd --stdin jfedu
#更改用户 jfedu 的密码
passwd：所有的身份验证令牌已经成功更新
#切换到普通用户
[root@www-jfedu-net ~]# su - jfedu
#用普通用户身份执行 netstat 命令，可以发现，普通用户读不到进程的 pid 信息
[jfedu@www-jfedu-net ~]$ netstat -nltp
(No info could be read for "-p": geteuid()=1000 but you should be root.)
Active Internet connections (only servers)
Proto Recv-Q Send-Q Local Address       Foreign Address     State       PID/Program name
tcp        0      0 127.0.0.1:25        0.0.0.0:*           LISTEN      -
tcp        0      0 0.0.0.0:22          0.0.0.0:*           LISTEN      -
tcp6       0      0 ::1:25              :::*                LISTEN      -
```

```
tcp6       0      0 :::22                   :::*                    LISTEN      -
#切换到管理身份,对 netstat 命令添加 suid 权限
[root@www-jfedu-net ~]# chmod u+s /usr/bin/netstat
#再次切换到普通用户,执行 netstat 命令,可以发现正常读取到进程 pid 信息
[root@www-jfedu-net ~]# su - jfedu
#上一次登录:二 9月  7 10:00:12 CST 2021pts/0 上
[jfedu@www-jfedu-net ~]$ netstat -nltp
Active Internet connections (only servers)
Proto Recv-Q Send-Q Local Address  Foreign Address    State     PID/Program name
tcp 0      0 127.0.0.1:25   0.0.0.0:*      LISTEN  919/master
tcp 0      0 0.0.0.0:22     0.0.0.0:*      LISTEN  835/sshd
tcp6     0      0 ::1:25         :::*           LISTEN  919/master
tcp6     0      0 :::22          :::*           LISTEN  835/sshd
#【g+s】任何用户在此目录下创建的文件都具有和该目录所属的组相同的组
[root@www-jfedu-net ~]# chmod g+s /data
[root@www-jfedu-net ~]# chmod o+w /data
[jfedu@www-jfedu-net ~]$ touch /data/jfedu
#jfedu 文件的属组是 data 目录的属组一致
[jfedu@www-jfedu-net ~]$ ll /data/jfedu
-rw-rw-r-- 1 jfedu root 0 9月  7 10:14 /data/jfedu
```

5.10 本章小结

通过对本章内容的学习,读者可以了解 Linux 操作系统中用户和组的系统知识,同时掌握用户和组在 Linux 操作系统中的各种案例操作。读者应熟练掌握新建用户、删除用户、修改用户属性、添加组、修改组以及删除组。

5.11 同步作业

1. 某互联网公司职能如表 5-3 所示,请在 Linux 操作系统中创建相关员工,并把员工加入部门。

表 5-3 Linux用户和组管理

部　　门	职　　能
讲师部(teacher)	jfwu、jfcai
市场部(market)	jfxin、jfqi
管理部(manage)	jfedu、jfteach
运维部(operater)	jfhao、jfyang

2. 批量创建 1～100 个用户，用户名以 jfedu 开头，后面紧跟 1,2,3…例如，jfedu1、jfedu2、jfedu3…

3. 使用 useradd 命令创建用户并通过-p 参数指定密码，设定完密码后，需通过系统正常验证并登录。

4. 小王公司的服务器使用 root 用户通过 SecureCRT 远程登录后，发现登录终端变成了 bash-4.1#，如图 5-3 所示，是什么原因导致的，如何修复为正常的登录 shell 环境？请写出答案。

```
bash-4.1# ls
1.tgz                              epel-release-6-8.noarch.rpm    list_python.p
apache-maven-3.3.9-bin.tar.gz      httpd                          mod_bw
apache-tomcat-7.0.73.tar.gz        index.html?tid=13              mod_bw-0.7.tc
auto_lamp_v2.sh                    ipvsadm-1.24.tar.gz            nginx-1.6.2
auto_nginx                         jdk-8u131-linux-x64.tar.gz     nginx-1.6.2.
csy.log                            jfedu                          nginx_instal
edu                                keepalived-1.1.15.tar.gz       package2.xml
edusoho                            keepalived-1.2.1.tar.gz        package.xml
edusoho-7.5.5.tar.gz               list.php                       PDO_MYSQL-1.0
elasticsearch-analysis-ik          list.php?tid=13                PDO_MYSQL-1.0
bash-4.1#
```

图 5-3 SecureCRT 登录 Linux 操作系统界面

第 6 章　Linux 操作系统软件包企业实战

通过前几章的学习，读者应掌握了 Linux 操作系统基本命令、用户及权限等知识。Linux 整个体系的关键不在于系统本身，而在于可以基于 Linux 操作系统去安装和配置企业服务器中相关的软件、数据及应用程序，所以对软件的维护是运维的重中之重。

本章将介绍 Linux 操作系统软件的安装、卸载、配置、维护及构建企业本地前端软件包管理器（yellow updater modified，YUM）光盘源及超文本传送协议（hypertext transfer protocol，HTTP）本地源的方法。

6.1　RPM 软件包管理

Linux 软件包管理大致可分为二进制包和源码包，使用的工具也各不相同。Linux 操作系统常见软件包可分为源代码包（source code）、二进制包（binary code）两种。源代码包是没有经过编译的包，需要经过 GCC、C++编译器环境编译才能运行；二进制包无须编译，可以直接安装使用。

通常可以通过后缀简单区别源码包和二进制包，例如，以 .tar、.gz、.zip、.rar 结尾的包通常称为源码包，以 .rpm 结尾的软件包称为二进制包。区分源码文件是源码包还是二进制包，须根据源码文件来判断，例如，以 .h、.c、.cpp、.cc 等结尾的源码文件称为源码包，而代码中存在 bin 可执行文件的源码文件则称为二进制包。

CentOS 中有一款默认软件管理的工具，即红帽包管理工具（red hat package manager，RPM）。

使用 RPM 工具可以对软件包进行快速安装、管理及维护。RPM 管理工具适用的操作系统包括 CentOS、RedHat、Fedora、SUSE 等，常用于管理以 .rpm 后缀结尾的软件包。

（1）RPM 的优点如下。

① 软件已经编译打包，所以传输和安装方便，让用户免除编译。

② 在安装之前，会先检查系统的磁盘、操作系统版本等，避免错误安装。

③ 在安装好之后，软件的信息将存储在 Linux 主机的数据库上，以方便查询、升级和卸载。

（2）RPM 的缺点如下。

① 软件包安装的环境必须与打包时的环境一致。

② 必须安装相关的依赖软件。

RPM 软件包命令规则详解如下：

```
#RPM 包命名格式为
name-version.rpm
name-version-noarch.rpm
name-version-arch.src.rpm
#软件包格式如下
epel-release-6-8.noarch.rpm
perl-Pod-Plainer-1.03-1.el6.noarch.rpm
yasm-1.2.0-4.el7.x86_64.rpm
#RPM 包格式解析如下
name          #软件名称，例如 yasm、perl-pod-Plainer
version       #版本号，1.2.0 通用格式为"主版本号.次版本号.修正号"；4 表示发布版本号，
              #即该 RPM 包是第几次编译生成的
arch          #适用的硬件平台，RPM 支持的平台有 i386、i586、i686、x86_64、sparc、alpha 等
.rpm          #后缀包表示编译好的二进制包，可用 rpm 命令直接安装
.src.rpm      #源代码包，源码编译生成.rpm 格式的 RPM 包方可使用
el*           #软件包发行版本，el6 表示该软件包适用于 RHEL 6.x/CentOS 6.x
devel:        #开发包
noarch:       #软件包可以在任何平台上安装
```

RPM 工具命令详解如下：

```
#用法为 RPM 选项 PACKAGE_NAME
-a, --all              #查询所有已安装软件包
-q, --query            #表示询问用户，输出信息
-l, --list             #打印软件包的列表
-f, --file             #查询包含 file 的软件包
-i, --info             #显示软件包信息，包括名称、版本、描述
-v, --verbose          #打印输出详细信息
-U, --upgrade          #升级 RPM 软件包
-h, --hash             #软件安装，可以打印安装进度条
--last                 #列出软件包时，以安装时间排序，最新的在上面
-e, --erase            #卸载 RPM 软件包
--force                #表示强制，强制安装或者卸载
--nodeps               #RPM 包不依赖
-l, --list             #列出软件包中的文件
--provides             #列出软件包提供的特性
```

```
-R, --requires                      #列出软件包依赖的其他软件包
--scripts                           #列出软件包自定义的小程序
```

RPM 企业案例演示如下：

```
rpm -q          httpd   nginx       #检查 httpd、nginx 包是否安装
rpm -qa|grep    httpd               #检查 httpd 相关的软件包是否安装
rpm -ql         httpd               #查看 httpd 安装的路径
rpm -qi         httpd               #查看 httpd 安装的版本信息
rpm -qc         httpd               #查看 httpd 安装的配置文件路径
rpm -qd         httpd               #查看 httpd 安装的文档路径（帮助文档）
rpm -qf    /usr/bin/netstat         #根据现有的文件方向查找对应的数据包
rpm -e          httpd               #卸载 httpd 软件，如果有依赖，可能会失败
rpm -e --nodeps httpd               #忽略依赖，强制卸载 httpd
rpm -ivh        httpd-2.4.10-el7.x86_64.rpm   #安装 httpd 软件包
rpm -Uvh        httpd-2.4.10-el7.x86_64.rpm   #升级 httpd 软件
rpm -ivh --nodeps  httpd-2.4.10-el7.x86_64.rpm  #不依赖其他软件包
```

6.2 tar 软件包管理

Linux 操作系统除了可以使用 RPM 管理工具管理软件包，还可以通过 tar、zip、jar 等命令工具进行源码包管理。

6.2.1 tar 命令参数详解

tar 命令参数详解如下：

```
-A, --catenate, --concatenate       #将存档与已有的存档合并
-c, --create                        #建立新的存档
-d, --diff, --compare               #比较存档与当前文件的不同之处
--delete                            #从存档中删除
-r, --append                        #附加到存档结尾
-t, --list                          #列出存档中文件的目录
-u, --update                        #仅将较新的文件附加到存档中
-x, --extract, --get                #解压文件
-j, --bzip2, --bunzip2              #有 bz2 属性的软件包
-z, --gzip, --ungzip                #有 gz 属性的软件包
-b, --block-size N                  #指定块大小为 N x 512 字节（默认 N=20）
-B, --read-full-blocks              #读取时重组块
-C, --directory DIR                 #指定新的目录
--checkpoint                        #读取存档时显示目录名
-f, --file [HOSTNAME:]F             #指定存档或设备，后接文件名称
```

```
--force-local                    #强制使用本地存档,即使存在克隆
-G, --incremental                #建立老 GNU 格式的备份
-g, --listed-incremental         #建立新 GNU 格式的备份
-h, --dereference                #不转储动态链接,转储动态链接指向的文件
-i, --ignore-zeros               #忽略存档中的 0 字节块(通常意味着文件结束)
--ignore-failed-read             #在不可读文件中作 0 标记后再退出
-k, --keep-old-files             #保存现有文件;从存档中展开时不进行覆盖
-K, --starting-file F            #从存档文件 F 开始
-l, --one-file-system            #在本地文件系统中创建存档
-L, --tape-length N              #在写入 N×1024 个字节后暂停,等待更换磁盘
-m, --modification-time          #当从一个档案中恢复文件时,不使用新的时间标签
-M, --multi-volume               #建立多卷存档,以便在几个磁盘中存放
-O, --to-stdout                  #将文件展开到标准输出
-P, --absolute-paths             #不要从文件名中去除 '/'
-v, --verbose                    #详细显示处理的文件
--version                        #显示 tar 程序的版本号
--exclude                        #不包含指定文件
-X, --exclude-from FILE          #从指定文件中读入不想包含的文件的列表
```

6.2.2 tar 企业案例演示

tar 企业案例演示如下:

```
tar    -cvf    jfedu.tar.gz        jfedu       #打包 jfedu 文件或目录,打包后名称
                                                #为 jfedu.tar.gz
tar    -tf     jfedu.tar.gz                    #查看 jfedu.tar.gz 文件中的内容
tar    -rf     jfedu.tar.gz        jfedu.txt   #将 jfedu.txt 文件追加到 jfedu.
                                                #tar.gz 中
tar    -xvf    jfedu.tar.gz                    #解压 jfedu.tar.gz 文件
tar    -czvf   jfedu.tar.gz        jfedu       #使用 gzip 格式打包并压缩 jfedu 目录
tar    -cjvf   jfedu.tar.bz2       jfedu       #使用 bzip2 格式打包并压缩 jfedu 目录
tar -czf    jfedu.tar.gz    * -X        list.txt    #使用 gzip 格式打包并压当前目录所有
                                                    #文件,排除 list.txt 中记录的文件
tar -czf    jfedu.tar.gz    *  --exclude=zabbix-3.2.4.tar.gz --exclude=
nginx-1.16.0.tar.gz        #使用 gzip 格式打包并压当前目录所有文件及目录,排除 zabbix-
                           #3.2.4.tar.gz 和 nginx-1.16.0.tar.gz 软件包
```

6.2.3 tar 实现 Linux 系统备份

tar 工具除用于日常打包、解压源码包或压缩包外,最大的亮点是还可以用于 Linux 操作系统文件及目录的备份。tar -g 命令可以用于 GNU 格式的增量备份,备份原理是以目录或文件的 atime、mtime、ctime 属性是否被修改作为增量的依据。文件及目录时间属性详解如下。

（1）access time，atime：文件被访问的时间。

（2）modified time，mtime：文件内容被改变的时间。

（3）change time，ctime：文件写入、权限更改的时间。

总结：更改文件内容时 mtime 和 ctime 属性都会发生改变，但 ctime 属性可以在 mtime 属性未发生变化时被更改。例如，修改文件权限，文件对应的 mtime 属性不变，而 ctime 属性则将发生改变。tar 命令的增量备份案例演示步骤如下。

（1）在/root 目录创建 jingfeng 文件夹，同时在 jingfeng 文件夹中新建 jf1.txt，jf2.txt 文件，如图 6-1 所示。

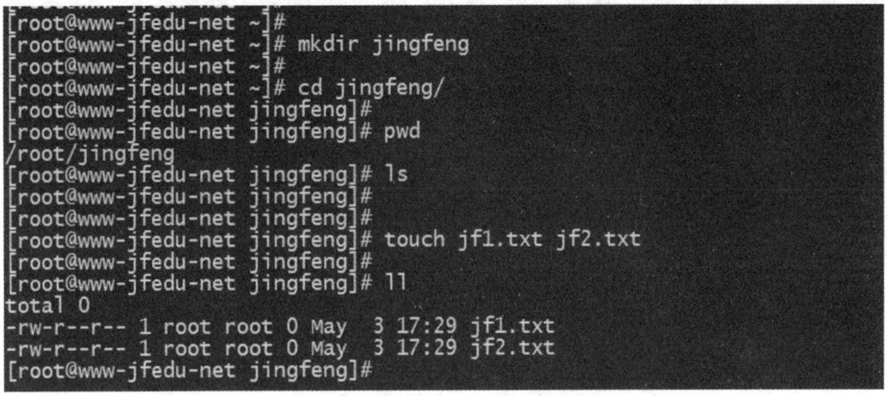

图 6-1　创建 jingfeng 目录及文件

（2）使用 tar 命令第一次完整备份 jingfeng 文件夹中的内容，-g 参数指定快照 snapshot 文件，第一次没有该文件则会自动创建，命令如下，操作过程如图 6-2 所示。

```
cd /root/jingfeng/
tar  -g  /data/backup/snapshot  -czvf  /data/backup/2021jingfeng.tar.gz
```

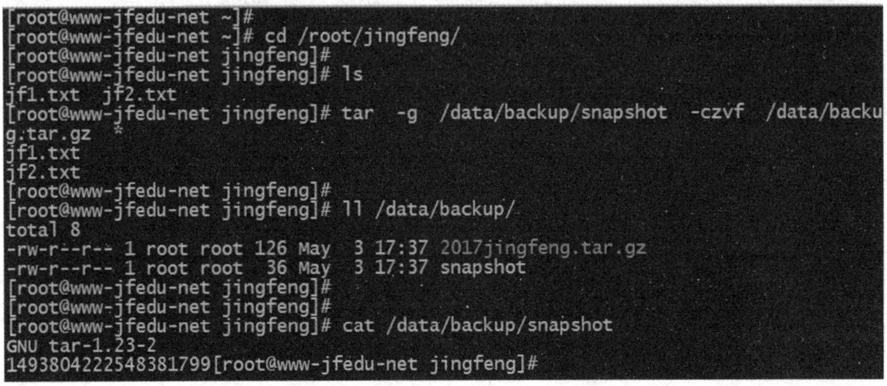

图 6-2　tar 命令备份 jingfeng 目录中的文件

（3）使用 tar 命令第一次完整备份 jingfeng 文件夹之后，会生成快照文件/data/backup/snapshot，后期增量备份会以 snapshot 文件为参考，在 jingfeng 文件夹中创建 jf3.txt jf4.txt 文件，然后通过 tar 命令增量备份 jingfeng 目录所有内容，操作过程如图 6-3 所示，命令如下：

```
cd /root/jingfeng/
touch jf3.txt jf4.txt
tar -g /data/backup/snapshot -czvf /data/backup/2021jingfeng_add1.tar.gz *
```

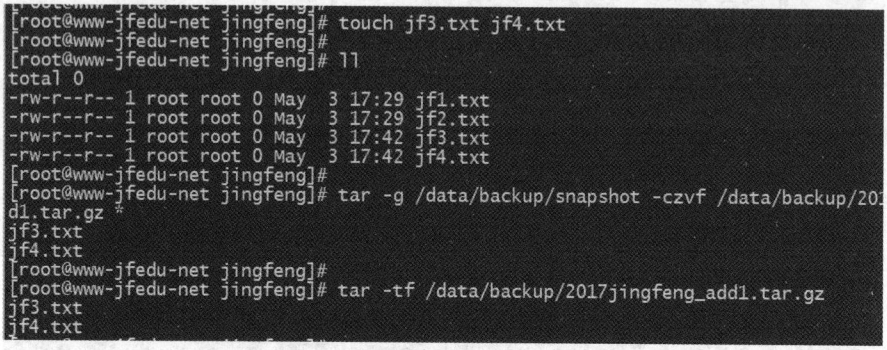

图 6-3　tar 命令增量备份 jingfeng 目录中的文件

如图 6-3 所示，增量备份时，需通过-g 参数指定第一次完整备份的快照 snapshot 文件，同时增量打包的文件名不能与第一次备份后的文件名重复，通过 tar –tf 命令可以查看打包后的文件内容。

6.2.4　shell + tar 实现增量备份

企业中日常备份的数据包括/boot、/etc、/root、/data 目录等，备份的策略参考：每周一至周六执行增量备份，每周日执行全备份。同时在企业中备份操作系统数据均使用 Shell 脚本完成，此处 auto_backup_system.sh 脚本供参考，后续章节会系统讲解 Shell 脚本。脚本内容如下：

```
#!/bin/bash
#Automatic Backup Linux System Files
#By Author www.jfedu.net
#Define Variables
SOURCE_DIR=(
    $*
)
TARGET_DIR=/data/backup/
YEAR=`date +%Y`
MONTH=`date +%m`
DAY=`date +%d`
WEEK=`date +%u`
```

```
FILES=system_backup.tgz
CODE=$?
if
    [ -z $SOURCE_DIR ];then
    echo -e "Please Enter a File or Directory You Need to Backup:\n
------------------------------------------\nExample $0 /boot /etc ......"
    exit
fi
#Determine Whether the Target Directory Exists
if
    [ ! -d $TARGET_DIR/$YEAR/$MONTH/$DAY ];then
    mkdir -p $TARGET_DIR/$YEAR/$MONTH/$DAY
    echo "This $TARGET_DIR Created Successfully !"
fi
#EXEC Full_Backup Function Command
Full_Backup()
{
if
    [ "$WEEK" -eq "7" ];then
    rm -rf $TARGET_DIR/snapshot
    cd $TARGET_DIR/$YEAR/$MONTH/$DAY ;tar -g $TARGET_DIR/snapshot -czvf
$FILES 'echo ${SOURCE_DIR[@]}'
    [ "$CODE" == "0" ]&&echo -e "---------------------------------------
------\nFull_Backup System Files Backup Successfully !"
fi
}
#Perform incremental BACKUP Function Command
Add_Backup()
{
    cd $TARGET_DIR/$YEAR/$MONTH/$DAY ;
if
    [ -f $TARGET_DIR/$YEAR/$MONTH/$DAY/$FILES ];then
    read -p "$FILES Already Exists, overwrite confirmation yes or no ? : "
SURE
    if [ $SURE == "no" -o $SURE == "n" ];then
    sleep 1 ;exit 0
    fi
#Add_Backup Files System
    if
        [ $WEEK -ne "7" ];then
        cd $TARGET_DIR/$YEAR/$MONTH/$DAY ;tar -g $TARGET_DIR/snapshot -czvf
$$_$FILES 'echo ${SOURCE_DIR[@]}'
        [ "$CODE" == "0" ]&&echo -e "---------------------------------------
```

```
-----\nAdd_Backup System Files Backup Successfully !"
   fi
else
   if
      [ $WEEK -ne "7" ];then
      cd $TARGET_DIR/$YEAR/$MONTH/$DAY ;tar -g $TARGET_DIR/snapshot -czvf
$FILES 'echo ${SOURCE_DIR[@]}'
      [ "$CODE" == "0" ]&&echo -e "-------------------------------------
-----\nAdd_Backup System Files Backup Successfully !"
   fi
fi
}
Full_Backup;Add_Backup
```

6.3 zip 软件包管理

zip 也是计算机文件的压缩算法，原名 Deflate（真空），发明者为菲利普·卡兹（Phil Katz），他于 1989 年 1 月公布了该格式的资料。zip 通常使用扩展名.zip。

主流的压缩格式包括 TAR、RAR、ZIP、WAR、GZIP、BZ2、ISO 等。从性能上比较，TAR、WAR、RAR 格式较 ZIP 格式压缩率高，但压缩时间远远高于 ZIP。zip 工具可以实现对 zip 属性的包进行管理，也可以将文件及文件打包成 ZIP 格式。zip 工具打包常见参数详解如下：

```
-f                      #freshen：只更改文件
-u                      #update：只更改或新文件
-d                      #从压缩文件删除文件
-m                      #中的条目移动到 zipfile(删除 OS 文件)
-r                      #递归到目录
-j                      #junk(不记录)目录名
-l                      #将 LF 转换为 CR LF(-11 CR LF 至 LF)
-1                      #压缩更快
-q                      #安静操作，不输出执行的过程
-v                      #verbose 操作/打印版本信息
-c                      #添加一行注释
-z                      #添加 zipfile 注释
-o                      #读取名称使 zip 文件与最新条目一样旧
-x                      #不包括以下名称
-F                      #修复 zipfile(-FF 尝试更难)
-D                      #不要添加目录条目
-T                      #测试 zip 文件完整性
-X                      #eXclude eXtra 文件属性
```

```
-e                    #加密 - 不要压缩这些后缀
-h2                   #显示更多帮助
```

zip 的企业案例演示如下：

（1）利用 zip 工具打包 jingfeng 文件夹中所有内容，如图 6-4 所示，命令如下。

```
zip -rv jingfeng.zip /root/jingfeng/
```

```
[root@www-jfedu-net ~]#
[root@www-jfedu-net ~]# zip -rv jingfeng.zip /root/jingfeng/
updating: root/jingfeng/         (in=0) (out=0) (stored 0%)
updating: root/jingfeng/jf4.txt  (in=0) (out=0) (stored 0%)
updating: root/jingfeng/jf1.txt  (in=0) (out=0) (stored 0%)
updating: root/jingfeng/jf2.txt  (in=0) (out=0) (stored 0%)
updating: root/jingfeng/jf3.txt  (in=0) (out=0) (stored 0%)
total bytes=0, compressed=0 -> 0% savings
[root@www-jfedu-net ~]#
[root@www-jfedu-net ~]# ll jingfeng.zip
-rw-r--r-- 1 root root 858 May  3 18:16 jingfeng.zip
[root@www-jfedu-net ~]#
[root@www-jfedu-net ~]#
[root@www-jfedu-net ~]# zip -T jingfeng
test of jingfeng.zip OK
[root@www-jfedu-net ~]#
```

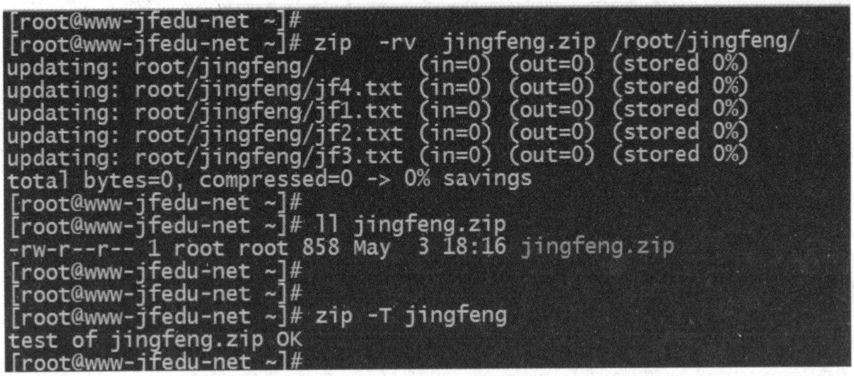

图 6-4　利用 zip 工具打包备份 jingfeng 目录

（2）通过 zip 工具打包 jingfeng 文件夹中所有内容，排除部分文件，如图 6-5 所示，命令如下。

```
zip -rv jingfeng.zip * -x jf1.txt
zip -rv jingfeng.zip * -x jf2.txt -x jf3.txt
```

（3）通过 zip 工具删除 jingfeng.zip 中 jf3.txt 文件，命令如下，结果如图 6-6 所示。

```
zip jingfeng.zip -d jf3.txt
```

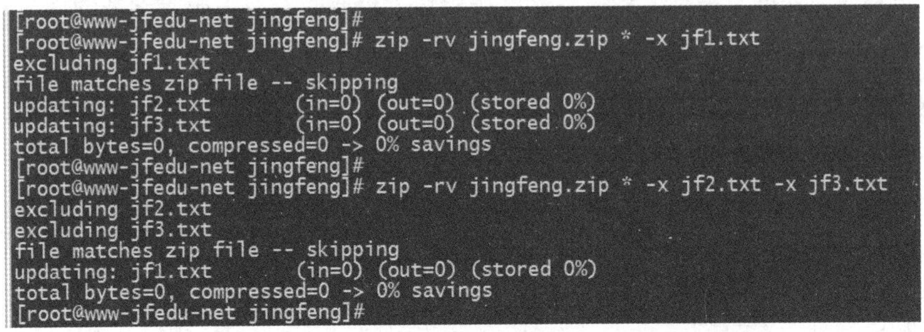

```
[root@www-jfedu-net jingfeng]#
[root@www-jfedu-net jingfeng]# zip -rv jingfeng.zip * -x jf1.txt
excluding jf1.txt
file matches zip file -- skipping
updating: jf2.txt      (in=0) (out=0) (stored 0%)
updating: jf3.txt      (in=0) (out=0) (stored 0%)
total bytes=0, compressed=0 -> 0% savings
[root@www-jfedu-net jingfeng]#
[root@www-jfedu-net jingfeng]# zip -rv jingfeng.zip * -x jf2.txt -x jf3.txt
excluding jf2.txt
excluding jf3.txt
file matches zip file -- skipping
updating: jf1.txt      (in=0) (out=0) (stored 0%)
total bytes=0, compressed=0 -> 0% savings
[root@www-jfedu-net jingfeng]#
```

图 6-5　利用 zip 工具打包备份 jingfeng 目录并排除部分文件

（4）通过 unzip 工具解压 jingfeng.zip 文件夹中所有内容，命令如下，结果如图 6-6 所示。

```
unzip jingfeng.zip
unzip jingfeng.zip -d /data/backup/  #-d 可以指定解压后的目录
```

```
[root@www-jfedu-net ~]# ll jingfeng.zip
-rw-r--r-- 1 root root 858 May  3 18:16 jingfeng.zip
[root@www-jfedu-net ~]#
[root@www-jfedu-net ~]# unzip jingfeng.zip
Archive:  jingfeng.zip
   creating: root/jingfeng/
 extracting: root/jingfeng/jf4.txt
 extracting: root/jingfeng/jf1.txt
 extracting: root/jingfeng/jf2.txt
 extracting: root/jingfeng/jf3.txt
[root@www-jfedu-net ~]#
[root@www-jfedu-net ~]# unzip jingfeng.zip -d /data/backup/
Archive:  jingfeng.zip
   creating: /data/backup/root/jingfeng/
 extracting: /data/backup/root/jingfeng/jf4.txt
 extracting: /data/backup/root/jingfeng/jf1.txt
 extracting: /data/backup/root/jingfeng/jf2.txt
 extracting: /data/backup/root/jingfeng/jf3.txt
```

图 6-6　利用 unzip 工具解压 jingfeng 目录

6.4　源码包软件安装

通常使用 RPM 工具管理以 .rpm 结尾的二进制包，而标准的以 .zip、tar 结尾的源代码包则不能使用 RPM 工具安装、卸载或升级。源码包安装有以下步骤：

```
./configure       #预编译，主要用于检测系统基准环境库是否满足，生成 MakeFile 文件
make              #编译，基于第一步生成的 makefile 文件，进行源代码的编译
make install      #安装，编译完毕之后，将相关的可运行文件安装至系统中
                  #使用 make 编译时，Linux 操作系统必须有 GCC 编译器，用于编译源码
```

源码包安装通常需要 ./configure、make、make install 3 个步骤，某些特殊源码可以只有 3 步中的一个或两个步骤。

以 CentOS 7 为基准，在其上安装 Nginx 源码包。企业服务器中源码安装的详细步骤如下：

（1）Nginx.org 官网下载 nginx-1.20.1.tar.gz 文件。

```
wget http://nginx.org/download/nginx-1.20.1.tar.gz
```

（2）Nginx 源码包解压。

```
tar -xvf nginx-1.20.1.tar.gz
```

（3）源码 configure 预编译，进入解压后的目录执行 ./configure 指令。

```
cd nginx-1.20.1
#预编译主要用于检查系统环境是否满足安装软件包的条件，并生成 Makefile 文件，该文件为编
#译、安装、升级 Nginx 指明了相应参数
./configure                  #--help 可以查看预编译参数
--prefix                     #指定 Nginx 编译安装的目录
--user=***                   #指定 Nginx 的属主
--group=***                  #指定 Nginx 的属主与属组
```

```
--with-***                    #指定编译某模块
--without-**                  #指定不编译某模块
--add-module                  #编译第三方模块
#安装依赖
[root@www-jfedu-net nginx-1.20.1]# yum install zlib-devel pcre-devel -y
#开始预编译
[root@www-jfedu-net nginx-1.20.1]# ./configure --prefix=/usr/local/nginx
```

（4）ake 编译。

```
#上一步预编译成功后，会产生两个文件，一个是 Makefile 文件，另一个是 objs 目录，查看
#Makefile 内容如下
[root@www-jfedu-net nginx-1.20.1]# cat Makefile
default:    build
clean:
    rm -rf Makefile objs
build:
    $(MAKE) -f objs/Makefile
install:
    $(MAKE) -f objs/Makefile install
modules:
    $(MAKE) -f objs/Makefile modules
upgrade:
        /usr/local/nginx/sbin/nginx -t
    kill -USR2 `cat /usr/local/nginx/logs/nginx.pid`
    sleep 1
    test -f /usr/local/nginx/logs/nginx.pid.oldbin
    kill -QUIT `cat /usr/local/nginx/logs/nginx.pid.oldbin`
#可以根据 Makefile 的参数，执行以下命令
make clean              #重新预编译时，通常执行这条命令删除上次的编译文件
make build              #编译，默认参数，可省略 build 参数
make install            #安装
make modules            #编译模块
make upgrade            #在线升级（不停服务升级）
#开始编译并安装
make && make install
```

通过以上几个步骤，源码包软件安装成功。源码包在编译及安装时，可能会遇到各种错误，需要解决错误之后再进行下一步安装。后续章节会重点针对企业使用的软件进行案例演练。

6.5 yum 软件包管理

yum 适用于 CentOS、Fedora、RedHat 及 SUSE 等操作系统中的 Shell 命令行，主要用于管

理 RPM 包。与 RPM 工具使用范围类似，yum 工具能够从指定的服务器自动下载 RPM 包并且安装，还可以自动处理依赖关系。

使用 RPM 工具管理和安装软件时，会发现 RPM 包有依赖，需要逐个手动下载安装，而 yum 工具的最大便利就是可以自动安装所有依赖的软件包，从而提升效率，节省时间。

6.5.1 yum 工作原理

学习 yum，一定要理解 yum 工作原理。yum 正常运行需要依赖两个部分，一是 yum 源端，二是 yum 客户端，即用户使用端。

yum 客户端安装的所有 RPM 包都来自 yum 服务器，yum 源端通过 HTTP 或文件传送协议（file transfer protocol，FTP）服务器发布。而 yum 客户端能够从 yum 源端下载依赖的 RPM 包是由于在 yum 源端生成了 RPM 包的基准信息，包括 RPM 包版本号、配置文件、二进制信息、依赖关系等。

yum 客户端需要安装软件或者搜索软件，查找 /etc/yum.repos.d 下以 .repo 结尾的文件，在 CentOS 中默认的 .repo 文件名为 CentOS-Base.repo，该文件中配置了 yum 源端的镜像地址，所以每次安装、升级 RPM 包，yum 客户端均会查找 .repo 文件。

yum 客户端如果配置了 CentOS 官方 repo 源，客户端操作系统必须联网，才能下载软件并安装。如果没有网络，也可以构建光盘源或内部 yum 源。在只有 yum 客户端时，yum 客户端安装软件，默认会把 yum 源地址、Header 信息、软件包、数据库信息、缓存文件存储在 /var/cache/yum 下，每次使用 yum 工具，yum 优先在缓存中查找相关软件包，如缓存中不存在，则将访问外网 yum 源。

6.5.2 配置 yum 源（仓库）

yum 源的配置方法如下：

```
# 配置本地镜像仓库
[root@www-jfedu-net ~]# mount /dev/cdrom /mnt
mount: /dev/sr0                          #写保护，将以只读方式挂载
# 在仓库目录下创建本地仓库文件，内容如下
[root@www-jfedu-net ~]# cat /etc/yum.repos.d/local.repo
[local]
name=centos-$releasever-local
baseurl=file:///mnt
gpgcheck=1
gpgkey=file:///mnt/RPM-GPG-KEY-CentOS-$releasever
#查看仓库情况
[root@www-jfedu-net ~]# yum repolist | grep local
```

```
local centos-7-local  4,071
##配置CentOS的base仓库,以下两个仓库任意配置一个即可,因为仓库ID不能冲突,配置多
#个也只有一个生效
#安装163的yum源
wget -O /etc/yum.repos.d/CentOS7-Base-163.repo http://mirrors.163.com/.
help/CentOS7-Base-163.repo
#安装阿里云的yum源
wget -O /etc/yum.repos.d/CentOS-Base.repo http://mirrors.aliyun.com/repo/
Centos-7.repo
##配置epel扩展仓库
# centos 7
wget -O /etc/yum.repos.d/epel.repo http://mirrors.aliyun.com/repo/epel-7.
repo
# centos 8
yum install -y https://mirrors.aliyun.com/epel/epel-release-latest-8.
noarch.rpm
sed -i 's|^#baseurl=https://download.fedoraproject.org/pub|baseurl=https:
//mirrors.aliyun.com|' /etc/yum.repos.d/epel*
sed -i 's|^metalink|#metalink|' /etc/yum.repos.d/epel*
```

6.5.3 yum 企业案例演练

由于 yum 工具使用简便、快捷、高效,在企业中得到广泛使用,得到众多 IT 运维、程序人员的青睐。要熟练使用 yum 工具,首先要掌握 yum 命令行参数的使用。以下为 yum 命令行工具的参数详解及实战步骤:

```
#yum命令工具指南,yum格式为
yum [command] [package] -y|-q        #其中的[options]是可选。-y 安装或者卸载出现YES
                                     #时,自动确认YES;-q不显示安装过程
yum install httpd                    #安装httpd软件包
yum search                           #yum搜索软件包
yum list     httpd                   #显示指定程序包安装情况httpd
yum list                             #显示所有已安装及可安装的软件包
yum remove  httpd                    #删除程序包httpd
yum erase   httpd                    #删除程序包httpd
yum update                           #内核升级或者软件更新
yum update  httpd                    #更新httpd软件
yum check-update                     #检查可更新的程序
yum info    httpd                    #显示安装包信息httpd
yum provides                         #列出软件包提供哪些文件
yum provides "*/rz"                  #列出rz命令由哪个软件包提供
yum grouplist                        #查询可以用groupinstall安装的组名称
```

```
yum groupinstall "Chinese Support"        #安装中文支持
yum groupremove "Chinese Support"         #删除程序组 Chinese Support
yum deplist httpd                         #查看程序 httpd 依赖情况
yum clean packages                        #清除缓存目录下的软件包
yum clean headers                         #清除缓存目录下的 headers
yum clean all                             #清除缓存目录下的软件包及旧的 headers
```

（1）基于 CentOS 7，执行命令 yum install httpd -y，安装 httpd 服务，如图 6-7 所示。

```
[root@www-jfedu-net ~]# yum install httpd -y
Loaded plugins: fastestmirror, langpacks
Repository epel is listed more than once in the configuration
Loading mirror speeds from cached hostfile
Resolving Dependencies
--> Running transaction check
---> Package httpd.x86_64 0:2.4.6-45.el7.centos.4 will be installed
--> Finished Dependency Resolution

Dependencies Resolved

================================================================================
 Package          Arch            Version                        Reposi
================================================================================
Installing:
 httpd            x86_64          2.4.6-45.el7.centos.4          update

Transaction Summary
================================================================================
Install  1 Package
```

图 6-7　yum 安装 httpd 软件

（2）执行命令 yum grouplist，检查 groupinstall 的软件组名，如图 6-8 所示。

```
[root@www-jfedu-net ~]# yum grouplist|more
Loaded plugins: fastestmirror, langpacks
Repository epel is listed more than once in the configuration
There is no installed groups file.
Maybe run: yum groups mark convert (see man yum)
Loading mirror speeds from cached hostfile
Available Environment Groups:
   Minimal Install
   Compute Node
   Infrastructure Server
   File and Print Server
   MATE Desktop
   Basic Web Server
   Virtualization Host
   Server with GUI
   GNOME Desktop
   KDE Plasma Workspaces
   Development and Creative Workstation
```

图 6-8　yum grouplist 显示组安装名称

（3）执行命令 yum groupinstall "GNOME Desktop" -y，安装 Linux 图形界面，如图 6-9 所示。

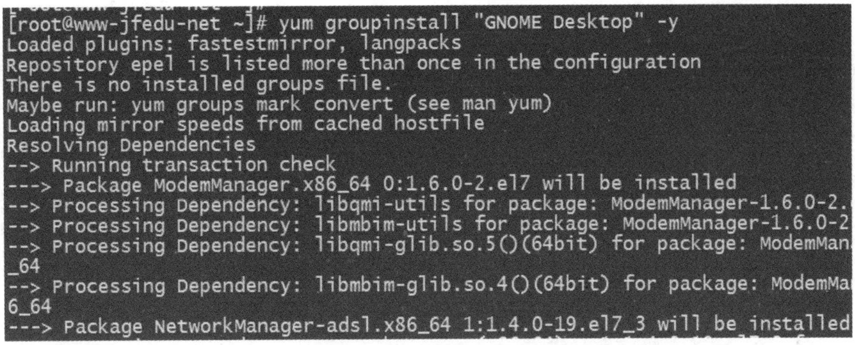

图 6-9　GNOME Desktop 图形界面安装

（4）执行命令 yum install httpd php php-devel php-mysql mariadb mariadb-server -y，安装中小企业 LAMP 架构环境，如图 6-10 所示。

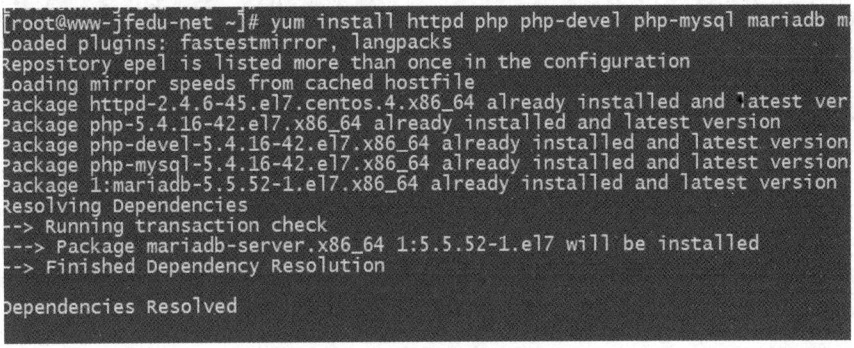

图 6-10　LAMP 中小企业架构安装

（5）执行命令 yum remove ntpdate -y，卸载 ntpdate 软件包，如图 6-11 所示。

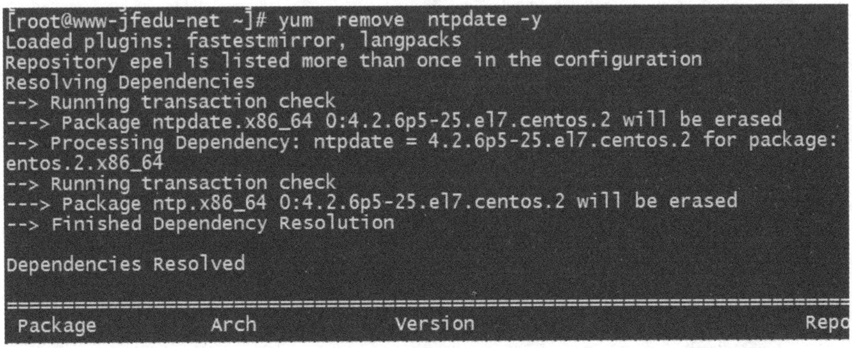

图 6-11　卸载 ntpdate 软件包

（6）执行命令 yum provides rz 或者 yum provides "*/rz"，查找 rz 命令的提供者，如图 6-12 所示。

```
[root@www-jfedu-net ~]#
[root@www-jfedu-net ~]# yum provides rz
Loaded plugins: fastestmirror, langpacks
Repository epel is listed more than once in the configuration
Loading mirror speeds from cached hostfile
lrzsz-0.12.20-36.el7.x86_64 : The lrz and lsz modem communications program
Repo        : os
Matched from:
Filename    : /usr/bin/rz


[root@www-jfedu-net ~]#
```

图 6-12　查找 rz 命令的提供者

（7）执行命令 yum update -y，升级 Linux 操作系统所有可更新的软件包或 Linux 内核，如图 6-13 所示。

```
[root@www-jfedu-net ~]# yum update -y
Loaded plugins: fastestmirror, langpacks
Repository epel is listed more than once in the configuration
Loading mirror speeds from cached hostfile
Resolving Dependencies
--> Running transaction check
---> Package NetworkManager.x86_64 1:1.0.6-27.el7 will be updated
---> Package NetworkManager.x86_64 1:1.4.0-19.el7_3 will be an update
---> Package NetworkManager-libnm.x86_64 1:1.0.6-27.el7 will be updated
---> Package NetworkManager-libnm.x86_64 1:1.4.0-19.el7_3 will be an update
---> Package NetworkManager-team.x86_64 1:1.0.6-27.el7 will be updated
---> Package NetworkManager-team.x86_64 1:1.4.0-19.el7_3 will be an update
---> Package NetworkManager-tui.x86_64 1:1.0.6-27.el7 will be updated
---> Package NetworkManager-tui.x86_64 1:1.4.0-19.el7_3 will be an update
---> Package abrt-libs.x86_64 0:2.1.11-36.el7.centos will be updated
---> Package abrt-libs.x86_64 0:2.1.11-45.el7.centos will be an update
```

图 6-13　软件包升级或内核升级

6.6　yum 优先级配置实战

基于 yum 安装软件时，通常会配置多个 Repo 源，而 fastestmirror 插件是为拥有多个镜像的软件库配置文件而设计的。它会连接每一个镜像，计算连接所需的时间，然后将镜像由快到慢排序供 yum 使用。

CentOS 的 fastestmirror 插件默认为开启状态，所以安装软件会从最快的镜像源安装，但是由于 Repo 源很多，而在这些源中都存在某些软件包，且有些软件有重复，甚至冲突，能否优先从一些 Repo 源中去查找，找不到时再去其他源中找？

可以使用 yum 优先级插件解决该问题。yum 提供的插件 yum-plugin-priorities，直接使用 yum 命令安装即可，命令如下：

```
yum install -y yum-plugin-priorities
```

结果如图 6-14 所示。

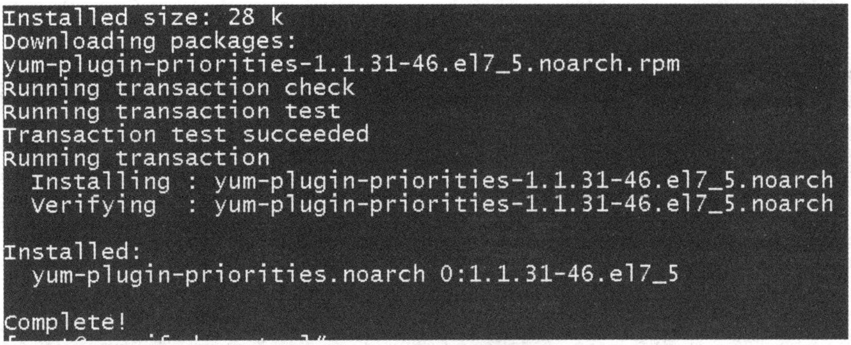

```
Installed size: 28 k
Downloading packages:
yum-plugin-priorities-1.1.31-46.el7_5.noarch.rpm
Running transaction check
Running transaction test
Transaction test succeeded
Running transaction
  Installing : yum-plugin-priorities-1.1.31-46.el7_5.noarch
  Verifying  : yum-plugin-priorities-1.1.31-46.el7_5.noarch

Installed:
  yum-plugin-priorities.noarch 0:1.1.31-46.el7_5

Complete!
```

图 6-14　yum 安装优先级插件

修改 yum 源优先级配置文件，设置为 enabled，开启优先级插件，1 为开启，0 为禁止，命令如下，操作过程如图 6-15 所示。

```
vim /etc/yum/pluginconf.d/priorities.conf
enabled = 1
```

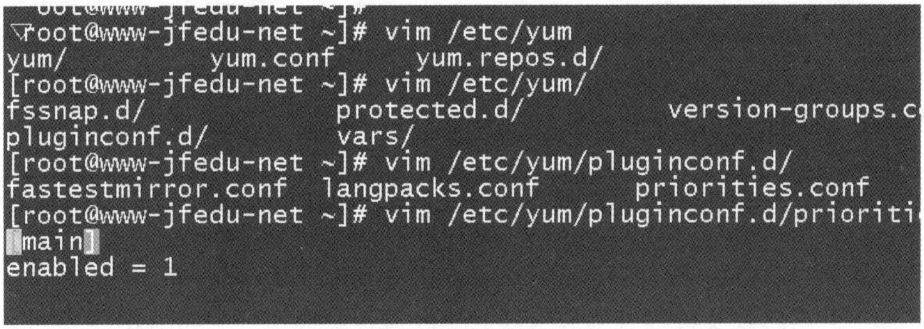

```
[root@www-jfedu-net ~]# vim /etc/yum
yum/           yum.conf      yum.repos.d/
[root@www-jfedu-net ~]# vim /etc/yum/
fssnap.d/            protected.d/         version-groups.c
pluginconf.d/        vars/
[root@www-jfedu-net ~]# vim /etc/yum/pluginconf.d/
fastestmirror.conf  langpacks.conf      priorities.conf
[root@www-jfedu-net ~]# vim /etc/yum/pluginconf.d/prioriti
[main]
enabled = 1
```

图 6-15　开启优先级插件

使用 vim 命令修改/etc/yum.repos./xx.repo 文件，在 base 段中加入如下指令（优先级为 1 表示优先被查找，越大反而越被后续查找），操作过程如图 6-16 所示。

```
priority=1
```

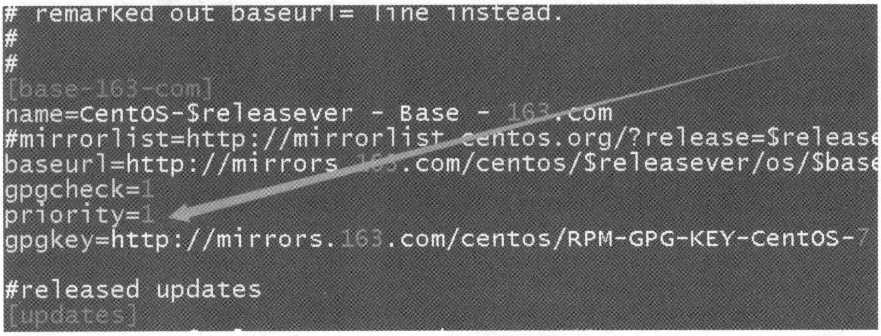

```
# remarked out baseurl= line instead.
#
#
[base-163-com]
name=CentOS-$releasever - Base - 163.com
#mirrorlist=http://mirrorlist.centos.org/?release=$release
baseurl=http://mirrors.163.com/centos/$releasever/os/$base
gpgcheck=1
priority=1
gpgkey=http://mirrors.163.com/centos/RPM-GPG-KEY-CentOS-7

#released updates
[updates]
```

图 6-16　设置优先级

基于 yum 安装 ntpdate 软件，测试表明软件已经优先从 163 源中查找，如图 6-17 所示。

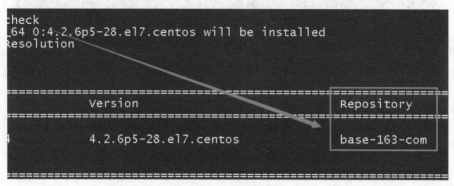

图 6-17　测试优先级

6.7　基于 ISO 镜像构建 yum 本地源

yum 客户端使用前提通常是必须连接外网，yum 安装软件时将通过检查 .repo 配置文件查找相应的 yum 源仓库。为了安全起见，企业 IDC 机房中的很多服务器是禁止上外网的，所以不能使用默认的官方 yum 源仓库。

构建本地 yum 光盘源，其原理是通过查找光盘中的软件包，实现 yum 安装。构建本地 yum 光盘源的配置步骤如下。

（1）将 CentOS-7-x86_64-DVD-1511.iso 镜像加载至虚拟机的 CD/DVD 或放入服务器的 CD/DVD 光驱，并将镜像文件挂载至服务器的 /mnt 目录。操作过程如图 6-18 所示，挂载命令如下。

```
mount     /dev/cdrom    /mnt/
```

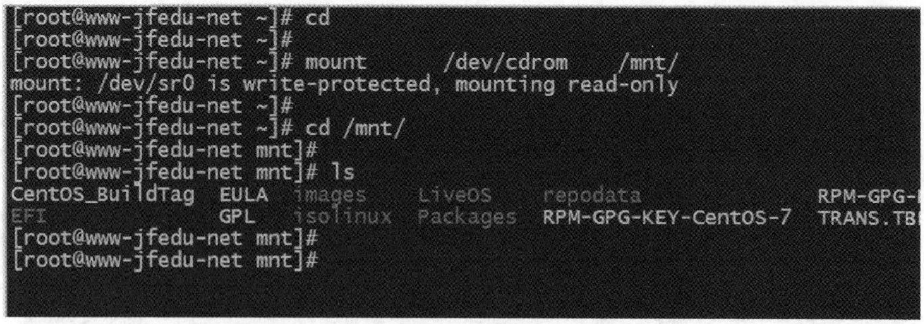

图 6-18　CentOS ISO 镜像文件挂载

（2）备份 /etc/yum.repos.d/CentOS-Base.repo 文件为 CentOS-Base.repo.bak，同时在 /etc/yum.repos.d 目录下创建 media.repo 文件，并写入以下内容：

```
[yum]
name=CentOS 7
baseurl=file:///mnt
enabled=1
gpgcheck=1
gpgkey=file:///mnt/RPM-GPG-KEY-CentOS-7
```

media.repo 配置文件详解如下。

```
name=CentOS 7                               #yum 源显示名称
baseurl=file:///mnt                         #ISO 镜像挂载目录
gpgcheck=1                                  #是否检查 GPG-KEY
enabled=1                                   #是否启用 yum 源
gpgkey=file:///mnt/RPM-GPG-KEY-CentOS-7     #指定载目录下的 GPG-KEY 文件验证
```

（3）运行命令 yum clean all 清空 yum 缓存，执行命令 yum install screen -y 安装 screen 软件，如图 6-19 所示。

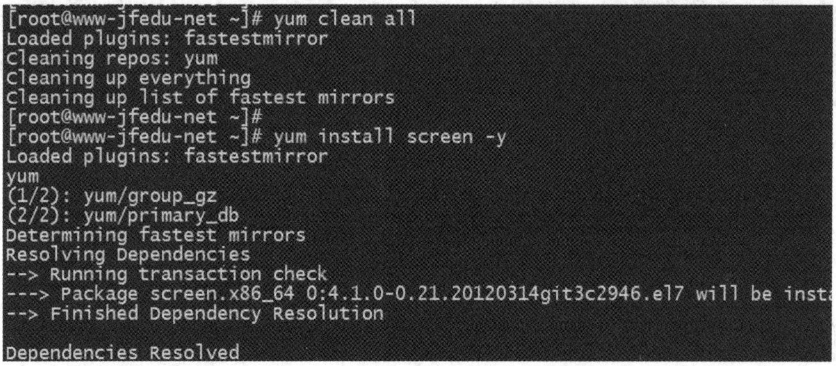

```
[root@www-jfedu-net ~]# yum clean all
Loaded plugins: fastestmirror
Cleaning repos: yum
Cleaning up everything
Cleaning up list of fastest mirrors
[root@www-jfedu-net ~]#
[root@www-jfedu-net ~]# yum install screen -y
Loaded plugins: fastestmirror
yum
(1/2): yum/group_gz
(2/2): yum/primary_db
Determining fastest mirrors
Resolving Dependencies
--> Running transaction check
---> Package screen.x86_64 0:4.1.0-0.21.20120314git3c2946.el7 will be insta
--> Finished Dependency Resolution

Dependencies Resolved
```

图 6-19　yum 安装 Screen 软件

（4）至此，yum 光盘源构建完毕。在使用 yum 源时，可能遇到部分软件无法安装，这是因为光盘中的软件包不完整。同时光盘源只能供本机使用，其他局域网服务器无法使用。

6.8　基于 HTTP 构建 yum 网络源

yum 光盘源默认只能提供给本机使用，局域网其他服务器无法使用 yum 光盘源，如果希望使用，需要在每台服务器上构建 yum 本地源。该方案在企业中不可取，需要构建 HTTP 局域网 yum 源才能解决。可以通过 createrepo 命令工具创建本地 yum 源端（repo 即为 repository）。

构建 HTTP 局域网 yum 源的方法及步骤如下。

（1）挂载光盘镜像文件至 /mnt。

```
mount    /dev/cdrom    /mnt/
```

（2）复制/mnt/Packages 目录下所有软件包至目录/var/www/html/centos/。

```
mkdir -p  /var/www/html/centos/
cp   -R   /mnt/Packages/*  /var/www/html/centos/
```

（3）使用 createrepo 命令创建本地源。执行以下命令会在 centos 目录生成 repodata 目录，目录内容如图 6-20 所示。

```
yum install createrepo* -y
cd /var/www/html
createrepo  centos/
```

```
[root@www-jfedu-net html]# pwd
/var/www/html
[root@www-jfedu-net html]#
[root@www-jfedu-net html]# cd centos/
[root@www-jfedu-net centos]#
[root@www-jfedu-net centos]# cd repodata/
[root@www-jfedu-net repodata]#
[root@www-jfedu-net repodata]# ls
40bac61f2a462557e757c2183511f57d07fba2c0dd63f99b48f0b466b7f2b8d2-other.xml.gz
4cdf96c7618bdbb2dfa543c29496faf76d940f0c04f316c8a3476426c65c81cf-primary.sqlite.bz2
9710c85f1049b4c60c74ae5fd51d3e98e4ecd50a43ab53ff641690fb164a6d63-other.sqlite.bz2
cfa741341d5d270d5b42d6220e2908d053c39a2d8346986bf48cee360e6f7ce8-filelists.xml.gz
d216d0fba4167a2d086c80ac8c708670a7e45ee3295f27ac2702784fc56623b4-primary.xml.gz
d863fcc08a4e8d47382001c3f22693ed77e03815a76cedf34d8256d4c12f6f0d-filelists.sqlite.bz2
repomd.xml
```

图 6-20 使用 createrepo 命令生成 repodata 目录

（4）利用 HTTP 发布 yum 本地源。

本地 yum 源通过 createrepo 命令搭建完毕，需要借助 HTTP Web 服务器发布/var/www/html/centos/中所有的软件，使用 yum 或 RPM 安装 HTTP Web 服务器，并启动 httpd 服务。

```
yum install  httpd  httpd-devel          #-y 安装 HTTP Web 服务
useradd  apache  -g  apache              #创建 apache 用户和组
systemctl  restart  httpd.service        #重启 HTTPD 服务
setenforce 0                             #临时关闭 SeLinux 应用级安全策略
systemctl stop firewalld.service         #停止防火墙
ps -ef |grep httpd                       #查看 httpd 进程是否启动
```

（5）在 yum 客户端，创建 /etc/yum.repos.d/http.repo 文件，写入以下内容。

```
[base]
name="CentOS7 HTTP yum"
baseurl=http://192.168.1.115/centos/
gpgcheck=0
enabled=1
[updates]
name="CentOS 7 HTTP yum"
baseurl=http://192.168.1.115/centos
gpgcheck=0
enabled=1
```

（6）至此，在 yum 客户端上执行如下命令，操作过程如图 6-21 所示。

```
yum clean all                          #清空 yum Cache
yum install ntpdate -y                 #安装 ntpdate 软件
```

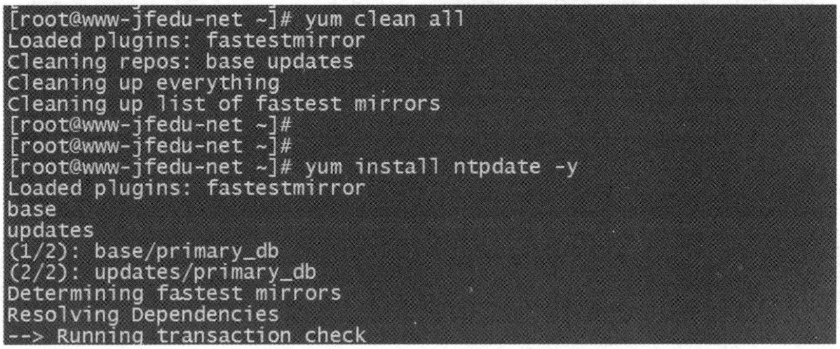

图 6-21　HTTP yum 源客户端验证

6.9　yum 源端软件包扩展

默认使用 ISO 镜像文件中的软件包构建的 HTTP yum 源，会缺少很多软件包。如果服务器需要挂载移动硬盘，使用 mount 命令挂载移动硬盘需要 ntfs-3g 软件包支持，而本地光盘镜像中没有该软件包，此时需要往 yum 源端添加 ntfs-3g 软件包。添加方法如下。

（1）切换至 /var/www/html/centos 目录，在官网下载 ntfs-3g 软件包。命令如下。

```
cd /var/www/html/centos/
wget http://dl.fedoraproject.org/pub/epel/7/x86_64/n/ntfs-3g-2021.2.22-3.el7.x86_64.rpm
http://dl.fedoraproject.org/pub/epel/7/x86_64/n/ntfs-3g-devel-2021.2.22-3.el7.x86_64.rpm
```

（2）执行 createrepo 命令更新软件包。同理，如需新增其他软件包，首先将软件下载至本地，然后通过 createrepo 命令更新即可，命令如下，操作过程如图 6-22 所示。

```
createrepo --update centos/
```

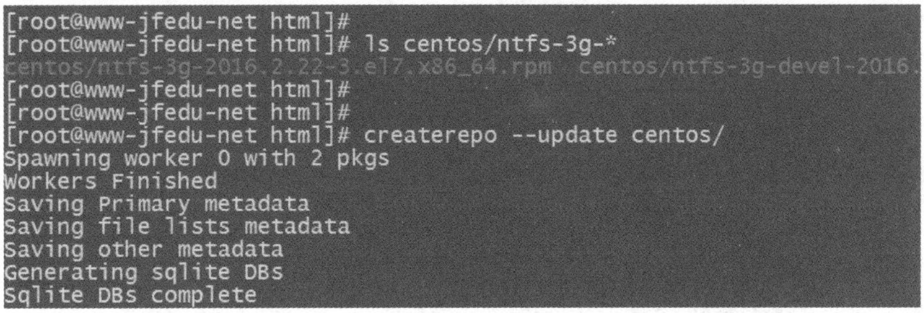

图 6-22　执行 createrepo 命令更新软件包

(3)客户端 yum 验证，安装 ntfs-3g 软件包，如图 6-23 所示。

```
[root@www-jfedu-net ~]# yum clean all
Loaded plugins: fastestmirror
Cleaning repos: base updates
Cleaning up everything
Cleaning up list of fastest mirrors
[root@www-jfedu-net ~]#
[root@www-jfedu-net ~]# yum install ntfs-3g -y
Loaded plugins: fastestmirror
base
updates
(1/2): base/primary_db
(2/2): updates/primary_db
Determining fastest mirrors
Resolving Dependencies
--> Running transaction check
---> Package ntfs-3g.x86_64 2:2016.2.22-3.el7 will be installed
--> Finished Dependency Resolution

Dependencies Resolved
```

图 6-23 yum 安装 NTFS-3G 软件包

6.10 同步外网 yum 源

在企业实际应用场景中，仅靠光盘里的 RPM 软件包不能满足需要。可以把外网的 yum 源中的所有软件包同步至本地，以完善本地 yum 源的软件包数量及完整性。

获取外网 yum 源软件的常见方法包括 rsync、wget、reposync，3 种同步方法的区别在于：rsync 方式需要外网 yum 源支持 RSYNC 协议，wget 可以直接获取，而 reposync 可以同步几乎所有的 yum 源。下面以 reporsync 为案例，同步外网 yum 源软件至本地，步骤如下。

(1)下载 centos 7 repo 文件至目录/etc/yum.repos.d/，并安装 reposync 命令工具。

```
wget http://mirrors.163.com/.help/CentOS7-Base-163.repo
mv CentOS 7-Base-163.repo /etc/yum.repos.d/centos.repo
yum  clean all
yum install yum-utils createrepo -y
yum repolist
```

(2)通过 reposync 命令工具获取外网 yum 源所有软件包。-r 参数指定 repolist id，默认不加 -r 参数表示获取外网所有 yum 软件包，-p 参数表示指定下载软件的路径，如图 6-24 所示，命令如下。

```
reposync -r base     -p   /var/www/html/centos/
reposync -r updates  -p   /var/www/html/centos/
```

(3)通过 reposync 工具下载完所有的软件包之后，需要执行 createrepo 命令更新本地 yum 仓库。

```
createrepo /var/www/html/centos/
```

```
[root@www-jfedu-net ~]# reposync -r base       -p  /var/www/html/centos/
No Presto metadata available for base
(1/9299): ORBit2-devel-2.14.19-13.el7.x86_64.rpm
(2/9299): ORBit2-2.14.19-13.el7.i686.rpm
(3/9299): OpenEXR-devel-1.7.1-7.el7.i686.rpm
(4/9299): OpenEXR-devel-1.7.1-7.el7.x86_64.rpm
(5/9299): OpenEXR-1.7.1-7.el7.x86_64.rpm
(6/9299): OpenEXR-libs-1.7.1-7.el7.x86_64.rpm
(7/9299): OpenIPMI-2.0.19-15.el7.x86_64.rpm
(8/9299): OpenEXR-libs-1.7.1-7.el7.i686.rpm
(9/9299): OpenIPMI-devel-2.0.19-15.el7.x86_64.rpm
(10/9299): OpenIPMI-devel-2.0.19-15.el7.i686.rpm
(11/9299): OpenIPMI-libs-2.0.19-15.el7.x86_64.rpm
```

图 6-24　获取外网 yum 源软件包

6.11　本章小结

通过对本章内容的学习，读者应掌握在 Linux 操作系统上安装不同的软件包及工具，使用 RPM 及 yum 管理 .rpm 结尾的二进制包，基于 configure、make、make install 命令实现源码包安装，并能够对软件进行安装、卸载及维护。

能够独立构建企业光盘源、HTTP 网络 yum 源，实现不连接外网网络时使用 yum 安装各种软件包及工具，同时能随时添加新的软件包至本地 yum 源。

6.12　同步作业

1. RPM 及 yum 管理工具的区别是什么？
2. 企业中安装软件，何时选择 yum 安装？何时选择源码编译安装？
3. 将 Linux 操作系统中的 PHP 5.3 版本升级至 PHP 5.5 版本，升级方法有几种？分别写出升级步骤。
4. 使用源码编译安装 httpd-2.4.25.tar.bz2，写出安装的流程及注意事项。
5. 如何将 CentOS 7 字符界面升级为图形界面，并设置系统启动默认为图形界面？

第 7 章 Linux 操作系统磁盘管理

Linux 操作系统一切内容都以文件的形式存储于硬盘，应用程序需要时刻读写硬盘，所以企业生产环境中对硬盘的操作变得尤为重要，对硬盘的维护和管理也是每个运维工程师必备的工作之一。

本章将介绍硬盘，硬盘数据的存储方式，如何在企业生产服务器上添加硬盘，对硬盘进行分区、初始化及故障修复等。

7.1 计算机硬盘简介

硬盘是计算机的主要存储媒介之一，由一个或多个铝制或玻璃制的碟片组成，碟片外覆盖有铁磁性材料，硬盘内部由磁道、柱面、扇区、磁头等部件组成，如图 7-1 所示。

（1）扇区（sector）：盘片被分成许多扇形的区域。

（2）磁道（track）：盘片上以盘片中心为圆心，不同半径的同心圆。

（3）柱面（cylinder）：硬盘中，不同盘片相同半径的磁道所组成的圆柱。

（4）磁头（head）：每个磁盘有两个面，每个面都有一个磁头。

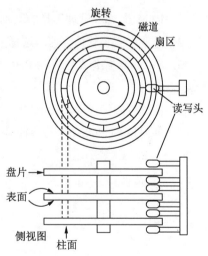

图 7-1 硬盘内部结构组成

Linux 操作系统中硬件设备相关配置文件存放在 /dev 下，常见硬盘命名为 /dev/hda、/dev/sda、/dev/sdb、/dev/sdc、/dev/vda。不同硬盘接口在系统中识别的设备名称不一样。

IDE 硬盘接口在 Linux 操作系统中的设备名为 /dev/hda，SAS、SCSI、SATA 硬盘接口在 Linux

操作系统中的设备名为 sda，高效云盘硬盘接口会识别为 /dev/vda 等。

文件储存在硬盘上，硬盘的最小存储单位是扇区（sector），每个 sector 存储 512 B。操作系统在读取硬盘时，不会逐个读取 sector，这样效率非常低，为了提升读取效率，操作系统会一次性连续读取多个 sector。一次性读取的多个 sector 称为一个 Block（块）。

由多个 sector 组成的 Block 是文件存取的最小单位。Block 的大小常见的有 1 KB、2 KB、4 KB，Block 在 Linux 中常设置为 4 KB，即连续 8 个 sector 组成一个 Block。

/boot 分区的 Block 一般为 1 KB，而 /data/ 分区或 /（根）分区的 Block 为 4 KB。可以通过如下 3 种方法查看 Linux 操作系统分区的 Block 大小。

```
dumpe2fs /dev/sda1 |grep "Block size"
tune2fs -l /dev/sda1 |grep "Block size"
stat /boot/|grep "IO Block"
```

例如，创建一个大小为 10 B 的普通文件，而默认的 Block 大小设置为 4 KB，由于每个 Block 只能存放一个文件，如果文件的大小比 Block 大，则申请更多的 Block，相反如果文件的大小比默认 Block 小，则仍会占用一个 Block，这样剩余的空间就会被浪费。

1 万个文件理论占用空间大小：10 000 × 10 B = 100 000 B = 97.65 625 MB

1 万个文件真实占用空间大小为：10 000 × 4 096 B = 40 960 000 B = 40 000 MB = 40 GB

根据企业实际需求，此时可以将 Block 设置为 1 KB，从而节省更多的空间。

7.2 硬盘 Block 及 indoe 详解

操作系统对文件数据的存储通常包括三部分：文件内容、权限及文件属性。操作系统文件存放是基于文件系统，文件系统会将文件的实际内容存储到 Block 中，而将权限与属性等信息存放至 indoe 中。

在硬盘分区中，还有一个超级区块（SuperBlock），SuperBlock 会记录整个文件系统的整体信息，包括 indoe、Block 总量、使用大小、剩余大小等信息，每个 indoe 与 Block 都有编号对应，方便 Linux 操作系统快速定位查找文件。

（1）Superblock：记录文件系统的整体信息，包括 indoe 与 Block 的总量、使用大小、剩余大小，以及文件系统的格式与相关信息等。

（2）indoe：记录文件的属性、权限，同时会记录该文件的数据所在的 Block 编号。

（3）Block：存储文件的内容，如果文件超过默认 Block 大小，会自动占用多个 Block。

因为每个 indoe 与 Block 都有编号，而每个文件都会占用一个 indoe，indoe 内则有文件数据放置的 Block 号码。如果能够找到文件的 indoe，就可以找到该文件存放数据的 Block 号码，从而读取该文件内容。

操作系统进行格式化分区时，自动将硬盘分成两个区域：一个是数据 Block 区，用于存放文件数据；另一个是 indoe Table 区，用于存放 indoe 包含的元信息。

每个 indoe 节点的大小，可以在格式化时指定，默认为 128 B 或 256 B，/boot 分区 indoe 默认为 128 B，其他分区默认为 256 B。查看 Linux 操作系统 indoe 的方法如下。

```
dumpe2fs   /dev/sda1 |grep " indoe size "
tune2fs  -l  /dev/sda1 |grep " indoe size"
stat   /boot/|grep "indoe"
```

格式化磁盘时，可以指定默认 indoe 和 Block 的大小，-b 指定默认 Block 值，-I 指定默认 indoe 值，操作过程如图 7-2 所示，命令如下。

```
mkfs.ext4 -b 4096 -I 256 /dev/sdb
```

```
[root@www-jfedu-net ~]# mkfs.ext4 -b 4096 -I 256 /dev/sdb
mke2fs 1.42.9 (28-Dec-2013)
/dev/sdb is entire device, not just one partition!
Proceed anyway? (y,n) y
Filesystem label=
OS type: Linux
Block size=4096 (log=2)
Fragment size=4096 (log=2)
Stride=0 blocks, Stripe width=0 blocks
2621440 inodes, 10485760 blocks
524288 blocks (5.00%) reserved for the super user
First data block=0
Maximum filesystem blocks=2157969408
320 block groups
32768 blocks per group, 32768 fragments per group
8192 inodes per group
Superblock backups stored on blocks:
```

图 7-2　格式化硬盘指定 indoe 和 Block 大小

7.3　硬链接介绍

一般情况下，文件名和 indoe 编号是一一对应的关系，每个 indoe 编号对应一个文件名。但 UNIX/Linux 操作系统中多个文件名也可以指向同一个 indoe 编号。这意味着可以用不同的文件名访问同样的内容。对文件内容进行修改，会影响到所有文件名，但删除一个文件名，不会影响另一个文件名的访问。这种情况称为硬链接（hard link）。

创建硬链接的命令为 ln jf1.txt jf2.txt，其中，jf1.txt 为源文件，jf2.txt 为目标文件。以上命令的源文件与目标文件的 indoe 编号相同，都指向同一个 indoe。indoe 信息中有一项叫作链接数，记录指向该 indoe 的文件名数量，这时会增加 1，变成 2，如图 7-3 所示。

同样，删除一个 jf2.txt 文件，将使 jf1.txt 文件的 inode 链接数减少 1。如果该链接数值减少到 0，表明没有文件名指向这个 indoe，系统就会回收这个 indoe 号码，以及其所对应的 Block

区域，如图 7-4 所示。

```
[root@www-jfedu-net ~]#
[root@www-jfedu-net ~]# touch jf1.txt
[root@www-jfedu-net ~]# ll jf1.txt
-rw-r--r-- 1 root root 0 May  5 17:19 jf1.txt
[root@www-jfedu-net ~]# ln jf1.txt jf2.txt
[root@www-jfedu-net ~]#
[root@www-jfedu-net ~]# ll jf1.txt
-rw-r--r-- 2 root root 0 May  5 17:19 jf1.txt
[root@www-jfedu-net ~]# ll jf2.txt
-rw-r--r-- 2 root root 0 May  5 17:19 jf2.txt
[root@www-jfedu-net ~]#
```

图 7-3　jf1.txt 与 jf2.txt 硬链接的 indoe 链接数变化

```
[root@www-jfedu-net ~]#
[root@www-jfedu-net ~]#
[root@www-jfedu-net ~]# ll jf1.txt jf2.txt
-rw-r--r-- 2 root root 0 May  5 17:19 jf1.txt
-rw-r--r-- 2 root root 0 May  5 17:19 jf2.txt
[root@www-jfedu-net ~]#
[root@www-jfedu-net ~]# rm -rf jf2.txt
[root@www-jfedu-net ~]#
[root@www-jfedu-net ~]# ll jf1.txt
-rw-r--r-- 1 root root 0 May  5 17:19 jf1.txt
[root@www-jfedu-net ~]#
[root@www-jfedu-net ~]#
```

图 7-4　删除 jf2.txt 硬链接的 indoe 链接数变化

实用小技巧：硬链接不能跨分区链接，只能对文件生效，对目录无效，即目录不能创建硬链接。硬链接源文件与目标文件共用一个 indoe 值，某种意义上说可以节省 indoe 空间。不管是单独删除源文件还是删除目标文件，文件内容始终存在，同时链接后的文件不占用系统多余的空间。

7.4　软链接介绍

除硬链接外，还有一种链接——软链接。文件 jf1.txt 和文件 jf2.txt 的 indoe 编号虽然不一样，但是文件 jf2.txt 的内容是文件 jf1.txt 的路径。读取文件 jf2.txt 时，系统会自动将访问者导向文件 jf1.txt。

无论打开哪一个文件，最终读取的都是文件 jf1.txt。这时，文件 jf2.txt 就称为文件 jf1.txt 的软链接（soft link）或符号链接（symbolic link）。

文件 jf2.txt 依赖于文件 jf1.txt 而存在，如果删除了文件 jf1.txt，打开文件 jf2.txt 就会报错："No such file or directory"。

软链接与硬链接最大的不同是文件 jf2.txt 指向文件 jf1.txt 的文件名，而不是文件 jf1.txt 的 indoe 编号，因此文件 jf1.txt 的 indoe 链接数不会发生变化，如图 7-5 所示。

```
[root@localhost ~]# ls -li jf1.txt
790403 -rw-r--r-- 1 root root 0 May  5 17:50 jf1.txt
[root@localhost ~]#
[root@localhost ~]# ln -s jf1.txt jf2.txt
[root@localhost ~]#
[root@localhost ~]#
[root@localhost ~]# ll -li jf1.txt jf2.txt
790403 -rw-r--r-- 1 root root 0 May  5 17:50 jf1.txt
795230 lrwxrwxrwx 1 root root 7 May  5 17:50 jf2.txt -> jf1.txt
[root@localhost ~]#
[root@localhost ~]# rm -rf jf1.txt
[root@localhost ~]#
[root@localhost ~]# ll -li jf2.txt
795230 lrwxrwxrwx 1 root root 7 May  5 17:50 jf2.txt -> jf1.txt
[root@localhost ~]#
```

图 7-5　删除 jf1.txt 源文件链接数不变

实用小技巧：软链接可以跨分区链接，软链接是支持目录同时也支持文件的链接。软链接的源文件与目标文件 indoe 不相同，某种意义上说会消耗 indoe 空间。不管是删除源文件还是重启系统，该软链接仍然存在，但是文件内容会丢失，新建源同名文件名即可使软链接文件恢复正常。

7.5　Linux 下磁盘实战操作命令

企业真实场景中由于硬盘工作时会频繁地进行读写操作，经常会出现坏盘，需要更换硬盘；或者由于磁盘空间不足，需添加新硬盘。新更换或添加的硬盘需要经过格式化、分区才能被 Linux 操作系统使用。虚拟机 CentOS 7 模拟 DELL R730 真实服务器添加一块新硬盘，不需要关机，直接插入即可，一般硬盘均支持热插拔功能。企业中添加新硬盘的操作流程如下。

（1）检测 Linux 操作系统识别的硬盘设备。新添加的硬盘被识别为 /dev/sdb，如果有多块硬盘，会依次识别成 /dev/sdc、/dev/sdd 等设备名称，如图 7-6 所示，检测命令如下。

```
fdisk -l
```

（2）基于新硬盘 /dev/sdb 设备，创建磁盘分区 /dev/sdb1，如图 7-7 所示，创建命令如下。

```
fdisk /dev/sdb
```

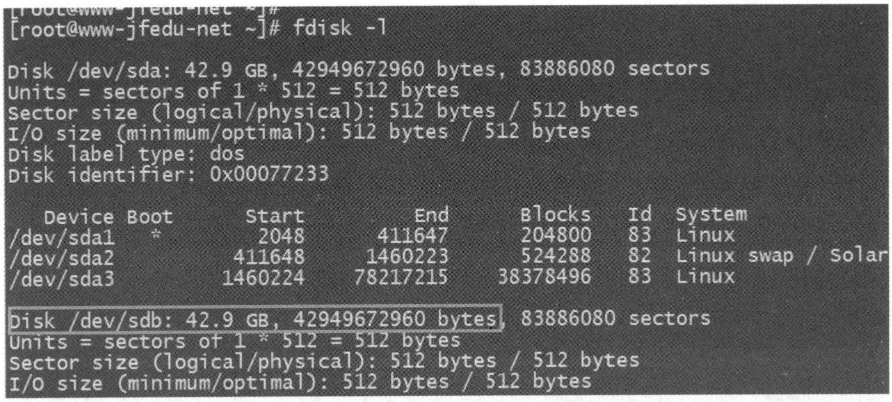

```
[root@www-jfedu-net ~]# fdisk -l
Disk /dev/sda: 42.9 GB, 42949672960 bytes, 83886080 sectors
Units = sectors of 1 * 512 = 512 bytes
Sector size (logical/physical): 512 bytes / 512 bytes
I/O size (minimum/optimal): 512 bytes / 512 bytes
Disk label type: dos
Disk identifier: 0x00077233

   Device Boot      Start         End      Blocks   Id  System
/dev/sda1   *        2048      411647      204800   83  Linux
/dev/sda2          411648     1460223      524288   82  Linux swap / Solar
/dev/sda3         1460224    78217215    38378496   83  Linux

Disk /dev/sdb: 42.9 GB, 42949672960 bytes, 83886080 sectors
Units = sectors of 1 * 512 = 512 bytes
Sector size (logical/physical): 512 bytes / 512 bytes
I/O size (minimum/optimal): 512 bytes / 512 bytes
```

图 7-6 Fdisk 查看 Linux 操作系统硬盘设备

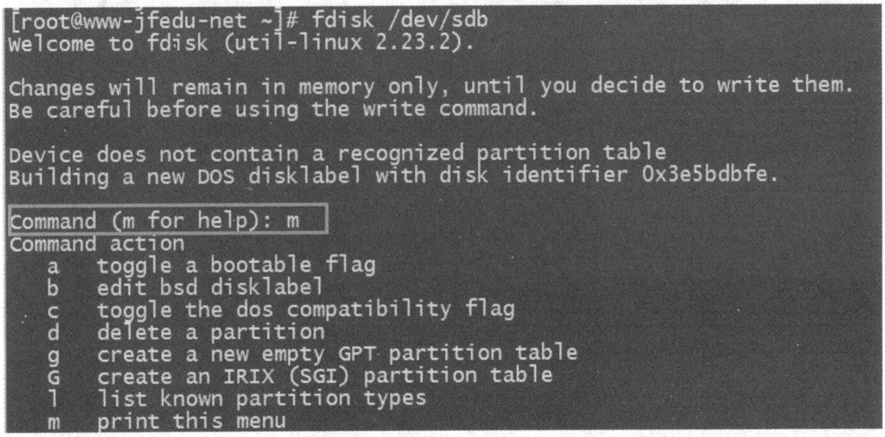

```
[root@www-jfedu-net ~]# fdisk /dev/sdb
Welcome to fdisk (util-linux 2.23.2).

Changes will remain in memory only, until you decide to write them.
Be careful before using the write command.

Device does not contain a recognized partition table
Building a new DOS disklabel with disk identifier 0x3e5bdbfe.

Command (m for help): m
Command action
   a   toggle a bootable flag
   b   edit bsd disklabel
   c   toggle the dos compatibility flag
   d   delete a partition
   g   create a new empty GPT partition table
   G   create an IRIX (SGI) partition table
   l   list known partition types
   m   print this menu
```

图 7-7 fdisk /dev/sdb 分区

（3）fdisk 分区命令参数如下，常用参数包括 m、n、p、d、w。

```
b                       #编辑 bsd disklabel
c                       #切换 DOS 兼容性标志
d                       #删除一个分区
g                       #创建一个新的空 GPT 分区表
G                       #创建一个 IRIX(SGI) 分区表
l                       #列出已知的分区类型
m                       #打印帮助菜单
n                       #添加一个新分区
o                       #创建一个新空 DOS 分区表
p                       #打印分区表信息
q                       #退出而不保存更改
s                       #创建一个新的空的 Sun 磁盘标签
t                       #更改分区的系统 ID
```

u	#更改显示/输入单位
v	#验证分区表
w	#将分区表写入磁盘并退出
x	#额外功能

（4）创建 /dev/sdb1 的分区方法如下，首先执行命令 fdisk /dev/sdb，然后在屏幕每次提示输入信息时，依次按 n、p、1 键，在按完 1 键之后按 Enter 键，等到屏幕再次给出提示时输入 +20G，最后在提示 Comand（m for help）时按 w 键，操作过程如图 7-8（a）所示。执行 fdisk –l |tail -10 命令可查看创建好的分区，如图 7-8（b）所示。

(a)

(b)

图 7-8 创建并查看/dev/sdb1 分区

（a）创建/dev/sdb1 分区；（b）查看/dev/sdb1 分区

（5）执行 mkfs.ext4 /dev/sdb1 命令格式化磁盘分区，如图 7-9 所示。

（6）/dev/sdb1 分区格式化完成之后，使用 mount 命令将其挂载到/data/目录，操作过程如图 7-10 所示，命令如下。

```
mkdir     -p          /data/                          #创建/data/数据目录
mount  /dev/sdb1    /data                             #挂载/dev/sdb1 分区至/data/目录
df -h                                                 #查看磁盘分区详情
echo "mount /dev/sdb1 /data" >>/etc/rc.local #将挂载分区命令加入/etc/rc.local
                                                      #开机启动
```

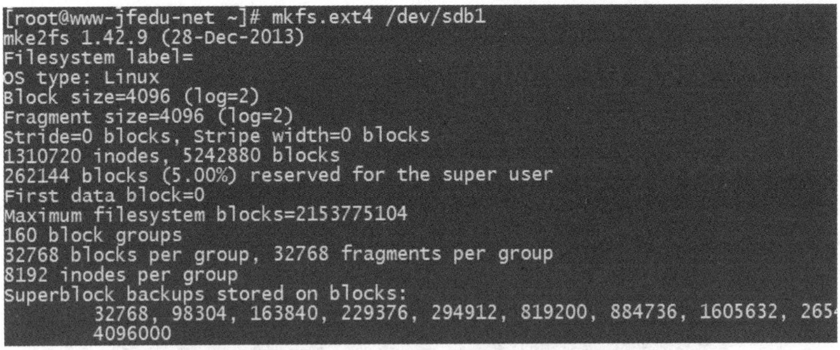

```
[root@www-jfedu-net ~]# mkfs.ext4 /dev/sdb1
mke2fs 1.42.9 (28-Dec-2013)
Filesystem label=
OS type: Linux
Block size=4096 (log=2)
Fragment size=4096 (log=2)
Stride=0 blocks, Stripe width=0 blocks
1310720 inodes, 5242880 blocks
262144 blocks (5.00%) reserved for the super user
First data block=0
Maximum filesystem blocks=2153775104
160 block groups
32768 blocks per group, 32768 fragments per group
8192 inodes per group
Superblock backups stored on blocks:
        32768, 98304, 163840, 229376, 294912, 819200, 884736, 1605632, 265
        4096000
```

图 7-9　使用 mkfs.ext4 命令格式化磁盘分区

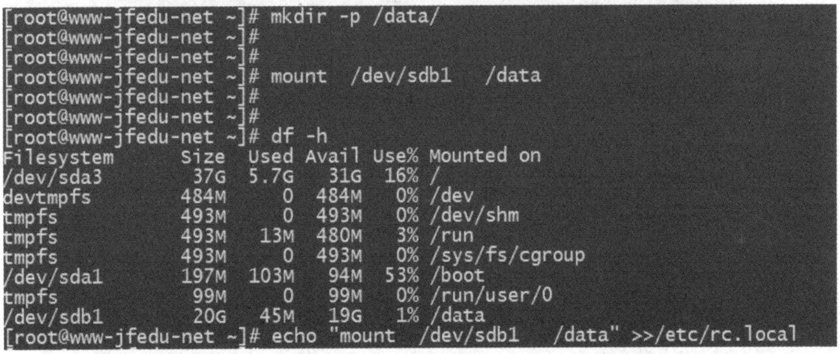

```
[root@www-jfedu-net ~]# mkdir -p /data/
[root@www-jfedu-net ~]#
[root@www-jfedu-net ~]#
[root@www-jfedu-net ~]# mount  /dev/sdb1   /data
[root@www-jfedu-net ~]#
[root@www-jfedu-net ~]#
[root@www-jfedu-net ~]# df -h
Filesystem      Size  Used Avail Use% Mounted on
/dev/sda3        37G  5.7G   31G  16% /
devtmpfs        484M     0  484M   0% /dev
tmpfs           493M     0  493M   0% /dev/shm
tmpfs           493M   13M  480M   3% /run
tmpfs           493M     0  493M   0% /sys/fs/cgroup
/dev/sda1       197M  103M   94M  53% /boot
tmpfs            99M     0   99M   0% /run/user/0
/dev/sdb1        20G   45M   19G   1% /data
[root@www-jfedu-net ~]# echo "mount  /dev/sdb1   /data" >>/etc/rc.local
```

图 7-10　使用 mount 命令挂载/dev/sdb1 磁盘分区

（7）实现分区自动挂载功能，既可以将挂载命令加入 /etc/rc.local 开机启动，也可以将其加入 /etc/fstab 文件，如图 7-11 所示，命令如下。

```
/dev/sdb1               /data/              ext4            defaults        0 0
mount      -o      rw,remount       /      #重新挂载/系统,检测/etc/fstab 是否有误
```

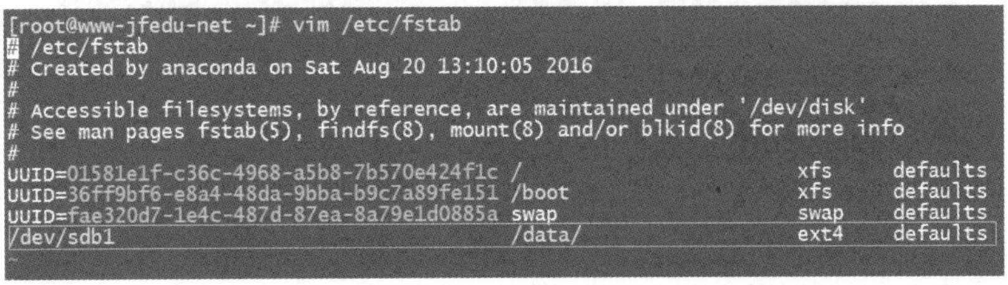

```
[root@www-jfedu-net ~]# vim /etc/fstab
#
# /etc/fstab
# Created by anaconda on Sat Aug 20 13:10:05 2016
#
# Accessible filesystems, by reference, are maintained under '/dev/disk'
# See man pages fstab(5), findfs(8), mount(8) and/or blkid(8) for more info
#
UUID=01581e1f-c36c-4968-a5b8-7b570e424f1c /                  xfs     defaults
UUID=36ff9bf6-e8a4-48da-9bba-b9c7a89fe151 /boot              xfs     defaults
UUID=fae320d7-1e4c-487d-87ea-8a79e1d0885a swap               swap    defaults
/dev/sdb1                                 /data/             ext4    defaults
~
```

图 7-11　/dev/sdb1 磁盘分区加入/etc/fstab 文件

7.6 基于 GPT 格式磁盘分区

MBR 分区标准决定了 MBR 只支持 2 TB 以下的硬盘,为了支持大于 2 TB 的硬盘空间,需使用 GPT 格式进行分区。创建大于 2 TB 的分区,需使用 parted 工具。

在企业真实环境中,通常一台服务器有多块硬盘,如果整个硬盘容量为 10 TB,则需要基于 GTP 格式对 10 TB 的硬盘进行分区,操作步骤如下:

```
parted -s  /dev/sdb  mklabel gpt          #设置分区类型为 GPT 格式
mkfs.ext3  /dev/sdb                       #基于 Ext3 文件系统类型格式化
mount      /dev/sdb  /data/               #挂载/dev/sdb 设备至/data/目录
```

(1)假设/dev/sdb 为 10T B 硬盘,设置分区类型为 GPT 格式,如图 7-12 所示。

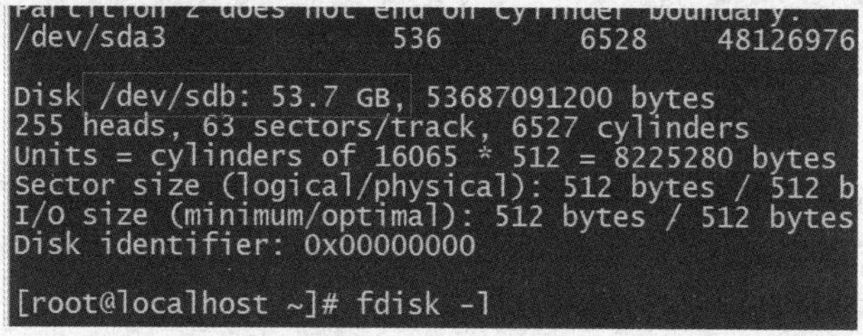

图 7-12 假设/dev/sdb 为 10 TB 硬盘

(2)执行命令:parted -s /dev/sdb mklabel gpt,如图 7-13 所示。

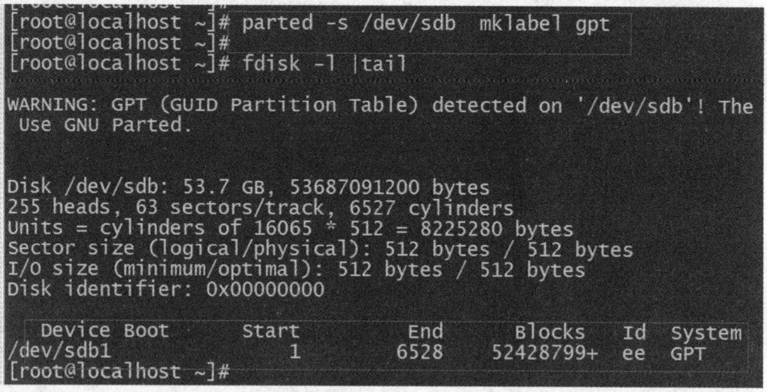

图 7-13 设置/dev/sdb 为 GPT 格式磁盘

(3)使用 mkfs.ext3 /dev/sdb 命令格式化磁盘,如图 7-14 所示。

parted 命令行也可以进行分区,操作过程如图 7-15 所示,命令如下。

```
parted→select /dev/sdb→mklabel gpt→mkpart primary 0 -1→print
mkfs.ext3  /dev/sdb1
mount      /dev/sdb1  /data/
```

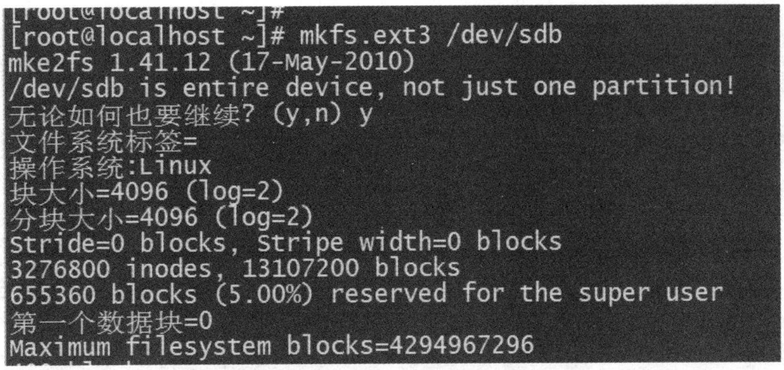

```
[root@localhost ~]# mkfs.ext3 /dev/sdb
mke2fs 1.41.12 (17-May-2010)
/dev/sdb is entire device, not just one partition!
无论如何也要继续? (y,n) y
文件系统标签=
操作系统:Linux
块大小=4096 (log=2)
分块大小=4096 (log=2)
Stride=0 blocks, Stripe width=0 blocks
3276800 inodes, 13107200 blocks
655360 blocks (5.00%) reserved for the super user
第一个数据块=0
Maximum filesystem blocks=4294967296
```

图 7-14　格式化/dev/sdb 磁盘

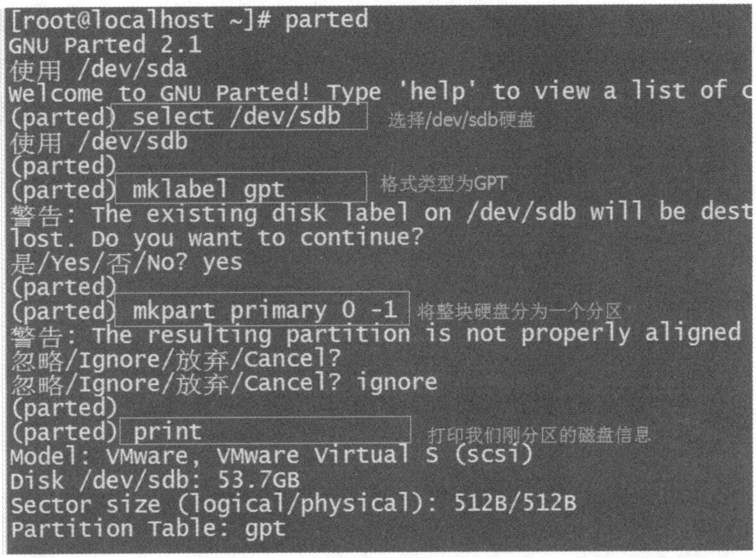

```
[root@localhost ~]# parted
GNU Parted 2.1
使用 /dev/sda
Welcome to GNU Parted! Type 'help' to view a list of c
(parted) select /dev/sdb
使用 /dev/sdb
(parted)
(parted) mklabel gpt
警告: The existing disk label on /dev/sdb will be dest
lost. Do you want to continue?
是/Yes/否/No? yes
(parted)
(parted) mkpart primary 0 -1
警告: The resulting partition is not properly aligned
忽略/Ignore/放弃/Cancel?
忽略/Ignore/放弃/Cancel? ignore
(parted)
(parted) print
Model: VMware, VMware Virtual S (scsi)
Disk /dev/sdb: 53.7GB
Sector size (logical/physical): 512B/512B
Partition Table: gpt
```


（a）

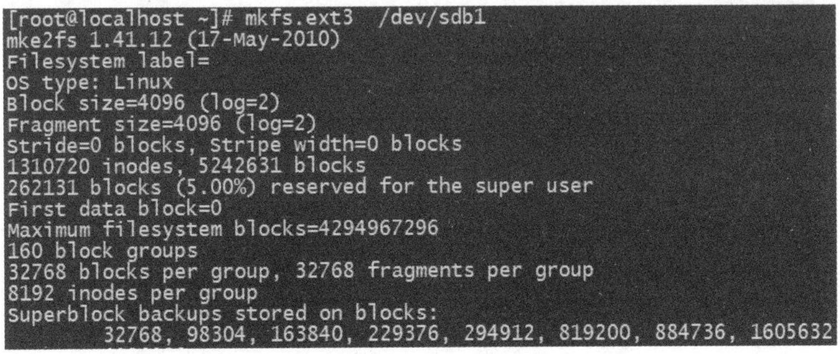

```
[root@localhost ~]# mkfs.ext3  /dev/sdb1
mke2fs 1.41.12 (17-May-2010)
Filesystem label=
OS type: Linux
Block size=4096 (log=2)
Fragment size=4096 (log=2)
Stride=0 blocks, Stripe width=0 blocks
1310720 inodes, 5242631 blocks
262131 blocks (5.00%) reserved for the super user
First data block=0
Maximum filesystem blocks=4294967296
160 block groups
32768 blocks per group, 32768 fragments per group
8192 inodes per group
Superblock backups stored on blocks:
        32768, 98304, 163840, 229376, 294912, 819200, 884736, 1605632
```

（b）

图 7-15　parted 工具执行 GPT 格式分区

（a）parted 分区详细步骤；（b）格式化/dev/sdb1 分区

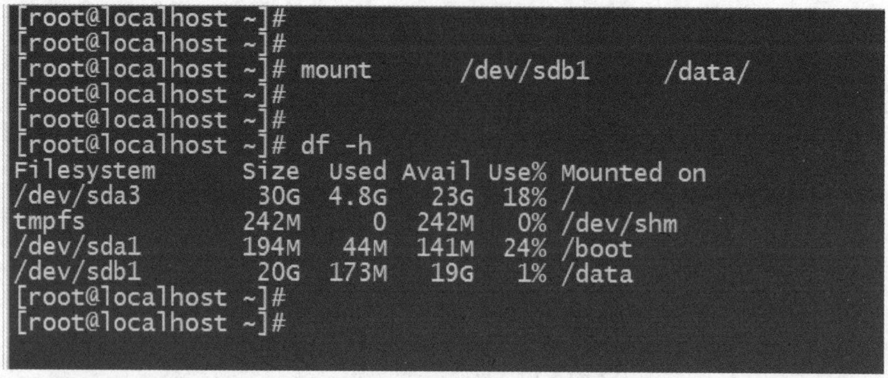

```
[root@localhost ~]#
[root@localhost ~]#
[root@localhost ~]# mount      /dev/sdb1      /data/
[root@localhost ~]#
[root@localhost ~]#
[root@localhost ~]# df -h
Filesystem        Size  Used Avail Use% Mounted on
/dev/sda3          30G  4.8G   23G  18% /
tmpfs             242M     0  242M   0% /dev/shm
/dev/sda1         194M   44M  141M  24% /boot
/dev/sdb1          20G  173M   19G   1% /data
[root@localhost ~]#
[root@localhost ~]#
```

（c）

图 7-15　parted 工具执行 GPT 格式分区（续）

（c）mount 挂载/dev/sdb1 到/data 目录

7.7　mount 命令工具

mount 命令工具主要用于将设备或分区挂载至 Linux 操作系统目录下。Linux 操作系统在分区时，也是基于 mount 机制将/dev/sda 分区挂载至系统目录。将设备与目录挂载之后，Linux 操作系统方可进行文件的存储。

7.7.1　mount 命令参数详解

以下为企业中 mount 命令常用参数详解。

```
mount [-Vh]
mount -a [-fFnrsvw] [-t vfstype]
mount [-fnrsvw] [-o options [,...]] device | dir
mount [-fnrsvw] [-t vfstype] [-o options] device dir
#参数如下
-V                          #显示 mount 工具版本号
-l                          #显示已加载的文件系统列表
-h                          #显示帮助信息并退出
-v                          #输出指令执行的详细信息
-n                          #加载没有写入文件/etc/mtab 中的文件系统
-r                          #将文件系统加载为只读模式
-a                          #加载文件/etc/fstab 中配置的所有文件系统
-o                          #指定 mount 挂载扩展参数，常见扩展指令：rw、remount、
                            #loop 等，其中-o 相关指令如下
-o atime                    #系统会在每次读取文档时更新文档时间
```

```
-o noatime              #系统会在每次读取文档时不更新文档时间
-o defaults             #使用预设的选项 rw,suid,dev,exec,auto,nouser 等
-o exec                 #允许执行档被执行
-o user、-o nouser      #使用者可以执行 mount/umount 的动作
-o remount              #将已挂载的系统分区重新以其他再次模式挂载
-o ro                   #只读模式挂载
-o rw                   #可读可写模式挂载
-o loop                 #使用 loop 模式，把文件当成设备挂载至系统目录
-t                      #指定 mount 挂载设备类型,常见类型 nfs、ntfs-3g、vfat、
                        #iso9660 等，其中-t 相关指令如下
iso9660                 #光盘或光盘镜像
msdos                   #Fat16 文件系统
vfat                    #Fat32 文件系统
ntfs                    #NTFS 文件系统
ntfs-3g                 #识别移动硬盘格式
smbfs                   #挂载 Windows 文件网络共享
nfs                     #UNIX/Linux 文件网络共享
```

7.7.2 企业常用 mount 案例

mount 企业常用案例演示如下：

```
mount   /dev/sdb1   /data                       #挂载/dev/sdb1 分区至/data/目录
mount   /dev/cdrom  /mnt                        #挂载 Cdrom 光盘至/mnt 目录
mount   -t ntfs-3g  /dev/sdc   /data1           #挂载/dev/sdc 移动硬盘至/data1 目录
mount   -o remount,rw  /                        #重新以读写模式挂载/系统
mount   -t iso9660 -o loop centos7.iso /mnt     #将 CentOS 7.ISO 镜像文件挂载
                                                #至/mnt 目录
mount   -t fat32   /dev/sdd1        /mnt        #将 U 盘/dev/sdd1 挂载至/mnt/目录
mount   -t nfs 192.168.1.11:/data/  /mnt        #将远程 192.168.1.11:/data 目录挂载至
                                                #本地/mnt 目录
```

7.8 Linux 硬盘故障修复

企业服务器运维中，经常会发现操作系统的分区变成只读文件系统，错误提示信息为"Read-only file system"，导致硬盘只能读取，无法写入新文件、新数据等。

造成该问题的原因包括磁盘老旧、长期大量的读写、文件系统的文件被破坏、磁盘碎片文件增多、异常断电、读写中断等。

本文以企业 CentOS 7 为例来介绍如何修复文件系统，其步骤如下。

（1）远程备份本地其他重要数据。出现只读文件系统时，需要先备份其他重要数据。操作

时使用 rsync|scp 命令进行远程备份。其中/data 为源目录，/data/backup/2021/为目标备份目录。

```
rsync -av /data/    root@192.168.111.188:/data/backup/2021/
```

（2）可以重新挂载/（根）目录，挂载命令如下。测试文件系统是否可以写入文件。

```
mount -o remount,rw  /
```

（3）如果重新挂载/（根）目录无法解决问题，则需重启服务器。以 CD/DVD 光盘引导，进入 Linux Rescue 修复模式，如图 7-16（a）所示。选择 Troubleshooting 选项，按 Enter 键，然后选择 Rescue a CentOS system 选项，按 Enter 键，如图 7-16（b）所示。

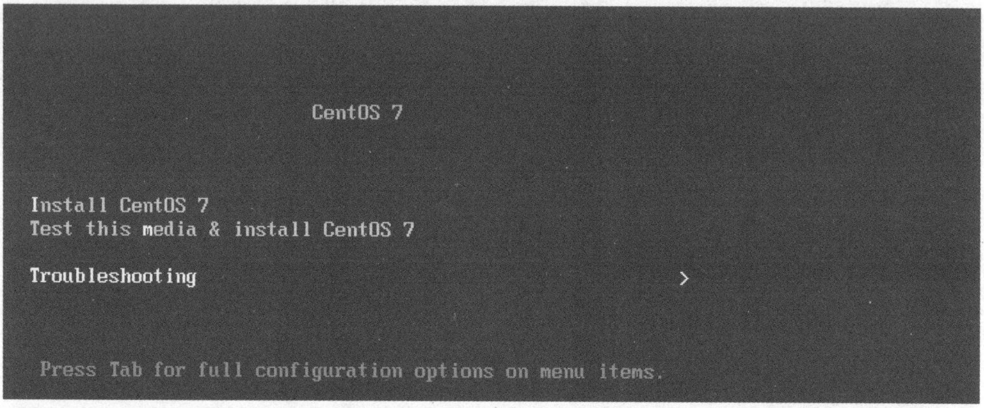

（a）

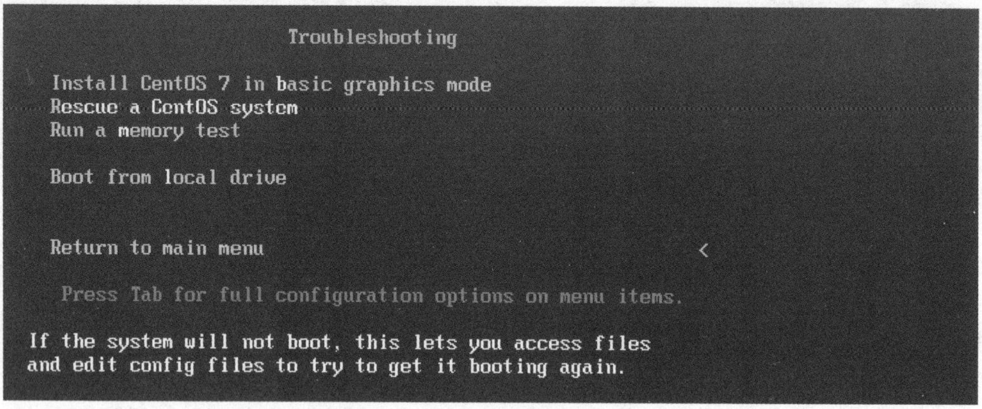

（b）

图 7-16　光盘引导进入修复模式

（a）选择 troubleshooting 选项；（b）选择 Rescue a CentOS system 选项

（4）选择"1）Continue"，如图 7-17 所示。

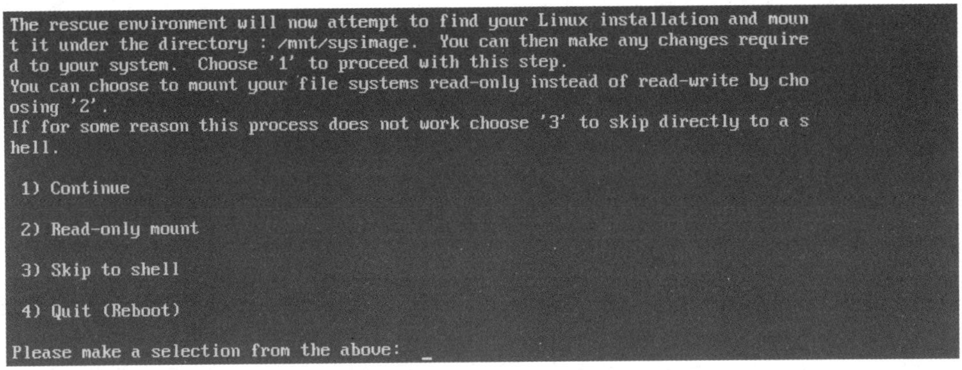

第 7 章　Linux 操作系统磁盘管理

```
The rescue environment will now attempt to find your Linux installation and moun
t it under the directory : /mnt/sysimage.  You can then make any changes require
d to your system.  Choose '1' to proceed with this step.
You can choose to mount your file systems read-only instead of read-write by cho
osing '2'.
If for some reason this process does not work choose '3' to skip directly to a s
hell.

1) Continue

2) Read-only mount

3) Skip to shell

4) Quit (Reboot)

Please make a selection from the above:
```

图 7-17　选择 1）Continue 命令继续进入系统

（5）登录修复模式，执行 chroot/mnt/sysimage 命令，使用 df -h 命令显示原来的文件系统，如图 7-18 所示。

```
chroot      /mnt/sysimage
df  -h
```

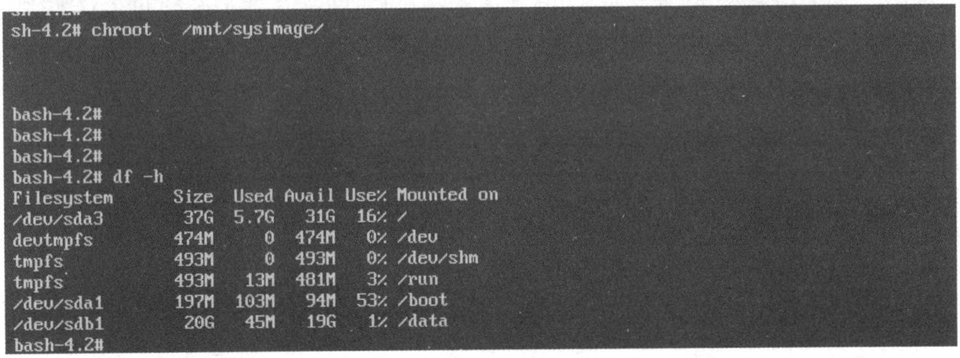

```
sh-4.2# chroot   /mnt/sysimage/
bash-4.2#
bash-4.2#
bash-4.2#
bash-4.2# df -h
Filesystem     Size  Used Avail Use% Mounted on
/dev/sda3       37G  5.7G   31G  16% /
devtmpfs       474M     0  474M   0% /dev
tmpfs          493M     0  493M   0% /dev/shm
tmpfs          493M   13M  481M   3% /run
/dev/sda1      197M  103M   94M  53% /boot
/dev/sdb1       20G   45M   19G   1% /data
bash-4.2#
```

图 7-18　切换原分区目录

（6）对有异常的分区进行检测并修复，根据文件系统类型，执行相应的命令如下。

```
umount /dev/sda3
fsck.ext4 /dev/sda3 -y
```

（7）修复完成后重启系统即可。

```
reboot
```

7.9　本章小结

通过对本章内容的学习，读者应掌握 Linux 操作系统硬盘内部结构、Block 及 indoe 特性，能够对企业硬盘进行分区、格式化等操作，满足企业的日常需求。

基于 mount 工具，能对硬盘、各类文件系统进行挂载操作，同时对只读文件系统能快速修复并投入使用。

7.10 同步作业

1. 软链接与硬链接的区别是什么？

2. 有一块 4 TB 的移动硬盘，服务器空间为 10 TB，如何将移动硬盘上的数据复制至服务器 /data/ 目录？请写出详细步骤。

3. 运维部小刘发现公司 IDC 机房的一台 DELL R730 服务器，/data/ 目录不可写，而 /boot 目录可读可写，请问原因是什么，如何修复 /data/ 目录？

4. 公司一台 DELL R730 服务器 /data/images 目录存放了大量的小文件，运维人员向该目录写入 1 MB 大小的测试文件，提示磁盘空间不足，而通过 df -h 命令查询显示剩余可用空间为 500 GB，请问是什么原因导致，如何解决该问题？

5. 机房一台 DELL R730 服务器，由于业务需求，临时重启。重启 20 min 后还无法登录系统。检查控制台输出，一直卡在 MySQL 服务启动项，请问如何快速解决，让系统正常启动？请写出解决步骤。

第 8 章 NTP 服务器企业实战

8.1 NTP 服务简介

NTP 即网络时间协议（network time protocol），是用来同步网络中各计算机时间的协议。NTP 服务器用于局域网服务器时间同步，可以保证局域网内所有服务器与时间服务器的时间一致。某些应用对时间实时性要求高，必须统一时间。

在计算机的世界里，时间非常重要。例如，火箭发射对时间的统一性和准确性要求就非常高，是按照 A 这台计算机的时间，还是按照 B 这台计算机的时间？NTP 就是用来解决这个问题的。

NTP 的用途是把计算机的时钟同步到世界协调时（universal time coordinated，UTC），其精度在局域网内可达 0.1 ms，在互联网上，其精度可以达到 1～50 ms。

NTP 可以使计算机对其服务器或时钟源（如石英钟，GPS 等）进行时间同步，它可以提供高精准度的时间校正，还可以使用加密确认的方式来防止病毒的协议攻击。

互联网的时间服务器也有很多，如上海交通大学的 NTP（ntpdate ntp.sjtu.edu.cn）即可免费提供互联网时间同步。

8.2 NTP 服务器配置

NTP 服务器配置的步骤如下。

（1）安装 NTP 软件包。安装命令如下。

```
yum install ntp ntpdate -y
```

（2）修改 ntp.conf 配置文件。

```
cp /etp/ntp.conf /etc/ntp.conf.bak
```

切换至目录/etc/ntp.conf，修改以下两行命令，把#号删除即可。

```
server  127.127.1.0      # local clock
fudge   127.127.1.0 stratum 10
```

（3）以守护进程的方式启动 ntpd，命令如下。

```
service ntpd restart
```

（4）客户端配置同步时间。增加一行，在每天的 6 点 10 分与时间同步服务器进行同步，命令如下。

```
crontab -e
10 06 * * * /usr/sbin/ntpdate ntp-server 的 ip >>/usr/local/logs/crontab/ntpdate.log
```

8.3　NTP 配置文件

NTP 文件配置命令如下：

```
driftfile /var/lib/ntp/drift
restrict default kod nomodify notrap nopeer noquery
restrict -6 default kod nomodify notrap nopeer noquery
restrict 127.0.0.1
restrict -6 ::1
server  127.127.1.0      # local clock
fudge   127.127.1.0 stratum 10
includefile /etc/ntp/crypto/pw
keys /etc/ntp/keys
```

8.4　NTP 参数详解

NTP 参数详解如下：

```
restrict default ignore              #关闭所有的 NTP 要求封包
restrict 127.0.0.1                   #开启内部递归网络接口 lo
restrict 192.168.0.0 mask 255.255.255.0 nomodify   #在内部子网里面的客户端可
                                                    #以进行网络校时，但不能修改
                                                    #NTP 服务器的时间参数
server 198.168.0.111                 #198.168.0.111 作为上级时间服务器参考
restrict 198.168.0.111               #开放 server 访问我们 ntp 服务的权限
driftfile /var/lib/ntp/drift         #与上级时间服务器联系时所花费的时间，记录在
                                     #driftfile 参数后面的文件内
broadcastdelay 0.008                 #广播延迟时间
```

第 9 章 DHCP 服务器企业实战

9.1 DHCP 服务简介

动态主机配置协议（dynamic host configuration protocol，DHCP）是一个局域网的网络协议，使用用户数据报协议（user datagram protocol，UDP）工作，主要用途为给内部网络或网络服务供应商自动分配 IP 地址。DHCP 有 3 个端口，其中 UDP67 和 UDP68 为正常的 DHCP 服务端口，分别作为 DHCP Server 和 DHCP Client 的服务端口。

DHCP 可以部署于服务器、交换机或者服务器，可以控制一段 IP 地址范围，客户机登录服务器时就可以自动获得 DHCP 服务器分配的 IP 地址和子网掩码。其中 DHCP 所在的服务器需要安装 TCP/IP，需要设置静态 IP 地址、子网掩码和默认网关。

9.2 DHCP 服务器配置

DHCP 服务器配置步骤如下。

（1）安装 DHCP 软件包。命令如下。

```
yum install dhcp dhcp-devel -y
```

（2）修改 DHCP 配置文件。命令如下。

```
ddns-update-style interim;
ignore client-updates;
next-server 192.168.0.79;
filename "pxelinux.0";
allow booting;
allow bootp;
subnet 192.168.0.0 netmask 255.255.255.0 {
# --- default gateway
```

```
option routers                192.168.0.1;
option subnet-mask            255.255.252.0;
#   option nis-domain             "domain.org"
#   option domain-name "192.168.0.10"
#   option domain-name-servers 192.168.0.11
#   option ntp-servers         192.168.1.1
#   option netbios-name-servers 192.168.1.1
# --- Selects point-to-point node (default is hybrid). Don't change this unless
# -- you understand Netbios very well
#   option netbios-node-type 2
range  dynamic-bootp 192.168.0.100 192.168.0.200;
host ns {
hardware ethernet   00:1a:a0:2b:38:81;
fixed-address 192.168.0.101;}
}
```

9.3 DHCP 参数详解

DHCP 参数及解释如表 9-1 所示。

表 9-1　DHCP参数详解

选　项	解　　释
ddns-update-style interim|ad-hoc|none	用于设置DHCP服务器与DNS服务器的动态信息更新模式。interim为DNS互动更新模式，ad-hoc为特殊DNS更新模式，none为不支持动态更新模式
next-server ip	pxcclient远程安装系统，指定tftp server 地址
filename	开始启动文件的名称，应用于无盘安装，可以是tftp的相对或绝对路径
ignore client-updates	为忽略客户端更新
subnet-mask	为客户端设定子网掩码
option routers	为客户端指定网关地址
domain-name	为客户端指明DNS名字
domain-name-servers	为客户端指明DNS服务器的IP地址
host-name	为客户端指定主机名称
broadcast-address	为客户端设定广播地址
ntp-server	为客户端设定网络时间服务器的IP地址
time-offset	为客户端设定格林尼治时间的偏移时间，单位是秒

9.4 客户端使用

客户端要从该 DHCP 服务器获取 IP 地址，需要做如下设置。

（1）Linux 操作系统设置。

执行 vim /etc/sysconfig/network-scritps/ifcfg-eth0 命令，将 ifcfg-etho 文件中的 BOOTPROTO 值修改为 dhcp。

（2）Windows 操作系统设置。

需要修改本地连接，将其设置成自动获取 IP 即可。

第 10 章　Samba 服务器企业实战

10.1　Samba 服务器简介

Samba 是在 Linux 操作系统和 UNIX 操作系统上实现 SMB 协议的一个免费软件，由服务器及客户端程序构成，信息服务块（server messages block，SMB）是一种在局域网上共享文件和打印机的一种通信协议，它为局域网内的不同计算机之间提供文件及打印机等资源的共享服务。

SMB 协议是客户端/服务器（client/server，C/S）型协议，客户端通过该协议可以访问服务器上的共享文件系统、打印机及其他资源。通过设置 NetBIOS over TCP/IP 使 Samba 不但能与局域网内的计算机分享资源，还能与全世界的计算机分享资源。

10.2　Samba 服务器配置

（1）安装 Samba 软件包。

命令如下：

```
yum install  samba -y
```

（2）配置文件修改。

命令如下：

```
cp /etc/samba/smb.conf /etc/samba/smb.conf.bak ;egrep -v "#|^$" /etc/samba/smb.conf.bak |grep -v "^;" >/etc/samba/smb.conf
```

（3）smb.conf 配置文件。

命令如下：

```
[global]
        workgroup = MYGROUP
        server string = Samba Server Version %v
        security = share
        passdb backend = tdbsam
        load printers = yes
        cups options = raw

[temp]
    comment=Temporary file space
    path=/tmp
    read only=no
    public=yes
[data]
    comment=Temporary file space
    path=/data
    read only=no
    public=yes
```

（4）根据需求修改之后重启服务。

命令如下：

```
service smb restart
Shutting down SMB services:                [FAILED]
Shutting down NMB services:                [FAILED]
Starting SMB services:                     [  OK  ]
Starting NMB services:                     [  OK  ]
```

10.3 Samba 参数详解

（1）Samba 参数详解如表 10-1 所示。

表 10-1　Samba参数详解

选　　项	解　　释
workgroup =	workgroup是设定Samba Server所要加入的工作组或者域
server string = Samba Server Version %v	Samba Server的注释，可以填任何字符串，也可以不填。宏%v表示Samba的版本号
security = user	1. share：用户访问Samba Server不需要提供用户名和口令，安全性能较低 2. user：Samba Server共享目录只能被授权的用户访问，由Samba Server负责检查账号和密码的正确性。账号和密码要在本Samba Server中建立 3. server：依靠其他Windows NT/2000操作系统或Samba Server来验证用户的账号和密码，是一种代理验证。此种安全模式下，系统管理员可以把所有的Windows用户和口令集中到一个NT系统上，使用Windows NT操作系统进行

续表

选项	解释
security = user	Samba认证，远程服务器可以自动认证全部用户和口令，如果认证失败，Samba将使用用户级安全模式作为替代的方式 4．domain：域安全级别，使用主域控制器(PDC)来完成认证
comment = test	是对该共享的描述，可以是任意字符串
path = /home/test	共享目录路径
browseable= yes/no	用来指定该共享文件是否可以浏览
writable = yes/no	用来指定该共享路径是否可写
available = yes/no	用来指定该共享资源是否可用
admin users = admin	该共享文件的管理者
valid users = test	允许访问该共享文件的用户
invalid users = test	禁止访问该共享文件的用户
write list = test	允许写入该共享文件的用户
public = yes/no	public用来指定该共享文件是否允许guest账户访问

（2）客户端访问 Samba。

打开 Windows 资源管理器，输入 "\\192.168.149.128"（SMB 文件共享服务器 IP），如图 10-1 所示。

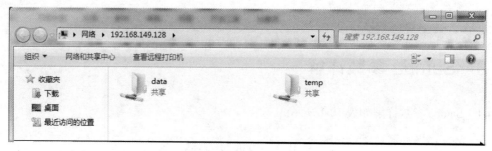

图 10-1　访问 Samba 文件共享

第 11 章 rsync 服务器企业实战

rsync 是 UNIX/Linux 操作系统下的一款应用软件，利用它可以使多台服务器数据保持同步一致，第一次同步时 rsync 服务会复制全部内容，但在下一次只传输修改过的文件。

rsync 服务在传输数据过程中可以实行压缩及解压缩操作，因此可以使用更少的带宽，同时又能保持原来文件的权限、时间、软硬链接等。

11.1 rsync 服务器配置

（1）源码部署安装 rsync 服务。

命令如下：

```
wget http://rsync.samba.org/ftp/rsync/src/rsync-3.0.7.tar.gz
tar xzf rsync-3.0.7.tar.gz
cd rsync-3.0.7
./configure --prefix=/usr/local/rsync
make
make install
```

（2）创建配置文件。

配置内容如下：

```
vi /etc/rsyncd.conf
#########
[global]
uid = nobody
gid = nobody
use chroot = no
max connections = 30
pid file = /var/run/rsyncd.pid
lock file = /var/run/rsyncd.lock
```

```
log file = /var/log/rsyncd.log
transfer logging = yes
log format = %t %a %m %f %b
syslog facility = local3
timeout = 300
[www]
read only = yes
path = /usr/local/webapps
comment = www
auth users =test
secrets file = /etc/rsync.pas
hosts allow = 192.168.0.11,192.168.0.12
[web]
read only = yes
path = /data/www/web
comment = web
auth users =test
secrets file = /etc/rsync.pas
hosts allow = 192.168.0.11,192.168.0.0/24
```

（3）rsync 服务配置参数的含义。

命令如下：

```
[www]                                        #要同步的模块名
path = /usr/local/webapps                    #要同步的目录
comment = www                                #注释，解释模块用于做什么备份
read only = no                               #设置为 no 客户端可上传文件，设置为 yes 只读
write only = no                              #设置为 no 客户端可下载文件，设置为 yes 不能下载
list = yes                                   #是否提供资源列表
auth users =test                             #登录系统使用的用户名，默认为匿名
hosts allow = 192.168.0.10,192.168.0.20      #本模块允许通过的 IP 地址
hosts deny = 192.168.0.4                     #禁止主机 IP
secrets file=/etc/rsync.pas                  #密码文件存放的位置
```

（4）启动服务器 rsync 服务，默认监听 TCP 端口，端口号是 873。

命令如下：

```
/usr/local/rsync/bin/rsync --daemon
```

（5）设置 rsync 服务器同步密钥，文件内容格式为 username:userpasswd（表示用户名：密码）。

命令如下：

```
vi /etc/rsync.pas
jfedu:jfedu999
```

保存完毕，使用 chmod 600 /etc/rsync.pas 命令设置文件权限为宿主用户读写。

（6）设置客户端配置同步密钥，文件内容格式为 userpasswd（表示密码）。

命令如下：

```
vi /etc/rsync.pas
jfedu999
```

（7）客户端执行同步命令，从服务器同步数据至本地。

命令如下：

```
rsync -aP --delete jfedu@192.168.0.100::www /usr/local/webapps
--password-file=/etc/rsync.pas
rsync -aP --delete jfedu@192.168.0.100::web  /data/www/web
--password-file=/etc/rsync.pas
```

注：/usr/local/webapps 为客户端目录，@前的 jfedu 是认证的用户名；IP 后面的 www 为 rsync 服务器的模块名称。

11.2　rsync 参数详解

rsync 参数详解如表 11-1 所示。

表 11-1　rsync参数详解

选　　项	解　　释
-a, --archive	归档模式，表示以递归方式传输文件，并保持所有文件属性和权限
--exclude=PATTERN	指定排除一个不需要传输的文件匹配模式
--exclude-from=FILE	从 FILE 中读取排除规则
--include=PATTERN	指定需要传输的文件匹配模式
--delete	删除尚在接收端而发送端已经不存在的文件
-P	等价于--partial --progress
-v, --verbose	该参数为详细输出模式
-q, --quiet	该参数为精简输出模式
--rsyncpath=PROGRAM	指定远程服务器上的rsync命令所在路径
--password-file=FILE	从 FILE 中读取口令，以避免在终端上输入口令，通常在 cron 中连接 rsync 服务器时使用

11.3　基于 SSH 协议的 rsync 同步服务

除可以使用 rsync 密钥进行同步外，还有一个比较简单的同步方法，就是基于 SSH 协议的同步。具体方法如下：

```
rsync -aP --delete root@192.168.0.100:/data/www/webapps /data/www/webapps
```
如果需要每次同步时不输入密码,则需要设置 Linux 主机之间免密码登录。

11.4 基于 sersync 服务的 rsync 实时同步服务

在企业日常 Web 应用中,某些特殊的数据需要保持与服务器实时同步,可以采用 rsync+sersync 来配置和实现。

同步原理:在同步服务器上开启 sersync 服务。sersync 负责监控配置路径中的文件系统事件变化,文件目录一旦发生变化,则调用 rsync 命令把更新的文件同步到目标服务器上。

命令详解如下:

```
#数据推送端(sersync):192.168.75.121
#数据接收端(rsync):192.168.75.122
#部署 rsync
yum install rsync -y
#修改配置文件
vim /etc/rsyncd.conf
# /etc/rsyncd: configuration file for rsync daemon mode
# See rsyncd.conf man page for more options
#rsync 数据同步用户
uid = root
gid = root
#rsync 服务端口,默认是 873,可以省略不写
port = 873
#安全设置,限制软连接,如果设置为 no,则文件同步到远程服务器后,会在链接文件前面增加一个
#目录,使链接文件失效,设置为 yes 则表示不加目录
use chroot = yes
#最大链接数
max connections = 100
#进程 pid 文件
pid file = /var/run/rsyncd.pid
#排除指定目录
exclude = lost+found/
#开启日志,默认在系统日志中记录
transfer logging = yes
#超时时间
timeout = 900
#忽略不可读的文件,如果上面的用户对于同步的文件没有可读权限,则不同步
ignore nonreadable = yes
#不压缩指定文件
dont compress   = *.gz *.tgz *.zip *.z *.Z *.rpm *.deb *.bz2
```

```
#允许同步的服务器
hosts allow = 192.168.75.122
#不允许同步的服务器
hosts deny = *
#关闭只读权限（默认只能将本机文件同步至远程服务器，关闭后可以拉取远程服务器内容到本机）
read  only = false
#模块
[web]
        #本机存放同步文件目录
        path = /data/web
        #注释目录作用
        comment = nginx web data
        #用于同步的用户(虚拟用户)
        auth users = rsync
        #用户认证文件
        secrets file = /etc/rsync.passwd

#创建存放数据的目录
mkdir -p /data/web
#创建认证文件
echo "rsync:123456" > /etc/rsync.passwd
#设置文件权限
chmod 600 /etc/rsync.passwd
#启动服务
systemctl start rsyncd
#部署sersync
#解压包
tar xf sersync2.5.4_64bit_binary_stable_final.tar.gz
#移到/usr/local/目录下
mv GNU-Linux-x86/ /usr/local/sersync
#备份配置文件
[root@www-jfedu-net ~]#  cd /usr/local/sersync/
[root@www-jfedu-net sersync]# cp confxml.xml confxml.xml.bak
#修改配置文件
<?xml version="1.0" encoding="ISO-8859-1"?>
<head version="2.5">
    <!--为插件设置的IP:PORT，与同步没有太大关系-->
    <host hostip="localhost" port="8008"></host>
    <!--是否开启调试模式，默认关闭，如果开启，则进行文件同步时，终端会输出同步的命令-->
    <debug start="false"/>
    <!--如果文件系统是xfs，则需要开启，否则会出问题，例如，卡机等状况-->
    <fileSystem xfs="true"/>
    <!--设置过滤规则，默认是关闭，关闭表示所有文件都同步，如果设置为true，则可以根据设
置的正则表达式过滤不需要同步的文件-->
```

```xml
        <filter start="false">
            <exclude expression="(.*)\.svn"></exclude>
            <exclude expression="(.*)\.gz"></exclude>
            <exclude expression="^info/*"></exclude>
            <exclude expression="^static/*"></exclude>
    </filter>
    <inotify>
            <delete start="true"/>
            <createFolder start="true"/>
            <createFile start="false"/>
            <closeWrite start="true"/>
<moveFrom start="true"/>
            <moveTo start="true"/>
            <attrib start="false"/>
            <modify start="false"/>
    </inotify>
    <!--sersync 命令的配置信息-->
    <sersync>
        <!--设置监控的目录,该目录是本地要进行同步的目录,如果要监控多个目录,可以创建多个
XML 配置文件,启动多个 sersync 服务-->
            <localpath watch="/tmp">
            <!--设置远程服务器的 IP 与 rsync 配置文件中同步的模块,web 即为模块名-->
                <remote ip="192.168.75.122" name="web"/>
                <!--<remote ip="192.168.8.39" name="tongbu"/>-->
                <!--<remote ip="192.168.8.40" name="tongbu"/>-->
            </localpath>
            <!--rsync 命令的配置信息-->
            <rsync>
                <!--默认参数,t 保留文件时间属性,u 源文件比备份文件新则执行,z 传输压缩-->
                <commonParams params="-artuz"/>
                <!--开启认证,(默认不开启,需将 false 改为 true),然后指定认证的文件-->
<auth start="true" users="rsync" passwordfile="/etc/rsync.passwd"/>
                <!--设置自定义端口,默认关闭-->
                <userDefinedPort start="false" port="874"/><!-- port=874 -->
                <!--设置超时时间,默认为 100s-->
                <timeout start="true" time="100"/><!-- timeout=100 -->
                <!--使用 ssh 协议进行传输,关闭前面的 auth 认证,并将 name 改为路径,不是模
块名,远程服务器不需要启动 rsync 服务-->
                <ssh start="false"/>
            </rsync>
            <failLog path="/tmp/rsync_fail_log.sh" timeToExecute="60"/><!--default
every 60min execute once-->
            <!--是否开启计划任务,默认关闭(false),开启则表示每过 600min 进行一次全同步-->
            <crontab start="true" schedule="600"><!--600min-->
```

```
            <!--因为是全同步,所以如果前面有开启过滤文件功能,这里也应该开启,否则会将不应
该同步的文件也进行同步,默认为不开启(false),如果开启,下面设置的过滤规则尽量与上面的
过滤规则保持一致-->
            <crontabfilter start="false">
                <exclude expression="*.php"></exclude>
                <exclude expression="info/*"></exclude>
            </crontabfilter>
        </crontab>
            <plugin start="false" name="command"/>
    </sersync>
        </head>
#启动 sersync
/usr/local/sersync/sersync2 -d -r -o /usr/local/sersync/confxml.xml
-d                                      #daemon模式,后台运行
-r                                      #全同步
-o                                      #指定启动的配置文件
#查看进程
ps -ef |grep sersync
root      75488      1  0 01:04 ?        00:00:00 /usr/local/sersync/sersync2
-d -r -o /usr/local/sersync/confxml.xml
root      75503  74825  0 01:05 pts/5    00:00:00 grep --color=auto sersync
#创建认证文件
echo "123456" > /etc/rsync.passwd
#设置为其他人不可读
chmod 600  /etc/rsync.passwd
```

11.5 基于 inotify 服务的 rsync 实时同步服务

inotify 是一种文件变更通知机制,它监控文件系统操作,如读取、写入和创建。inotify 反应灵敏,用法非常简单高效。

rsync 软件安装完毕后,需要安装 inotify 文件检查软件,为了同步时不需要输入密码,可以使用 SSH 免密钥方式进行同步。

(1)安装 inotify-tools 工具。

命令如下:

```
wget -c https://jaist.dl.sourceforge.net/project/inotify-tools/inotify-tools/3.13/inotify-tools-3.13.tar.gz
tar -xzf inotify-tools-3.14.tar.gz
./configure
make
make install
```

（2）配置 auto_inotify.sh 同步脚本。

命令如下：

```
#!/bin/sh
src=/data/webapps/www/
des=/var/www/html/
ip=192.168.0.100
inotifywait -mrq --timefmt '%d/%m/%y-%H:%M' --format '%T %w%f' -e modify,delete,create,attrib,access,move ${src} | while read file
do
  rsync  -aP  --delete $src  root@$ip:$des
done
```

（3）服务器后台运行该脚本，此时无论新建或者删除服务器目录，客户端都会实时进行相关操作。

命令如下：

```
nohup  sh  auto_inotify.sh &
```

第 12 章　Linux 文件服务器企业实战

运维和管理企业 Linux 服务器，除了要熟悉 Linux 操作系统本身的维护和管理，最重要的是熟练掌握甚至精通基于 Linux 操作系统的各种应用软件的安装与配置，能够快速定位并解决软件的调整与优化及使用过程中遇到的各类问题。

本章将介绍进程、线程、企业 Vsftpd 服务器实战、匿名用户访问、系统用户访问及虚拟用户实战等。

12.1　进程与线程的概念及区别

各种软件和服务存在于 Linux 操作系统上，必然会占用系统资源。系统资源如何分配及调度，本节将展示系统进程、系统资源分配及调度相关的内容。

进程（process）是计算机中的软件程序关于某数据集合上的运行活动，是系统进行资源分配和调度的基本单位，是操作系统结构的基础。

在早期面向进程设计的计算机结构中，进程是程序的基本执行实体；在当代面向线程设计的计算机结构中，进程是线程的容器。软件程序是对指令、数据及其组织形式的描述，而进程是程序的实体，通常把运行在系统中的软件程序称为进程。

除了进程，还经常听到线程的概念。线程也称轻量级进程（lightweight process，LWP），是程序执行流的最小单元。一个标准的线程由线程 ID、当前指令指针（PC）、寄存器集合和堆栈组成。

线程是进程中的一个实体，是被系统独立调度和分派的基本单位，线程自己不拥有操作系统资源，但是该线程可与同属进程的其他线程共享该进程所拥有的全部资源。

程序、进程、线程三者区别如下。

（1）程序：不能单独执行，是静止的，只有将程序加载到内存中，并为其分配资源后才能执行。

（2）进程：程序是对一个数据集的动态执行过程。一个进程包含一个或更多线程，一个线程同时只能被一个进程所拥有。进程是分配资源的基本单位。进程拥有独立的内存单元，而多个线程共享其内存，从而提高了应用程序的运行效率。

（3）线程：线程是进程内的基本调度单位，线程的划分尺度小于进程，并发性更高，线程本身不拥有系统资源，但是线程可与同属进程的其他线程共享其所在进程所拥有的全部资源。每一个独立的线程，都有一个程序运行的入口、顺序执行序列和程序的出口。

程序、进程和线程的关系拓扑图如图 12-1 所示。

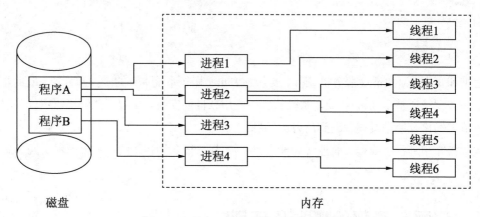

图 12-1　程序、进程和线程关系拓扑图

如图 12-1 所示，多进程与多线程的优缺点如下。

（1）多进程：每个进程互相独立，不影响主程序的稳定性，某个子进程崩溃对其他进程没有影响。通过增加 CPU 的计算能力和处理性能可以扩充软件的性能，从而减少线程加锁/解锁的影响，极大地提高运行速度。缺点是多进程逻辑控制复杂，需要与主程序进行交互，需要跨越进程的边界，进程之间上下文切换比线程之间上下文切换代价要大。

（2）多线程：无须跨进程，程序逻辑和控制方式简单，所有线程共享该进程的内存和变量等。缺点是每个线程与主程序共用地址空间，线程之间的同步和加锁控制比较麻烦，一个线程的崩溃会影响整个进程或程序的稳定性。

12.2　Vsftpd 服务器企业实战

文件传输协议（file transfer protocol，FTP）是 C/S 模式，客户端与服务器可以实现文件共享、文件上传和文件下载。FTP 基于 TCP 生成一个虚拟的连接，主要用于控制 FTP 的连接信息，同时再生成一个单独的 TCP 连接用于 FTP 数据传输。用户可以通过客户端向 FTP 服务器上传、下载、删除文件，FTP 服务器可以同时供多人使用。

12.2.1 FTP 传输模式

FTP 基于 C/S 模式，FTP 的客户端与服务器有两种传输模式，分别为 FTP 主动模式和 FTP 被动模式，这两种模式均以 FTP 服务器为参照，如图 12-2 所示。两种模式的详细区别如下。

（1）FTP 主动模式：客户端从一个任意的端口 N（$N>1\,024$）连接到 FTP 服务器的命令端口 21，客户端开始监听端口 $N+1$，并发送 FTP 命令 port $N+1$ 到 FTP 服务器，FTP 服务器以数据端口 20 连接到客户端指定的数据端口 $N+1$。

（2）FTP 被动模式：客户端从一个任意的端口 N（$N>1\,024$）连接到 FTP 服务器的命令端口 21，客户端开始监听端口 $N+1$，客户端提交 PASV 命令，服务器会开启任意一个端口 P（$P>1\,024$），并发送 port P 命令给客户端。客户端发起从本地端口 $N+1$ 到服务器的端口 P 的连接用来传送数据。

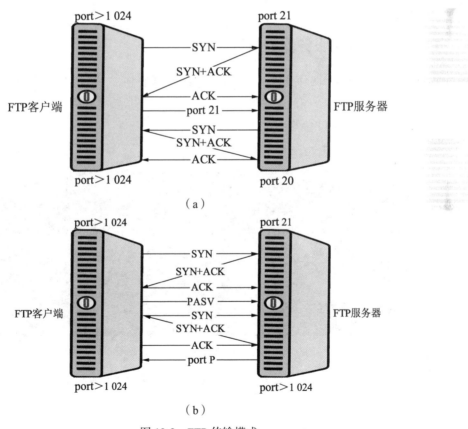

图 12-2 FTP 传输模式

（a）FTP 主动模式；（b）FTP 被动模式

在实际应用中，如果 FTP 客户端与服务器均开放防火墙，FTP 需以主动模式工作，这样只需要在 FTP 服务器防火墙规则中开放 20、21 端口即可。关于防火墙配置将在后续章节讲解。

12.2.2 Vsftpd 服务器简介

目前主流的 FTP 服务器软件包括 Vsftpd、ProFTPD、PureFTPd、Wuftpd、Server-U FTP 和 FileZilla Server 等，其中 UNIX/Linux 操作系统使用较为广泛的 FTP 服务器软件为 Vsftpd。

Vsftpd 是非常安全的 FTP 服务进程（very secure FTP daemon，Vsftpd），在 UNIX/Linux 操作系统发行版中是最主流的 FTP 服务器程序，它小巧轻快、安全易用、稳定高效等优点，可满足企业跨部门、多用户的使用。

Vsftpd 基于 GPL 开源协议发布，在中小企业中得到广泛应用。Vsftpd 可以快速上手，并且基于 Vsftpd 虚拟用户的方式，访问验证更加安全。Vsftpd 还可以基于 MySQL 数据库做安全验证，提供多重安全防护。

12.2.3 Vsftpd 服务器安装配置

安装 Vsftpd 服务器有两种方法，一是基于 yum 方式安装，二是基于源码编译安装，最终实现的效果完全一致。本节介绍的是采用 yum 安装 Vsftpd，步骤如下。

（1）在命令行执行如下命令，如图 12-3 所示。

```
yum   install    vsftpd*   -y
```

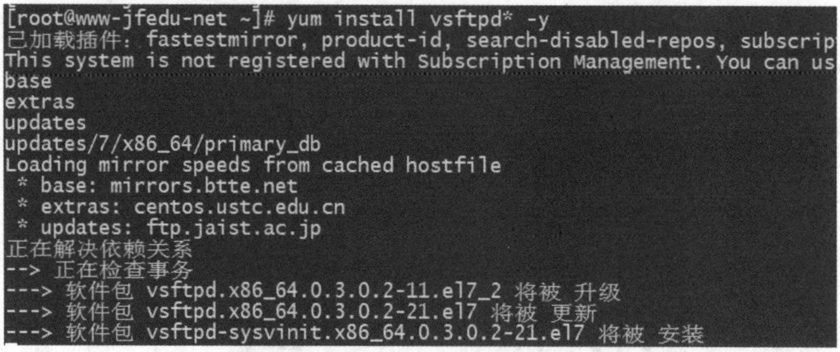

```
[root@www-jfedu-net ~]# yum install vsftpd* -y
已加载插件：fastestmirror, product-id, search-disabled-repos, subscrip
This system is not registered with Subscription Management. You can us
base
extras
updates
updates/7/x86_64/primary_db
Loading mirror speeds from cached hostfile
 * base: mirrors.btte.net
 * extras: centos.ustc.edu.cn
 * updates: ftp.jaist.ac.jp
正在解决依赖关系
--> 正在检查事务
---> 软件包 vsftpd.x86_64.0.3.0.2-11.el7_2 将被 升级
---> 软件包 vsftpd.x86_64.0.3.0.2-21.el7 将被 更新
---> 软件包 vsftpd-sysvinit.x86_64.0.3.0.2-21.el7 将被 安装
```

图 12-3　yum 安装 Vsftpd 服务器

（2）打印 Vsftpd 安装后的配置文件路径、启动 Vsftpd 服务及查看进程是否启动，如图 12-4 所示。

命令如下：

```
rpm   -ql   vsftpd|more
systemctl  restart  vsftpd.service
ps  -ef |grep  vsftpd
```

```
[root@www-jfedu-net ~]# rpm -ql vsftpd|more
/etc/logrotate.d/vsftpd
/etc/pam.d/vsftpd
/etc/vsftpd
/etc/vsftpd/ftpusers
/etc/vsftpd/user_list
/etc/vsftpd/vsftpd.conf
/etc/vsftpd/vsftpd_conf_migrate.sh
/usr/lib/systemd/system-generators/vsftpd-generator
/usr/lib/systemd/system/vsftpd.service
/usr/lib/systemd/system/vsftpd.target
/usr/lib/systemd/system/vsftpd@.service
/usr/sbin/vsftpd
/usr/share/doc/vsftpd-3.0.2
/usr/share/doc/vsftpd-3.0.2/AUDIT
/usr/share/doc/vsftpd-3.0.2/BENCHMARKS
```

图 12-4　打印 Vsftpd 软件安装路径

（3）Vsftpd.conf 默认配置文件详解如下。

```
anonymous_enable=YES            #开启匿名用户访问
local_enable=YES                #启用本地系统用户访问
write_enable=YES                #本地系统用户写入权限
local_umask=022                 #本地用户创建文件及目录默认权限掩码
dirmessage_enable=YES           #打印目录显示信息，通常用于用户第一次访问目录时，
                                #信息提示
xferlog_enable=YES              #启用上传/下载日志记录
connect_from_port_20=YES        #FTP 使用 20 端口进行数据传输
xferlog_std_format=YES          #日志文件将根据 xferlog 的标准格式写入
listen=NO                       #Vsftpd 不以独立的服务启动，通过 Xinetd 服务管理，
                                #建议改成 YES
listen_ipv6=YES                 #启用 IPv6 监听
pam_service_name=vsftpd         #登录 FTP 服务器，根据/etc/pam.d/vsftpd 中的内容
                                #进行认证
userlist_enable=YES             #vsftpd.user_list 和 ftpusers 配置文件里用户禁
                                #止访问 FTP
tcp_wrappers=YES                #设置 vsftpd 与 tcp wrapper 结合进行主机的访问控
                                #制，Vsftpd 服务器检查/etc/hosts.allow 和/etc/
                                #hosts.deny 中的设置，来决定请求连接的主机，是否
                                #允许访问该 FTP 服务器
```

（4）启动 Vsftpd 服务后，通过 Windows 客户端资源管理器访问 Vsftpd 服务器，如图 12-5 所示。命令如下：

```
ftp://192.168.111.131/
```

FTP 默认为主动模式，想要设置为被动模式需要在 Vsftpd 的配置文件中添加或修改以下参数：

```
pasv_enable=YES
pasv_min_port=60000
pasv_max_port=60100
```

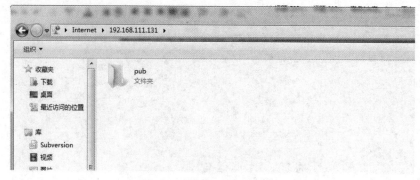

图 12-5　访问 Vsftpd 服务器

12.2.4　Vsftpd 匿名用户配置

Vsftpd 默认以匿名用户访问，匿名用户默认访问的 FTP 服务器路径为/var/ftp/pub，匿名用户只有查看权限，无法创建、删除、修改文件。如需关闭 FTP 匿名用户访问，需修改配置文件/etc/vsftpd/vsftpd.conf，将 anonymous_enable=YES，修改为 anonymous_enable=NO，然后重启 Vsftpd 服务即可。

如希望允许匿名用户上传、下载、删除文件，需在/etc/vsftpd/vsftpd.conf 配置文件中加入以下代码：

```
anon_upload_enable=YES              #允许匿名用户上传文件
anon_mkdir_write_enable=YES         #允许匿名用户创建目录
anon_other_write_enable=YES         #允许匿名用户其他写入权限
```

匿名用户完整的 vsftpd.conf 配置文件代码如下：

```
anonymous_enable=YES
local_enable=YES
write_enable=YES
local_umask=022
anon_upload_enable=YES
anon_mkdir_write_enable=YES
anon_other_write_enable=YES
dirmessage_enable=YES
xferlog_enable=YES
connect_from_port_20=YES
xferlog_std_format=YES
listen=NO
listen_ipv6=YES
pam_service_name=vsftpd
userlist_enable=YES
tcp_wrappers=YES
```

由于默认 Vsftpd 匿名用户有 anonymous 和 FTP 两种形式,因此匿名用户如果需要文件上传、删除及修改等权限,则需要 FTP 用户对/var/ftp/pub 目录有写入权限,使用 chown 和 chmod 中任意一种命令设置均可。

设置命令如下:

```
chown   -R   ftp   pub/
chmod        o+w   pub/
```

Vsftpd.conf 配置文件配置完毕,同时权限设置完成,重启 vsftpd 服务即可。匿名用户通过 Windows 客户端访问,能够进行上传文件、删除文件、创建目录等操作,如图 12-6 所示。

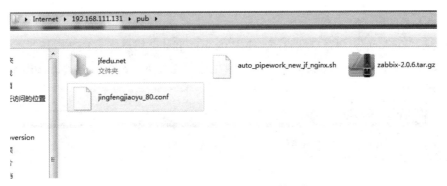

图 12-6　匿名用户访问并上传文件

12.2.5　Vsftpd 系统用户配置

Vsftpd 匿名用户设置完毕后,任何人(包括匿名用户)都可以查看、修改、删除 FTP 服务器的文件和目录。此方案如何实现在 FTP 服务器存放私密文件,可以使用 Vsftpd 系统用户方式验证以保证文件或者目录专属于拥有者。

实现 Vsftpd 系统用户方式验证,只须在 Linux 操作系统中创建多个用户即可。使用 useradd 命令创建用户,同时为用户设置密码,即可通过用户和密码登录 FTP 服务器进行文件的上传、下载、删除等操作。详细步骤如下。

(1)在 Linux 系统中创建系统用户 jfedu1、jfedu2,分别设置密码为 123456。

命令如下:

```
useradd    jfedu1
useradd    jfedu2
echo 123456|passwd --stdin jfedu1
echo 123456|passwd --stdin jfedu2
```

(2)修改 vsftpd.conf 配置文件代码如下。

命令如下:

```
anonymous_enable=NO
local_enable=YES
write_enable=YES
local_umask=022
dirmessage_enable=YES
xferlog_enable=YES
connect_from_port_20=YES
xferlog_std_format=YES
listen=NO
listen_ipv6=YES
pam_service_name=vsftpd
userlist_enable=YES
tcp_wrappers=YES
```

（3）通过 Windows 资源客户端验证。使用 jfedu1、jfedu2 用户登录 FTP 服务器，即可上传、删除、下载文件，jfedu1、jfedu2 用户上传文件的家目录在/home/jfedu1、/home/jfedu2 下，如图 12-7 所示。

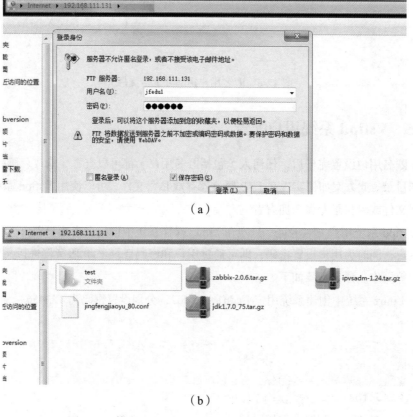

(a)

(b)

图 12-7 使用 jfedu1 用户登录 FTP 服务器并上传文件

（a）jfedu1 用户登录 FTP 服务器；（b）jfedu1 用户登录 FTP 服务器上传文件

12.2.6　Vsftpd 虚拟用户配置

如果基于 Vsftpd 系统用户访问 FTP 服务器，系统用户越多越不利于管理，而且不利于系统安全。为了能更加安全地使用 Vsftpd 系统，需使用 Vsftpd 虚拟用户方式。

Vsftpd 虚拟用户原理：虚拟用户就是没有实际的真实系统用户，而是通过映射到其中一个真实用户并设置相应的权限来实现访问验证。虚拟用户不能登录 Linux 操作系统，从而让系统更加安全可靠。

Vsftpd 虚拟用户企业案例配置步骤如下。

（1）安装 Vsftpd 虚拟用户须用到的软件及认证模块如下。

```
yum install pam* libdb-utils libdb* --skip-broken -y
```

（2）创建虚拟用户临时文件/etc/vsftpd/ftpusers.txt，新建虚拟用户和密码，其中 jfedu001、jfedu002 为虚拟用户名，123456 为密码，如果有多个用户，按格式依次填写即可。

```
jfedu001
123456
jfedu002
123456
```

（3）生成 Vsftpd 虚拟用户数据库认证文件，设置权限为 700。

```
db_load -T -t hash -f /etc/vsftpd/ftpusers.txt /etc/vsftpd/vsftpd_login.db
chmod 700 /etc/vsftpd/vsftpd_login.db
```

（4）配置 PAM 认证文件，在/etc/pam.d/vsftpd 文件行首加入以下两行代码。

```
auth      required    pam_userdb.so   db=/etc/vsftpd/vsftpd_login
account   required    pam_userdb.so   db=/etc/vsftpd/vsftpd_login
```

（5）所有 Vsftpd 虚拟用户需要映射到一个系统用户，该系统用户不需要密码，也不需要登录，主要用于虚拟用户映射。创建命令如下：

```
useradd -s /sbin/nologin ftpuser
```

（6）vsftpd.conf 配置文件的完整代码如下。

```
#global config Vsftpd 2021
anonymous_enable=YES
local_enable=YES
write_enable=YES
local_umask=022
dirmessage_enable=YES
xferlog_enable=YES
connect_from_port_20=YES
```

```
xferlog_std_format=YES
listen=NO
listen_ipv6=YES
userlist_enable=YES
tcp_wrappers=YES
#config virtual user FTP
pam_service_name=vsftpd
guest_enable=YES
guest_username=ftpuser
user_config_dir=/etc/vsftpd/vsftpd_user_conf
virtual_use_local_privs=YES
```

Vsftpd 虚拟用户配置文件中的参数详解如下：

```
#config virtual user FTP
pam_service_name=vsftpd                              #虚拟用户启用 pam 认证
guest_enable=YES                                     #启用虚拟用户
guest_username=ftpuser                               #映射虚拟用户至系统用户 ftpuser
user_config_dir=/etc/vsftpd/vsftpd_user_conf         #设置虚拟用户配置文件所在的目录
virtual_use_local_privs=YES                          #虚拟用户使用与本地用户相同的权限
```

（7）至此，所有虚拟用户共同基于 /home/ftpuser 主目录实现文件上传与下载，在 /etc/vsftpd/vsftpd_user_conf 目录下创建虚拟用户各自的配置文件，创建虚拟用户配置文件主目录。代码如下：

```
mkdir -p /etc/vsftpd/vsftpd_user_conf/
```

（8）分别为虚拟用户 jfedu001、jfedu002 创建配置文件，执行命令 vim /etc/vsftpd/vsftpd_user_conf/jfedu001，同时创建私有的虚拟目录。代码如下：

```
local_root=/home/ftpuser/jfedu001
write_enable=YES
anon_world_readable_only=YES
anon_upload_enable=YES
anon_mkdir_write_enable=YES
anon_other_write_enable=YES
```

执行命令 vim /etc/vsftpd/vsftpd_user_conf/jfedu002，同时创建私有的虚拟目录，代码如下：

```
local_root=/home/ftpuser/jfedu002
write_enable=YES
anon_world_readable_only=YES
anon_upload_enable=YES
anon_mkdir_write_enable=YES
anon_other_write_enable=YES
```

虚拟用户配置文件内容详解如下：

```
local_root=/home/ftpuser/jfedu002    #jfedu002 虚拟用户配置文件路径
write_enable=YES                     #允许登录用户有写的权限
anon_world_readable_only=YES         #允许匿名用户下载和读取文件
anon_upload_enable=YES               #允许匿名用户有上传文件权限，只有在write_
                                     #enable=YES 时该参数才生效
anon_mkdir_write_enable=YES          #允许匿名用户创建目录，只有在write_enable=
                                     #YES 时该参数才生效
anon_other_write_enable=YES          #允许匿名用户有其他权限，例如，删除、重命名等
```

（9）创建虚拟用户各自的虚拟目录。代码如下：

```
mkdir -p /home/ftpuser/{jfedu001,jfedu002} ; chown -R ftpuser:ftpuser
/home/ftpuser
```

重启 Vsftpd 服务，通过 Windows 客户端资源管理器登录 Vsftpd 服务器，测试结果如图 12-8 所示：

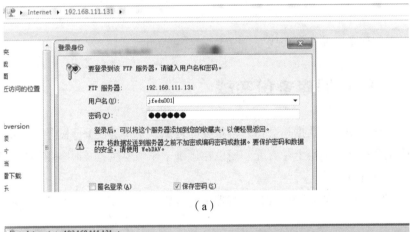

（a）

（b）

图 12-8　测试结果

（a）jfedu001 虚拟用户登录 FTP 服务器；（b）jfedu001 虚拟用户上传和下载文件

第 13 章　大数据备份企业实战

随着互联网的不断发展，企业对运维人员的要求也越来越高，尤其是要求运维人员能处理各种故障、专研自动化运维技术、云计算机、虚拟化等，以满足公司业务的快速发展的需求。

本章将介绍数据库备份方法、数据量 2 TB 及以上级别数据库备份方案、xtrabackup 企业工具案例演示、数据库备份及恢复实战等。

13.1　企业级数据库备份实战

在日常的运维工作中，数据是公司非常重要的资源，尤其是数据库的相关数据，如果数据丢失，损失少则几千元，多则上千万元。所以在运维工作中要注意及时备份网站数据，尤其要及时对数据库进行备份。

企业中如果数据量级别上 TB，维护和管理将变得非常复杂，尤其是对数据库进行备份操作。

13.2　数据库备份方法及策略

企业中 MySQL 数据库备份最常用的方法如下。

（1）直接复制备份。

（2）sqlhotcopy 工具备份。

（3）主从同步复制。

（4）mysqldump 工具备份。

（5）Xtrabackup 工具备份。

mysqldump 和 Xtrabackup 工具均可用于备份 MySQL 数据。以下为 mysqldump 工具使用方法：

通常小于 100 GB 的 MySQL 数据库可以使用默认 mysqldump 工具进行备份，由于 mysqldump 备份采用逻辑备份方式，最大的缺陷是备份和恢复速度较慢，所以对于超过 100 GB 的大数据库的备份和恢复所用时间会很长。

由于 mysqldump 备份耗时非常长，且备份期间会锁表，这会直接导致数据库只能使用 select，不能执行 insert、update 等操作，进而导致部分 Web 应用无法写入新数据。如果是 MyISAM 引擎表，当然也可以用参数--lock-tables=false 禁用锁表，但是有可能造成数据信息不一致。如果是支持事务的表，例如，InnoDB 和 BDB，--single-transaction 参数是一个更好的选择，因为它不锁定表：

```
mysqldump -uroot -p123456 --all-databases --opt --single-transaction > 2021all.sql
```

其中--opt 为快捷选项，等同于添加--add-drop-tables --add-locking --create-option --disable-keys --extended-insert --lock-tables --quick --set-charset 选项。

本选项能让 mysqldump 快速导出数据，且导出的数据能快速导回。该选项默认开启，指定--skip-opt 选项禁用。

如果运行 mysqldump 备份而没有指定--quick 或 --opt 选项，则会将整个结果集放在内存中，如果导出的是大数据库，可能会导致内存溢出而产生异常并退出。

13.3 xtrabackup 企业实战

MySQL 冷备、mysqldump、MySQL 热拷贝均不能实现对数据库进行增量备份。在实际环境中增量备份非常实用，如果数据量小于 100 GB，存储空间足够，可以每天进行完整备份；如果每天产生的数据量大，数据量大于等于 100 GB，则需要定制数据备份策略，例如，每周日使用完整备份，周一到周六使用增量备份，或者每周六使用完整备份，周日到周五使用增量备份。

Percona Xtrabackup 是为实现增量备份而生的一款主流备份工具，其包含两款主要的工具，分别为 xtrabackup 和 innobackupex。

Percona XtraBackup 是 Percona 公司开发的一款用于 MySQL 数据库物理热备的备份工具，支持 MySQL、Percona Server 及 MariaDB，开源免费，是目前互联网数据库备份的主流工具之一。

xtrabackup 只能备份 InnoDB 和 XtraDB 两种数据引擎的表，而不能备份 MyISAM 数据表，innobackupex-1.5.1 则将 xtrabackup 封装在一个脚本中，使用该脚本能同时备份处理 InnoDB 和 MyISAM，但在处理 MyISAM 时需要加一个读锁。

xtrabackup 备份原理如下：innobackupex 在后台线程不断追踪 InnoDB 的日志文件，然后复制 InnoDB 的数据文件，数据文件复制完成之后，日志的复制线程也会结束。这样就得到了不在同一时间点的数据副本和开始备份以后的事务日志。完成上面的步骤之后，就可以使用 InnoDB 崩溃恢复代码执行事务日志（redo log），以达到数据的一致性。其备份优点如下：

（1）备份速度快，物理备份更加可靠。
（2）备份过程不会打断正在执行的事务，无须锁表。
（3）能够应用压缩等功能节约磁盘空间和流量。
（4）自动备份校验。
（5）还原速度快。
（6）可以流传将备份传输到另外一台机器上。

innobackupex 工具的备份过程原理如图 13-1 所示。

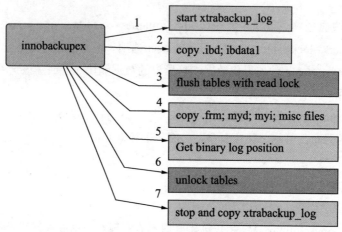

图 13-1　innobackupex 备份过程

innobackupex 备份过程中首先启动 xtrabackup_log 后台检测的进程，实时检测 MySQL redo 的变化，一旦发现有新的日志写入，立刻将日志写入日志文件 xtrabackup_log，并复制 InnoDB 的数据文件和系统表空间文件 idbdata1 到备份目录。

innoDB 引擎表备份完成后，执行 Flush table with read lock 操作进行 MyISAM 表备份。复制 .frm、.myd、.myi 文件，并在这一时刻获得 binary log 的位置，将表进行解锁 unlock tables，停止 xtrabackup_log 进程，完成整个数据库的备份。

13.4　Percona Xtrabackup 备份实战

基于 Percona Xtrabackup 备份，需要如下几个步骤。

（1）官网下载 Percona Xtrabackup。

```
#Percona 官方 wiki 使用帮助
#https://www.percona.com/doc/percona-xtrabackup/LATEST/index.html
```

（2）Percona Xtrabackup 安装方法如下。

```
# 安装 Percona XtraBackup 仓库
yum install https://repo.percona.com/yum/percona-release-latest.noarch.rpm -y
# 安装 xtrabackup
yum install percona-xtrabackup-24 -y
```

（3）MySQL 数据库全备份。

```
[root@www-jfedu-net ~]# xtrabackup --backup --target-dir=/data/backups/
# 看到 completed OK，表示备份完成，如果遇到报错，根据错误提示解决
210907 15:49:12 [00] Writing /data/backups/backup-my.cnf
210907 15:49:12 [00]        ...done
210907 15:49:12 [00] Writing /data/backups/xtrabackup_info
210907 15:49:12 [00]        ...done
xtrabackup: Transaction log of lsn (1597945) to (1597945) was copied.
210907 15:49:12 completed OK!
```

（4）xtrabackup 数据库恢复，恢复前先保证数据一致性，执行以下命令。

```
[root@www-jfedu-net ~]# xtrabackup --prepare --target-dir=/data/backups/
# 看到 ompleted OK，表示准备成功
xtrabackup: starting shutdown with innodb_fast_shutdown = 1
InnoDB: FTS optimize thread exiting.
InnoDB: Starting shutdown...
InnoDB: Shutdown completed; log sequence number 1598504
210907 15:52:32 completed OK!
```

通常数据库备份完成后，数据尚不能直接用于恢复操作，因为备份数据是一个过程，在备份过程中可能有任务写入数据，可能包含尚未提交的事务或已经提交但尚未同步至数据文件中的事务。

因此此时数据文件仍处于不一致的状态，使用—prepare 参数可以通过回滚未提交的事务及同步已经提交的事务至数据文件，使数据文件处于一致性状态，方可进行数据恢复。

（5）删除原数据目录/var/lib/mysql 的数据，使用参数--copy-back 恢复完整数据，授权 MySQL 用户给所有的数据库文件，如图 13-2 所示，代码如下：

```
#恢复数据，数据库的 datadir 必须为空，其应该关闭 MySQL 服务器
[root@www-jfedu-net ~]#    rm -rf /var/lib/mysql/*
[root@www-jfedu-net ~]# xtrabackup --copy-back --target-dir=/data/backups/
#看到 completed OK，表示恢复成功
210907 15:55:05 [01] Copying ./xtrabackup_info to /var/lib/mysql/xtrabackup_info
210907 15:55:05 [01]        ...done
210907 15:55:05 [01] Copying ./xtrabackup_master_key_id to /var/lib/mysql/xtrabackup_master_key_id
210907 15:55:05 [01]        ...done
210907 15:55:05 [01] Copying ./ibtmp1 to /var/lib/mysql/ibtmp1
210907 15:55:05 [01]        ...done
210907 15:55:05 completed OK!
#对数据目录重新授权
chown -R mysql. /var/lib/mysql/
```

```
#启动数据库服务
[root@www-jfedu-net ~]# systemctl start mariadb
[root@www-jfedu-net ~]# ps -ef | grep mysql
mysql      4436     1  0 16:00 ?        00:00:00 /bin/sh /usr/bin/mysqld_safe
--basedir=/usr
mysql      4598  4436  0 16:00 ?        00:00:00 /usr/libexec/mysqld
--basedir=/usr --datadir=/var/lib/mysql --plugin-dir=/usr/lib64/mysql/
plugin
--log-error=/var/log/mariadb/mariadb.log
--pid-file=/var/run/mariadb/mariadb.pid
--socket=/var/lib/mysql/mysql.sock
root       4634  1120  0 16:00 pts/0    00:00:00 grep --color=auto mysql
```

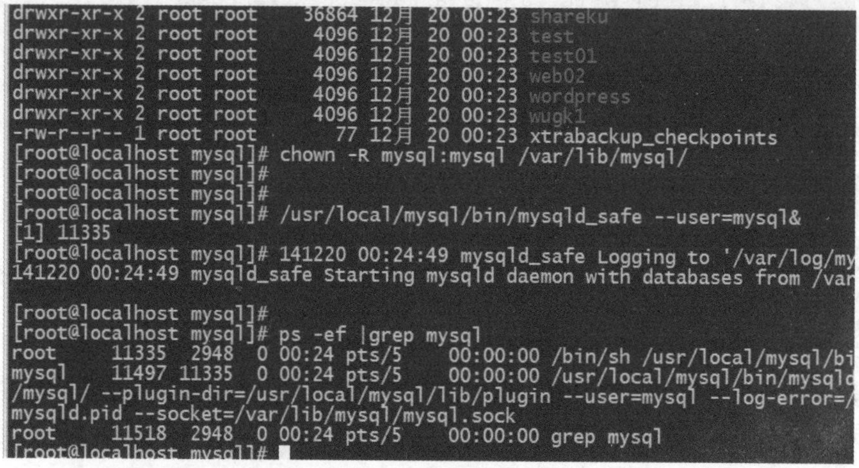

图 13-2 xtrabackup 数据恢复

查看数据库恢复信息，数据完全恢复，如图 13-3 所示。

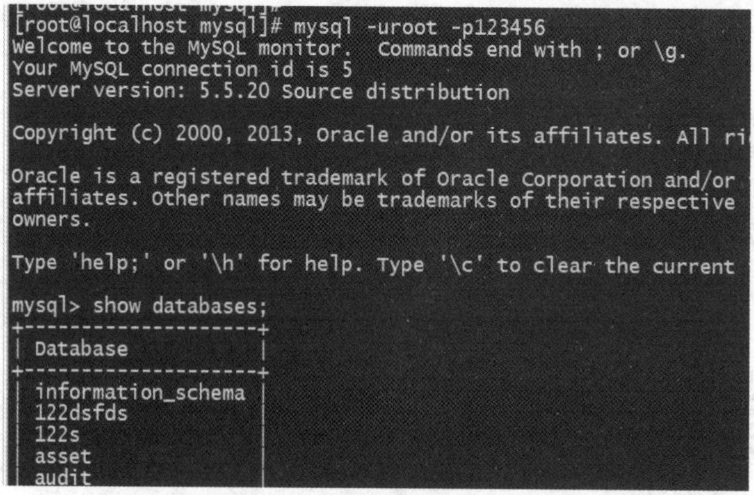

图 13-3 xtrabackup 数据恢复完成

13.5 innobackupex 增量备份

增量备份仅可应用于 InnoDB 或 XtraDB 表，对于 MyISAM 表而言，执行增量备份时其实进行的是完全备份。

（1）增量备份之前必须执行完全备份，如图 13-4 所示。

代码如下：

```
innobackupex --user=root --password=123456 --databases=wugk01 /data/backup/mysql/
```

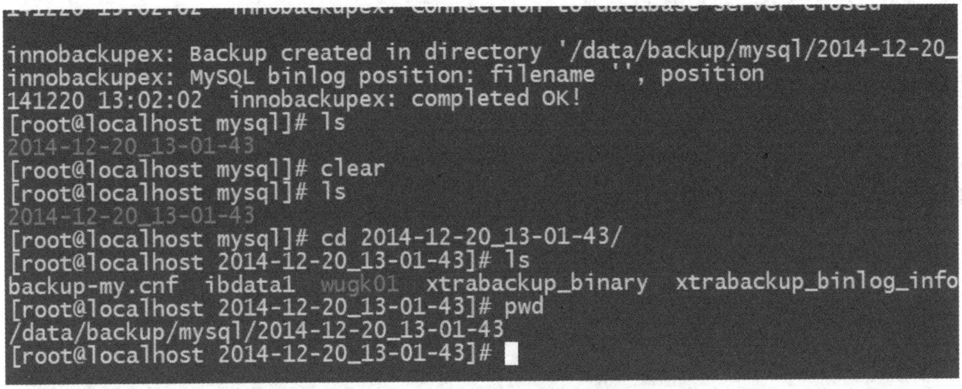

图 13-4 innobackupex 完整备份

（2）执行第一次增量备份。

```
innobackupex --defaults-file=/etc/my.cnf --user=root --password=123456 --databases=wugk01 --incremental /data/backup/mysql/ --incremental-basedir=/data/backup/mysql/2021-12-20_13-01-43/
```

增量备份完成后，会在/data/backup/mysql/目录下生成新的备份目录，如图 13-5 所示。

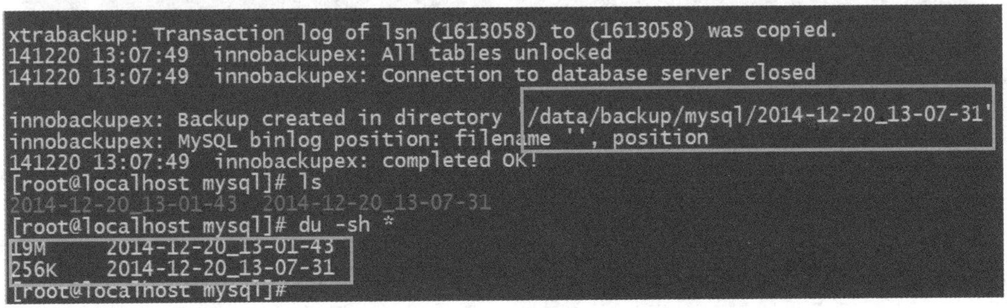

图 13-5 innobackupex 增量备份

（3）数据库插入新数据，如图 13-6 所示。

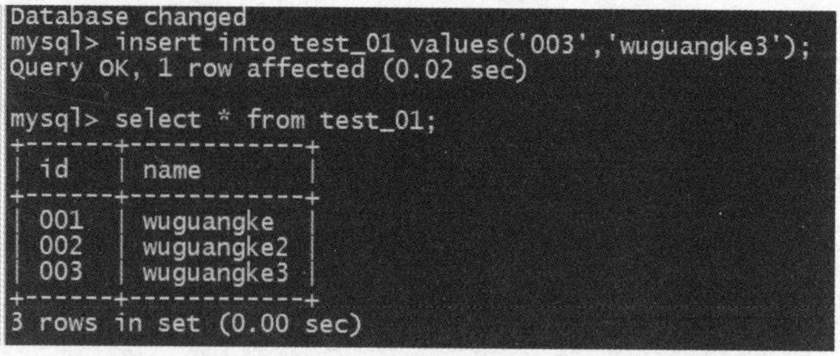

图 13-6 数据库插入新数据

（4）执行第二次增量备份，备份命令如下，如图 13-7 所示。

```
innobackupex --defaults-file=/etc/my.cnf --user=root --password=123456
--databases=wugk01 --incremental /data/backup/mysql/
--incremental-basedir=/data/backup/mysql/2021-12-20_13-07-31/
```

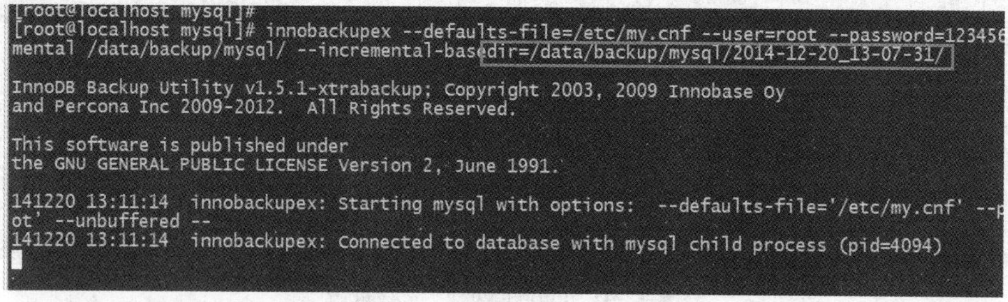

（a）

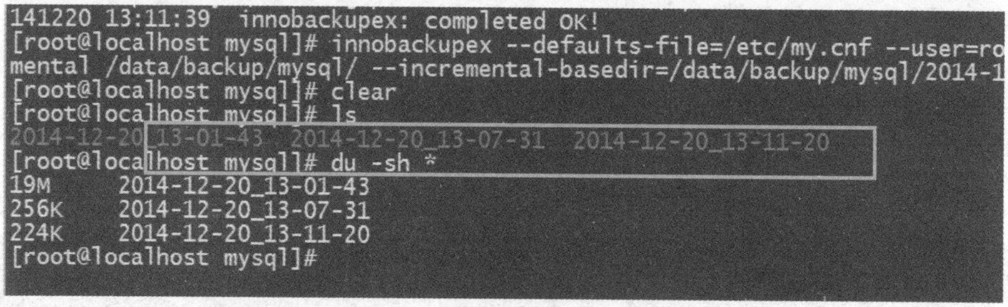

（b）

图 13-7 数据库增量备份

（a）innobackupex 增量备份；（b）查看是否备份成功

13.6 MySQL 增量备份恢复

删除原数据库中表及数据记录信息，如图 13-8 所示。

MySQL 增量备份数据恢复方法如下。

（1）基于 apply-log 确保数据的一致性。

代码如下：

```
innobackupex --defaults-file=/etc/my.cnf --user=root --password=123456
--apply-log --redo-only /data/backup/mysql/2021-12-20_13-01-43/
```

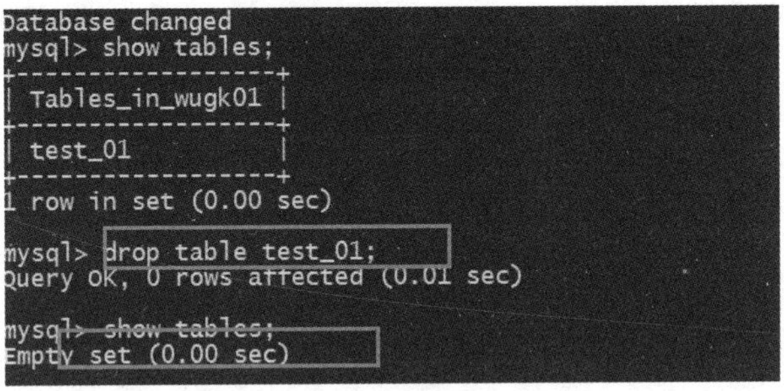

图 13-8　删除数据库表信息

（2）执行第一次增量数据恢复。

```
innobackupex --defaults-file=/etc/my.cnf --user=root --password=123456
--apply-log --redo-only /data/backup/mysql/2021-12-20_13-01-43/
--incremental-dir=/data/backup/mysql/2021-12-20_13-07-31/
```

（3）执行第二次增量数据恢复。

```
innobackupex --defaults-file=/etc/my.cnf --user=root --password=123456
--apply-log --redo-only /data/backup/mysql/2021-12-20_13-01-43/
--incremental-dir=/data/backup/mysql/2021-12-20_13-11-20/
```

（4）执行完整数据恢复。

```
innobackupex --defaults-file=/etc/my.cnf --user=root --password=123456
--copy-back /data/backup/mysql/2021-12-20_13-01-43/
```

（5）测试数据库已完全恢复，如图 13-9 所示。

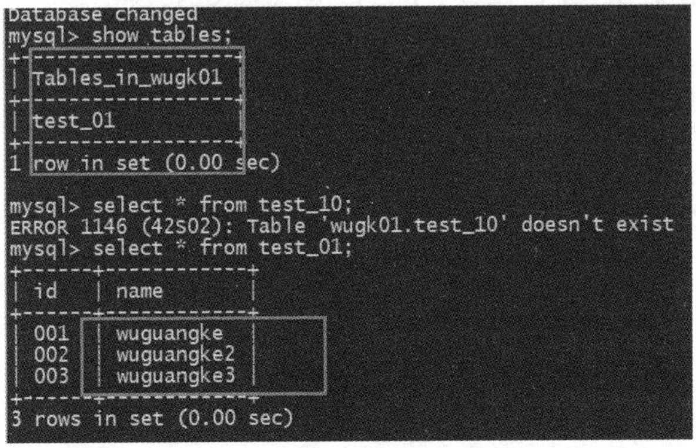

图 13-9　数据库表信息完整恢复

第 14 章 Kickstart 企业系统部署实战

14.1 Kickstart 使用背景介绍

随着公司业务不断增加,经常需要采购新服务器,并要求安装 Linux 操作系统,还要求 Linux 操作系统的版本一致,以方便后期维护和管理。每次人工安装 Linux 操作系统会浪费很多时间,是否有办法节省时间?

大中型互联网公司一次性采购服务器上百台时,如逐台安装需要耗费巨大人力,Kickstart 可以将一台服务器中已存在的系统克隆或复制到新服务器,毫不费力地完成这项工作。

预启动执行环境(preboot execute environment,PXE)是由 Intel 公司开发的最新技术,工作于 C/S 的网络模式,支持工作站通过网络从远端服务器下载映像,并由此支持通过网络启动操作系统。在操作系统启动过程中,终端要求服务器分配 IP 地址,再用 TFTP(trivial file transfer protocol)协议下载一个启动软件包到本机内存中执行。

Kickstart 安装平台完整架构为 Kickstart+DHCP+NFS(HTTP)+TFTP+PXE,从架构可以看出大致需要安装的服务,如 DHCP、TFTP、httpd、Kickstart/pxe 等。

14.2 Kickstart 企业实战配置

(1)基于 CentOS 7.x,yum 安装 DHCP、TFTP、httpd 服务。

命令如下:

```
yum install httpd httpd-devel tftp-server xinetd dhcp* -y
```

(2)配置并开启 TFTP 服务。

命令如下:

```
cat>/etc/xinetd.d/tftp<<EOF
```

```
service tftp
{
disable = no
socket_type = dgram
protocol = udp
wait = yes
user = root
server = /usr/sbin/in.tftpd
server_args = -u nobody -s /tftpboot
per_source = 11
cps = 100 2
flags = IPv4
}
EOF
```

（3）只须将 disable = yes 改成 disable = no 即可，也可以通过 sed 命令修改。
命令如下：

```
sed -i '/disable/s/yes/no/g' /etc/xinetd.d/tftp
```

14.3 Kickstart TFTP+PXE 实战

Kickstart 远程安装系统的实现需要在 TFTPBOOT 目录指定相关 PXE 内核模块及相关参数，操作方法和指令如下：

```
#挂载本地光盘镜像
mount /dev/cdrom /mnt
#安装 syslinux 必备文件
yum install syslinux syslinux-devel -y
#将 tftpboot 目录软链接至/根目录
ln -s /var/lib/tftpboot /
#创建 pxelinux.cfg 目录
mkdir -p /var/lib/tftpboot/pxelinux.cfg/
#复制必备配置文件
\cp /mnt/isolinux/isolinux.cfg /var/lib/tftpboot/pxelinux.cfg/default
\cp /usr/share/syslinux/vesamenu.c32 /var/lib/tftpboot/
\cp /mnt/images/pxeboot/vmlinuz /var/lib/tftpboot/
\cp /mnt/images/pxeboot/initrd.img /var/lib/tftpboot/
\cp /usr/share/syslinux/pxelinux.0 /var/lib/tftpboot/
#授权 default 文件权限
chmod 644 /var/lib/tftpboot/pxelinux.cfg/default
```

14.4 配置 Tftpboot 引导案例

Tftpboot 相关目录和文件创建完成后，接下来需要创建 default，并写入如下内容，该文件是 Kickstart 安装系统的核心文件之一。操作指令如下：

```
cat>/tftpboot/pxelinux.cfg/default<<EOF
default vesamenu.c32
timeout 10
display boot.msg
menu clear
menu background splash.png
menu title CentOS Linux 7
label linux
  menu label ^Install CentOS Linux 7
  menu default
  kernel vmlinuz
  append initrd=initrd.img inst.repo=http://192.168.0.131/centos7 quiet ks=http://192.168.0.131/ks.cfg
label check
  menu label Test this ^media & install CentOS Linux 7
  kernel vmlinuz
  append initrd=initrd.img inst.stage2=hd:LABEL=CentOS\x207\x20x86_64 rd.live.check quiet
EOF
```

Default 配置文件详解如下：

```
#192.168.0.131 是 kickstart 服务器
#centos7 是 HTTPD 共享 linux 镜像的目录，即 linux 存放安装文件的路径
#ks.cfg 是 kickstart 主配置文件
#设置 timeout 10  /*超时时间为 10s */
#ksdevice=ens33 代表当我们有多块网卡的时候，要实现自动化需要设置从 ens33 安装
#TFTP 配置完毕，由于是 TFTP 是非独立服务，需要依赖 xinetd 服务启动，启动命令为
chkconfig    tftp   --level 35 on   && service   xinetd   restart
```

14.5　Kickstart+Httpd 配置

使用 Kickstart 远程安装系统，客户端需要下载安装系统所需的软件包，所以需要使用 NFS 或者 httpd 服务将镜像文件共享。

命令如下：

```
mkdir -p /var/www/html/centos7/
mount /dev/cdrom /var/www/html/centos7/
#cp /dev/cdrom/*  /var/www/html/centos7/
```

配置 Kickstart，可以使用 system-kickstart 系统软件包配置，ks.cfg 配置文件内容如下：

```
cat>/var/www/html/ks.cfg<<EOF
install
text
keyboard 'us'
rootpw www.jfedu.net
timezone Asia/Shanghai
url --url=http://192.168.0.131/centos7
reboot
```

```
lang zh_CN
firewall --disabled
network --bootproto=dhcp --device=ens33
auth --useshadow --passalgo=sha512
firstboot --disable
selinux  disabled
bootloader --location=mbr
clearpart --all --initlabel
part /boot --fstype="ext4" --size=300
part / --fstype="ext4" --grow
part swap --fstype="swap" --size=512
%packages
@base
@core
%end
EOF
```

14.6　DHCP 服务配置实战

（1）DHCP 服务配置文件代码如下。

```
cat>/etc/dhcp/dhcpd.conf<<EOF
ddns-update-style interim;
ignore client-updates;
next-server 192.168.0.131;
filename "pxelinux.0";
allow booting;
allow bootp;
subnet 192.168.0.0 netmask 255.255.255.0 {
#default gateway
option routers          192.168.0.1;
option subnet-mask      255.255.255.0;
range dynamic-bootp 192.168.0.180 192.168.0.200;
host ns {
hardware ethernet   00:1a:a0:2b:38:81;
fixed-address 192.168.0.101;}
}
EOF
```

（2）重启各服务，并启动新的客户端验证测试。命令如下：

```
service httpd restart
service dhcpd restart
service xinetd restart
```

14.7　Kickstart 客户端案例

开启新虚拟机，同时设置虚拟机（客户端）BIOS 启动项，设置为首选网卡启动，如图 14-1 所示。

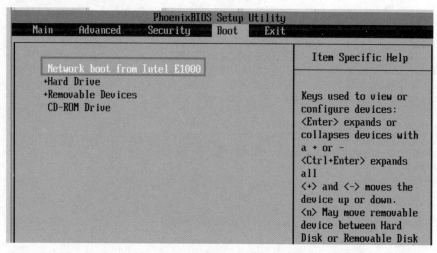

图 14-1 设置虚拟机（客户端）BIOS 启动项

（a）BIOS 设置；（b）客户端启动测试 1；（c）客户端启动测试 2

安装时可能报错，如图 14-2 所示。

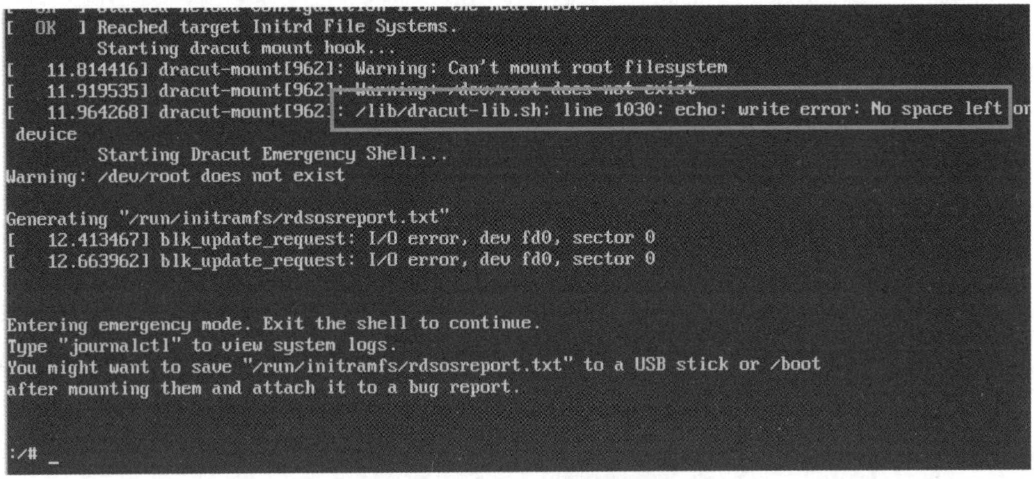

图 14-2　客户端远程系统安装报错

如果报如图 14-2 所示的错误，需要调整客户端虚拟机的内存设置为 2G+，然后再次启动客户端远程安装系统，如图 14-3 所示。

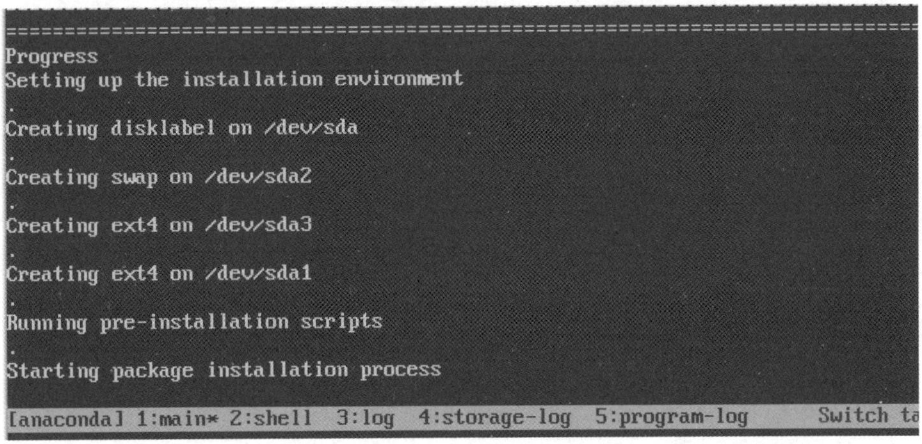

图 14-3　客户端远程系统安装

14.8　Kickstart 案例扩展

在实际应用中，通常会发现一台服务器安装了好几块硬盘，做完独立磁盘冗余阵列（redundant arrays of independent disks，RAID），整个硬盘有 10 TB，这时就需要使用 Kickstart 来自动安装并分区。使用 Kickstart 自动安装并分区需要采用 GPT 格式来引导并分区。要在 ks.cfg

末尾添加以下命令实现需求：

```
%pre
parted -s /dev/sdb mklabel gpt
%end
```

为了实现 Kickstart 安装完系统后自动完成系统初始化等工作，可以在系统安装完成后自动执行定制的脚本，这时需要在 ks.cfg 文件末尾加入以下配置：

```
%post
mount -t nfs 192.168.0.131:/centos/init /mnt
cd /mnt/ ;/bin/sh auto_init.sh
%end
```

Kickstart 所有配置就此告一段落，实际应用中需要注意，新服务器与 Kickstart 最好独立在一个网络，避免与办公环境或者服务器机房网络混在一起，以免其系统在其他的计算机以网卡启动时被重装成 Linux 操作系统。

第 15 章 DNS 解析服务器企业实战

15.1 DNS 服务器工作原理

域名系统（domain name system，DNS）是互联网的一项服务。它作为将域名和 IP 地址相互映射的一个分布式数据库，能够让人更方便地访问互联网。DNS 使用 TCP 和 UDP 端口 53。当前，对于每一级域名长度的限制是 63 个字符，域名总长度则不能超过 253 个字符。

早期域名的字符仅限于 ASCII 字符的一个子集。2008 年，互联网名称与数字地址分配机构（The Internet Corporation for Assigned Names and Numbers，ICANN）通过一项决议，允许使用其他语言作为互联网顶级域名的字符。使用基于域名代码（Punycode）的 IDNA 系统，可以将统一码（Unicode）字符串映射为有效的 DNS 字符集。因此，诸如"XXX.中国""XXX.美国"的域名可以在地址栏直接输入并访问，而不需要安装插件。但是，由于英语的广泛使用，使用其他语言字符作为域名会产生多种问题，例如，难以输入、难以在国际推广等。

网站的解析和内容反馈，都是通过 DNS 服务器实现的。下面介绍 DNS 服务器的构建。

DNS 服务可以算是 Linux 服务中比较难的一个了，尤其是配置文件的书写，少一个字符都有可能造成错误。简单地说，DNS 的功能就是完成域名到 IP 的解析过程，无须通过记忆长的 IP 地址来访问某个网站，简洁的域名更方便人们记忆。

15.2 DNS 解析过程

DNS 解析过程可以分为以下几步。

（1）客户机访问某个网站，请求域名解析时，DNS 首先查找本地 HOSTS 文件，如果有对应域名、IP 地址记录，则直接返回给客户机；如果没有对应域名、IP 地址记录，则将该请求发送给本地的域名服务器。

（2）若本地 DNS 服务器能够解析客户端发来的请求，则直接将答案返回给客户机。

（3）若本地 DNS 服务器不能解析客户端发来的请求时，有以下两种解析方法。

① 采用递归解析。

本地 DNS 服务器向根域名服务器发出请求，根域名服务器对本地域名服务的请求进行解析，得到记录再发给本地 DNS 服务器，本地 DNS 服务器将记录缓存，并将记录返给客户机。

② 采用迭代解析。

本地 DNS 服务器向根域名服务器发出请求，根域名服务器返回本地域名服务器，一个能够解析请求根的下一级域名服务器的地址，本地域名服务器再向根域名服务器返回的 IP 地址发出请求，最终得到域名解析记录。

15.3 DNS 服务器种类

DNS 服务器主要有以下几种。

（1）Master（主 DNS 服务器）：拥有区域数据的文件，并对整个区域数据进行管理。

（2）Slave（从服务器或辅助服务器）：拥有主 DNS 服务器的区域文件的副本，辅助 DNS 服务器对客户端进行解析，当主 DNS 服务器崩溃后，可以完全接替主服务器的工作。

（3）Forward：将任何查询请求都转发给其他服务器，发挥代理的作用。

（4）Cache：缓存服务器。

（5）Hint：代表根 DNS 服务器集。

15.4 DNS 服务器安装配置

（1）安装 Bind DNS 软件包。

```
yum install bind* -y
```

（2）配置文件/etc/named.conf 内容。

```
options {
        listen-on port 53 { any; };
        listen-on-v6 port 53 { any; };
        directory       "/var/named";
        dump-file       "/var/named/data/cache_dump.db";
        statistics-file "/var/named/data/named_stats.txt";
        memstatistics-file  "/var/named/data/named_mem_stats.txt";
        allow-query    { any; };
        recursion yes;
```

```
        dnssec-enable yes;
        dnssec-validation yes;
        dnssec-lookaside auto;
        /* Path to ISC DLV key */
        bindkeys-file "/etc/named.iscdlv.key";
        managed-keys-directory "/var/named/dynamic";
};
logging {
        channel default_debug {
                file "data/named.run";
                severity dynamic;
        };
};

zone "." IN {
        type hint;
        file "named.ca";
};
include "/etc/named.rfc1912.zones";
include "/etc/named.root.key";
```

15.5　DNS 主配置文件详解

DNS 主配置文件 named.conf 详解如下：

```
options {
directory "/var/named";                          #指定配置文件所在目录
dump-file "/var/named/data/cache_dump.db;;#保存 DNS 服务器搜索到的对应 IP 地址
                                                 #的高速缓存
statistics_file "/var/named/data/named_stats.txt"; #DNS 的一些统计数据列出时
                                                 #就写入这个设置指定的文件，
                                                 #即搜集统计数据
pid-file "/var/run/named/named.pid;              #用于记录 named 程序的 PID 文件，可在
                                                 #named 程序启动、关闭时提供正确的 PID
allow_query (any;);      #是否允许查询，或允许哪些客户端查询。可以把 any 换上网段地址，
                         #以设置允许查询的客户端
allow_transfer(none;);   #是否允许 Master 里的信息传到 slave 服务器，只有在同时拥有
                         #Master 服务器和 Slave 服务器时才设置此项。none 为不允许
forwarders{ 192.168.3.11;192.168.3.44;} ;
                         #设置向上查找的"合法"的 DNS。地址之间使用";"分隔。(笔者的理解
                         #是此处定义的如同 Windows 操作系统里定义的转发一样，当本地 DNS
                         #服务器解析不了时，转发到用户指定的一个 DNS 服务器上解析)
```

```
#当不配置此项时，本机无法解析的都会在 name.ca 中配置的根服务器上查询；但如果配置了此项，
#本机查找不到的，就丢给此项中配置的 DNS 服务器处理
forward only                    #让 DNS 服务器只作为转发服务器，自身不进行查询
motify                          #当主服务器变更时，向从服务器发送信息。有两个选项，yes 和 no
};
```

配置/etc/named.rfc1912.zones 文件（用于定义根区域和自定义区域），添加如下代码：

```
#add named by www.jfedu.net
zone "jfedu.net" IN {
     type master;
     file "jfedu.net.zone";
     allow-update { none; };
};
zone "1.168.192.in-addr.arpa" IN {
     type master;
     file "jfedu.net.arpa";
     allow-update { none; };
};
```

15.6　DNS 自定义区域详解

DNS 自定义解析区域文件，详解如下：

```
#定义正向解析文件,此处以 jfedu.net 域为例
  zone "jfedu.net" IN {
  type master;                            #定义服务器类型
  file "jfedu.net";                       #指定正向解析文件名
};
#定义反向解析文件
zone "1.168.192.in-addr.arpa" {
  type master;                            #服务器类型
  file "named.192.168.9" ;                #反向解析文件名
};
```

在/var/named/目录创建两个文件，其中 jfedu.net.zone 正向解析文件内容如下：

```
$TTL 86400
@    IN SOA  ns.jfedu.net.  root (
                42   ; serial
                3H   ; refresh
                15M  ; retry
                1W   ; expire
                1D ) ; minimum
@           IN NS           ns.jfedu.net.
ns          IN A            192.168.0.111
```

```
www                 IN A            192.168.0.111
@                   IN MX 10        mail.jfedu.net.
mail                IN A            192.168.0.111
```

在/var/named/目录创建两个文件,其中 jfedu.net.zone 正向解析文件内容如下:

```
$TTL 86400
@   IN SOA  ns.jfedu.net. root (
                42      ; serial
                3H      ; refresh
                15M     ; retry
                1W      ; expires
                1D )    ; minimum

@     IN NS     ns.jfedu.net.
111   IN PTR    mail.jfedu.net.
111   IN PTR    ns.jfedu.net.
111   IN PTR    www.jfedu.net.
```

15.7 DNS 正反向文件详解

DNS 正反向文件详解如下:

```
$TTL    86400              #外地 DNS 服务器请求本地 DNS 服务器的查询结果,在外地 DNS 服务器
                           #上的缓存时间,以 s 为单位
@   IN SOA ns.jfedu.net. root. (         #格式为:
#【主机名或域名】ttl] [calss] [type] [orgin] [mail]
#主机名或域名一般用@代替。每个区域都有自己的 SOA 记录,此处为指定的域名用@表示当前的源,
#也可以手动指定域名
#SOA 记录(起始授权机构)NS(Name Server)记录(域名服务器)
#ttl:通常省略
#class:类别,说明网络类型
#type:类型,SOA 记录的类型就是 SOA,指明哪个 DNS 服务器对这个区域有授权
#origin:域区文件资源,这个域文件源就是这个域主 DNS 服务器的主机名,注意这里要求是完
#整的主机名,后面一定要加上"."。15.6 节例中,"www.jfedu.net."如果没有加后面的点,结
#果将是 www.jfedu.net.jfedu.net
#mail:一般指管理员的邮箱。但和一般的邮箱不同,此处用"."代替了"@",尾部也要加上"."
2009121001   #作为版本控制,当域区文件修改时,序号就会增加,经辅助服务器对比发现与自己
             #的不同后,就会做出更新,与主服务器同步
28800        #辅助服务器与主服务器进行更新的等待时间。时间间隔与主服务器进行更新,单位为 s
14400        #重试间隔。当辅助服务器请求与主服务器更新失败后,再间隔多长时间后重试传递
720000       #到期时间。当辅助服务器与主服务器之间刷新失败后,辅助服务器还提供多长时间后的
             #授权回答。因为当与主服务器失去联系一定时间(即此处定义的时间)后,辅助服务器
             #会把本地数据当作不可靠的数据,将停止提供查询
```

```
#如果主服务器恢复正常，则辅助服务器重新开始计时
86400 )                    #最小 TTL，即最小有效时间，表明客户端得到的回答在多长时间内有效。
@          IN   NS    www.jfedu.net.       #ns 记录
www        IN   A     192.168.1.13         #A 记录
ftp        IN   CName www.jfedu.net.       #别名类型
mail       IN   MX 10 192.168.1.12         #邮件交换器
#IN                                        #表示后面的数据使用的是 INTERNET 标准
#SOA                                       #表示授权开始
#@                                         #代表相应的域名
test.com                                   #授权主机
root.test.com                              #管理者信箱
#NS：                                      #表示是这个主机是一个域名服务器
#A：定义了一条 A 记录，即主机名到 IP 地址的对应记录
#MX 定义了一条邮件记录
#CNAME                                     #定义了对应主机的一个别名
#type 类型有三种，分别是 master、slave 和 hint，它们的含义分别如下
#Master：表示定义的是主域名服务器
#Slave：表示定义的是辅助域名服务器
#Hint：表示是互联网中根域名服务器
#Zone 定义域区，一个 zone 关键字定义一个域区
#PTR 记录用来解析 IP 地址对应的域名
#注释二
#Serial：其格式通常为 "年月日+修改次序"。
#当 Slave 服务器要进行资料同步的时候，会比较这个字符串。如果发现在这里的字符串比其记录
#的字符串 "大"，就进行更新，否则忽略。注意：Serial 不能超过 10 位数字
#Refresh：告诉 Slave 隔多长时间后要进行资料同步（是否同步要看 Serial 的比较结果）
#Retry：如果 Slave 在更新失败，要隔多长时间后再进行重试
#Expire：记录逾期时间：当 Slave 一直未能成功与 Master 取得联系，到这里就放弃重试，
#同时这里的资料也将标识为过期( expired )
#Minimum：最小默认 TTL 值，如果在前面没有用 "$TTL" 定义，就会以此值为准
```

第 16 章　HTTP 详解

超文本传输协议（hypertext transfer protocol，HTTP）是互联网上应用最为广泛的一种网络协议，所有的万维网（World Wid Web，WWW）服务器都基于该协议。HTTP 设计最初的目的是提供一种发布 Web 页面和接收 Web 页面的方法。

本章介绍 TCP、HTTP、HTTP 资源定位、HTTP 请求头及响应头详细信息、HTTP 状态码及 MIME 类型详解等。

16.1　TCP 与 HTTP

1960 年美国人 Ted Nelson 构思了一种通过计算机处理文本信息的方法，并称为超文本（hypertext），为 HTTP 标准架构的发展奠定了根基。Ted Nelson 组织协调万维网协会（World Wide Web Consortium）和互联网工程工作小组（internet engineering task force）共同合作研究，最终发布了一系列的 RFC（征求意见稿），著名的 RFC 2616 定义了 HTTP 1.1，就在其中。

很多读者对 TCP 与 HTTP 存在疑问，这两者有什么区别？从应用领域来说，TCP 主要用于数据传输控制，而 HTTP 主要用于应用层面的数据交互，本质上二者没有可比性。

HTTP 属于应用层协议，建立在 TCP 基础之上，以客户端请求和服务器应答为标准，浏览器通常称为客户端，而提供 Web 服务的设备称为服务器。客户端打开任意一个端口向服务器的指定端口(默认为 80)发起 HTTP 请求，首先会发起 TCP 三次握手，建立可靠的数据连接通道，然后进行 HTTP 数据交互，如图 16-1 和图 16-2 所示。

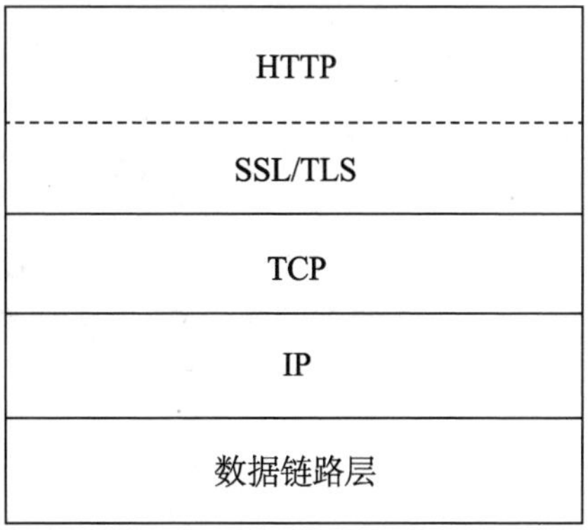

HTTP
SSL/TLS
TCP
IP
数据链路层

图 16-1　HTTP 与 TCP 关系结构图

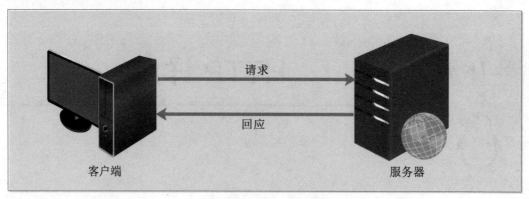

图 16-2　HTTP 客户端与服务器

当客户端请求的数据接收完毕后，HTTP 服务器会断开 TCP 连接，整个 HTTP 连接过程非常短。HTTP 连接也称无状态连接，无状态连接是指客户端每次向服务器发起 HTTP 请求时，每次请求都会建立一个新的 HTTP 连接，而不是在一个 HTTP 请求基础上进行所有数据的交互。

16.2　资源定位标识符

关于资源定位及标识有三种：URI、URN 和 URL。三种资源定位详解如下。

（1）统一资源标识符（uniform resource identifier，URI）：用来唯一标识一个资源。

（2）统一资源定位器（uniform resource locator，URL）：是 URI 的一种具体形式。URL 不仅可以用来标识一个资源，而且指出了如何访问及获取该资源。

（3）统一资源命名（uniform resource name，URN）：URN 也是 URI 的一种具体形式，通过名称标识或识别资源。

如图 16-3 所示，可以直观区分 URI、URL、URN。

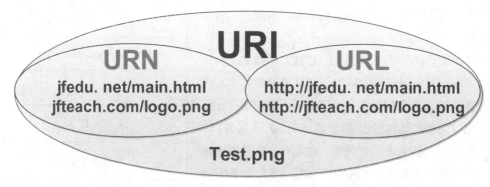

图 16-3　URI、URL、URN 关联与区别

三种资源标识中，URL 资源标识方式使用最为广泛。完整的 URL 标识格式如下：

```
protocol://host[:port]/path/.../[?query-string][#anchor]
protocol                    #基于某种协议，常见协议有 HTTP、HTTPS、FTP、RSYNC 等
host                        #服务器的 IP 地址或者域名
port                        #服务器的端口号，如果是 HTTP 80 端口，默认可以省略
path                        #访问资源在服务器的路径
query-string                #传递给服务器的参数及字符串
anchor-                     #锚定结束
```

HTTP URL 案例演示如下：

```
http://www.jfedu.net/newindex/plus/list.php?tid=2#jfedu
protocol:               http;
host:                   www.jfedu.net;
path:                   /newindex/plus/list.php
Query String:           tid=2
Anchor:                 jfedu
```

16.3　HTTP 与端口通信

HTTP Web 服务器默认在本机会监听 80 端口，不仅 HTTP 会开启监听端口，其实每个软件程序在 Linux 操作系统中运行时都以进程的方式启动，且每个程序都会启动并监听本地接口的端口。端口是 TCP/IP 协议中应用层进程与传输层协议实体间的通信接口，是操作系统可分配的一种资源，应用程序通过系统调用与某个端口绑定后，传输层传给该端口的数据会被该进程接收，相应进程发给传输层的数据也都通过该端口输出。

在网络通信过程中，需要唯一识别通信两端设备的端点就是使用端口识别运行于某主机中的应用程序。如果没有引入端口，则只能通过 PID 进程号进行识别，而 PID 进程号是系统动态分配的，不同的系统会使用不同的进程标识符，应用程序在运行之前没有明确的进程号，如果在需要运行应用程序时再广播进程号则很难保证通信的顺利进行。

引入端口后，就可以利用端口号识别应用程序，同时还可以通过固定端口号识别和使用某些公共服务，例如，HTTP 默认使用 80 端口，FTP 使用 21、20 端口，MySQL 则使用 3306 端口。使用端口还有一个原因是随着计算机网络技术的发展，物理机器上的硬件接口已不能满足网络通信的要求，而 TCP/IP 协议模型作为网络通信的标准就解决了这个通信难题。

TCP/IP 协议中引入了一种被称为套接字（Socket）的应用程序接口。基于 Socket 接口技术，一台计算机可与任何一台具有 Socket 接口的计算机进行通信，而监听的端口在服务器又称 Socket 接口。

16.4　HTTP Request 与 Response 详解

客户端浏览器向 Web 服务器发起 Request，Web 服务器接到 Request 后进行处理，会生成相应的 Response 信息返给浏览器。客户端浏览器收到服务器返回的 Response 信息后会对信息进行解析处理，最终用户看到浏览器展示 Web 服务器的网页内容。

客户端发起的 Request 消息分为三个部分，包括 Request line（请求行）、Request header（请求头部）和 Body（请求数据），如图 16-4 所示。

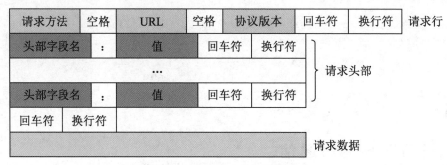

图 16-4　HTTP Request 消息组成

在 UNIX/Linux 操作系统中执行 curl -v 命令可以打印访问 Web 服务器的 Request 及 Response 详细处理流程，如图 16-5 所示。

```
curl -v http://192.168.111.131/index.html
```

```
[root@www-jfedu-net ~]# curl -v http://192.168.111.131/index.html
* About to connect() to 192.168.111.131 port 80 (#0)
*   Trying 192.168.111.131...
* Connected to 192.168.111.131 (192.168.111.131) port 80 (#0)
> GET /index.html HTTP/1.1
> User-Agent: curl/7.29.0
> Host: 192.168.111.131
> Accept: */*
>
< HTTP/1.1 200 OK
< Date: Tue, 09 May 2017 03:57:01 GMT
< Server: Apache/2.2.32 (Unix)
< Last-Modified: Mon, 08 May 2017 11:13:06 GMT
< ETag: "4144ba9-1d-54f0152cde8ba"
< Accept-Ranges: bytes
< Content-Length: 29
< Content-Type: text/html
<
<h1> www.jf1.com   Pages</h1>
* Connection #0 to host 192.168.111.131 left intact
[root@www-jfedu-net ~]#
```

图 16-5　Request（请求）及 Response（回应）流程

（1）Request 信息详解如表 16-1 所示。

表 16-1 Request信息详解

代　　码	说　　明
GET /index.html　　HTTP/1.1	请求行①
User-Agent: curl/7.19.7 Host: 192.168.111.131 Accept: */* …	请求头部②
>	空行③
>	请求Body④

注：① 指定请求类型，访问的资源及使用的HTTP版本。GET表示Request请求类型为GET，/index.html 表示访问的资源，HTTP/1.1表示协议版本。
② 请求行下一行起，指定服务器要使用的附加信息。User-Agent表示用户使用的代理软件，常指浏览器；Host表示请求的目的主机。
③ 请求头部后面的空行表示请求头发送完毕。
④ 可以添加任意数据，GET请求的Body内容默认为空。

（2）Response 信息详解如表 16-2 所示。

表 16-2 Request信息详解

代　　码	说　　明
HTTP/1.1 200 OK	响应行①
Server: nginx/1.10.1 Date: Thu, 11 May 2021 Content-Type: text/html …	响应头部②
>	空行③
\<h1>www.jf1.com Pages\</h1>	响应body④

注：① 包括HTTP版本号、状态码、状态消息。HTTP/1.1表示协议版本号，200表示返回状态码，OK表示状态消息；
② 响应头部附加信息。Date表示生成响应的日期和时间，Content-Type表示指定MIME类型的HTML（text/html），编码类型是UTF-8，记录文件资源的Last-Modified时间；
③ 表示消息报头响应完毕；
④ 服务器返回给客户端的文本信息。

（3）根据请求的资源不同，有如下请求方法：

GET 方法，向特定的资源发出请求，获取服务器数据；
POST 方法，向 Web 服务器提交数据进行处理请求，常指提交新数据；

PUT 方法，向 Web 服务器提交上传最新内容，常指更新数据；
DELETE 方法，请求删除 Request-URL 所标识的服务器资源；
TRACE 方法，回显服务器收到的请求，主要用于测试或诊断；
CONNECT 方法，HTTP/1.1 协议中预留给能够将连接改为管道方式的代理服务器的资源；
OPTIONS 方法，返回服务器针对特定资源所支持的 HTTP 请求方法；
HEAD 方法，与 GET 方法相同，只不过服务器响应时不会返回消息体。

16.5　HTTP 1.0/1.1 区别

HTTP 定义服务器和客户端之间的文件传输沟通方式为 HTTP 1.0 运行方式，如图 16-6 所示。

（1）如图 16-6 所示，基于 HTTP 的 C/S 模式的信息交换分四个过程，即建立连接、发出请求信息、发出响应信息、关闭连接。

（2）浏览器与 Web 服务器的连接过程是短暂的，每次连接只处理一个请求和响应。对每一个页面的访问，浏览器与 Web 服务器都要建立一次单独的连接。

（3）浏览器到 Web 服务器之间的所有通信都是完全独立的请求和响应。

图 16-6　HTTP 1.0 客户端、服务器传输模式

HTTP 1.1 运行方式如图 16-7 所示。

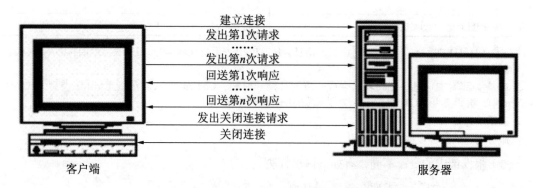

图 16-7　HTTP 1.1 客户端、服务器传输模式

（1）在一个 TCP 连接上可以传送多个 HTTP 请求和响应。

（2）多个请求和响应过程可以重叠。

（3）增加了更多的请求头和响应头，比如 Host、If-Unmodified-Since 请求头等。

16.6　HTTP 状态码详解

HTTP 状态码（HTTP status code）是用来表示 Web 服务器 HTTP Response 状态的 3 位数字代码。常见的状态码范围分类如下：

```
100-199            用于指定客户端相应的某些动作；
200-299            用于表示请求成功；
300-399            已移动的文件且被包含在定位头信息中指定新的地址信息；
400-499            用于指出客户端的错误；
500-599            用于支持服务器错误
```

HTTP Response 常用状态码详解如表 16-3 所示。

表 16-3　HTTP Response常用状态码

HTTP状态码	状态码英文含义	状态码中文含义
100	Continue	HTTP/1.1新增状态码，表示继续。客户端继续请求HTTP服务器
101	Switching Protocols	服务器根据客户端的请求切换协议，切换到HTTP的新版本协议
200	OK	HTTP请求完成。常用于GET、POST请求中
301	Moved Permanently	永久移动。请求的资源已被永久地移动到新URI
302	Found	临时移动。资源临时被移动，客户端应继续使用原有URI
304	Not Modified	文件未修改。请求的资源未修改，服务器返回此状态码时，常用于缓存
400	Bad Request	客户端请求的语法错误，服务器无法解析或者访问
401	Unauthorized	请求要求用户的身份认证
402	Payment Required	此状态码保留，为以后使用
403	Forbidden	服务器理解请求客户端的请求，但是拒绝执行此请求
404	Not Found	服务器没有该资源，请求的文件找不到
405	Method Not Allowed	客户端请求中的方法被禁止
406	Not Acceptable	服务器无法根据客户端请求的内容特性完成请求
499	Client has closed connection	服务器处理的时间过长
500	Internal Server Error	服务器内部错误，无法完成请求

续表

HTTP状态码	状态码英文含义	状态码中文含义
502	Bad Gateway	服务器返回错误代码或者代理服务器错误的网关
503	Service Unavailable	服务器无法响应客户端请求，或者后端服务器异常
504	Gateway Time-out	网关超时或者代理服务器超时
505	HTTP Version not supported	服务器不支持请求的HTTP版本，无法完成处理

16.7　HTTP MIME 类型支持

浏览器接收到 Web 服务器的 response 信息会进行解析。在解析页面之前，浏览器必须启动本地相应的应用程序处理获取到的文件类型。

基于多用途互联网邮件扩展类型（Multipurpose Internet Mail Extensions，MIME），可以在客户端打开指定的应用程序，当该扩展名文件被访问的时候，浏览器会自动使用指定应用程序打开。设计之初是为了在发送电子邮件时附加多媒体数据，让邮件客户程序能根据其类型进行处理。被 HTTP 支持之后，它使 HTTP 不仅可以传输普通的文本，还可以传输更多文件类型、多媒体音频视频等。

在 HTTP 中，HTTP Response 消息的 MIME 类型被定义在 Content-Type header 中，如 Content-Type: text/html，表示默认指定该文件为 HTML 类型，在浏览器端会以 HTML 格式处理。

在最早的 HTTP 协议中并没有附加的数据类型信息，所有传送的数据都被客户程序解释为超文本标记语言 HTML 文档。为了支持多媒体数据类型，新版 HTTP 中使用了附加在文档之前的 MIME 数据类型信息标识数据类型，如表 16-4 所示。

表 16-4　HTTP MIME类型详解

MIME-Types（MIME类型）	Dateiendung（扩展名）	Bedeutung
application/msexcel	*.xls *.xla	Microsoft Excel Dateien
application/mshelp	*.hlp *.chm	Microsoft Windows Hilfe Dateien
application/mspower point	*.ppt *.ppz *.pps *.pot	Microsoft Powerpoint Dateien
application/msword	*.doc *.dot	Microsoft Word Dateien
application/octet-stream	*.exe	exe
application/pdf	*.pdf	Adobe PDF-Dateien
application/post******	*.ai *.eps *.ps	Adobe Post******-Dateien
application/rtf	*.rtf	Microsoft RTF-Dateien
application/x-httpd-php	*.php *.phtml	PHP-Dateien
application/x-java******	*.js	serverseitige Java******-Dateien

续表

MIME-Types（MIME类型）	Dateiendung（扩展名）	Bedeutung
application/x-shockwave-flash	*.swf *.cab	Flash Shockwave-Dateien
application/zip	*.zip	ZIP-Archivdateien
audio/basic	*.au *.snd	Sound-Dateien
audio/mpeg	*.mp3	MPEG-Dateien
audio/x-midi	*.mid *.midi	MIDI-Dateien
audio/x-mpeg	*.mp2	MPEG-Dateien
audio/x-wav	*.wav	Wav-Dateien
image/gif	*.gif	GIF-Dateien
image/jpeg	*.jpeg *.jpg *.jpe	JPEG-Dateien
image/x-windowdump	*.xwd	X-Windows Dump
text/css	*.css	CSS Stylesheet-Dateien
text/html	*.htm *.html *.shtml	-Dateien
text/java******	*.js	Java******-Dateien
text/plain	*.txt	reine Textdateien
video/mpeg	*.mpeg *.mpg *.mpe	MPEG-Dateien
video/vnd.rn-realvideo	*.rmvb	realplay-Dateien
video/quicktime	*.qt *.mov	Quicktime-Dateien
video/vnd.vivo	*viv *.vivo	Vivo-Dateien

第 17 章　Apache Web 服务器企业实战

万维网（world wide web，WWW）服务器，也称 Web 服务器，其主要功能是提供网上信息浏览服务。Web 服务器是互联网的多媒体信息查询工具，是互联网上飞快发展的浏览服务，也是目前应用最广泛的服务。正是因为有了 Web 服务器软件，才使得近年来互联网迅速发展。

目前主流的 Web 服务器软件包括 Apache、Nginx、Lighttpd、IIS、Resin、Tomcat、WebLogic、Jetty 等。

本章介绍 Apache Web 服务器的发展历史、Apache 工作模式深入剖析、Apache 虚拟主机、配置文件详解及 Apache Rewrite 企业实战等。

17.1　Apache Web 服务器简介

Apache HTTP server 是 Apache 软件基金会的一个开源的网页服务器，可以运行在几乎所有的计算机平台上，由于其可以跨平台和具有较好的安全性被广泛使用，是目前最流行的 Web 服务器软件之一。

Apache Web 服务器是一个多模块化的服务器，经过多次修改，已成为目前世界使用排名第一的 Web 服务器软件。Apache 取自 a patchy server 的读音，即充满补丁的服务器，因为 Apache 基于 GPL 发布，大量开发者不断为 Apache 贡献新的代码、功能及新的特性，并修改原来的缺陷。

Apache Web 服务器的特点是使用简单、速度快、性能稳定，可以作为负载均衡及代理服务器使用。

17.2　Prefork MPM 工作原理

每辆汽车都有发动机引擎，使用不同的引擎，汽车运行效率也不一样。同样，Apache 也有类似的工作引擎或者处理请求的模块，称为多路处理模块（multi-processing modules，MPM）。

Apache Web 服务器有三种处理模块：Prefork MPM、Worker MPM 和 Event MPM。

在企业中最常用的处理模块为 Prefork MPM 和 Worker MPM，因 Event MPM 不支持 HTTPS 方式，官网也给出"This MPM is experimental, so it may or may not work as expected"的提示，所以很少被使用。

默认 Apache 处理模块为 Prefork MPM 方式，Prefork 采用的是预派生子进程方式，它用单独的子进程处理不同的请求，并且进程之间是彼此独立的，所以比较稳定。

Prefork 的工作原理：控制进程 Master 在最初建立 StartServers 个进程后，为了满足 MinSpareServers 设置的最小空闲进程数，会创建第一个空闲进程，等待 1s 后，继续创建两个；再等待 1s 后，继续创建四个，……，依次按照递增指数级创建进程数，最多每秒同时创建 32 个空闲进程，直到满足 MinSpareServers 设置的值为止。

Apache 的预派生方式（Prefork）：基于预派生方式，不必在请求到来时再产生新的进程，这减小了系统开销以增加性能，不过由于 Prefork MPM 引擎是基于多进程方式提供对外服务，所以每个进程占内存也相对较高。

17.3　Worker MPM 工作原理

相对于 Prefork MPM，Worker 方式是 2.0 版中全新的支持多线程和多进程混合模型的 MPM，由于使用线程来处理，所以可以处理海量的 HTTP 请求，而系统资源的开销要小于基于 Prefork 多进程的方式。Worker 也是基于多进程，但每个进程又生成多个线程，这样可以保证多线程获得进程的稳定性。

Worker MPM 工作原理：控制进程 Master 在最初建立 StartServers 个进程后，每个进程会创建 ThreadsPerChild 设置的线程数，多个线程共享该进程内存空间，同时每个线程独立地处理用户的 HTTP 请求。为了不在请求到来时再生成线程，Worker MPM 也可以设置最大和最小空闲线程。

Worker MPM 模式下同时处理的请求总数=进程总数×ThreadsPerChild，即等于 MaxClients。如果服务器负载很高，当前进程数不满足当下需求时，Master 控制进程会建立新的进程，最大进程数不能超过 SERVERLIMIT 所设数值；如果需调整 StartServers 进程数，需同时调整 ServerLimit 值。

Prefork MPM 与 Worker MPM 引擎区别小结如下。

（1）Prefork MPM 模式：使用多个进程，每个进程只有一个线程；每个进程在某个确定的时间只能维持一个连接；它的特点是稳定，但内存开销较高。

（2）Worker MPM 模式：使用多个进程，每个子进程又包含多个线程，每个线程在某个确定的时间只能维持一个连接。它的优点是内存占用量比较小，适合大并发、高流量的 Web 服务器。

Worker MPM 缺点是一旦其中一个线程崩溃，整个进程就会一起崩溃。

17.4　Apache Web 服务器安装

（1）从 Apache 官方分站点下载目前最新 2.4.48 版本的 Apache Web 服务器安装包。下载地址如下：

```
wget -c https://mirrors.nju.edu.cn/apache/httpd/httpd-2.4.48.tar.gz
```

（2）Apache Web 服务器安装步骤如下。

```
#tar 工具解压 httpd 包
tar -xzvf httpd-2.4.48.tar.gz
#进入解压后目录
cd httpd-2.4.48/
#安装 APR 相关优化模块
yum install apr apr-devel apr-util apr-util-devel -y
#预编译 Apache，启用 rewrite 规则、启用动态加载库、开启 Apache 三种工作引擎，如果开启
#模块支持，需要添加配置
./configure --prefix=/usr/local/apache/ --enable-rewrite --enable-so --enable-mpms-shared=all
#编译
make
#安装
make install
```

（3）安装完毕，如图 17-1 所示。

```
mkdir /usr/local/apache/icons
mkdir /usr/local/apache/logs
Installing CGIs
mkdir /usr/local/apache/cgi-bin
Installing header files
mkdir /usr/local/apache/include
Installing build system files
mkdir /usr/local/apache/build
Installing man pages and online manual
mkdir /usr/local/apache/man
mkdir /usr/local/apache/man/man1
mkdir /usr/local/apache/man/man8
mkdir /usr/local/apache/manual
make[1]: 离开目录"/usr/src/httpd-2.4.48"
[root@node1 httpd-2.4.48]# ls /usr/local/apache/
```

图 17-1　Apache Web 服务器安装图解

（4）启动 Apache Web 服务，临时关闭 selinux、firewalld 防火墙。

命令如下：

```
/usr/local/apache/bin/apachectl start
setenforce 0
systemctl  stop  firewalld.service
```

（5）查看 Apache Web 服务进程，通过客户端浏览器访问 http://192.168.111.131/，如图 17-2 和图 17-3 所示。

```
[root@node1 httpd-2.4.48]# /usr/local/apache/bin/apachectl start
AH00558: httpd: Could not reliably determine the server's fully qualified domain name, using 192.16
8.75.121. Set the 'ServerName' directive globally to suppress this message
[root@node1 httpd-2.4.48]# ps -ef  | grep httpd
root      21004      1  0 15:25 ?        00:00:00 /usr/local/apache//bin/httpd -k start
daemon    21005  21004  0 15:25 ?        00:00:00 /usr/local/apache//bin/httpd -k start
daemon    21006  21004  0 15:25 ?        00:00:00 /usr/local/apache//bin/httpd -k start
daemon    21007  21004  0 15:25 ?        00:00:00 /usr/local/apache//bin/httpd -k start
root      21091   1204  0 15:25 pts/0    00:00:00 grep --color=auto httpd
```

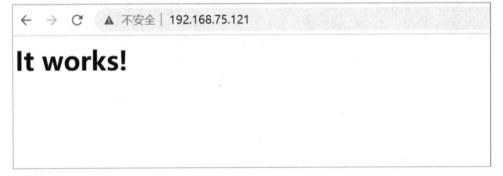

图 17-2　Apache Web 服务启动及查看进程

图 17-3　浏览器访问 Apache Web 服务器

17.5　Apache Web 虚拟主机的企业应用

企业真实环境中，一台 Apache Web 服务器发布单个网站会非常浪费资源，所以一台 Apache Web 服务器上会选择发布多个网站（少则 3~5 个，多则 20~30 个）。

在一台服务器上发布多个网站，也称部署多个虚拟主机，Web 虚拟主机配置方法有三种：

（1）基于同一个 IP 地址，不同的访问端口；

（2）基于同一个端口，不同的访问 IP 地址；

（3）基于同一个 IP 地址，同一个访问端口，不同的访问域名。

其中，基于同一个 IP 地址，同一个访问端口，不同的访问域名的方式在企业中得到广泛的应用。基于一个端口不同域名，在一台 Apache Web 服务器上部署多个网站，步骤如下。

（1）创建虚拟主机配置文件 httpd-vhosts.conf，该文件默认已存在，只需去掉 httpd.conf 配置文件中#号即可，如图 17-4 所示。

```
# User home directories
#Include conf/extra/httpd-userdir.conf

# Real-time info on requests and configuration
#Include conf/extra/httpd-info.conf

# Virtual hosts
Include conf/extra/httpd-vhosts.conf

# Local access to the Apache HTTP Server Manual
#Include conf/extra/httpd-manual.conf

# Distributed authoring and versioning (WebDAV)
#Include conf/extra/httpd-dav.conf
```

图 17-4　httpd.conf 配置文件开启虚拟主机

（2）配置文件/usr/local/apache/conf/extra/httpd-vhosts.conf 中代码设置如下：

```
NameVirtualHost *:80
<VirtualHost *:80>
    ServerAdmin support@jfedu.net
    DocumentRoot "/usr/local/apache/htdocs/jf1"
    ServerName www.jf1.com
    ErrorLog "logs/www.jf1.com_error_log"
    CustomLog "logs/www.jf1.com_access_log" common
</VirtualHost>
<VirtualHost *:80>
    ServerAdmin support@jfedu.net
    DocumentRoot "/usr/local/apache/htdocs/jf2"
    ServerName www.jf2.com
    ErrorLog "logs/www.jf2.com_error_log"
    CustomLog "logs/www.jf2.com_access_log" common
</VirtualHost>
```

Httpd-vhosts.conf 参数详解如下：

```
NameVirtualHost *:80                                    #开启虚拟主机，并监听本地所有网卡接口的 80 端口
<VirtualHost *:80>                                      #虚拟主机配置起始
    ServerAdmin support@jfedu.net                       #管理员邮箱
    DocumentRoot "/usr/local/apache/htdocs/jf1"         #该虚拟主机发布目录
    ServerName www.jf1.com                              #虚拟主机完整域名
    ErrorLog "logs/www.jf1.com_error_log"               #错误日志路径及文件名
    CustomLog "logs/www.jf1.com_access_log" common      #访问日志路径及文件名
</VirtualHost>                                          #虚拟主机配置结束
```

（3）创建 www.jf1.com 及 www.jf2.com 的发布目录，重启 Apache Web 服务，并分别创建 index.html 页面：

```
mkdir -p /usr/local/apache/htdocs/{jf1,jf2}/
/usr/local/apache/bin/apachectl restart
```

```
echo "<h1> www.jf1.com Pages</h1>" >/usr/local/apache/htdocs/jf1/index.html
echo "<h1> www.jf2.com Pages</h1>" >/usr/local/apache/htdocs/jf2/index.html
```

（4）Windows 客户端设置 hosts 映射，将 www.jf1.com、www.jf2.com 与 Apache Web 服务器 IP 地址进行映射绑定。映射的目的是将域名跟 IP 地址进行绑定，在浏览器可以输入域名时，就不需要输入 IP 地址了。绑定方法是在 C:\Windows\System32\drivers\etc 文件夹中，使用记事本编辑 hosts 文件，加入如下代码：

```
192.168.75.121   www.jf1.com
192.168.75.121   www.jf2.com
```

（5）打开浏览器访问 www.jf1.com、www.jf2.com，如图 17-5 所示，至此基于多域名虚拟主机的 Apache Web 服务配置完毕，如果还需添加虚拟主机，直接复制其中一个虚拟主机配置，修改 Web 发布目录即可。

（a）

（b）

图 17-5　网站返回内容

（a）www.jf1.com 网站返回内容；（b）www.jf2.com 网站返回内容

17.6　Apache 常用目录学习

Apache 可以基于源码安装、yum 安装。不同的安装方法，所属的路径不同。以下为 Apache 常用路径的功能及用途：

```
/usr/lib64/httpd/modules/        #Apache 模块存放路径
/var/www/html/                   #yum 安装 Apache 网站发布目录
/var/www/error/                  #服务器设置错误信息，浏览器显示
var/www/icons/                   #Apache 小图标文件存放目录
var/www/cgi-bin/                 #可执行的 CGI 程序存放目录
/var/log/httpd/                  #Apache 日志目录
/usr/sbin/apachectl              #Apache 启动脚本
/usr/sbin/httpd                  #Apache 二进制执行文件
/usr/bin/htpasswd                #设置 Apache 目录密码访问
/usr/local/apache/bin            #Apache 命令目录
/usr/local/apache/build          #Apache 构建编译目录
/usr/local/apache/htdocs/        #源码安装 Apache 网站发布目录
/usr/local/apache/cgi-bin/       #可执行的 CGI 程序存放目录
/usr/local/apache/include        #Apache 引用配置文件目录
/usr/local/apache/logs           #Apache 日志目录
/usr/local/apache/man            #Apache 帮助文档目录
/usr/local/apache/manual         #Apache 手册
/usr/local/apache/modules        #Apache 模块路径
```

17.7　Apache 配置文件详解

Apache 的配置文件是 Apache Web 服务器的难点，读者需要掌握配置文件中每个参数的含义，才能理解并在日常运维中解决 Apache 遇到的故障。以下为 Apache 配置文件详解：

```
ServerTokens OS                        #显示服务器的版本和操作系统内核版本
ServerRoot "/usr/local/apache/"        #Apache 主配置目录
PidFile run/httpd.pid                  #PidFile 进程文件
Timeout 60                             #不论接收或发送，当持续连接等待超过 60s 则该次
                                       #连接就会中断
KeepAlive Off                          #关闭持续性的连接
MaxKeepAliveRequests 100               #当 KeepAlive 设置为 On 时，该数值可以决定此
                                       #次连接能够传输的最大传输数量
KeepAliveTimeout 65                    #当 KeepAlive 设置为 On 时，该连接在最后一次
                                       #传输后等待延迟的秒数
<IfModule prefork.c>                   #Prefork MPM 引擎配置段
```

```
    StartServers          8                  #默认启动 Apache 工作进程数
    MinSpareServers       5                  #最小空闲进程数
    MaxSpareServers       20                 #最大空闲进程数
    ServerLimit           4096               #Apache 服务器最多进程数
    MaxClients            4096               #每秒支持的最大客户端并发数
    MaxRequestsPerChild   4000               #每个进程能处理的最大请求数
</IfModule>
<IfModule worker.c>                          #Worker MPM 引擎配置段
    StartServers          8                  #默认启动 Apache 工作进程数
    MaxClients            4000               #每秒支持的最大客户端并发数
    MinSpareThreads       25                 #最小空闲线程数
    MaxSpareThreads       75                 #最小空闲线程数
    ThreadsPerChild       75                 #每个进程启动的线程数
    MaxRequestsPerChild   0                  #每个进程能处理的最大请求数，0 表示无限制
</IfModule>
LoadModule   mod_version.so                  #静态加载 Apache 相关模块
ServerAdmin  support@jfedu.net               #管理员邮箱。网站异常时，错误信息会发送至该邮箱
DocumentRoot    "/usr/local/apache/htdocs/"         #Apache 网站默认发布目录
<Directory "/data/webapps/www1">       设置/data/webapps/www1 目录权限
    AllowOverride All
    Options -Indexes FollowSymLinks
    Order allow,deny
    Allow from all
</Directory>
AllowOverride                                #设置为 None 时，目录中.htaccess 文件将被完全
                                             #忽略；当指令设置为 All 时，.htaccess 文件生效
    Options -Indexes FollowSymLinks          #禁止浏览目录，去掉"-"，表示浏览目录，常用
                                             #于下载站点
    Order     allow,deny                     #默认情况下禁止所有客户机访问
    Order     deny,allow                     #默认情况下允许所有客户机访问
    Allow     from all                       #允许所有客户机访问
```

17.8 Apache Rewrite 规则实战

Rewirte 规则也称规则重写，主要功能是实现浏览器访问 HTTP URL 的跳转，其正则表达式基于 Perl 语言。通常而言，几乎所有的 Web 服务器均可以支持 URL 重写。Rewrite URL 规则重写的用途如下：

（1）对搜索引擎优化（search engine optimization，SEO）友好，有利于搜索引擎抓取网站页面；

（2）隐藏网站 URL 真实地址，使浏览器显示更加美观；

（3）网站变更升级，可以基于 Rewrite 临时重写定向到其他页面。

Apache Web 服务器如需要使用 Rewrite 功能，须添加 Rewrite 模块，基于源码安装时指定参数"--enable-rewrite"。还有一种方法可以动态添加模块，即以 DSO 模式安装 Apache，利用模块源码和 Apache apxs 工具完成 Rewrite 模块的添加。

使用 Apache Rewrite，除了安装 Rewrite 模块之外，还需在 httpd.conf 中的全局配置段或者虚拟主机配置段设置如下指令开启 Rewrite 功能：

```
RewriteEngine on
```

Apache Rewrite 规则使用中有三个概念需要理解，分别是 Rewrite 结尾标识符、Rewrite 规则常用表达式、Apache Rewrite 变量。

（1）Apache Rewrite 结尾标识符，用于 Rewrite 规则末尾，表示规则的执行属性。

```
R[=code](force redirect)         #强制外部重定向
G(force URL to be gone)          #强制 URL 为 GONE，返回 410HTTP 状态码
P(force proxy)                   #强制使用代理转发
L(last rule)                     #匹配当前规则为最后一条匹配规则，停止匹配后续规则
N(next round)                    #重新从第一条规则开始匹配
C(chained with next rule)        #与下一条规则相关联
T=MIME-type(force MIME type)     #强制 MIME 类型
NC(no case)                      #不区分大小写
```

（2）Apache Rewrite 规则常用表达式，主要用于匹配参数、字符串及过滤设置。

```
.                    #匹配任何单字符
[word]               #匹配字符串：word
[^word]              #不匹配字符串：word
jfedu|jfteach        #可选择的字符串：jfedu|jfteach
?                    #匹配 0~1 个字符
*                    #匹配 0 到多个字符
+                    #匹配 1 到多个字符
^                    #字符串开始标志
$                    #字符串结束标志
\n                   #转义符标志
```

（3）Apache Rewrite 变量，常用于匹配 HTTP 请求头信息、浏览器主机名、URL 等。

```
HTTP headers:HTTP_USER_AGENT, HTTP_REFERER, HTTP_COOKIE, HTTP_HOST, HTTP_ACCEPT;
connection & request: REMOTE_ADDR, QUERY_STRING;
server internals: DOCUMENT_ROOT, SERVER_PORT, SERVER_PROTOCOL;
system stuff: TIME_YEAR, TIME_MON, TIME_DAY
#详解如下
HTTP_USER_AGENT                  #用户使用的代理，如，浏览器
```

```
HTTP_REFERER              #告知服务器,从哪个页面来访问的
HTTP_COOKIE               #客户端缓存,主要用于存储用户名和密码等信息
HTTP_HOST                 #匹配服务器 ServerName 域名
HTTP_ACCEPT               #客户端的浏览器支持的 MIME 类型
REMOTE_ADDR               #客户端的 IP 地址
QUERY_STRING              #URL 中访问的字符串
DOCUMENT_ROOT             #服务器发布目录
SERVER_PORT               #服务器端口
SERVER_PROTOCOL           #服务器协议
TIME_YEAR                 #年
TIME_MON                  #月
TIME_DAY                  #日
```

（4）Rewrite 规则实战案例，以下设置均在 httpd.conf 或者 vhosts.conf 文件中配置，企业中常用的 Rewrite 案例如下。

① 将 jfedu.net 跳转至 www.jfedu.net。

```
RewriteEngine on                                        #启用 rewrite 引擎
RewriteCond   %{HTTP_HOST}    ^jfedu.net       [NC]     #匹配以 jfedu.net 开头的域
                                                        #名,NC 忽略大小写
RewriteRule ^/(.*)$  http://www.jfedu.net/$1   [L]      #(.*)表示任意字符串,$1
                                                        #表示引用(.*)中的任意内容
```

② 从 www.jf1.com、www.jf2.com、jfedu.net 跳转至 www.jfedu.net，OR 表示或者。

```
RewriteEngine on
RewriteCond   %{HTTP_HOST}    www.jf1.com      [NC,OR]
RewriteCond   %{HTTP_HOST}    www.jf2.com      [NC,OR]
RewriteCond   %{HTTP_HOST}    ^jfedu.net       [NC]
RewriteRule ^/(.*)$  http://www.jfedu.net/$1   [L]
```

③ 访问 www.jfedu.net 首页，跳转至 www.jfedu.net/newindex/，R=301 表示永久重定向。

```
RewriteEngine on
RewriteRule ^/$   http://www.jfedu.net/newindex/   [L,R=301]
```

④ 访问/newindex/plus/view.php?aid=71，跳转至 http://www.jfedu.net/linux/。

```
RewriteEngine on
RewriteCond   %{QUERY_STRING}    ^tid=(.+)$      [NC]
RewriteRule   ^/forum\.php$    /jfedu/thread-new-%1.html? [R=301,L]
```

⑤ 访问 www.jfedu.net 首页，内容访问 www.jfedu.net/newindex/，但是浏览器 URL 地址不改变。

```
RewriteEngine on
RewriteCond   %{HTTP_HOST}    ^www.jfedu.net    [NC]
RewriteRule   ^/$             /newindex/        [L]
```

⑥ 访问/forum.php?tid=107258，跳转至/jfedu/thread-new-107258.html。

```
RewriteEngine on
RewriteCond    %{QUERY_STRING}    ^tid=(.+)$        [NC]
RewriteRule    ^/forum\.php$      /jfedu/thread-new-%1.html? [R=301,L]
```

⑦ 访问/xxx/123456，跳转至/xxx?id=123456。

```
RewriteEngine on
rewriteRule ^/(.+)/(\d+)$   /$1?id=$2   [L,R=301]
```

⑧ 判断是否使用移动端访问网站，移动端访问跳转至 m.jfedu.net。

```
RewriteEngine on
RewriteCond %{HTTP_USER_AGENT} ^iPhone              [NC,OR]
RewriteCond %{HTTP_USER_AGENT} ^Android             [NC,OR]
RewriteCond %{HTTP_USER_AGENT} ^WAP                 [NC]
RewriteRule ^/$              http://m.jfedu.net/index.html   [L,R=301]
RewriteRule ^/(.*)/$         http://m.jfedu.net/$1           [L,R=301]
```

⑨ 访问/10690/jfedu/123，跳转至/index.php?tid/10690/items=123，[0-9]表示任意一个数字，+表示多个，(.+)表示任意多个字符。

```
RewriteEngine on
RewriteRule ^/([0-9]+)/jfedu/(.+)$ /index.php?tid/$1/items=$2 [L,R=301]
```

第 18 章 MySQL 服务器企业实战

MySQL 是一个关系型数据库管理系统，由瑞典 MySQL AB 公司开发，目前属于 Oracle 旗下公司。在 Web 应用方面，MySQL 是最好的关系数据库管理系统（relational database management system，RDBMS）应用软件之一。

本章介绍关系型数据库特点、MySQL 数据库引擎特点、数据库安装配置、SQL 案例操作、数据库索引、慢查询、MySQL 数据库集群实战等。

18.1 MySQL 数据库入门简介

MySQL 是一种关系数据库管理系统，关系数据库是将数据保存在不同的表中，而不是将所有数据保存在一个大仓库内，从而提升了速度和灵活性。MySQL 所使用的 SQL 语言也是访问数据库最常用的标准化语言。

MySQL 数据库主要用于存储各类信息数据，如员工姓名、身份证 ID、商城订单及金额、销售业绩及报告、学生考试成绩、网站帖子、论坛用户信息、系统报表等。MySQL 软件采用了双授权政策，分为社区版和商业版。由于其体积小、速度快、总体拥有成本低，尤其是开放源码这一特点，一般中小型网站都选择 MySQL 作为网站数据库。其社区版的性能卓越，搭配 PHP 语言和 Apache 服务器可组成良好的开发环境。

关系数据库管理系统将数据组织为相关的行和列。常用的关系型数据库系统有 MySQL、MariaDB、Oracle、SQL Server、PostgreSQL、DB2 等。

RDBMS 数据库的特点如下：

（1）数据以表格的形式出现；

（2）每行记录数据的真实内容；

（3）每列记录数据真实内容的数据域；

（4）无数的行和列组成一张表；

（5）若干的表组成一个数据库。

目前主流架构是 LAMP（Linux+Apache+MySQL+PHP），MySQL 更是得到各位 IT 运维和数据库管理员的青睐。虽然 MySQL 数据库已被 Orcacle 公司收购，不过好消息是 MySQL 创始人已独立出来并重新开发了 MariaDB 数据库，开源免费，目前越来越多的人开始尝试使用，并且 MariaDB 数据库兼容 MySQL 数据库所有的功能和相关参数。

MySQL 数据库运行前，需要选择启动最合适、最高效的引擎，好比一辆轿车，性能好的发动机会提升轿车的性能，使其启动和运行更加高效。同样 MySQL 也有类似发动机引擎，称为 MySQL 引擎。

MySQL 引擎包括 ISAM、MyISAM、InnoDB、Memory、CSV、BLACKHOLE、Archive、Performance_Schema、Berkeley、Merge、Federated、Cluster/NDB 等，其中 MyISAM 和 InnoDB 使用最为广泛。表 18-1 所示为各引擎功能的对比。

表 18-1 各引擎功能对比

引擎特性	MyISAM	BDB	Memory	InnoDB	Archive
批量插入的速度	高	高	高	中	非常高
集群索引	不支持	不支持	不支持	支持	不支持
数据缓存	不支持	不支持	支持	支持	不支持
索引缓存	支持	不支持	支持	支持	不支持
数据可压缩	支持	不支持	不支持	不支持	支持
硬盘空间使用	低	低	NULL	高	非常低
内存使用	低	低	中等	高	低
外键支持	不支持	不支持	不支持	支持	不支持
存储限制	没有	没有	有	64TB	没有
事务安全	不支持	支持	不支持	支持	不支持
锁机制	表锁	页锁	表锁	行锁	行锁
B树索引	支持	支持	支持	支持	不支持
哈希索引	不支持	不支持	支持	支持	不支持
全文索引	支持	不支持	不支持	不支持	不支持

性能总结如下：

MyISAM 是 MySQL 5.0 之前最为常用的默认数据库引擎，拥有较高的插入和查询速度，但不支持事务型数据。

InnoDB 为事务型数据库的首选引擎，支持 ACID 事务。ACID 包括原子（atomicity）、一致性（consistency）、隔离性（isolation）和持久性（durability），一个支持事务（transaction）的数

据库，必须具有这四种特性，否则在执行事务过程中无法保证数据的正确性。

MySQL 5.5 之后的默认引擎为 InnoDB，InnoDB 支持行级锁定，支持事务、外键等功能。

BDB 源自 Berkeley DB，是事务型数据库的另一种选择，支持 Commit 和 Rollback 等其他事务特性。

Memory 为所有数据置于内存的存储引擎，拥有极高的插入、更新和查询效率，但是会占用和数据量成正比的内存空间，并且其内容会在 MySQL 重新启动时丢失。

MySQL 数据库常用的两大引擎有 MyISAM 和 InnoDB。二者的区别如下。

MyISAM 类型的数据库表强调的是性能，其执行速度比 InnoDB 类型更快，但不提供事务支持，不支持外键，如果执行大量的 SELECT（查询）操作，MyISAM 是更好的选择，其支持表锁。

InnoDB 提供事务支持事务、外部键、行级锁等高级数据库功能，可执行大量的 INSERT 或 UPDATE。出于性能方面的考虑，可以考虑使用 InnoDB 引擎。

18.2 MySQL 数据库 yum 方式

MySQL 数据库安装方法有两种：一种是通过 yum 源在线安装；另一种是通过源码软件编译安装。

yum 方式安装 MySQL 方法，执行以下命令：

```
# CentOS6.x yum 安装
yum install mysql-server mysql-devel mysql-devel -y
# CentOS7.x yum 安装
yum install mariadb-server mariadb  mariadb-devel -y
# yum 安装的默认版本相对较低，在 centOS 7 中默认安装的 MariaDB 是 5.5 的版本，如果需要
#安装高版本的 MariaDB，可以额外配置 mariadb 的仓库实现
#配置 mariadb 10.x 仓库
echo '
[mariadb]
name = MariaDB
baseurl = https://mirrors.nju.edu.cn/mariadb/yum/10.2/centos7-amd64
gpgkey=https://mirrors.nju.edu.cn/mariadb/yum/RPM-GPG-KEY-MariaDB
gpgcheck=1
' > /etc/yum.repos.d/mariadb.repo
#yum 安装 Mariadb
yum install mariadb-server mariadb mariadb-devel -y
```

18.3 源码部署 MySQL 5.5.20 版本

源码安装 MySQL 5.5.20，可以通过 cmake、make、make install 三个步骤实现。操作方法和指令如下：

```
wget http://down1.chinaunix.net/distfiles/mysql-5.5.20.tar.gz
yum -y install gcc-c++ ncurses-devel cmake make perl gcc autoconf automake zlib libxml2 libxml2-devel libgcrypt libtool bison
tar -xzf mysql-5.5.20.tar.gz
cd mysql-5.5.20
cmake . -DCMAKE_INSTALL_PREFIX=/usr/local/mysql55/ \
-DMYSQL_UNIX_ADDR=/tmp/mysql.sock \
-DMYSQL_DATADIR=/data/mysql/ \
-DSYSCONFDIR=/etc \
-DMYSQL_USER=mysql \
-DMYSQL_TCP_PORT=3306 \
-DWITH_XTRADB_STORAGE_ENGINE=1 \
-DWITH_INNOBASE_STORAGE_ENGINE=1 \
-DWITH_PARTITION_STORAGE_ENGINE=1 \
-DWITH_BLACKHOLE_STORAGE_ENGINE=1 \
-DWITH_MYISAM_STORAGE_ENGINE=1 \
-DWITH_READLINE=1 \
-DENABLED_LOCAL_INFILE=1 \
-DWITH_EXTRA_CHARSETS=1 \
-DDEFAULT_CHARSET=utf8 \
-DDEFAULT_COLLATION=utf8_general_ci \
-DEXTRA_CHARSETS=all \
-DWITH_BIG_TABLES=1 \
-DWITH_DEBUG=0
make
make install
# 准备配置文件
cp support-files/my-large.cnf  /usr/local/mysql55/my.cnf
cp support-files/mysql.server /etc/init.d/mysqld
# 创建数据目录
mkdir -p /data/mysql
# 如果已有 MySQL 用户，则不必创建
useradd -s /sbin/nologin mysql
chown -R mysql. /data/mysql
# 初始化数据库
/usr/local/mysql55/scripts/mysql_install_db  --user=mysql --datadir=/data/mysql --basedir=/usr/local/mysql55
/etc/init.d/mysqld start
```

18.4 源码部署 MySQL 5.7 版本

源码安装 MySQL 5.7，同样可以通过 cmake、make、make install 三个步骤实现。操作的方法和指令如下：

```
# 下载 boost 库
wget http://nchc.dl.sourceforge.net/project/boost/boost/1.59.0/boost_1_59_0.tar.gz
tar -xzvf boost_1_59_0.tar.gz
mv boost_1_59_0 /usr/local/boost
yum -y install gcc-c++ ncurses-devel cmake make perl gcc autoconf automake zlib libxml2 libxml2-devel libgcrypt libtool bison
# 下载 MySQL 5.7 源码包
wget http://mirrors.163.com/mysql/Downloads/MySQL-5.7/mysql-5.7.25.tar.gz
tar xf  mysql-5.7.25.tar.gz
cd mysql-5.7.25
cmake . -DCMAKE_INSTALL_PREFIX=/usr/local/mysql5/ \
-DMYSQL_UNIX_ADDR=/tmp/mysql.sock \
-DMYSQL_DATADIR=/data/mysql/ \
-DSYSCONFDIR=/etc \
-DMYSQL_USER=mysql \
-DMYSQL_TCP_PORT=3306 \
-DWITH_XTRADB_STORAGE_ENGINE=1 \
-DWITH_INNOBASE_STORAGE_ENGINE=1 \
-DWITH_PARTITION_STORAGE_ENGINE=1 \
-DWITH_BLACKHOLE_STORAGE_ENGINE=1 \
-DWITH_MYISAM_STORAGE_ENGINE=1 \
-DWITH_READLINE=1 \
-DENABLED_LOCAL_INFILE=1 \
-DWITH_EXTRA_CHARSETS=1 \
-DDEFAULT_CHARSET=utf8 \
-DDEFAULT_COLLATION=utf8_general_ci \
-DEXTRA_CHARSETS=all \
-DWITH_BIG_TABLES=1 \
-DWITH_DEBUG=0 \
-DDOWNLOAD_BOOST=1 \
-DWITH_BOOST=/usr/local/boost
make
make install
# 准备配置文件
vim /usr/local/mysql5/my.cnf
[mysqld]
basedir=/usr/local/mysql5/
datadir=/data/mysql/
```

```
port=3306
pid-file=/data/mysql/mysql.pid
socket=/tmp/mysql.sock
[mysqld_safe]
log-error=/data/mysql/mysql.log

# 创建数据目录
mkdir -p /data/mysql
chown mysql. /data/mysql
cp support-files/mysql.server /etc/init.d/mysqld
/usr/local/mysql5/bin/mysqld --initialize --user=mysql --basedir=
/usr/local/mysql5 --datadir=/data/mysql
# 启动服务
/etc/init.d/mysql start
# 登录后修改密码
> alter user user() identified by "123";
```

源码安装 MySQL 参数详解如下：

```
cmake . -DCMAKE_INSTALL_PREFIX=/usr/local/mysql55    #Cmake 预编译
-DMYSQL_UNIX_ADDR=/tmp/mysql.sock                    #MySQL Socket 通信文件位置
-DMYSQL_DATADIR=/data/mysql                          #MySQL 数据存放路径
-DSYSCONFDIR=/etc                                    #配置文件路径
-DMYSQL_USER=mysql                                   #MySQL 运行用户
-DMYSQL_TCP_PORT=3306                                #MySQL 监听端口
-DWITH_XTRADB_STORAGE_ENGINE=1                       #开启 XtraDB 引擎支持
-DWITH_INNOBASE_STORAGE_ENGINE=1                     #开启 InnoDB 引擎支持
-DWITH_PARTITION_STORAGE_ENGINE=1                    #开启 partition 引擎支持
-DWITH_BLACKHOLE_STORAGE_ENGINE=1                    #开启 blackhole 引擎支持
-DWITH_MYISAM_STORAGE_ENGINE=1                       #开启 MyISAM 引擎支持
-DWITH_READLINE=1                                    #启用快捷键功能
-DENABLED_LOCAL_INFILE=1                             #允许从本地导入数据
-DWITH_EXTRA_CHARSETS=1                              #支持额外的字符集
-DDEFAULT_CHARSET=utf8                               #默认字符集 UTF-8
-DDEFAULT_COLLATION=utf8_general_ci                  #检验字符
-DEXTRA_CHARSETS=all                                 #安装所有扩展字符集
-DWITH_BIG_TABLES=1                                  #将临时表存储在磁盘上
-DWITH_DEBUG=0                                       #禁止调试模式支持
make                                                 #编译
make install                                         #安装
```

（1）将源码安装的 MySQL 数据库服务设置为系统服务，可以使用 chkconfig 管理，并启动 MySQL 数据库，如图 18-1 所示。

```
cd /usr/local/mysql55/
```

```
\cp support-files/my-large.cnf /etc/my.cnf
\cp support-files/mysql.server /etc/init.d/mysqld
chkconfig --add mysqld
chkconfig --level 35 mysqld on
mkdir -p /data/mysql
useradd mysql
/usr/local/mysql55/scripts/mysql_install_db --user=mysql --datadir=
/data/mysql/ --basedir=/usr/local/mysql55/
ln -s /usr/local/mysql55/bin/* /usr/bin/
service mysqld restart
```

```
Please report any problems with the /usr/local/mysql55//scripts/mysqlb
[root@localhost mysql55]# service mysqld restart
 ERROR! MySQL server PID file could not be found!
Starting MySQL.. SUCCESS!
[root@localhost mysql55]# clear
[root@localhost mysql55]#
[root@localhost mysql55]# ps -ef |grep mysql
root       2286      1  0 11:47 pts/0    00:00:00 /bin/sh /usr/local/mys
le=/data/mysql/localhost.pid
mysql      2561   2286  4 11:47 pts/0    00:00:00 /usr/local/mysql55/bin
a/mysql --plugin-dir=/usr/local/mysql55/lib/plugin --user=mysql --log-
sql/localhost.pid --socket=/tmp/mysql.sock --port=3306
root       2585   1234  0 11:48 pts/0    00:00:00 grep mysql
[root@localhost mysql55]#
```

图 18-1　查看 MySQL 启动进程

（2）不设置为系统服务，也可以用源码启动方式：

```
cd /usr/local/mysql55
mkdir -p /data/mysql
useradd mysql
/usr/local/mysql55/scripts/mysql_install_db --user=mysql --datadir=
/data/mysql/ --basedir=/usr/local/mysql55/
ln -s /usr/local/mysql55/bin/* /usr/bin/
/usr/local/mysql55/bin/mysqld_safe --user=mysql &
```

18.5　二进制方式部署 MySQL 8.0 版本

用二进制方式安装 MySQL 8.0，无须 cmake、make、make install 三个步骤。操作方法和指令如下：

```
# 下载 MySQL 二进制包
wget -c https://mirrors.nju.edu.cn/mysql/downloads/MySQL-8.0/mysql-
8.0.26-el7-x86_64.tar.gz
```

```
tar xf mysql-8.0.26-el7-x86_64.tar.gz
mv mysql-8.0.26-el7-x86_64 /usr/local/mysql

# 创建配置文件
vim /usr/local/mysql/my.cnf
[mysqld]
basedir=/usr/local/mysql/
datadir=/data/mysql/
port=3306
pid-file=/data/mysql/mysql.pid
socket=/tmp/mysql.sock
[mysqld_safe]
log-error=/data/mysql/mysql.log

# 创建数据目录
mkdir -p /data/mysql
chown mysql. /data/mysql
cp /usr/local/mysql/support-files/mysql.server /etc/init.d/mysqld
/usr/local/mysql/bin/mysqld --initialize --user=mysql --basedir=
/usr/local/mysql --datadir=/data/mysql
```

18.6 二进制方式部署 MariaDB 10.2.40

用二进制方式安装 MariaDB 10.2.40，无须 cmake、make、make install 三个步骤。操作方法和指令如下：

```
#下载 MariaDB 二进制包
wget -c https://mirrors.tuna.tsinghua.edu.cn/mariadb/mariadb-10.2.40/
bintar-linux-x86_64/mariadb-10.2.40-linux-x86_64.tar.gz
tar -xzvf mariadb-10.2.40-linux-x86_64.tar.gz
mv mariadb-10.2.40-linux-x86_64 /usr/local/mysql
#进入 Mariadb 数据库部署目录
cd /usr/local/mysql
#复制启动脚本
cp support-files/mysql.server /etc/init.d/mysqld
#复制主配置文件
cp support-files/my-huge.cnf my.cnf
#修改 my.cnf 配置文件，加入以下代码
[mysqld]
datadir=/data/mysql
basedir=/usr/local/mysql
#创建数据目录&并且授权访问
mkdir -p /data/mysql
```

```
chown mysql. /data/mysql
#初始化数据库服务
/usr/local/mysql/scripts/mysql_install_db --user=mysql --datadir=/data/
mysql --basedir=/usr/local/mysql
#启动数据库服务
/etc/init.d/mysqld start
```

18.7　MySQL 数据库必备命令操作

MySQL 数据库安装完毕之后，对 MySQL 数据库中各种指令操作变得尤为重要，熟练掌握 MySQL 数据库必备命令是 SA、DBA 必备工作之一。以下为 MySQL 数据库中必备命令操作，所有操作指令均在 MySQL 命令行中操作，不能在 Linux Shell 解释器上直接运行。

直接在 Shell 终端执行命令 mysql 或者/usr/local/mysql55/bin/mysql，按 Enter 键，下面使用默认的 MariaDB 版本做实验，进入 MySQL 命令行界面，如图 18-2 所示。

```
# 通过 UNIX 套接字连接
#直接通过执行 mysql 或 mysql -uroot -p 命令登录
# 查看连接状态
MariaDB [(none)]> status;
--------------
mysql  Ver 15.1 Distrib 5.5.64-MariaDB, for Linux (x86_64) using readline 5.1
#当前连接的 ID 号，每个连接 ID 号都不一样
Connection id:          2
#当前使用的那个数据库，没有选择则为空
Current database:
#当前登录的用户名
Current user:           root@localhost
#是否使用加密
SSL:                    Not in use
Current pager:          stdout
Using outfile:          ''
#结束符为分号
Using delimiter:        ;
Server:                 MariaDB
Server version:         5.5.64-MariaDB MariaDB Server
Protocol version:       10
#连接方式，本地套接字
Connection:             Localhost via UNIX socket
Server characterset:    latin1
Db     characterset:    latin1
Client characterset:    utf8
Conn.  characterset:    utf8
```

```
#套接字地址
UNIX socket:          /var/lib/mysql/mysql.sock
Uptime:               7 min 21 sec
# 通过TCP套接字连接
#通过执行mysql -h127.0.0.1命令登录服务器，查看状态
MariaDB [(none)]> status
--------------
mysql  Ver 15.1 Distrib 10.2.40-MariaDB, for Linux (x86_64) using readline 5.1

Connection id:        8
Current database:
Current user:         root@localhost
SSL:                  Not in use
Current pager:        stdout
Using outfile:        ''
Using delimiter:      ;
Server:               MariaDB
Server version:       10.2.40-MariaDB MariaDB Server
Protocol version:     10
Connection:           127.0.0.1 via TCP/IP
Server characterset:  latin1
Db     characterset:  latin1
Client characterset:  utf8
Conn.  characterset:  utf8
TCP port:             3306
Uptime:               13 sec
#可以看到连接ID不同，套接字也不同，使用的是TCP/IP的套接字通信
#如果遇到无法通过本地套接字连接，可以使用指定服务器IP连接
```

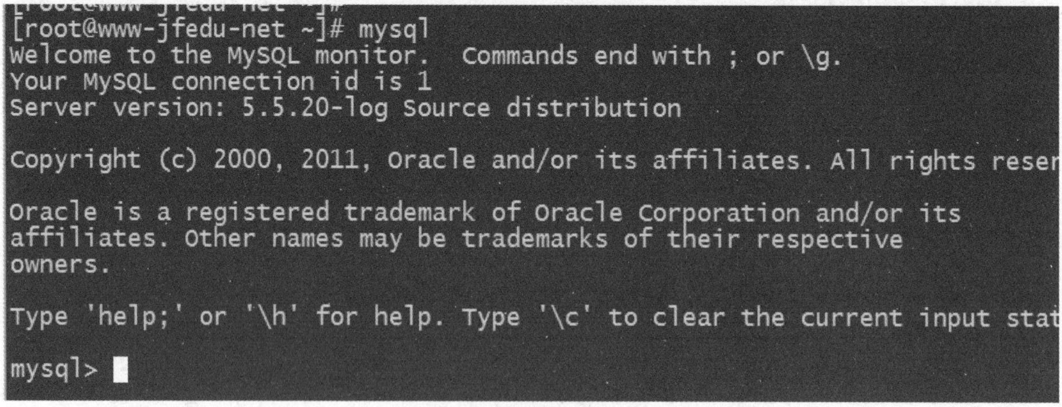

```
[root@www-jfedu-net ~]# mysql
Welcome to the MySQL monitor.  Commands end with ; or \g.
Your MySQL connection id is 1
Server version: 5.5.20-log Source distribution

Copyright (c) 2000, 2011, Oracle and/or its affiliates. All rights reser

Oracle is a registered trademark of Oracle Corporation and/or its
affiliates. Other names may be trademarks of their respective
owners.

Type 'help;' or '\h' for help. Type '\c' to clear the current input stat

mysql>
```

图 18-2　MySQL 命令行界面

MySQL 命令行常用命令如下，操作结果如图 18-3 所示。

```
#操作database相关命令
#查询数据库
show databases;
#初始化后,默认会有三个数据库
#information_schema:信息数据库,主要保存关于MySQL服务器所维护的所有其他数据库的信
#息,如数据库名、数据库的表、表栏的数据类型与访问权限等。通过"show databases;"命令
#查看到数据库信息,也是出自该数据库中得SCHEMATA表
#mysql: mysql的核心数据库,主要负责存储数据库的用户、权限设置、关键字等MySQL自己需
#要使用的控制和管理信息
#performance_schema:用于性能优化的数据库
#查看数据库的创建语句
show create database mysql;                    #mysql为数据库名
#查看字符集命令
show character set;
#修改数据库的字符集
alter database mysql default character set utf8;
#创建数据库
create database zabbix charset=utf8;
#或者
create database if not exists zabbix charset=gbk;
#用上面的这条命令创建数据库,如果数据库已经存在就不会报错
#删除数据库
drop database zabbix;
#或者
drop database if exists zabbix;
#用上面这种方式删除数据库,如果数据库不存在就不会报错
### 操作table的相关命令
MariaDB [(none)]> use mysql
Database changed
#查看所有表
show tables;
#或者
show tables from mysql;
#查看所有表的详细信息
use mysql;
show table status\G
#或者
show table status from mysql\G
#查看某张表的详细信息
use mysql;
show table status like "user"\G
#或者
show table status from mysql like "user"\G
#查看表结构
desc mysql.user;
```

```
#查看创建表的sql语句
show create table mysql.user\G
MariaDB [(none)]> use test
Database changed
#创建表，tinyint 带符号
MariaDB [test]> create table t1 (
    -> id int auto_increment primary key,
    -> name varchar(20),
    -> age tinyint
-> );
#创建表，tinyint 不带符号
MariaDB [test]> create table t2 (
    -> id int auto_increment primary key,
    -> name varchar(20),
    -> age tinyint  unsigned
    -> );
#修改表字段名，需要将字段属性写全
alter table t2 change id age int(5);
#id 为原字段
#age 为新字段
#添加表字段
alter  table t2 add job varchar(20);
#新添加的字段默认是加在最后面，如果想加在第一列，或者某个字段后，可以进行指定
#加在相应位置
alter  table t2 add job2 varchar(20) first;
#加在name字段后
alter  table t2 add job3 varchar(20) after name;
#修改字段的顺序，把job3放在第一列
alter table t2 modify job3 varchar(20) first;
#删除表字段
alter table t2 drop birth1;
#先创建表，然后插入数据
create table t1( id  int  auto_increment primary key, name varchar(20), job varchar(10) );
#或者
create table t2( id  int auto_increment primary key, name varchar(20), job varchar(10) default "linux");
###插入数据
#全字段增加数据
insert into t2 values(1,"xiaoming","it");
#或者
insert t2 set
name="xiaoming",
job="teacher";
#指定字段增加数据
insert into t2(name) value("xiaoqiang"),("xiaowang");
```

```
###删除数据
#物理删除,数据就真没有了
delete from t2 where id=2;
#逻辑删除,需要添加一个字段,默认设置为 0
alter table t2 add isdelete bit default 0;
#将 isdelete 字段设置为 1
update t2 set isdelete=1 where id=3;
#然后查找 isdelete 字段为 0 的数据即可过滤了
select * from t2 where isdelete=0;
###修改数据
#修改表中的数据,不增加行,使用 insert into 会增加行
update t2 set name="xiaoxiao" where id=6;
#t2 是表名
#name 是字段名
#where 后面是条件语句,如果没有,就要对整个表进行修改了,要慎重
#修改多个字段用逗号分隔
update t2 set name="xiaoqiang",job="engineer" where id=3;
###查询数据
#全字段查找,不建议
select * from t2;
#查找指定字段
select name,job from t2;
#利用运算符查询
#>      大于
#>=     大于或等于
#=      等于
#<      小于
#<=     小于或等于
#!=     不等于
#查找 ID 大于或等于 4 的用户 ID,用户名及工作
select id,name,job from t2 where id >= 4;
#and    多个条件同时满足
#or     几个条件,满足其一即可
#查找 ID 大于等于 3,且没有标记删除的数据
select id,name,job,isdelete from t2 where id >= 3 and isdelete=0;
#模糊查询
#like         模糊查找
#%           匹配任意多个字符
#_           匹配单个字符
#查找名字中含有 xiao 字符的数据
select id,name,job from t2 where name like "xiao%";
#查找名字中含有 xiao 并且后面跟一个单字符的数据
select id,name,job from t2 where name like "xiao_";
```

```
[root@www-jfedu-net ~]# mysql
Welcome to the MySQL monitor.  Commands end with ; or \g.
Your MySQL connection id is 5
Server version: 5.5.20-log Source distribution

Copyright (c) 2000, 2011, Oracle and/or its affiliates. All rights reserved.

Oracle is a registered trademark of Oracle Corporation and/or its
affiliates. Other names may be trademarks of their respective
owners.

Type 'help;' or '\h' for help. Type '\c' to clear the current input statement.

mysql> show databases;
+--------------------+
| Database           |
+--------------------+
| information_schema |
| mysql              |
| performance_schema |
| test               |
+--------------------+
4 rows in set (0.00 sec)

mysql> create database jfedu;
Query OK, 1 row affected (0.00 sec)
```

(a)

```
mysql> use jfedu;
Database changed
mysql> show tables;
Empty set (0.00 sec)
mysql> create table t1 (id varchar(20),name varchar(20));
Query OK, 0 rows affected (0.01 sec)
mysql> insert into t1 values ("1","jfedu");
Query OK, 1 row affected (0.00 sec)
mysql> select * from t1;
+----+-------+
| id | name  |
+----+-------+
| 1  | jfedu |
+----+-------+
1 row in set (0.00 sec)
```

(b)

```
mysql> Select * from t1 where id=1 and name='jfedu';
+----+-------+
| id | name  |
+----+-------+
| 1  | jfedu |
+----+-------+
1 row in set (0.00 sec)

mysql> desc t1;
+-------+-------------+------+-----+---------+-------+
| Field | Type        | Null | Key | Default | Extra |
+-------+-------------+------+-----+---------+-------+
| id    | varchar(20) | YES  |     | NULL    |       |
| name  | varchar(20) | YES  |     | NULL    |       |
+-------+-------------+------+-----+---------+-------+
2 rows in set (0.00 sec)

mysql> alter table t1 modify column name varchar(20);
Query OK, 0 rows affected (0.01 sec)
Records: 0  Duplicates: 0  Warnings: 0

mysql> update t1 set name='jfedu.net' where id=1;
Query OK, 1 row affected (0.01 sec)
```

(c)

图 18-3　MySQL 命令操作

（a）创建 jfedu 数据库；（b）进入 jfedu 库建表；（c）查看 jfedu 库中 t1 表内容

18.8 MySQL 数据库字符集设置

计算机中储存的信息都是用二进制数方式表示的，用户看到屏幕显示的英文、汉字等字符是二进制数转换之后的结果。通俗地说，将汉字按照某种字符集编码存储在计算机中，称为编码；将存储在计算机中的二进制数解析并显示，称为解码，在解码过程中，如果使用了错误的解码规则，会导致显示乱码。

MySQL 数据库在存储数据时，默认编码为 latin1。存储中文字符时，在显示或者 Web 调用时会显示为乱码，为解决该乱码问题，需修改 MySQL 默认字符集为 UTF-8，其修改方法有以下两种。

（1）编辑 vim /etc/my.cnf 配置文件，在相应段中加入相应的参数字符集。修改完毕后，重启 MySQL 服务即可。

```
[client]字段里加入   default-character-set=utf8;
[mysqld]字段里加入   character-set-server=utf8;
[mysql]字段里加入   default-character-set=utf8
```

（2）MySQL 命令行中运行如下指令，如图 18-4 所示。

```
show variables like '%char%';
SET character_set_client = utf8;
SET character_set_results = utf8;
SET character_set_connection = utf8;
```

```
mysql> SET character_set_client = utf8;
Query OK, 0 rows affected (0.00 sec)

mysql> SET character_set_results = utf8;
Query OK, 0 rows affected (0.00 sec)

mysql> SET character_set_connection = utf8;
Query OK, 0 rows affected (0.00 sec)

mysql> show variables like '%char%';
+--------------------------+----------------------------------+
| Variable_name            | Value                            |
+--------------------------+----------------------------------+
| character_set_client     | utf8                             |
| character_set_connection | utf8                             |
| character_set_database   | utf8                             |
| character_set_filesystem | binary                           |
| character_set_results    | utf8                             |
| character_set_server     | utf8                             |
| character_set_system     | utf8                             |
| character_sets_dir       | /usr/local/mysql55/share/charsets/ |
+--------------------------+----------------------------------+
8 rows in set (0.01 sec)
```

图 18-4 修改 MySQL 数据库字符集

18.9 MySQL 数据库密码管理

MySQL 数据库在使用过程中为了加强数据库的安全性，需要设置密码访问。设置密码授权、修改及破解的方法如下。

（1）MySQL 数据库创建用户及授权。

```
grant all on jfedu.* to test@localhost  identified by 'pas';
#授权 localhost 主机通过 test 用户和 pas 密码访问本地的 jfedu 库的所有权限
grant select,insert,update,delete on *.* to test@"%" identified by 'pas';
#授权所有主机通过 test 用户和 pas 密码访问本地的 jfedu 库的查询、插入、更新、删除权限
grant all on jfedu.* to test@'192.168.111.118'  identified by 'pas';
#授权 192.168.111.118 主机通过 test 用户和 pas 密码访问本地的 jfedu 库的所有权限
```

（2）MySQL 数据库密码破解方法。

在使用 MySQL 数据库的过程中，偶尔会出现忘记密码，或者数据库权限被其他人员修改的情况。如果需要紧急修改密码，可以通过以下操作破解 MySQL 数据库密码。首先停止 MySQL 数据库服务，以跳过权限方式启动，命令如下：

```
/etc/init.d/mysqld stop
/usr/bin/mysqld_safe --user=mysql --skip-grant-tables &
```

跳过权限方式启动 MySQL 数据库服务后，在 Shell 终端执行 MySQL 命令并按 Enter 键，进入 MySQL 命令行，如图 18-5 所示。

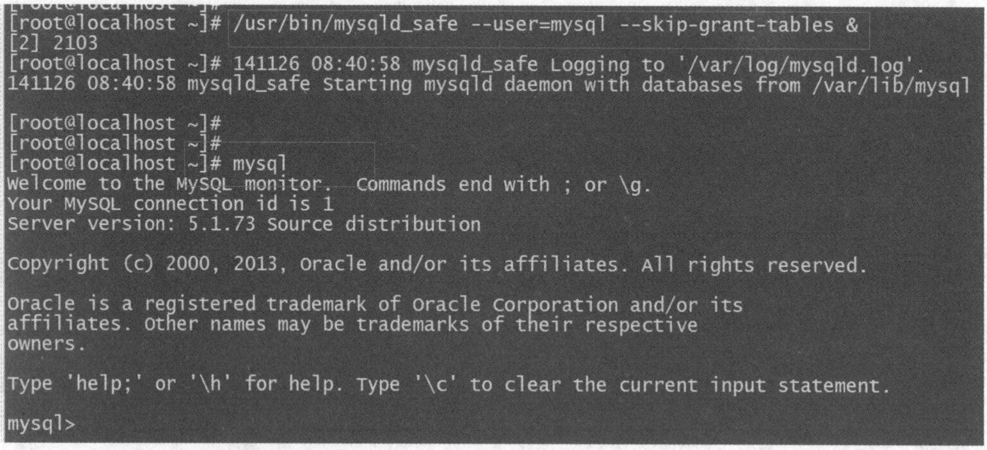

图 18-5　跳过权限启动并登录 MySQL 数据库

由于 MySQL 数据库用户及密码认证信息存放在 MySQL 库中的 user 表，需进入 MySQL 库，更新相应的密码字段即可。例如，将 MySQL 数据库中 root 用户的密码均改为 123456，如图 18-6 所示。

```
use mysql
update user set password=password('123456') where user='root';
```

```
mysql> use mysql
Database changed
mysql> update user set password=password('123456') where user='root';
Query OK, 4 rows affected (0.00 sec)
Rows matched: 4  Changed: 4  Warnings: 0

mysql> flush privileges;
Query OK, 0 rows affected (0.00 sec)

mysql>
```

图 18-6 MySQL 数据库密码破解方法

MySQL 数据库的 root 密码修改后，需首先停止 MySQL 数据库服务，以跳过表权限方式启动进程，再以正常方式启动 MySQL 数据库服务，再次以新的密码登录即可进入 MySQL 数据库，如图 18-7 所示。

```
[root@localhost ~]# /etc/init.d/mysqld start
Starting MySQL.. SUCCESS!
[root@localhost ~]#
[root@localhost ~]# mysql -uroot -p123456
Welcome to the MySQL monitor.  Commands end with ; or \g.
Your MySQL connection id is 1
Server version: 5.5.20 Source distribution

Copyright (c) 2000, 2013, Oracle and/or its affiliates. All rights reserved.

Oracle is a registered trademark of Oracle Corporation and/or its
affiliates. Other names may be trademarks of their respective
owners.

Type 'help;' or '\h' for help. Type '\c' to clear the current input statement.

mysql>
```

图 18-7 MySQL 正常方式启动

18.10 MySQL 数据库配置文件详解

理解 MySQL 配置文件，可以更快地学习和掌握 MySQL 数据库服务器，以下为 MySQL 配置文件常用参数详解。

```
[mysqld]                                    #服务器配置
datadir=/data/mysql                         #数据目录
socket=/var/lib/mysql/mysql.sock            #socket 通信设置
user=mysql                                  #使用 mysql 用户启动
```

```
symbolic-links=0                          #是否支持快捷方式
log-bin=mysql-bin                         #开启 bin-log 日志
server-id = 1                             #mysql 服务的 ID
auto_increment_offset=1                   #自增长字段从固定数开始
auto_increment_increment=2                #自增长字段每次递增的量
socket = /tmp/mysql.sock                  #为 MySQL 客户程序与服务器之间的本地通信套接字文件
port           = 3306                     #指定 MsSQL 监听的端口
key_buffer     = 384M                     #key_buffer 是用于索引块的缓冲区大小
table_cache    = 512                      #为所有线程打开表的数量
sort_buffer_size = 2M                     #每个需要进行排序的线程分配该大小的一个缓冲区
read_buffer_size = 2M                     #读查询操作所能使用的缓冲区大小
query_cache_size = 32M                    #指定 MySQL 查询结果缓冲区的大小
read_rnd_buffer_size     = 8M             #执行随机读取操作时使用的缓冲区大小
myisam_sort_buffer_size = 64M             #MyISAM 表发生变化时重新排序所需的缓冲区大小
thread_concurrency       = 8              #最大并发线程数，取值为服务器逻辑 CPU 数量×2
thread_cache             = 8              #缓存可重用的线程数
skip-locking                              #避免 MySQL 的外部锁定，减少出错概率增强稳定性
default-storage-engine=INNODB             #设置 MySQL 默认引擎为 InnoDB
#mysqld_safe config
[mysqld_safe]                             #mysql 服务安全启动配置
log-error=/var/log/mysqld.log             #mysql 错误日志路径
pid-file=/var/run/mysqld/mysqld.pid       #mysql PID 进程文件
key_buffer_size = 2048MB                  #MyISAM 表索引缓冲区的大小
max_connections = 3000                    #mysql 最大连接数
innodb_buffer_pool_size = 2048MB          #InnoDB 内存缓冲数据和索引大小
basedir     = /usr/local/mysql55/         #数据库安装路径
[mysqldump]                               #数据库导出段配置
max_allowed_packet      =16M              #服务器和客户端发送的最大数据包大小
```

18.11 MySQL 数据库索引案例

MySQL 索引的作用就类似电子书的目录及页码的对应关系，可以用来快速寻找某些具有特定值的记录，所有 MySQL 索引都以 B 树的形式保存。如果 MySQL 没有索引，则执行查询命令时，MySQL 必须从第一个记录开始扫描整个表的所有记录，直至找到符合要求的记录。如果表中有上亿条数据，查询一条数据花费的时间会非常长。

如果在需搜索条件的列上创建索引，则 MySQL 无须扫描全表记录即可快速查到相应的记录行。如果该表有 1 000 000 条记录，通过索引查找记录至少要比全表顺序扫描快 100 倍，这就是索引在企业环境中带来的执行速度提升。

MySQL 数据库常见索引类型包括普通索引（normal）、唯一索引（unique）、全文索引（full

text)、主键索引（primary key）、组合索引等，以下为每个索引的应用场景及区别。

> 普通索引：normal，使用最广泛；
> 唯一索引：unique，不允许重复的索引，允许有空值；
> 全文索引：full text，只能用于 MyISAM 表，主要用于大量的内容检索；
> 主键索引：primary key，又称为特殊的唯一索引，不允许有空值；
> 组合索引：为提高 MySQL 效率可建立组合索引

MySQL 数据库表创建各个索引的命令，以 t1 表为案例，操作如下：

```
ALTER TABLE t1 ADD PRIMARY KEY ( 'column' );              #主键索引
ALTER TABLE t1 ADD UNIQUE ('column');                     #唯一索引
ALTER TABLE t1 ADD INDEX index_name ('column' );          #普通索引
ALTER TABLE t1 ADD FULLTEXT ('column' );                  #全文索引
ALTER TABLE t1 ADD INDEX index_name ('column1', 'column2', 'column3' );
                                                          #组合索引
```

图 18-8 所示为 t1 表的 ID 字段创建主键索引，查看索引是否被创建，然后插入相同的 ID，提示报错。

```
mysql> ALTER TABLE t1 ADD PRIMARY KEY ( `id` )
    -> ;
Query OK, 3 rows affected (0.02 sec)
Records: 3  Duplicates: 0  Warnings: 0

mysql>
mysql>
mysql> show index from t1;
+-------+------------+----------+--------------+-------------+-----------+-
| Table | Non_unique | Key_name | Seq_in_index | Column_name | Collation | C
| Packed | Null | Index_type | Comment | Index_comment |
+-------+------------+----------+--------------+-------------+-----------+-
| t1    |          0 | PRIMARY  |            1 | id          | A         |
| NULL  |      | BTREE      |         |               |
+-------+------------+----------+--------------+-------------+-----------+-
1 row in set (0.00 sec)

mysql>
mysql> insert into t1 values ("3","jfedu");
ERROR 1062 (23000): Duplicate entry '3' for key 'PRIMARY'
```

图 18-8　MySQL 主键索引案例演示

MySQL 数据库表删除各个索引命令，以 t1 表为案例，操作如下：

```
DROP INDEX index_name ON t1;
ALTER TABLE t1 DROP INDEX index_name;
ALTER TABLE t1 DROP PRIMARY KEY;
```

MySQL 数据库查看表索引：

```
show index from t1;
show keys from t1;
```

MySQL 数据库索引的缺点如下：

（1）MYSQL 数据库索引虽然能够提高数据库查询速度，但同时会降低更新、删除、插入表的速度，例如，对表进行插入（insert）、更新（update）、删除（delete）等操作时，更新表不仅要保存数据，还须保存更新索引；

（2）建立索引会占用磁盘空间。例如，大表上创建的多种组合索引，其索引文件的数据会占用大量磁盘空间。

18.12　MySQL 数据库慢查询

MySQL 数据库中的慢查询主要用于跟踪异常的 SQL 语句,可以分析出当前程序里哪些 SQL 语句比较耗费资源。慢查询日志则用来记录在 MySQL 数据库中响应时间超过阈值的语句，运行时间超过 long_query_time 值的 SQL 语句，会被记录到慢查询日志中。

MySQL 数据库默认不开启慢查询日志功能,需手动在配置文件或者 MySQL 命令行中开启。慢查询日志默认写入磁盘中的文件，当然，也可以将慢查询日志写入数据库表。

查看数据库是否开启了慢查询，如图 18-9 所示，命令如下：

```
show variables like "%slow%";
show variables like "%long_query%";
```

MySQL 数据库慢查询参数详解如下：

```
log_slow_queries        #关闭慢查询日志功能
long_query_time         #慢查询超时时间,默认为 10s,MySQL 5.5 以上版本可以精确到 μs
slow_query_log          #关闭慢查询日志
slow_query_log_file     #慢查询日志文件
slow_launch_time        #Thread create 时间,单位为 s,如果 thread create 的时间超过
                        #了这个值,该变量 slow_launch_time 的值会加 1
log-queries-not-using-indexes                #记录未添加索引的 SQL 语句
```

开启 MySQL 数据库慢查询日志的方法有以下两种。

（1）MySQL 数据库命令行执行以下命令：

```
set global slow_query_log=on;
show variables like "%slow%";
```

（2）编辑 my.cnf 配置文件中添加如下代码：

```
log-slow-queries = /data/mysql/localhost.log
long_query_time = 0.01
log-queries-not-using-indexes
```

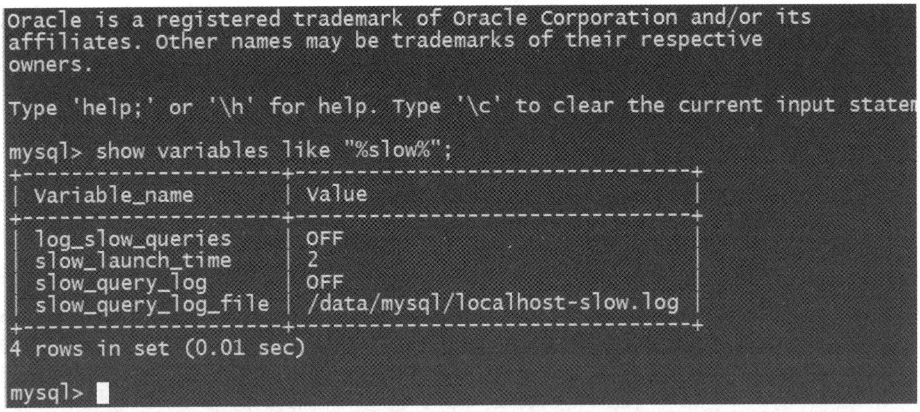

```
Oracle is a registered trademark of Oracle Corporation and/or its
affiliates. Other names may be trademarks of their respective
owners.

Type 'help;' or '\h' for help. Type '\c' to clear the current input statem

mysql> show variables like "%slow%";
+---------------------+-------------------------------------+
| Variable_name       | Value                               |
+---------------------+-------------------------------------+
| log_slow_queries    | OFF                                 |
| slow_launch_time    | 2                                   |
| slow_query_log      | OFF                                 |
| slow_query_log_file | /data/mysql/localhost-slow.log      |
+---------------------+-------------------------------------+
4 rows in set (0.01 sec)

mysql>
```

(a)

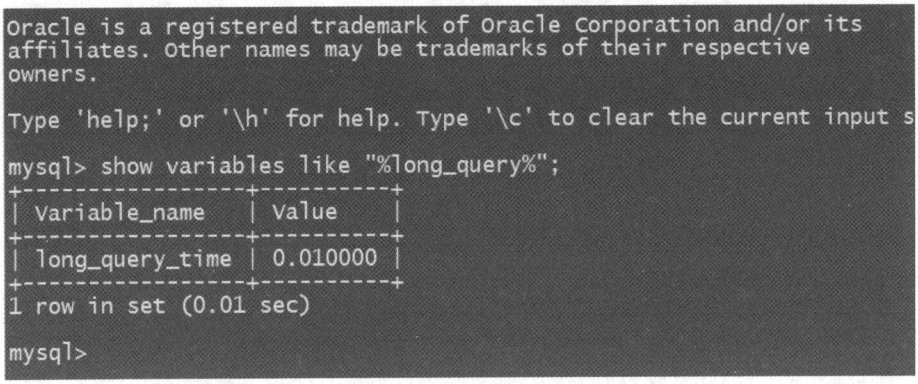

```
Oracle is a registered trademark of Oracle Corporation and/or its
affiliates. Other names may be trademarks of their respective
owners.

Type 'help;' or '\h' for help. Type '\c' to clear the current input s

mysql> show variables like "%long_query%";
+-----------------+----------+
| Variable_name   | Value    |
+-----------------+----------+
| long_query_time | 0.010000 |
+-----------------+----------+
1 row in set (0.01 sec)

mysql>
```

(b)

图 18-9 MySQL 数据库慢查询功能

（a）查看数据库慢查询是否开启；（b）查看慢查询时间

慢查询功能开启之后，数据库会自动将执行时间超过设定时间的 SQL 语句添加至慢查询日志文件中，可以通过慢查询日志文件定位执行慢的 SQL 语句，从而对其进行优化。通过 mysqldumpslow 命令工具分析日志，相关参数如下：

```
#执行命令 mysqldumpslow -h 可以查看命令帮助信息
#主要参数包括-s 和-t
#-s 为排序参数，可选的有以下几个
#l：查询锁的总时间
#r：返回记录数
#t：查询总时间排序
#al：平均锁定时间
#ar：平均返回记录数
#at：平均查询时间
```

#c：计数
#-t n：显示头 n 条记录

MySQL 慢查询命令行工具 mysqldumpslow 按照返回的行数从大到小查看前 2 行，如图 18-10 所示，命令如下：

```
mysqldumpslow -s r -t 2 localhost.log
```

```
[root@localhost mysql]#
[root@localhost mysql]# mysqldumpslow -s r -t 2 localhost.log
Reading mysql slow query log from localhost.log
Count: 4   Time=0.30s (1s)   Lock=0.00s (0s)   Rows=1.2 (5), root[root]@loc
  select * from t1 where id=N

Count: 1   Time=0.23s (0s)   Lock=0.00s (0s)   Rows=1.0 (1), root[root]@loc
  select count(*) from t1

[root@localhost mysql]#
```

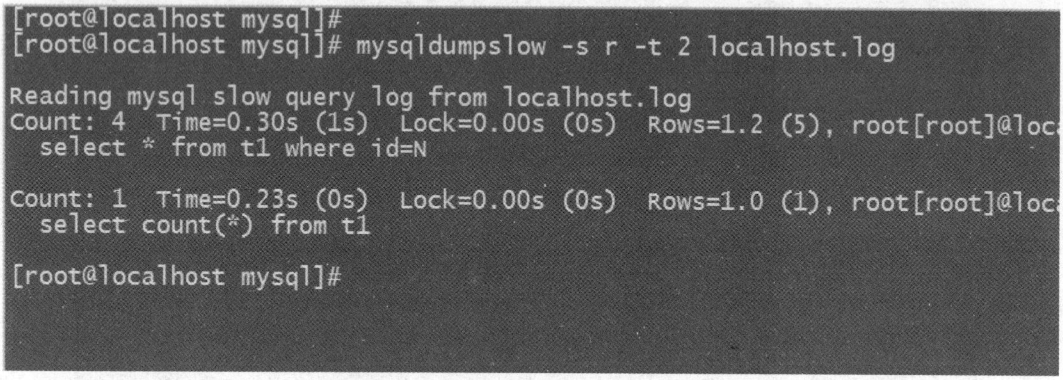

图 18-10　mysqldumpslow 按返回记录排序

MySQL 慢查询 mysqldumpslow 按照查询总时间从大到小，查看前 5 行，同时过滤 select 的 SQL 语句，如图 18-11 所示，命令如下：

```
mysqldumpslow -s t -t 5 -g "select" localhost.log
```

```
[root@localhost mysql]#
[root@localhost mysql]# mysqldumpslow -s t -t 5 -g "select" localhost.log
Reading mysql slow query log from localhost.log
Count: 4   Time=0.30s (1s)   Lock=0.00s (0s)   Rows=1.2 (5), root[root]@localhost
  select * from t1 where id=N

Count: 1   Time=0.23s (0s)   Lock=0.00s (0s)   Rows=1.0 (1), root[root]@localhost
  select count(*) from t1

Died at /usr/bin/mysqldumpslow line 162, <> chunk 11.
[root@localhost mysql]#
```

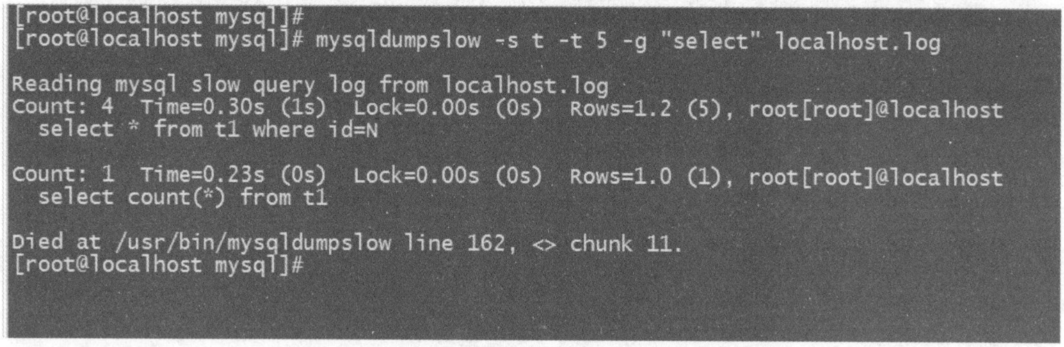

图 18-11　mysqldumpslow 按查询总时间排序

18.13　MySQL 数据库优化

MySQL 数据库优化是一项非常重要的工作，也是一项长期的工作。在 MySQL 数据库优化过程中有 30%是通过优化配置文件及硬件资源完成，70%通过优化 SQL 语句完成。

MySQL 数据库具体优化包括配置文件的优化、SQL 语句的优化、表结构的优化、索引的优化，而配置的优化包括系统内核优化、硬件资源、内存、CPU、MySQL 数据库配置文件的优化。

硬件优化：增加内存和提高磁盘读写速度，都可以提高 MySQL 数据库的查询和更新的速度。另一种提高 MySQL 数据库性能的方式是使用多块磁盘存储数据，以并行的方式读取各磁盘上的数据，以提高读取数据的速度。

MySQL 数据库参数的优化：内存中会为 MySQL 数据库保留部分缓冲区，这些缓冲区可以提高 MySQL 数据库的运行速度。缓冲区的大小可以在 MySQL 数据库的配置文件中进行设置。

附企业级 MySQL 数据库百万量级真实环境配置文件 my.cnf 内容，可以根据实际情况修改：

```
[client]
port = 3306
socket = /tmp/mysql.sock
[mysqld]
user = mysql
server_id = 10
port = 3306
socket = /tmp/mysql.sock
datadir = /data/mysql/
old_passwords = 1
lower_case_table_names = 1
character-set-server = utf8
default-storage-engine = MYISAM
log-bin = bin.log
log-error = error.log
pid-file = mysql.pid
long_query_time = 2
slow_query_log
slow_query_log_file = slow.log
binlog_cache_size = 4M
binlog_format = mixed
max_binlog_cache_size = 16M
max_binlog_size = 1G
expire_logs_days = 30
ft_min_word_len = 4
back_log = 512
max_allowed_packet = 64M
max_connections = 4096
max_connect_errors = 100
join_buffer_size = 2M
read_buffer_size = 2M
read_rnd_buffer_size = 2M
sort_buffer_size = 2M
query_cache_size = 64M
table_open_cache = 10000
```

```
thread_cache_size = 256
max_heap_table_size = 64M
tmp_table_size = 64M
thread_stack = 192K
thread_concurrency = 24
local-infile = 0
skip-show-database
skip-name-resolve
skip-external-locking
connect_timeout = 600
interactive_timeout = 600
wait_timeout = 600
#*** MyISAM
key_buffer_size = 512M
bulk_insert_buffer_size = 64M
myisam_sort_buffer_size = 64M
myisam_max_sort_file_size = 1G
myisam_repair_threads = 1
concurrent_insert = 2
myisam_recover
#*** INNODB
innodb_buffer_pool_size = 64G
innodb_additional_mem_pool_size = 32M
innodb_data_file_path = ibdata1:1G;ibdata2:1G:autoextend
innodb_read_io_threads = 8
innodb_write_io_threads = 8
innodb_file_per_table = 1
innodb_flush_log_at_trx_commit = 2
innodb_lock_wait_timeout = 120
innodb_log_buffer_size = 8M
innodb_log_file_size = 256M
innodb_log_files_in_group = 3
innodb_max_dirty_pages_pct = 90
innodb_thread_concurrency = 16
innodb_open_files = 10000
#innodb_force_recovery = 4
#*** Replication Slave
read-only
#skip-slave-start
relay-log = relay.log
log-slave-updates
```

18.14 MySQL 数据库集群实战

随着访问量的不断增加，单台 MySQL 数据库服务器压力不断增加，这时就需要对 MySQL 数据库进行优化和架构改造了。如果 MyQSL 数据库优化仍不能明显改善压力情况，可以使用高可用、主从复制、读写分离、拆分库、拆分表等方式进行优化。

MySQL 主从复制集群在中小企业、大型企业中被广泛使用，目的是实现数据库冗余备份，将 Master 数据库数据定时同步至 Slave 数据库中，一旦 Master 数据库宕机，可以将 Web 应用数据库配置快速切换至 Slave 数据库，确保 Web 应用拥有较高的可用率。图 18-12 为 MySQL 主从复制结构图。

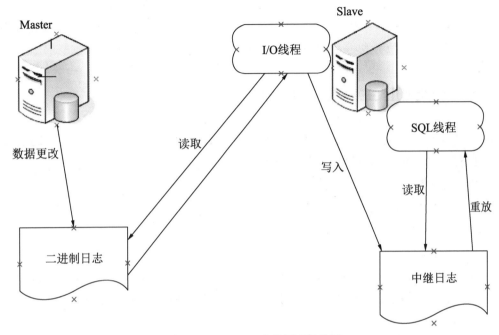

图 18-12　MySQL 主从原理架构图

MySQL 主从复制集群至少需要 2 台数据库服务器，其中一台存储 Master 数据库，另外一台存储 Slave 数据库。MySQL 主从数据同步是一个异步复制的过程，要实现复制首先需要在 Master 服务器上开启 bin-log 日志功能，此功能用于记录在 Master 数据库中执行的增、删、修改、更新操作的 SQL 语句。整个过程需要开启 3 个线程，分别是 Master 服务器开启 I/O 线程，Slave 服务器开启 I/O 线程和 SQL 线程。具体主从同步原理详解如下。

（1）在 Slave 服务器上执行 slave start 命令，Slave I/O 线程会通过在 Master 服务器创建的授权用户连接至 Master 服务器，并请求 Master 服务器从指定的文件和位置之后发送 bin-log 日志内容。

（2）Master 服务器接收到来自 Slave I/O 线程的请求后，Master I/O 线程根据 Slave 服务器发送的指定 bin-log 日志中 position 点之后的内容，然后返回给 Slave 服务器的 I/O 线程。

（3）返回的信息中除了 bin-log 日志内容外，还有 Master 最新的 bin-log 文件名以及在 bin-log

中的下一个指定更新 position 点。

（4）Slave I/O 线程接收到信息后，将接收到的日志内容依次添加到 Slave 服务器的 relay-log 文件的最末端，并将读取到的 Master 服务器的 bin-log 文件名和 position 点记录到 master.info 文件中，以便在下一次读取的时候能告知 Master 服务器从响应的 bin-log 文件名及最后一个 position 点开始发起请求。

（5）Slave 服务器 SQL 线程检测到 relay-log 文件中内容有更新，会立刻解析 relay-log 文件的内容，生成在 Master 服务器真实执行时的那些可执行的 SQL 语句，并将解析的 SQL 语句在 Slave 服务器里执行，执行成功后，Master 数据库与 Slave 数据库保持数据一致。

18.15 MySQL 主从复制实战

构建 MySQL 主从复制环境至少需 2 台服务器，可以配置 1 主多从，也可以多主多从。如下为 1 主 1 从的 MySQL 主从复制架构实战步骤。

（1）系统环境准备。

Master：192.168.111.128；

Slave：192.168.111.129。

（2）Master 安装及配置。

Master 服务器使用源码安装 MySQL 5.5 版本软件后，在/etc/my.cnf 配置文件[mysqld]段中加入如下代码，然后重启 MySQL 服务即可。如果在安装时执行 cp my-large.cnf　/etc/my.cnf 命令，则无须添加如下代码。

```
server-id = 1
log-bin = mysql-bin
```

Master 服务器在配置文件/etc/my.cnf 中的完整配置代码如下：

```
[client]
port        = 3306
socket      = /tmp/mysql.sock
[mysqld]
port        = 3306
socket      = /tmp/mysql.sock
skip-external-locking
key_buffer_size = 256M
max_allowed_packet = 1M
table_open_cache = 256
sort_buffer_size = 1M
read_buffer_size = 1M
read_rnd_buffer_size = 4M
myisam_sort_buffer_size = 64M
```

```
thread_cache_size = 8
query_cache_size= 16M
thread_concurrency = 8
log-bin=mysql-bin
binlog_format=mixed
server-id    = 1
[mysqldump]
quick
max_allowed_packet = 16M
[mysql]
no-auto-rehash
[myisamchk]
key_buffer_size = 128M
sort_buffer_size = 128M
read_buffer = 2M
write_buffer = 2M
[mysqlhotcopy]
interactive-timeout
```

在 Master 服务器命令行中创建 tongbu 用户及密码并设置权限，执行如下命令，查看 bin-log 文件及 position 点，如图 18-13 所示。

```
grant replication slave on *.* to 'tongbu'@'%' identified by '123456';
show master status;
```

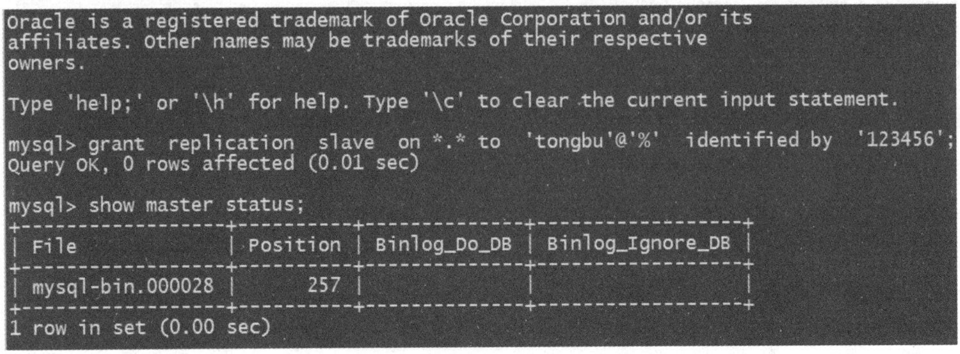

```
Oracle is a registered trademark of Oracle Corporation and/or its
affiliates. Other names may be trademarks of their respective
owners.

Type 'help;' or '\h' for help. Type '\c' to clear the current input statement.

mysql> grant replication slave on *.* to 'tongbu'@'%' identified by '123456';
Query OK, 0 rows affected (0.01 sec)

mysql> show master status;
+------------------+----------+--------------+------------------+
| File             | Position | Binlog_Do_DB | Binlog_Ignore_DB |
+------------------+----------+--------------+------------------+
| mysql-bin.000028 |      257 |              |                  |
+------------------+----------+--------------+------------------+
1 row in set (0.00 sec)
```

图 18-13   MySQL Master 授权用户

（3）Slave 安装及配置。

Slave 服务器使用源码安装 MySQL 5.5 版本软件后，在/etc/my.cnf 配置文件[mysqld]段中加入如下代码，然后重启 MySQL 服务即可。如果在安装时执行 cp my-large.cnf   /etc/my.cnf 命令，则修改 server-id，Master 服务器与 Slave 服务器的 server-id 不能相同，Slave 服务器也无须开启 bin-log 功能。

```
server-id = 2
```

Slave 服务器在配置文件/etc/my.cnf 中的完整配置代码如下：

```
[client]
port            = 3306
socket          = /tmp/mysql.sock
[mysqld]
port            = 3306
socket          = /tmp/mysql.sock
skip-external-locking
key_buffer_size = 256M
max_allowed_packet = 1M
table_open_cache = 256
sort_buffer_size = 1M
read_buffer_size = 1M
read_rnd_buffer_size = 4M
myisam_sort_buffer_size = 64M
thread_cache_size = 8
query_cache_size= 16M
thread_concurrency = 8
server-id       = 2
[mysqldump]
quick
max_allowed_packet = 16M
[mysql]
no-auto-rehash
[myisamchk]
key_buffer_size = 128M
sort_buffer_size = 128M
read_buffer = 2M
write_buffer = 2M
[mysqlhotcopy]
interactive-timeout
```

Slave 从数据库上指定 Master IP、用户名、密码、bin-log 文件名（mysql-bin.000028）及 position 点（257），代码如下：

```
change master to
master_host='192.168.1.115',master_user='tongbu',master_password='123456',
master_log_file='mysql-bin.000001',master_log_pos=297;
```

在 Slave 从数据库上启动 slave start 指令，并执行 show slave status\G 命令查看 MySQL 主从状态：

```
slave   start;
show    slave   status\G
```

查看 Slave 服务器 I/O 线程、SQL 线程状态均为 YES，代表 Slave 已正常连接 Master 服务器实现同步：

```
Slave_IO_Running: Yes
Slave_SQL_Running: Yes
```

执行 show slave status\G 命令，常见参数含义解析如下：

```
Slave_IO_State              #I/O 线程连接 Master 服务器状态
Master_User                 #用于连接 Master 服务器的用户
Master_Port                 #Master 服务器监听端口
Connect_Retry               #主从连接失败，重试时间间隔
Master_Log_File             #I/O 线程读取的 Master 服务器二进制日志文件的名称
Read_Master_Log_Pos         #I/O 线程已读取的 Master 服务器二进制日志文件的位置
Relay_Log_File              #SQL 线程读取和执行的中继日志文件的名称
Relay_Log_Pos               #SQL 线程已读取和执行的中继日志文件的位置
Relay_Master_Log_File       #SQL 线程执行的 Master 服务器二进制日志文件的名称
Slave_IO_Running            #I/O 线程是否被启动并成功连接到主服务器上
Slave_SQL_Running           #SQL 线程是否被启动
Replicate_Do_DB             #指定的同步的数据库列表
Skip_Counter                #SQL_SLAVE_SKIP_COUNTER 设置的值
Seconds_Behind_Master       #Slave 服务器 SQL 线程和 I/O 线程之间的时间差距，单位
                            #为 s，常被用于主从延迟检查方法之一
```

在 Master 服务器创建 mysql_db_test 数据库和 t0 表，如图 18-14 所示，命令如下：

```
create database mysql_ab_test charset=utf8;
show databases;
use mysql_ab_test;
create table t0 (id varchar(20),name varchar(20));
show tables;
```

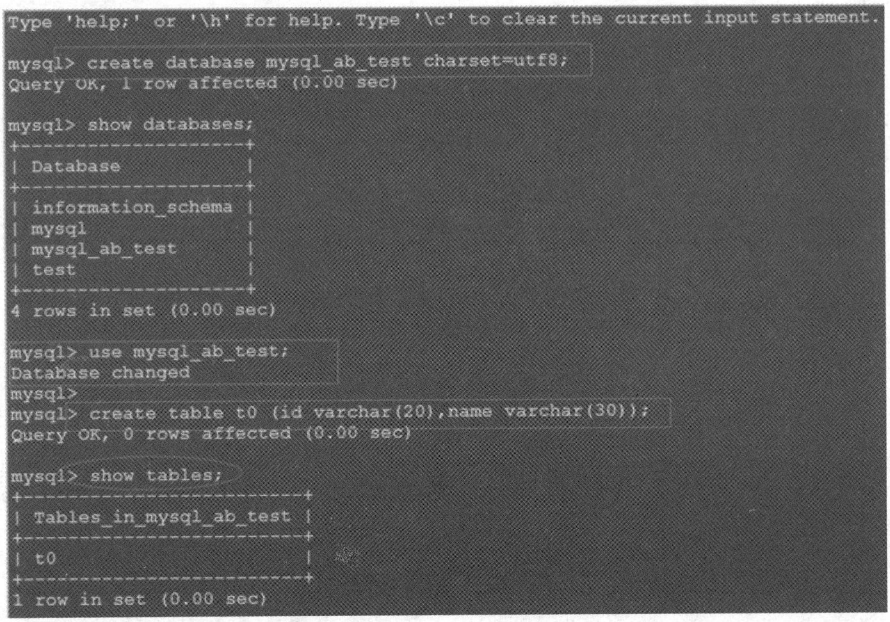

图 18-14　在 MySQL Master 服务器创建数据库和表

查看 Slave 服务器是否有 mysql_ab_test 数据库和 t0 的表，如果有则代表 Slave 服务器从 Master 服务器复制数据成功，证明 MySQL 主从配置上已经配置成功，如图 18-15 所示。

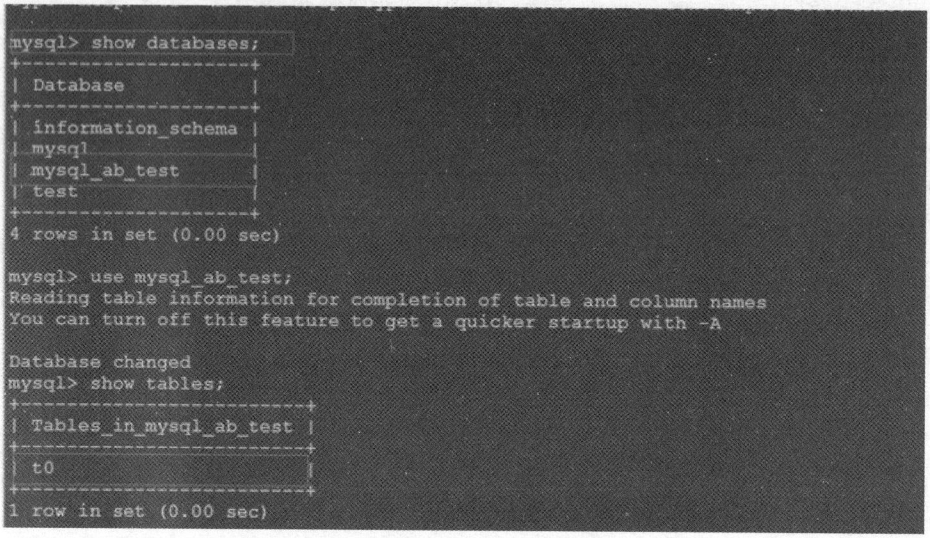

图 18-15　查看 MySQL Slave 自动同步数据

在 Master 服务器的 t0 表插入两条数据，在 Slave 服务器查看是否已同步，Master 服务器上执行如下命令，如图 18-16 所示。

```
insert into t0 values ("001","wugk1");
insert into t0 values ("002","wugk2");
select * from t0;
```

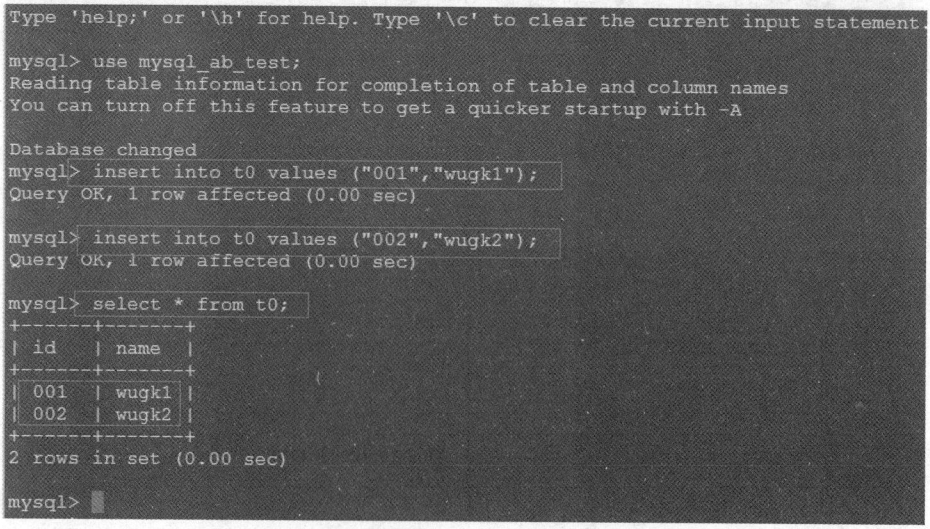

图 18-16　在 MySQL Master 服务器的表中插入数据

Slave 服务器执行查询命令，如图 18-17 所示，表示在 Master 服务器插入的数据已经同步到 Slave 服务器。

```
Copyright (c) 2000, 2011, Oracle and/or its affiliates. All rights reserved.

Oracle is a registered trademark of Oracle Corporation and/or its
affiliates. Other names may be trademarks of their respective
owners.

Type 'help;' or '\h' for help. Type '\c' to clear the current input statement.

mysql> use mysql_ab_test;
Reading table information for completion of table and column names
You can turn off this feature to get a quicker startup with -A

Database changed
mysql> select * from t0;
+-----+-------+
| id  | name  |
+-----+-------+
| 001 | wugk1 |
| 002 | wugk2 |
+-----+-------+
2 rows in set (0.00 sec)
```

图 18-17　MySQL Slave 服务器数据已同步

18.16　MySQL 主从同步排错思路

MySQL 主从同步集群在生成环境和使用过程中，如果主从服务器之间网络通信条件差或者数据库数据量非常大时，容易导致 MySQL 主从同步延迟。

MySQL 主从产生延迟之后，一旦主数据库宕机，会导致部分数据不能及时同步至从库；重新启动主数据库，会导致从数据库与主数据库同步错误。快速恢复主从同步关系有如下两种方法。

（1）忽略错误后，继续同步。

此方法适用于主从数据库数据内容相差不大，或者要求数据可以不完全统一、数据要求不严格的情况。

Master 服务器执行如下命令，将数据库设置全局读锁，不允许写入新数据：

```
flush tables with read lock;
```

Slave 服务器停止 Slave I/O 及 SQL 线程，同时将同步错误的 SQL 跳过 1 次，跳过会导致数据不一致，最后启动 start slave 服务，同步状态恢复，命令如下：

```
stop slave;
set global sql_slave_skip_counter =1;
start slave;
```

（2）重新做主从同步，完全同步。

此方法适用于主从数据库数据内容相差很大或者要求数据完全统一的情况。

Master 服务器执行如下命令，将数据库设置全局读锁，不允许写入新数据。

```
flush tables with read lock;
```

Master 服务器基于 mysqldump、xtrabackup 工具进行完整的数据库备份，也可以用 Shell 脚本或 Python 脚本实现定时备份。备份成功之后，将完整的数据导入从数据库，重新配置主从关系，当 Slave 端的 I/O 线程、SQL 线程均为 YES 之后，将 Master 端读锁解开即可，解锁命令如下：

```
unlock tables;
```

第 19 章 MyCAT+MySQL 读写分离实战

19.1 MyCAT 背景

随着互联网时代的发展、传统的数据库技术日趋成熟、计算机网络技术的飞速发展和应用范围的扩大，数据库已经普遍应用于计算机网络。此时集中式数据库系统表现出它的不足：

（1）集中式处理，势必造成性能瓶颈；

（2）应用程序集中在一台计算机上运行，一旦该计算机发生故障，则整个系统受到影响，可靠性不高；

（3）集中式处理引起系统的规模和配置都不够灵活，系统的可扩充性差。

在这种形势下，集中式数据库将向分布式数据库发展。

19.2 MyCAT 发展历程

MyCAT 的诞生，要从其前身 Amoeba 和 Cobar 说起。Amoeba（变形虫）项目于 2008 年开始发布一款 Amoeba for MySQL 软件。这个软件致力于 MySQL 的分布式数据库前端代理层，主要在应用层访问 MySQL 的时候充当 SQL 路由功能，专注于分布式数据库代理层（database proxy）的开发。

MyCAT 具有负载均衡、高可用性、SQL 过滤、读写分离、并发请求多台数据库合并结果的特点。通过 Amoeba，用户能够实现多数据源的高可用、负载均衡、数据切片的功能。目前 Amoeba 已在很多企业的生产线上使用。

阿里巴巴于 2012 年 6 月 19 日正式对外开源数据库中间件 Cobar，其前身是早已开源的 Amoeba，不过其作者陈思儒离职去盛大之后，阿里巴巴内部考虑到 Amoeba 的稳定性、性能和功能支持及其他因素，重新为其设立了一个项目组并命名为 Cobar。Cobar 是由阿里巴巴开源的

MySQL 分布式处理中间件,它可以在分布式的环境下像传统数据库一样提供海量数据服务。

Cobar 自诞生之日起,就受到广大程序员的追捧,但是自 2021 年后,几乎没有后续更新。在此情况下,MyCAT 应运而生,它基于阿里巴巴开源的 Cobar 产品而研发。Cobar 的稳定性、可靠性、优秀的架构和性能,以及众多成熟的使用案例使得 MyCAT 拥有一个很好的起点,站在巨人的肩膀上,MyCAT 能看得更远。目前 MyCAT 的最新发布版本为 1.6。MyCAT 如图 19-1 所示。

图 19-1　MyCAT 宣言

从定义和分类来看,MyCAT 是一个开源的分布式数据库系统,是一个实现了 MySQL 协议的服务(server),前端用户可以把它看作是一个数据库代理中间件,基于 MySQL 客户端工具和命令行访问,其后端可以用 MySQL 原生(native)协议与多个 MySQL 服务器通信,也可以用 Java 数据库互连(Java database connectivity,JDBC)协议与大多数主流数据库服务器通信。其核心功能是分库分表,即将一个大表水平分割为 N 个小表,存储在后端 MySQL 服务器或者其他数据库里。

MyCAT 发展到目前版本,已经不再是一个单纯的 MySQL 代理,它的后端可以支持 MySQL、SQL Server、Oracle、DB2、PostgreSQL 等主流数据库,也支持 MongoDB 这种新型 NoSQL 方式的存储,未来还会支持更多类型的存储。

在最终用户看来,无论是哪种存储方式,在 MyCAT 中都是一个传统的数据库表,支持标准 SQL 语句进行数据的操作。对前端业务系统来说,可以大幅度降低开发难度,提升开发速度。

(1)DBA 眼中的 MyCAT。

MyCAT 就是 MySQL Server,而 MyCAT 后面连接的 MySQL Server,就好像是 MySQL 的存储引擎,如 InnoDB、MyISAM 等,因此,MyCAT 本身并不存储数据,数据存储在后端的 MySQL

数据库中，因此数据可靠性以及事务等都由 MySQL 数据库保证。简单地说，MyCAT 是 MySQL 的最佳伴侣，它在一定程度上让 MySQL 拥有了能跟 Oracle 比拼的能力。

（2）软件工程师眼中的 MyCAT。

MyCAT 就是一个近似等于 MySQL 的数据库服务器，用户可以用连接 MySQL 的方式连接 MyCAT（除了端口不同，默认的 MyCAT 端口是 8066 而非 MySQL 的 3306，因此需要在连接字符串上增加端口信息）。大多数情况下，可以用用户熟悉的对象映射框架使用 MyCAT，但对于分片表，建议尽量使用基础的 SQL 语句，以便能达到最佳性能，特别是几千万甚至几百亿条记录的情况下。

（3）架构师眼中的 MyCAT。

MyCAT 是一个强大的数据库中间件，不仅可以用作读写分离、分表分库、容灾备份，而且可以用于多租户应用开发、云平台基础设施、让用户的架构具备很强的适应性和灵活性。借助即将发布的 MyCAT 智能优化模块，系统的数据访问瓶颈和热点一目了然，根据这些统计分析数据，可以自动或手动调整后端存储，将不同的表映射到不同的存储引擎上，而整个应用的代码一行也不用改变。

19.3　MyCAT 中间件原理

MyCAT 的原理中最重要的一个概念是"拦截"，它拦截用户发送过来的 SQL 语句，首先对 SQL 语句做一些特定的分析，如分片分析、路由分析、读写分离分析、缓存分析等，然后将此 SQL 语句发往后端的真实数据库，并将返回的结果做适当的处理，最终再返回给用户，如图 19-2 所示。

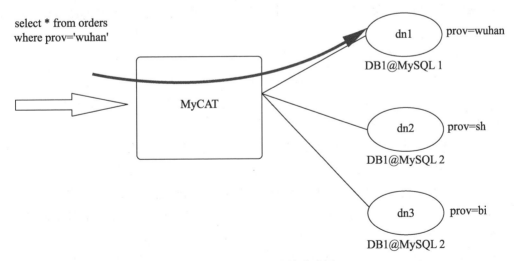

图 19-2　MyCAT 查询分片图

如图 19-2 所示，Orders 表被分为 3 个分片 datanode（简称 dn），这三个分片分布在两台 MySQL Server 上（datahost），即 datanode=database@datahost 方式，因此可以用一台到 N 台服务器来分片，分片规则为（sharding rule）典型的字符串枚举分片规则，一个规则的定义是分片字段（sharding column）+分片函数（sharding function），这里的分片字段为 prov，分片函数为字符串枚举方式。

当 MyCAT 收到一个 SQL 语句时，会先解析这个 SQL 语句，查找涉及的表，然后查看此表的定义，如果有分片规则，则获取 SQL 里分片字段的值，并匹配分片函数，得到该 SQL 语句对应的分片列表，然后将 SQL 语句发往这些分片执行，最后收集和处理所有分片返回的结果数据，并在客户端输出。

以 select * from orders where prov=?语句为例，查到 prov=wuhan，按照分片函数，wuhan 返回 dn1 分片节点，于是 SQL 语句发给 MySQL1，获取 DB1 上的查询结果，并返回给用户。

如果上述 SQL 语句改为 select * from orders where prov in ('wuhan', 'beijing')，那么，SQL 语句就会发给 MySQL1 与 MySQL2 执行，然后结果集合并后输出给用户。

通常业务中的 SQL 语句包含 order by 及 limit 翻页语法，此时就涉及结果集在 MyCAT 端的二次处理，这部分的代码也比较复杂，而最复杂的则属两个表的 jion 问题，为此，MyCAT 提出了创新性的 ER 分片、全局表、人工智能的 Catlet、以及结合 Storm/Spark 引擎等十八般武艺的解决办法，从而成为目前业界最强大的方案，这就是开源的力量。

19.4 MyCAT 应用场景

MyCAT 发展到现在，适用的场景已经很丰富，而且不断有新用户给出新的创新性方案，以下是几个典型的应用场景。

（1）单纯的读写分离：此时配置最为简单，支持读写分离，主从切换。

（2）分表分库：对于超过 1000 万的表进行分片，最大支持 1000 亿的单表分片。

（3）多租户应用：每个应用一个库，但应用程序只连接 MyCAT，从而不改造程序本身，实现多租户化。

（4）报表系统：借助于 MyCAT 的分表能力，处理大规模报表的统计。

（5）代替 Hbase，分析大数据。

（6）作为海量数据实时查询的一种简单有效方案：比如 100 亿条频繁查询的记录需要在 3 s 内查询出结果，除了基于主键的查询，还可能存在范围查询或其他属性查询，此时 MyCAT 可能是最简单有效的选择。

（7）单纯的 MyCAT 读写分离：配置最为简单，支持读写分离，主从切换分表分库，对于超过 1 000 万的表进行分片，最大支持 1 000 亿的单表分片。

19.5 MyCAT 概念详解

MyCAT 是一个开源的分布式数据库系统,但是由于真正的数据库需要存储引擎,而 MyCAT 并没有存储引擎,所以并不是完全意义上的分布式数据库系统。

19.5.1 MyCAT 数据库中间件

那么 MyCAT 是什么?MyCAT 是数据库中间件,就是介于数据库与应用之间,进行数据处理与交互的中间服务。对数据进行分片处理之后,从原有的一个库,被切分为多个分片数据库,所有的分片数据库集群构成了整个完整的数据库存储,如图 19-3 所示。

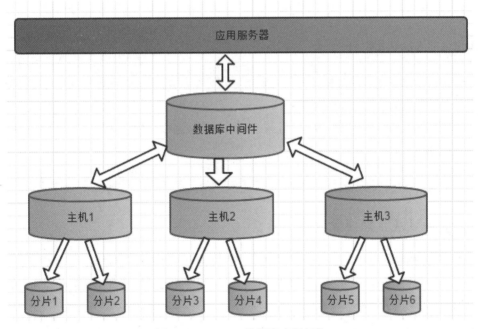

图 19-3　MyCAT 数据库存储架构

如图 19-3 所示,数据被分到多个分片数据库后,应用如果需要读取数据,就要处理多个数据源的数据。如果没有数据库中间件,那么应用将直接面对分片集群,数据源切换、事务处理、数据聚合都需要应用直接处理,原本应该专注于业务的应用,将会花大量的工作处理分片后的问题,最重要的是每个应用处理的工作完全重复。

加入数据库中间件之后,应用只需要专注于业务处理,大量通用的数据聚合、事务、数据源切换都由中间件处理,中间件的性能与处理能力将直接决定应用的读写性能,所以一款好的数据库中间件至关重要。

19.5.2 MyCAT 逻辑库（schema）

实际应用中，开发人员并不需要知道中间件的存在，只需要知道数据库的概念，所以数据库中间件可以被看作一个或多个数据库集群构成的逻辑库。

在云计算时代，数据库中间件可以以多租户的形式给一个或多个应用提供服务，每个应用访问的可能是一个独立或共享的物理库，常见的如阿里云数据库服务器 RDS。

19.5.3 MyCAT 逻辑表（table）

MyCAT 既然有逻辑库，就会有逻辑表，对于分布式数据库中的应用，读写数据的表就是逻辑表。逻辑表可以是数据切分后，分布在一个或多个分片库中；也可以不做数据切分，不分片，只有一个表构成。

19.5.4 MyCAT 分片表

MyCAT 分片表，是指因数据量大而需要切分到多个数据库的表，这样，每个分片都有一部分数据，所有分片构成了完整的数据。

例如，在 MyCAT 配置中的 t_node 就属于分片表，数据按照规则被分到 dn1、dn2 两个分片节点（datanode）上。

```
<table name="t_node" primaryKey="vid" autoincrement="true" dataNode="dn1,dn2" rule="rule1" />
```

19.5.5 MyCAT 非分片表

如果一个数据库中并不是所有的表都很大，某些表是可以不用进行切分的，称为非分片表。非分片表是相对分片表来说的，就是那些不需要进行数据切分的表。如下配置中 t_node，只存在于分片节点 dn1 上：

```
<table name="t_node" primaryKey="vid" autoincrement="true" dataNode="dn1" />
```

19.5.6 MyCAT E-R 表

关系型数据库基于实体关系（entity-relationship model，E-R）模型，描述真实世界中事物之间的关系。MyCAT 中的 E-R 表即是来源于此。根据这一思路，提出了基于 E-R 关系的数据分片策略，子表的记录与所关联的父表记录存放在同一个数据分片上，即子表依赖于父表，通过表分组（table group）保证数据连接不会跨库操作。

表分组是解决跨分片数据连接的一种很好的思路，也是一条重要的数据切分规划规则。

19.5.7 MyCAT 全局表

在一个真实的业务系统中，往往存在大量的类似字典表的表，这些表基本很少变动。字典表具有以下几个特性：

（1）变动不频繁；
（2）数据量总体变化不大；
（3）数据规模不大，很少超过数十万条记录。

19.5.8 分片节点

MyCAT 数据切分后，一个大表被切分到不同的分片数据库，每个表分片所在的数据库就是分片节点。

19.5.9 节点主机

MyCAT 数据切分后，每个分片节点不一定都会独占一台机器，同一机器上面可以有多个分片数据库，这样一个或多个分片节点所在的机器就是节点主机，为了规避单节点主机的并发数限制，应尽量将读写压力高的分片节点均衡地放在不同的节点主机上。

19.5.10 分片规则

MyCAT 数据切分，一个大表被分成若干个分片表，需要一定的规则，按照某种业务规则把数据分到某个分片的规则就是分片规则。数据切分选择合适的分片规则非常重要，将极大地降低后续数据处理的难度。

19.5.11 MyCAT 多租户

多租户技术又称多重租赁技术，是一种软件架构技术，用于实现在多用户的环境下共用相同的系统或程序组件，并且仍可确保各用户间数据的隔离性。

在云计算时代，多租户技术在共用的数据中心以单一系统架构与服务提供多数客户端相同甚至可定制化的服务，并且仍然可以保障客户的数据隔离。

目前各种各样的云计算服务就是这类技术范畴，例如，阿里云数据库服务（relational database service，RDS）、阿里云服务器（elastic compute service，ECS）等。

19.6 数据多租户方案

目前互联网多租户在数据存储上有三种主要的方案，即独立数据库、共享数据库和共享数据库共享架构。

19.6.1 独立数据库

多租户第一种方案,即一个租户一个数据库,这种方案的用户数据隔离级别最高,安全性最好,但成本也高。

该方案优点如下:

(1)为不同的租户提供独立的数据库,有助于简化数据模型的扩展设计,满足不同租户的独特需求;

(2)如果出现故障,恢复数据比较简单。

该方案缺点如下:

(1)数据库的安装数量增大;

(2)数据库维护成本和购置成本增加。

这种方案与传统的一个客户、一套数据、一套部署类似,差别只在于软件统一部署在运营商那里。如果面对的是银行、医院等需要非常高的数据隔离级别的租户,可以选择这种模式,提高租用的定价。如果定价较低,产品走低价路线,这种方案一般对运营商来说是无法承受的。

19.6.2 共享数据库,隔离数据架构

多租户第二种方案,即多个或所有租户共享数据库,但是每个租户独享一个模式。

该方案优点如下:

(1)为安全性要求较高的租户提供了一定程度的逻辑数据隔离,并不是完全隔离;

(2)每个数据库可以支持更多的租户数量。

该方案缺点如下:

(1)如果出现故障,数据恢复比较困难,因为恢复数据库将牵涉其他租户的数据;

(2)如果需要跨租户统计数据,存在一定困难。

19.6.3 共享数据库,共享数据架构

多租户第三种方案,即租户共享同一个数据库、同一个模式,但在表中通过 TenantID 区分租户的数据。这是共享程度最高、隔离级别最低的模式。

该方案优点如下:

(1)在三种方案中维护和购置成本最低;

(2)允许每个数据库支持的租户数量最多。

该方案缺点如下:

（1）隔离级别最低，安全性最低，需要在设计开发时加大对安全的开发量；

（2）数据备份和恢复最困难，需要逐表逐条备份和还原；

（3）如果希望以最少的服务器为最多的租户提供服务，并且租户接受以牺牲隔离级别换取成本的降低，这种方案最适合。

19.7　MyCAT 数据切分

简单来说，就是指通过某种特定的条件，将存放在同一个数据库中的数据分散存放到多个数据库（主机）中，以达到分散单台设备负载的效果。根据数据的切分规则，可以分为两种切分模式：

（1）按照不同的表（或者模式）切分到不同的数据库（主机），这种切分可以称为数据的垂直（纵向）切分；

（2）根据表中数据的逻辑关系，将同一个表中的数据按照某种条件切分到多台数据库（主机）中，这种切分称为数据的水平（横向）切分。

垂直切分的最大特点就是规则简单，实施也更为方便，尤其适合各业务之间的耦合度非常低、相互影响很小、业务逻辑非常清晰的系统。在这种系统中，可以很容易做到将不同业务模块所使用的表切分到不同的数据库中。根据不同的表进行切分，对应用程序的影响也更小，切分规则也会比较简单清晰。

与垂直切分相比，水平切分相对来说稍微复杂一些。因为要将同一个表中的不同数据切分到不同的数据库中，对于应用程序来说，切分规则本身较根据表名切分更为复杂，后期的数据维护也会更复杂。

19.7.1　垂直切分

数据库由很多表构成，每个表对应不同的业务，垂直切分是指按照业务将表进行分类，分布到不同的数据库，这样也就将数据或者说压力分担到不同的数据库。

一个架构设计较好的应用系统，其总体功能肯定是由很多个功能模块组成的，而每一个功能模块所需要的数据对应到数据库中就是一个或者多个表。而在架构设计中，各个功能模块相互之间的交互点越统一、越少，系统的耦合度就越低，系统各个模块的维护性以及扩展性也就越好。这样的系统，实现数据的垂直切分也就越容易。

系统中有些表往往难以做到完全独立，存在扩库连接（join）的情况。对于这类的表，就需要平衡，是数据库让步业务，共用一个数据源，还是切分成多个库，业务之间通过接口调用。在系统初期，数据量比较少，或者资源有限的情况下，会选择共用数据源，但是当数据发展到了一定的规模，负载很大的时候，就必须切分。

业务存在复杂连接的场景是难以切分的，往往业务独立的易于切分。如何切分，切分到何种程度是考验技术架构的一个难题。

垂直切分的优点有以下几个：

（1）拆分后业务清晰，拆分规则明确；

（2）系统之间整合或扩展容易；

（3）数据维护简单。

垂直切分的缺点有以下几个：

（1）部分业务表无法连接，只能通过接口方式解决，提高了系统复杂度；

（2）受每种业务不同的限制，存在单库性能瓶颈，不易扩展，不易提升性能的问题；

（3）事务处理复杂。由于垂直切分是按照业务的分类将表分散到不同的库，所以有些业务表会过于庞大，存在单库读写与存储瓶颈，所以需要水平切分。

19.7.2 水平切分

相对于垂直切分，水平切分并不是将表做分类，而是按照某个字段的某种规则分散到多个库中，每个表中包含一部分数据。可以将数据的水平切理解为按照数据行的切分，就是将表中的某些行切分到一个数据库，而另外的某些行切分到其他数据库。

切分数据就需要定义分片规则。关系型数据库是行列的二维模型，切分的第一原则是找到切分维度。例如，从会员的角度分析，商户订单交易类系统中查询会员某天的某个订单，则需要按照会员结合日期切分，不同的数据按照会员 ID 做分组，这样所有的数据查询连接都会在单库内解决；如果从商户的角度，要查询某个商家某天所有的订单数，则需要按照商户 ID 做切分；但是如果系统既想按会员数据切分，又想按商家数据切分，则会有一定的困难。如何找到合适的分片规则需要综合考虑衡量。

19.8 典型的分片规则

数据库切分规则如下：

（1）按照用户 ID 求模，将数据分散到不同的数据库，具有相同数据的用户数据都被分散在一个库中；

（2）按照日期，将不同月甚至日的数据分散到不同的库中；

（3）按照某个特定的字段求模，或者根据特定范围段分散到不同的库中。

数据库切分优点如下：

（1）不存在单库大数据高并发的性能瓶颈；

（2）应用端改造较少；

(3)提高了系统的稳定性和负载能力。

数据库切分缺点如下：

(1)切分规则难以抽象；

(2)分片事务一致性难以解决；

(3)数据多次扩展难度和维护量极大；

(4)跨库连接（join）性能较差。

垂直切分、水平切分共同的缺点如下：

(1)引入分布式事务的问题；

(2)存在跨节点连接的问题；

(3)存在跨节点合并排序分页的问题；

(4)存在多数据源管理的问题。

针对数据源管理，目前主要有以下两种思路：

(1)客户端模式，在每个应用程序模块中配置管理自己需要的一个（或者多个）数据源，直接访问各个数据库，在模块内完成数据的整合；

(2)通过中间代理层统一管理所有的数据源，后端数据库集群对前端应用程序透明。可能90%以上的人在面对上面这两种解决思路的时候，都会倾向于选择第二种方法，尤其是系统不断变得庞大复杂的时候。确实，这是一个非常正确的选择，虽然短期内需要付出的成本可能相对更大一些，但是对整个系统的扩展性来讲，是非常有帮助的。

数据切分的原则如下：

(1)能不切分尽量不要切分；

(2)如果切分，一定要选择合适的切分规则，并提前规划好；

(3)数据切分尽量通过数据冗余或者表分组降低跨库连接的可能；

(4)由于数据库中间件对数据连接实现的优劣难以把握，且实现高性能的难度极大，因此业务读取尽量少使用多表连接。

19.9　MyCAT 安装配置

MyCAT 系统安装环境如下：

```
192.168.149.128    MyCAT
192.168.149.129    MYSQL-MASTER
192.168.149.130    MYSQL-SLAVE
```

MyCAT 安装之前，需要先安装 Java 语言的软件开发工具包（Java development kit，JDK），安装版本对应的安装包为 jdk1.7.0_75.tar.gz：

```
tar -xzf jdk1.7.0_75.tar.gz
mkdir -p /usr/java/
mv jdk1.7.0_75 /usr/java/
```

配置 Java 环境变量，在/etc/profile 文件中添加如下语句：

```
export JAVA_HOME=/usr/java/jdk1.7.0_75
export CLASSPATH=$CLASSPATH:$JAVA_HOME/lib:$JAVA_HOME/jre/lib
export PATH=$JAVA_HOME/bin:$JAVA_HOME/jre/bin:$PATH:$HOME/bin
source  /etc/profile              #使环境变量立刻生效
java   -version                   #查看 java 版本，显示版本为 1.7.0_75，证明安装成功
```

官网下载 MyCAT 最新稳定版本 1.6，网址为 http://www.mycat.io/。

```
wget http://dl.mycat.io/1.6-RELEASE/Mycat-server-1.6-RELEASE-202110282
04710-linux.tar.gz
tar xzf Mycat-server-1.6-RELEASE-20211028204710-linux.tar.gz
mv mycat/ /usr/local/
```

进入 MyCAT 主目录。MyCAT 配置目录详解如下。

（1）bin 程序目录下存放了 Windows 版本和 Linux 版本启动脚本，除了提供封装服务的版本之外，还提供了 nowrap 的 Shell 脚本命令，方便大家选择和修改。进入 bin 目录。

① 首先使用命令 chmod +x *授权，然后在 Linux 下运行：./mycat console。

② MyCAT 支持的命令包括 console、start、stop、restart、status、dump。

（2）conf 目录下存放的配置文件如下。

① server.xml 为 MyCAT 服务器参数调整和用户授权的配置文件。

② schema.xml 为逻辑库定义和表及分片定义的配置文件。

③ rule.xml 为分片规则的配置文件，分片规则的具体参数信息单独存放为文件，也在这个目录下。配置文件修改后，需要重启 MyCAT 或者通过 9066 端口重载。

（3）lib 目录下主要存放 MyCAT 依赖的一些 jar 文件。

① 日志存放在 logs/mycat.log 中，每天一个文件，日志的配置是在 conf/log4j.xml 中，根据自己的需要，可以调整输出级别为 debug。

② Catlet 支持跨分片复杂的 SQL 语句实现以及存储过程支持。

基于 MyCAT 实现读写分离，只需要涉及两个 MyCAT 配置文件，分别是 server.xml 和 schema.xml 文件。

其中 server.xml 文件主要配置段内容如下：

```
<user name="jfedu1">
        <property name="password">jfedu1</property>
        <property name="schemas">testdb</property>
</user>
<user name="jfedu2">
        <property name="password">jfedu2</property>
        <property name="schemas">testdb</property>
```

```
            <property name="readOnly">true</property>
</user>
```

创建 jfedu1、jfedu2 两个用户用于连接 MyCAT 中间件：

（1）用户名 jfedu1，密码 jfedu1，对逻辑数据库 testdb 具有增删改查的权限，即 Web 连接 MyCAT 的用户名和密码；

（2）用户名 jfedu2，密码 jfedu2，该用户对逻辑数据库 testdb 具有只读权限。

其中 schema.xml 文件主要配置内容如下：

```
<?xml version="1.0"?>
<!DOCTYPE mycat:schema SYSTEM "schema.dtd">
<mycat:schema xmlns:mycat="http://io.mycat/">
<schema name="testdb" checkSQLschema="false" sqlMaxLimit="1000" dataNode="dn1">
</schema>
<dataNode name="dn1" dataHost="localhost1" database="discuz" />
<dataHost name="localhost1" maxCon="2000" minCon="1" balance="0" writeType="1" dbType="mysql" dbDriver="native" switchType="1"  slaveThreshold="100">
<heartbeat>select  user()</heartbeat>
<writeHost host="hostM1" url="192.168.149.129:3306" user="root" password="123456">
<readHost host="hostS1" url="192.168.149.130:3306" user="root" password="123456" />
</writeHost>
</dataHost>
</mycat:schema>
```

按照以上配置逻辑，数据库 testdb 必须和 server.xml 文件中用户指定的 testdb 数据库名称一致，否则会报错。如下为配置文件详解：

```
<?xml version="1.0"?>
#xml 文件格式
<!DOCTYPE mycat:schema SYSTEM "schema.dtd">
#文件标签属性
<mycat:schema xmlns:mycat="http://io.mycat/">
#MyCAT 起始标签
<schema name="testdb" checkSQLschema="false" sqlMaxLimit="1000" dataNode="dn1">
</schema>
#配置逻辑库，与 server.xml 指定库名保持一致，绑定数据节点 dn1
<dataNode name="dn1" dataHost="localhost1" database="discuz" />
#添加数据节点 dn1，设置数据节点 host 名称，同时设置数据节点真实 database 为 discuz
<dataHost name="localhost1" maxCon="2000" minCon="1" balance="0" writeType="1" dbType="mysql" dbDriver="native" switchType="1"  slaveThreshold="100">
#数据节点主机，绑定数据节点，设置连接数及均衡方式、切换方法、驱动程序、连接方法
```

balance 均衡策略设置如下：

（1）balance=0，不开启读写分离机制，所有读操作都发送到当前可用的 writeHost；

（2）balance=1，全部的 readHost 与 stand by writeHost 参与 select 语句的负载均衡，简而言之，当双主双从模式（M1→S1，M2→S2，且 M1 与 M2 互为主备）在正常情况下，M2、S1、S2 都将参与 select 语句的负载均衡；

（3）balance=2，所有读操作都随机在 readHost 和 writeHost 上分发；

（4）balance=3，所有读请求随机分发到 wiriteHost 对应的 readHost 执行，writeHost 不负担读压力。

writeType 写入策略设置如下：

（1）writeType=0，所有写操作发送到配置的第一个 writeHost；

（2）writeType=1，所有写操作都随机地发送到配置的 writeHost；

（3）writeType=2，不执行写操作。

switchType 策略设置如下：

（1）switchType=-1，表示不自动切换；

（2）switchType=1，默认值，自动切换；

（3）switchType=2，基于 MySQL 主从同步的状态决定是否切换；

（4）switchType=3，基于 MySQL galary cluster 的切换机制（适合集群）。

```
<heartbeat>select  user()</heartbeat>
#检测后端 MySQL 实例,SQL 语句
<writeHost host="hostM1" url="192.168.149.129:3306" user="root"  password=
"123456">
<readHost host="hostS1" url="192.168.149.130:3306" user="root" password=
"123456" />
</writeHost>
#指定读写请求，同时转发至后端 MySQL 真实服务器，配置连接后端 MySQL 的用户名和密码（该用
#户名和密码为 MySQL 数据库的用户名和密码）
</dataHost>                                          #数据主机标签
</mycat:schema>                                      #mycat 结束标签
```

19.10　MyCAT 读写分离测试

MyCAT 配置完毕后，直接启动即可，命令为/usr/local/mycat/bin/mycat start，如图 19-4 所示。

查看 8066 和 9066 端口是否启动，其中 8066 用于 Web 连接 MyCAT，9066 用于 SA|DBA 管理端口，命令如下，如图 19-5 所示。

```
netstat -ntl|grep -E --color "8066|9066"
```

进入 MyCAT 命令行界面，命令如下，如图 19-6 所示。

```
mysql -h192.168.149.128 -ujfedu1 -pjfedu1 -P8066
```

图 19-4 MyCAT 服务启动

图 19-5 MyCAT 服务端口

图 19-6 MyCAT 命令行终端

查看数据源，以 9066 端口登录，执行命令如下，如图 19-7 所示。

```
show @@datasource;
```

停止 slave 数据库，所有读写请求均指向 Master 数据库，如图 19-8 所示。

图 19-7　MyCAT 查看数据源

图 19-8　MyCAT 读写请求

19.11　MyCAT 管理命令

MyCAT 自身有类似其他数据库的管理监控方式，可以通过 MySQL 命令行，登录管理端口（9066）执行相应的 SQL 语句进行管理，也可以通过 JDBC 的方式进行远程连接管理。本小节主要讲解命令行的管理操作。

其中 8066 数据端口，9066 管理端口登录方式类似于 MySQL 的服务器登录。

```
mysql  -h192.168.149.128  -ujfedu1  -pjfedu1  -P8066
mysql  -h192.168.149.128  -ujfedu1  -pjfedu1  -P9066
-h      #后面是主机，即当前 MyCAT 安装的主机地址
-u      #Mycat server.xml 中配置的逻辑库用户
-p      #Mycat server.xml 中配置的逻辑库密码
-P      #后面是端口，默认为 9066。注意 P 是大写
```

数据端口与管理端口的端口修改，数据端口默认为 8066，管理端口默认为 9066，需要修改配置文件 server.xml，将如下代码加入其中，如将数据库端口改成 3306：

```
<property name="serverPort">3306</property> <property name="managerPort">9066</property>
```

9066 管理端口登录后，执行 show @@help 命令可以查看所有命令，如图 19-9 所示。

```
mysql> show @@help;
+-------------------------------------------+-------------------------------------------------+
| STATEMENT                                 | DESCRIPTION                                     |
+-------------------------------------------+-------------------------------------------------+
| show @@time.current                       | Report current timestamp                        |
| show @@time.startup                       | Report startup timestamp                        |
| show @@version                            | Report Mycat Server version                     |
| show @@server                             | Report server status                            |
| show @@threadpool                         | Report threadPool status                        |
| show @@database                           | Report databases                                |
| show @@datanode                           | Report dataNodes                                |
| show @@datanode where schema = ?          | Report dataNodes                                |
| show @@datasource                         | Report dataSources                              |
| show @@datasource where dataNode = ?      | Report dataSources                              |
| show @@datasource.synstatus               | Report datasource data synchronous              |
| show @@datasource.syndetail where name=?  | Report datasource data synchronous detail       |
| show @@datasource.cluster                 | Report datasource galary cluster variables      |
| show @@processor                          | Report processor status                         |
| show @@command                            | Report commands status                          |
| show @@connection                         | Report connection status                        |
| show @@cache                              | Report system cache usage                       |
| show @@backend                            | Report backend connection status                |
| show @@session                            | Report front session details                    |
| show @@connection.sql                     | Report connection sql                           |
| show @@sql.execute                        | Report execute status                           |
| show @@sql.detail where id = ?            | Report execute detail status                    |
| show @@sql                                | Report SQL list                                 |
```

图 19-9　MyCAT 命令列表

常见管理命令如下。

（1）查看 MyCAT 版本，命令如下：

```
show @@version;
```

（2）查看当前的库，命令如下：

```
show @@database;
```

（3）查看 MyCAT 数据节点的列表，命令如下：

```
show @@datanode;
```

其中，NAME 表示数据节点（dataNode）的名称；dataHost 表示对应 dataHost 属性的值，即数据主机；ACTIVE 表示活跃连接数；IDLE 表示闲置连接数；SIZE 对应总连接数量。

（4）查看心跳报告，命令如下：

```
show @@heartbeat;
```

（5）查看 MyCAT 的前端连接状态，命令如下：

```
show @@connection\G;
```

（6）显示后端连接状态，命令如下：

```
show @@backend\G;
```

（7）显示数据源，命令如下：

```
show @@datasource;
```

19.12　MyCAT 状态监控

MyCAT-Web 是基于 MyCAT 的一个性能监控工具，可以更有效地使用、管理、监控 MyCAT，让 MyCAT 工作更加高效。MyCAT-Web 的运行依赖 ZooKeeper，ZooKeeper 作为配置中心，需要提前安装 Zookeeper 服务。

MyCAT 监控支持有如下特点：

（1）支持对 MyCAT、MySQL 性能监控；
（2）支持对 MyCAT 的 JVM 内存提供监控服务；
（3）支持对线程的监控；
（4）支持对操作系统的 CPU、内存、磁盘、网络的监控。

ZooKeeper 安装配置如下：

```
wget http://apache.opencas.org/zookeeper/zookeeper-3.4.6/zookeeper-3.4.6.tar.gz
tar --xzvf zookeeper-3.4.6.tar.gz -C /usr/local/
cd /usr/local/zookeeper-3.4.6/
cd conf
cp zoo_sample.cfg zoo.cfg
cd /usr/local/zookeeper-3.4.6/bin/
./zkServer.sh start
```

安装配置 MyCAT-Web，代码如下：

```
wget http://dl.mycat.io/mycat-web-1.0/Mycat-web-1.0-SNAPSHOT-20210102153329-linux.tar.gz
tar -xvf Mycat-web-1.0-SNAPSHOT-20210102153329-linux.tar.gz -C /usr/local/
#修改 Zookeeper 注册中心地址
cd /usr/local/mycat-web/mycat-web/WEB-INF/classes
vim mycat.properties
zookeeper=127.0.0.1:2181
#启动 MyCAT-Web 服务即可
cd /usr/local/mycat-web/
./start.sh &
```

通过浏览器访问，访问地址是 http://192.168.149.128:8082/mycat/。

连接 MyCAT 服务器，填写相应配置和查看其状态，如图 19-10 所示。

图 19-10　连接 MyCAT 服务器

（a）MyCAT 配置管理填写；（b）MyCAT 配置管理查询；（c）MyCAT 物理节点状态展示

第 20 章 LAMP 架构企业实战

Linux 操作系统下的 LAMP（Linux+Apache+MySQL/MariaDB+Perl/PHP/Python）是一组用来搭建动态网站的开源软件架构，本身是各自独立的软件服务，放在一起使用，拥有了越来越高的兼容度，共同组成了一个强大的 Web 应用程序平台。

本章介绍互联网主流企业架构 LAMP 应用案例、PHP 解释性语言详解、LAMP 组合通信原理、LAMP 企业源码架设、LAMP 拓展及使用 Redis 提升 LAMP 性能优化等。

20.1 LAMP 企业架构简介

随着开源潮流的蓬勃发展，开放源代码的 LAMP 已经与 J2EE 和.Net 商业软件形成三足鼎立之势，且利用 LAMP 软件开发的项目在软件方面的投资成本较低，因此受到整个 IT 界的关注。LAMP 架构受到大多数中小企业运维、DBA、程序员的青睐。

Apache 默认只能发布静态网页，而 LAMP 组合可以发布静态+PHP 动态页面。静态页面通常指不与数据库发生交互的页面，是一种基于万维网联盟（World Wide Web consortium，W3C）规范的网页书写格式，是一种统一协议语言。静态页面被设计好之后，一般很少修改，不随着浏览器参数改变而内容改变。需注意的是动态的图片也属于静态文件。从 SEO 角度来讲，HTML 页面更有利于搜索引擎的爬行和收录。常见的静态页面以.html、.gif、.jpg、.jpeg、.bmp、.png、.ico、.txt、.js、.css 等结尾。

动态页面通常指与数据库发生交互的页面，内容展示丰富，功能非常强大，实用性广。从 SEO 角度来讲，搜索引擎很难全面爬取和收录动态网页，因为动态网页会随着数据库更新、参数变更而发生改变。常见的动态页面以.jsp、.php、.do、.asp、.cgi、.apsx 等文件后缀结尾。

20.2 Apache 与 PHP 工作原理

LAMP 企业主流架构最重要的三个环节，一是 Apache Web 服务器，二是 PHP（PHP: Hypertext Preprocessor）语言，三是 MySQL 数据库。

Apache Web 服务器主要基于多模块工作，依赖 PHP 服务器应用编程接口（server application programming interface，SAPI）处理方式中的 PHP_MODULE 解析以.php 结尾的文件，如图 20-1 所示。

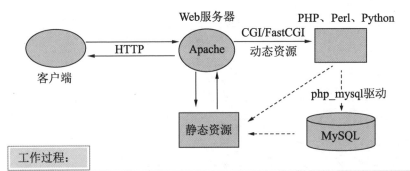

图 20-1 Apache+PHP mod 工作原理

PHP 语言是一种适用于 Web 开发的动态语言。PHP 语言内核基于 C 语言实现包含大量组件的软件框架，是一种功能强大的解释型脚本语言。PHP 语言底层运行机制如图 20-2 所示。

PHP 语言底层工作原理包括 4 个部分。

（1）Zend 引擎，属于 PHP 内核部分，负责将 PHP 代码解析为可执行 opcode 的处理并实现相应的处理方法，实现基本的数据结构、内存分配及管理，提供相应的 API 方法供外部调用，是一切的核心，所有的外围功能均围绕 Zend 引擎实现。

（2）Extensions，围绕着 Zend 引擎，Extensions 通过组件的方式提供各种基础服务，各种内置函数、标准库等都通过 Extension 实现。

（3）SAPI，通过一系列钩子函数运行。基于 SAPI 可以让 PHP 代码与外部进行数据交互。常见的 SAPI 编程接口处理方法包括以下三种。

① apache2handler：以 apache 作为 Web 服务器，采用 MOD_PHP 模式运行时候的处理方式。

② cgi：Web 服务器和 PHP 代码的另一种直接交互方式，快速公共网关接口（fast common gateway interface，FastCGI）协议。

③ cli：命令行调用的应用模式。

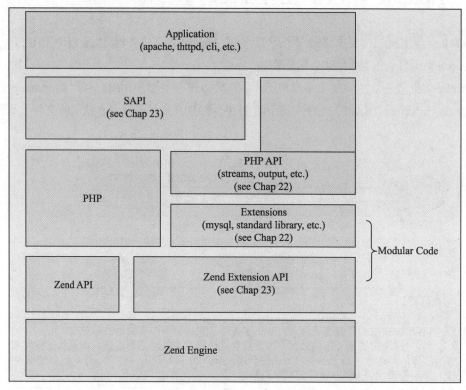

图 20-2　PHP 底层处理机制

（4）APP 代码应用，又称 PHP 代码程序，基于 SAPI 接口生成不同的应用模式，从而被 PHP 引擎解析。

当用户在浏览器地址中输入域名或者域名+PHP 页面，向 HTTP Web 服务器 Apache 发起 HTTP 请求，Web 服务器接受该请求，并根据其后缀判断。如果请求的页面文件名以.php 结尾，Web 服务器就从硬盘或者内存中取出该 PHP 文件，将其发送给 PHP 引擎程序。

PHP 引擎程序会对 Web 服务器传送过来的文件进行扫描并根据命令从后台读取、处理数据，并动态地生成相应的 HTML 页面。然后 PHP 引擎程序将生成的 HTML 页面返回给 Web 服务器，最终 Web 服务器将 HTML 页面返回客户端浏览器，浏览器基于 MIME 类型进行解析并展示给用户页面。

20.3　LAMP 企业安装配置

构建 LAMP 架构有两种方法，一是使用 yum 在线安装，另外一种是基于 LAMP 源码编译安装。yum 在线安装方法如下：

```
yum install httpd httpd-devel mysql mysql-server mysql-devel php php-devel php-mysql -y
service httpd restart
service mysqld restart
```

yum 方式安装简单、快捷，但如果需要添加扩展的功能和模块，则需使用源码包的方式编译安装 LAMP。以下为 LAMP 源码编译安装的步骤。

（1）Apache Web 安装，先安装 apr、apr-utils 库包。

```
yum install apr-devel apr-util-devel -y;
cd /usr/src ;
wget http://mirror.bit.edu.cn/apache/httpd/httpd-2.2.31.tar.gz
tar xzf httpd-2.2.31.tar.gz
cd httpd-2.2.31
./configure --prefix=/usr/local/apache --enable-so --enable-rewrite
make
make install
```

（2）MySQL 数据库安装，基于 MySQL 5.5 编译安装，通过 cmake、make、make install 三个步骤实现。

```
wget http://down1.chinaunix.net/distfiles/mysql-5.5.20.tar.gz
yum install cmake make ncurses-devel ncurses -y
cmake . -DCMAKE_INSTALL_PREFIX=/usr/local/mysql55 \
-DMYSQL_UNIX_ADDR=/tmp/mysql.sock \
-DMYSQL_DATADIR=/data/mysql \
-DSYSCONFDIR=/etc \
-DMYSQL_USER=mysql \
-DMYSQL_TCP_PORT=3306 \
-DWITH_XTRADB_STORAGE_ENGINE=1 \
-DWITH_INNOBASE_STORAGE_ENGINE=1 \
-DWITH_PARTITION_STORAGE_ENGINE=1 \
-DWITH_BLACKHOLE_STORAGE_ENGINE=1 \
-DWITH_MYISAM_STORAGE_ENGINE=1 \
-DWITH_READLINE=1 \
-DENABLED_LOCAL_INFILE=1 \
-DWITH_EXTRA_CHARSETS=1 \
-DDEFAULT_CHARSET=utf8 \
-DDEFAULT_COLLATION=utf8_general_ci \
-DEXTRA_CHARSETS=all \
-DWITH_BIG_TABLES=1 \
-DWITH_DEBUG=0
make
make install
```

将源码安装的 MySQL 数据库服务设置为系统服务，可以使用 chkconfig 工具管理，并启动 MySQL 数据库。

```
cd /usr/local/mysql55/
\cp support-files/my-large.cnf /etc/my.cnf
\cp support-files/mysql.server /etc/init.d/mysqld
chkconfig --add mysqld
chkconfig --level 35 mysqld on
mkdir -p /data/mysql
useradd mysql
/usr/local/mysql55/scripts/mysql_install_db --user=mysql --datadir=/data/mysql/ --basedir=/usr/local/mysql55/
ln -s /usr/local/mysql55/bin/* /usr/bin/
service mysqld restart
```

（3）PHP 服务安装，PHP 服务需与 Apache、MySQL 进行整合，如图 20-3 所示，参数命令如下：

```
cd /usr/src
wget http://mirrors.sohu.com/php/php-5.3.28.tar.bz2
tar jxf php-5.3.28.tar.bz2
cd php-5.3.28;
./configure --prefix=/usr/local/php5 --with-config-file-path=/usr/local/php5/etc
--with-apxs2=/usr/local/apache2/bin/apxs
--with-mysql=/usr/local/mysql55/
make
make install
```

（4）Apache+PHP 源码整合。

为了能让 Apache 发布 PHP 页面，需要将 PHP 服务安装完成后的 libphp5.so 模块与 Apache 进行整合，通过 vim httpd.conf 命令编辑配置文件，加入以下代码：

```
LoadModule          php5_module modules/libphp5.so
AddType             application/x-httpd-php  .php
DirectoryIndex      index.php index.html index.htm
```

（5）测试 Apache+PHP 环境。

创建 PHP 测试页面，在/usr/local/apache/htdocs 目录下创建 index.php 测试页面，执行以下命令自动创建。

```
cat >/usr/local/apache/htdocs/index.php<<EOF
<?php
phpinfo();
?>
EOF
```

```
Installing PHP CLI man page:        /usr/local/php5/man/man1/
Installing build environment:       /usr/local/php5/lib/php/build/
Installing header files:            /usr/local/php5/include/php/
Installing helper programs:         /usr/local/php5/bin/
  program: phpize
  program: php-config
Installing man pages:               /usr/local/php5/man/man1/
  page: phpize.1
  page: php-config.1
Installing PEAR environment:        /usr/local/php5/lib/php/
[PEAR] Archive_Tar      - installed: 1.3.11
[PEAR] Console_Getopt   - installed: 1.3.1
warning: pear/PEAR requires package "pear/Structures_Graph" (recommended version 1.0.4)
warning: pear/PEAR requires package "pear/XML_Util" (recommended version 1.2.1)
[PEAR] PEAR             - installed: 1.9.4
Wrote PEAR system config file at: /usr/local/php5/etc/pear.conf
You may want to add: /usr/local/php5/lib/php to your php.ini include_path
[PEAR] Structures_Graph- installed: 1.0.4
[PEAR] XML_Util         - installed: 1.2.1
/usr/src/php-5.3.28/build/shtool install -c ext/phar/phar.phar /usr/local/php5/bin
ln -s -f /usr/local/php5/bin/phar.phar /usr/local/php5/bin/phar
Installing PDO headers:             /usr/local/php5/include/php/ext/pdo/
[root@node2 php-5.3.28]#
```

图 20-3　LAMP 源码编译整合

重新启动 Apache 服务，在浏览器中输入 Apache Web 的 IP 进行访问，如图 20-4 所示，即代表 LAMP 源码环境整合成功。

PHP Version 5.3.28

System	Linux node2 2.6.18-308.el5 #1 SMP Tue Feb 21 20:06:06 EST 2012 x86_64
Build Date	May 26 2014 14:34:36
Configure Command	'./configure' '--prefix=/usr/local/php5' '--with-config-file-path=/usr/local/php/etc' '--with-apxs2=/usr/local/apache/bin/apxs' '--with-mysql=/usr/local/mysql/'
Server API	Apache 2.0 Handler
Virtual Directory Support	disabled
Configuration File (php.ini) Path	/usr/local/php/etc
Loaded Configuration File	(none)
Scan this dir for additional .ini files	(none)
Additional .ini files parsed	(none)
PHP API	20090626
PHP Extension	20090626
Zend Extension	220090626

图 20-4　Apache+PHP 测试页面

（6）Discuz PHP 论坛安装。

LAMP 源码整合完毕之后，在 Dicuz 官网下载 Discuz 开源 PHP 软件包，将软件包解压并发布在 Apache htdocs 发布目录，代码如下：

```
cd      /usr/src ;
wget  http://download.comsenz.com/DiscuzX/3.1/Discuz_X3.1_SC_UTF8.zip
unzip  Discuz_X3.1_SC_UTF8.zip -d /usr/local/apache/htdocs/
cd      /usr/local/apache/htdocs/;\mv upload/* .
chmod 757  -R  data/ uc_server/ config/ uc_client/
```

通过浏览器访问 Apache Web IP，如图 20-5 所示，单击 "我同意" 按钮。

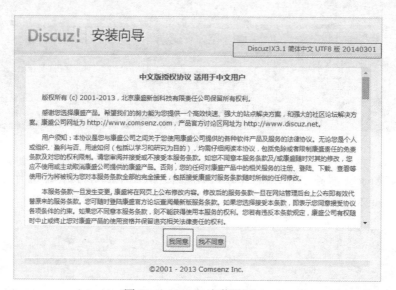

图 20-5　Discuz 安装界面一

进入如图 20-6 所示界面，进行数据库安装，如果不存在则需要新建数据库并授权。

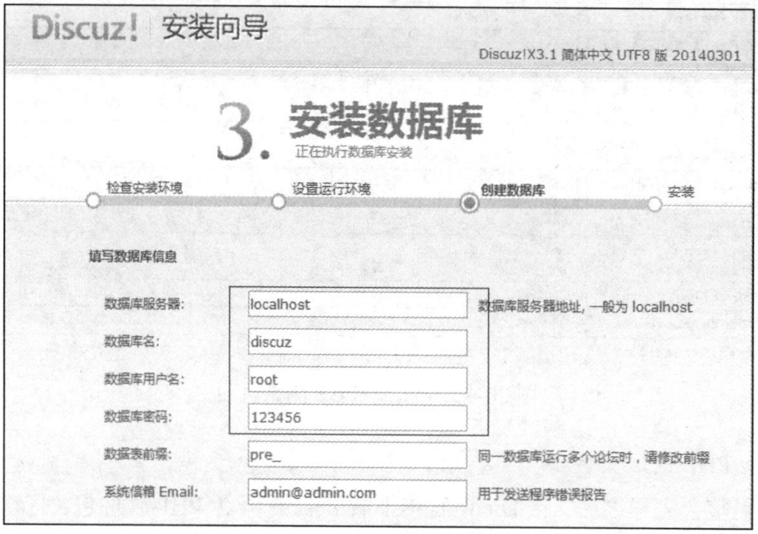

图 20-6　Discuz 安装界面二

MySQL 数据库命令行中创建 PHP 连接 MySQL 的用户及密码，命令如下：

```
create database discuz charset=utf8;
grant all on discuz.* to root@'localhost' identified by "123456";
```

单击"下一步"按钮，直至安装完成，浏览器将自动跳转至如图 20-7 所示界面。

图 20-7 Discuz 安装界面三

20.4 LAMP 企业架构拓展实战

以上 LAMP 服务均安装至单台服务器，随着用户访问量不断增加，单台服务器压力逐渐增加，那如何优化 LAMP 架构，拆分 LAMP 架构，把 Apache 和 MySQL 数据库分开放在不同的服务器？

LAMP 架构拆分的目的在于缓解单台服务器的压力，可以将 PHP 服务、MySQL 数据库单独安装至多台服务器。本节将实现 LAMP+MySQL 的架构，即将 MySQL 单独拆分。其部署方法有以下两种。

（1）yum 安装 LAMP 多机方案。

在 Apache Web 服务器只需执行如下代码：

```
yum install httpd httpd-devel php-devel php php-mysql -y
```

在 MySQL 数据库服务器只需执行如下代码：

```
yum install mysql-server mysql mysql-devel mysql-libs -y
```

（2）源码安装 LAMP 多机方案。

要实现源码安装 LAMP 多机方案，Apache Web 服务与 MySQL 数据库服务分别部署在不同的服务器即可。PHP 服务与 Apache 服务部署在一台服务器，PHP 服务编译参数时加入如下代码进行 LAMP 的整合，其中 mysqlnd 为 PHP 服务远程连接 MySQL 数据库服务器的一种方式：

```
./configure --prefix=/usr/local/php5 \
--with-mysql=mysqlnd  --with-mysqli=mysqlnd  --with-pdo-mysql=mysqlnd \
--with-apxs2=/usr/local/apache2/bin/apxs
make
make  install
```

20.5　LAMP+Redis 企业实战

LAMP 在企业生产环境中，除了将 MySQL 单独部署在其他服务器，由于 MySQL 数据库压力很大，还会对 MySQL 实现主从复制及读写分离，同时会对 PHP 服务进行优化。通常 PHP 服务的优化手段包括 PHP 代码本身优化、PHP 配置文件优化、为 PHP 服务添加缓存模块、将 PHP 服务数据存入缓存等。

20.5.1　Redis 入门简介

Redis 是一个开源的使用 ANSI C 语言编写、支持网络、可基于内存也可持久化的日志型、key-value 数据库，并提供多种语言的 API。

和 memcached 缓存类似，Redis 支持存储的 value 类型相对更多，包括 string（字符串）、list（链表）、set（集合）、zset（有序集合）和 hash（哈希类型）。不过 Redis 的数据可以持久化，且支持的数据类型很丰富，有字符串、链表、集合和有序集合。支持在服务器计算集合的并、交和补集（difference）等，还支持多种排序功能。Redis 也被看成一个数据结构服务器。

Redis 很大程度上弥补了 memcached 这类 key-value 存储的不足，在部分场合可以对关系数据库起到很好的补充作用。Redis 支持 Java、C/C++、C#、PHP、JavaScript、Perl、Object-C、Python、Ruby、Erlang 等语言，方便易用，得到 IT 工作者的青睐。

Redis 支持主从同步，数据可以从主服务器向任意数量的从服务器上同步，从服务器可以是关联其他从服务器的主服务器。这使得 Redis 可执行单层树复制，由于完全实现了发布/订阅机制，从数据库在任何地方同步树时，可订阅一个频道并接收主服务器完整的消息发布记录，同步对读取操作的可扩展性和数据冗余很有帮助。

目前使用 Redis 的互联网企业有京东、百度、腾讯、阿里巴巴、新浪等。表 20-1 所示为目前主流数据库简单功能对比。

表 20-1　常见数据库功能对比

名称	数据库类型	数据存储选项	操作类型	备注
Redis	内存存储，NoSQL 数据库	支持字符串、列表、集合、散列表、有序集合	增、删、修改、更新	支持分布式集群、主从同步及高可用、单线程
Memcached	内存缓存数据库，键值对	键值之间的映射	增、删、修改、更新	支持多线程
MySQL	典型关系数据库，RDBMS	数据库由多表组成，每张表包含多行	增、删、修改、更新	支持ACID性质
PostgreSQL	典型关系数据库，RDBMS	数据库由多表组成，每张表包含多行	增、删、修改、更新	支持ACID性质
MongoDB	硬盘存储，NoSQL 数据库	数据库包含多个表	增、删、修改、更新	主从复制、分片、副本集、空间索引

20.5.2　LAMP+Redis 工作机制

LAMP+Redis 工作机制：用户通过浏览器访问 LAMP 网站，并以用户名和密码登录网站，默认 Redis 缓存中没有该用户名和密码对应列表，PHP 程序会读取 MySQL 数据库中的用户名和密码，然后将用户名和密码缓存至 Redis 中，下次用户通过浏览器再次使用同样的用户名和密码登录网站，PHP 程序无须从数据库中读取该用户和密码信息，而是直接优先从 Redis 缓存中读取并返回，从而减轻 MySQL 数据库的压力。

Redis 数据库除了可以缓存用户名和密码，还可以缓存 PHP 论坛中的各种数据，例如，用户帖子、用户动态等。

要实现将 LAMP PHP 网站相关数据存入 Redis 数据库，需要 Redis 服务器、PHP-Redis 连接驱动、PHP 代码连接修改等。

20.5.3　LAMP+Redis 操作案例

LAMP PHP 连接 Redis 数据库，首先需安装 Redis 服务器，安装连接驱动，然后修改 PHP 网站配置文件，具体操作步骤如下。

（1）LAMP+Redis 实战环境配置。

```
LAMP 服务器：  192.168.149.128
Redis 主数据库： 192.168.149.129
Redis 从数据库： 192.168.149.130
```

（2）192.168.149.129 服务器安装部署 Redis 服务，代码如下：

```
wget     http://download.redis.io/releases/redis-2.8.13.tar.gz
tar    zxf       redis-2.8.13.tar.gz
```

```
cd       redis-2.8.13
make     PREFIX=/usr/local/redis  install
cp       redis.conf    /usr/local/redis/
```

将/usr/local/redis/bin/目录添加至环境变量配置文件/etc/profile 的末尾，然后在 shell 终端执行 source /etc/profile 命令让环境变量生效。

```
export PATH=/usr/local/redis/bin:$PATH
```

使用 nohup 命令在后台启动及停止 Redis 服务命令：

```
nohup /usr/local/redis/bin/redis-server /usr/local/redis/redis.conf &
/usr/local/redis/bin/redis-cli -p 6379 shutdown
```

（3）安装 PHP-Redis 连接驱动。

要确保 PHP 能够连接 Redis 缓存服务器，需添加 PHP Redis 扩展程序，添加方法如下：

```
wget https://github.com/phpredis/phpredis/archive/3.1.2.tar.gz
tar xzf 3.1.2.tar.gz
/usr/local/php5/bin/phpize
cd phpredis-3.1.2/
./configure --with-php-config=/usr/local/php5/bin/php-config --enable-redis
make
make install
```

vim 修改/usr/local/php5/lib/php.ini 配置文件，添加 redis.so 模块，代码如下：

```
extension_dir = "/usr/local/php5/lib/php/extensions/no-debug-zts-20090626"
extension=redis.so
```

重启 Apache 服务，写入 phpinfo 测试页面，通过浏览器访问，如图 20-8 所示，检查到存在 Redis 模块即可。

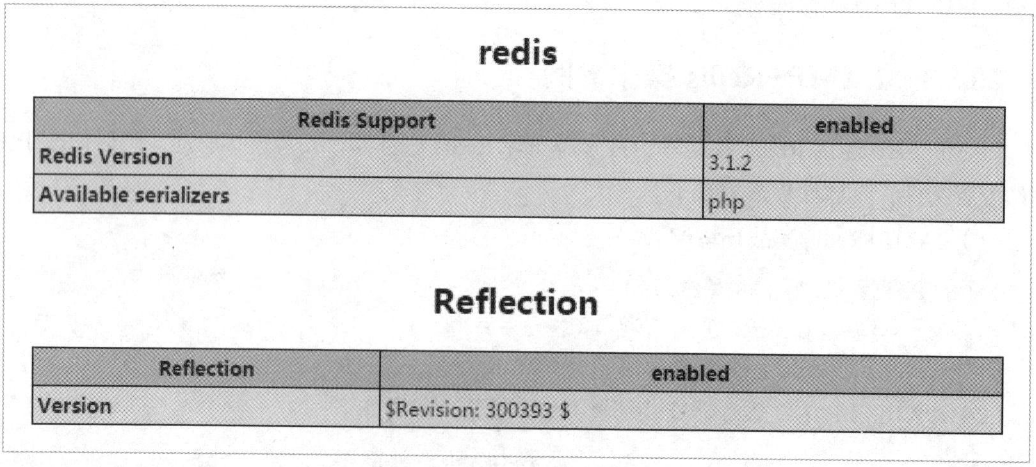

redis

Redis Support	enabled
Redis Version	3.1.2
Available serializers	php

Reflection

Reflection	enabled
Version	$Revision: 300393 $

图 20-8　PHP Redis 模块添加

（4）LAMP+Redis 缓存测试。

登录 192.168.149.128 上的 Web 服务器，修改 Discuz PHP 网站发布目录/usr/local/apache2/htdcos 中的全局配置文件 config_global.php，查找 CONFIG MEMORY 段，将 Redis server 后的内容改为 Redis 主服务器的 IP 192.168.149.129 即可，如图 20-9 所示。

```
// ------------------------- CONFIG MEMORY -----------------
$_config['memory']['prefix']    = 'IOkLan_';
$_config['memory']['redis']['server']     = '192.168.149.129';
$_config['memory']['redis']['port']       = 6379;
$_config['memory']['redis']['pconnect']   = 1;
$_config['memory']['redis']['timeout']    = '0';
$_config['memory']['redis']['requirepass']= '';
$_config['memory']['redis']['serializer'] = 1;

$_config['memory']['memcache']['server']   = '';
$_config['memory']['memcache']['port']     = 11211;
$_config['memory']['memcache']['pconnect'] = 1;
$_config['memory']['memcache']['timeout']  = 1;
```

图 20-9 PHP Redis 配置文件修改

通过浏览器访问 Apache PHP 论坛网站，同时登录 Redis 服务器，执行命令 redis-cli 进入 Redis 命令行，执行命令 KEYS *，如图 20-10 所示，存在以 IOkLan 开头的 key，则证明 Redis 成功缓存 LAMP+Discuz 网站信息数据。

```
[root@www-jfedu-net ~]# redis-cli
127.0.0.1:6379>
127.0.0.1:6379> KEYS *
 1) "IOkLan_forum_index_page_1"
 2) "IOkLan_style_default"
 3) "IOkLan_magic"
 4) "IOkLan_usergroups"
 5) "IOkLan_creditrule"
 6) "IOkLan_common_member_field_home_2"
 7) "IOkLan_usergroup_7"
 8) "IOkLan_userstats"
 9) "IOkLan_cronnextrun"
10) "IOkLan_plugin"
11) "IOkLan_common_member_count_1"
12) "IOkLan_onlinelist"
13) "IOkLan_adminmenu"
14) "IOkLan_onlinerecord"
15) "IOkLan_common_member_field_home_1"
```

图 20-10 Redis 缓存 LAMP KEYS 数据

（5）测试 Redis 缓存是否生效。

访问 LAMP+Discuz 网站，创建论坛用户名为 jfedu666，密码为 jfedu666 的测试用户，此时用户数据第一次注册，用户名和密码会写入 MySQL 数据库表，同时该数据也会写入 Redis 缓存，如图 20-11 所示。

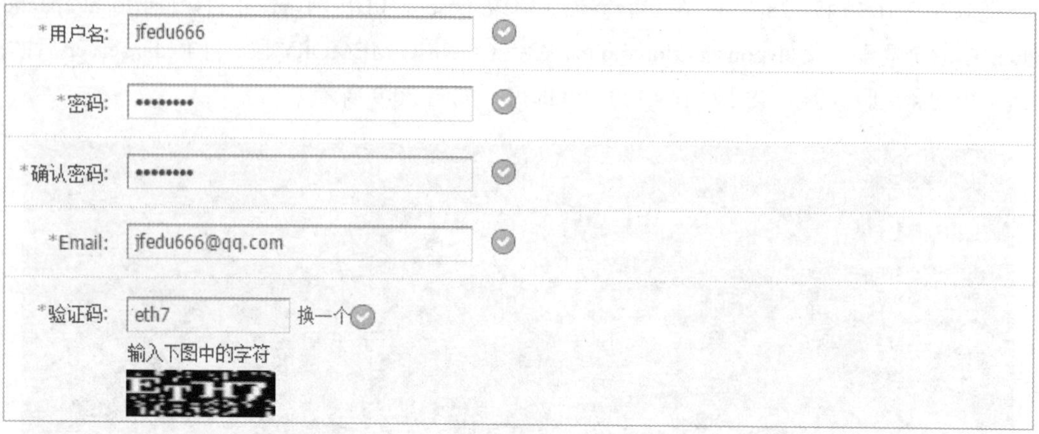

（a）

```
mysql>
mysql>
mysql> select uid,email,username,password from pre_common_member;
+-----+--------------------+------------+-----------------------------------
| uid | email              | username   | password
+-----+--------------------+------------+-----------------------------------
|   1 | admin@admin.com    | admin      | b2698f250316a7b6f6b8b8df80bae3
|   2 | jfedu@qq.com       | jfedu      | 15a67a7ada8faf14e164184eb1313a
|   3 | jfedujfedu@163.com | jfedujfedu | c730c9b640b5c63479e34011b979c7
|   5 | jfedu666@qq.com    | jfedu666   | a777c022d7c92fbcb3e5b25e3a8398
+-----+--------------------+------------+-----------------------------------
4 rows in set (0.00 sec)
```

（b）

```
29) "IOKLan_creditrule"
30) "IOKLan_fields_required"
31) "IOKLan_common_member_5"
32) "IOKLan_userapp"
redis 127.0.0.1:6379> get IOKLan_common_member_5
"a:23:{s:3:\"uid\";s:1:\"5\";s:5:\"email\";s:15:\"jfedu666@qq.com
32:\"a777c022d7c92fbcb3e5b25e3a83983a\";s:6:\"status\";s:1:\"0\";
:\"0\";s:16:\"videophotostatus\";s:1:\"0\";s:7:\"adminid\";s:1:\
\"0\";s:11:\"extgroupids\";s:0:\"\";s:7:\"regdate\";s:10:\"149705
1:\"0\";s:10:\"timeoffset\";s:4:\"9999\";s:5:\"newpm\";s:1:\"0\";
2:\"allowadmincp\";s:1:\"0\";s:18:\"onlyacceptfriendpm\";s:1:\"0\
"
redis 127.0.0.1:6379>
```

（c）

图 20-11　测试 Redis 缓存是否生效

（a）创建论坛测试用户和密码；（b）MySQL 数据库用户查询；（c）Redis 缓存测试案例

将用户名为 jfedu666 的用户从 MySQL Discuz 库的 pre_common_member 表中删除，如果通过该用户依然可以正常登录 Web 网站，则证明此时读取的是 Redis 缓存，如图 20-12 所示。

图 20-12　测试是否读取 Redis 缓存

（a）删除数据库用户名和密码；（b）用户名和密码登录 discuz 论坛 1；（c）用户名和密码登录 discuz 论坛 2

20.6 Redis 配置文件详解

Redis 是一个内存数据库。其配置文件 Redis.conf 中常用参数的详解如下，后面章节会继续深入讲解。

```
#daemonize no  Linux Shell 终端运行 redis，改为 yes 即后台运行 Redis 服务
daemonize yes
#当运行多个 Redis 服务时，需要指定不同的 pid 文件和端口
pidfile /var/run/redis_6379.pid
#指定 redis 运行的端口，默认是 6379
port 6379
#在高并发的环境中，为避免慢客户端的连接问题，需要设置一个高速后台日志
tcp-backlog 511
#指定 Redis 只接收来自该 IP 地址的请求，如果不进行设置，那么将处理所有请求
#bind 192.168.1.100 10.0.0.1
#bind 127.0.0.1
#设置客户端连接时的超时时间，单位为 s。当客户端在这段时间内没有发出任何指令，那么关闭该
#连接
timeout 0
#在 Linux 上，指定值（s）用于发送 ACKs 的时间。注意关闭连接需要双倍的时间。默认为 0
tcp-keepalive 0
#Redis 总共支持四个日志级别：debug、verbose、notice、warning，默认为 verbose
debug                                  #记录很多信息，用于开发和测试
varbose                                #有用的信息，不像 debug 会记录那么多
notice                                 #普通的 verbose，常用于生产环境
warning                                #只有非常重要或者严重的信息会记录到日志
loglevel notice
#配置 log 文件地址
#默认值为 stdout，标准输出，后台模式下会输出到 /dev/null
logfile /var/log/redis/redis.log
#可用数据库的个数
#默认值为 16，默认数据库为 0，数据库范围在 0~(database-1) 之间
databases 16
#数据写入磁盘快照设置
#保存数据到磁盘，格式如下
#save <seconds> <changes>
#指出在多长时间内，有多少次更新操作，就将数据同步到数据文件 rdb
#相当于条件触发抓取快照，这个可以多个条件配合
#比如默认配置文件中的设置，就设置了三个条件
save 900 1                             #900 s 内至少有 1 个 key 被改变
save 300 10                            #300 s 内至少有 300 个 key 被改变
save 60 10000                          #60 s 内至少有 10000 个 key 被改变
```

```
#save 900 1
#save 300 10
#save 60 10000
#后台存储错误停止写
stop-writes-on-bgsave-error yes
#存储至本地数据库时（持久化到 rdb 文件）是否压缩数据，默认为 yes
rdbcompression yes
#本地持久化数据库文件名，默认值为 dump.rdb
dbfilename dump.rdb
#工作目录
#数据库镜像备份的文件放置的路径
#这里的路径跟文件名要分开配置，因为 Redis 在进行备份时，先会将当前数据库的状态写入一个
#临时文件，等备份完成，再把该临时文件替换为上面所指定的文件，而这里的临时文件和上面所配
#置的备份文件都会放在这个指定的路径下
#AOF 文件也会存放在这个目录下
#注意这里必须制定一个目录而不是文件
dir /var/lib/redis/
################################ 复制 ################################
#主从复制，设置该数据库为其他数据库的从数据库
#设置当本机为 Slave 服务器时，设置 Master 服务器的 IP 地址及端口，在 Redis 启动时，它会
#自动从 Master 进行数据同步
slaveof <masterip><masterport>
#当 Master 服务设置了密码保护时（用 requirepass 指定的密码）
#Slave 服务器连接 Master 服务器的密码
masterauth <master-password>
#当从数据库同主机失去连接或者复制正在进行，从数据库有两种运行方式
#(1)  如果 slave-serve-stale-data 设置为 yes（默认设置），从数据库会继续响应客户
#端的请求
#(2)  如果 slave-serve-stale-data 为 no，INFO 和 SLAVOF 命令之外的任何请求都会
#返回一个错误"SYNC with master in progress"
slave-serve-stale-data yes
#配置 Slave 实例是否接受写。写 Slave 数据对存储短暂数据（在与 Master 数据同步后可以很
#容易地被删除）是有用的，但未配置的情况下，客户端无法写入数据
#从 Redis 2.6 后，默认 Slave 为 read-only（只读）
slaveread-only yes
#从数据库会按照一个时间间隔向主数据库发送 PINGs。可以通过 repl-ping-slave-period
#命令设置这个时间间隔，默认是 10s
repl-ping-slave-period 10
#repl-timeout  设置主数据库批量数据传输时间或者 ping 回复时间间隔，默认值是 60s
#一定要确保 repl-timeout 大于 repl-ping-slave-period
repl-timeout 60
#在 slave socket 的 SYNC 后禁用 TCP_NODELAY
#如果选择 yes，Redis 将使用一个较小的数字 TCP 数据包和更少的带宽将数据发送到 Slave
```

```
#服务器，但是这可能导致数据发送到 Slave 服务器会有延迟，如果是 Linux kernel 的默
#认配置，会达到 40 ms
#如果选择 no，则发送数据到 Slave 服务器的延迟会降低，但将使用更多的带宽用于复制
repl-disable-tcp-nodelay no
#设置复制的后台日志大小
#复制的后台日志越大，Slave 服务器断开连接及后来可能执行部分复制花的时间就越长
#后台日志在至少有一个 Slave 服务器连接时，仅分配一次
repl-backlog-size 1mb
#在 Master 不再连接 Slave 后，后台日志将被释放。下面的配置定义从最后一个 slave 断开
#连接后需要释放的时间（s）
#0 意味着从不释放后台日志
repl-backlog-ttl 3600
#如果 Master 服务器不能再正常工作，那么会在多个 Slave 服务器中，选择优先值最小的一个
#Slave 服务器提升为 Master 服务器，优先值为 0 表示不能提升为 Master 服务器
#slave-priority 100
#如果少于 N 个 Slave 服务器连接，且延迟时间≤Ms，则 Master 服务器可配置停止接受写操作
#例如需要至少 3 个 Slave 连接，且延迟≤10 s 的配置
min-slaves-to-write 3
min-slaves-max-lag 10
#设置 0 为禁用
#默认 min-slaves-to-write 为 0（禁用），min-slaves-max-lag 为 10
################################ 安全 ####################################
#设置客户端连接后进行任何其他指定前需要使用的密码
#警告：因为 Redis 速度相当快，所以在一台比较好的服务器下，一个外部的用户可以在 1s
#进行 150000 次的密码尝试，这意味着需要指定非常强大的密码防止暴力破解
requirepass jfedu
#命令重命名
#在一个共享环境下可以重命名相对危险的命令。比如把 CONFIG 重名为一个不容易猜测的字符
#举例
rename-command CONFIG b840fc02d524045429941cc15f59e41cb7be6c52
#如果想删除一个命令，直接把它重命名为一个空字符 "" 即可，如下
rename-command CONFIG ""
################################约束####################################
#设置同一时间最大客户端连接数，默认无限制
#Redis 可以同时打开的客户端连接数为 Redis 进程可以打开的最大文件描述符数
#如果设置 maxclients 0，表示不作限制
#当客户端连接数到达限制时，Redis 会关闭新的连接并向客户端返回 max number of clients
#reached 的错误信息
maxclients 10000
#指定 Redis 最大内存限制，Redis 在启动时会把数据加载到内存中，达到最大内存后，
#Redis 会按照清除策略尝试清除已到期的 Key
#如果 Redis 依照策略清除后无法提供足够空间，或者策略设置为 noeviction，则使用更多空
#间的命令将会报错，例如 SET，LPUSH 等。但仍然可以进行读取操作
```

```
#注意：Redis 新的 vm 机制，会把 Key 存放进内存，value 会存放在 swap 区
#该选项对 LRU 策略很有用
#maxmemory 的设置比较适合于把 Redis 当作类似 memcached 的缓存使用，而不适合当作一个
#真实的数据库
#当把 Redis 当做一个真实的数据库使用时，内存使用将是一个很大的开销
maxmemory <bytes>
#当内存达到最大值的时候 Redis 会选择删除哪些数据？有五种方式可
#供选择
#volatile-lru ->    利用 LRU 算法移除设置过期时间的 key (lru,Least RecentlyUsed
#最近使用)
allkeys-lru ->              #利用 LRU 算法移除任何 key
volatile-random ->          #移除设置过期时间的随机 key
allkeys->random ->          #移除一个随机 key
volatile-ttl ->             #移除即将过期的 key(minor TTL)
noeviction ->               #不移除任何 key，只是返回一个写错误
#注意：对于上面的策略，如果没有合适的 key 可以移除，当写的时候 Redis 会返回一个错误
#默认是:volatile-lru
maxmemory-policy volatile-lru
#LRU 和 minimal TTL 算法都不是精准的算法，但是相对精确的算法（为了节省内存），可
#以选择任意大小样本进行检测
#Redis 默认会选择 3 个样本进行检测，可以通过 maxmemory-samples 进行设置
maxmemory-samples 3############################# AOF####################
###########
#默认情况下,Redis 会在后台把数据库镜像异步地备份到磁盘，但是该备份是非常耗时的,且
#备份也不能很频繁，如果发生诸如拉闸限电、拔插头等状况，那么将造成比较大范围的数据丢失
#所以 Redis 提供了另外一种更加高效的数据库备份及灾难恢复方式
#开启 append only 模式之后，Redis 会把所接收到的每一次写操作请求都追加到
#appendonly.aof 文件中，当 Redis 重新启动时，会从该文件恢复之前的状态
#但是这样会造成 appendonly.aof 文件过大，所以 Redis 还支持了 BGREWRITEAOF 指令，
#对 appendonly.aof 进行重新整理。
#可以同时开启 asynchronous dumps 和 AOF
appendonly  no
#AOF 文件名称（默认为 appendonly.aof）
appendfilename  appendonly.aof
Redis                          #支持三种同步 AOF 文件的策略
no                             #不进行同步，系统操作
always                         #表示每次有写操作都进行同步
everysec                       #表示对写操作进行累积，每秒同步一次
#默认是 everysec，按照速度和安全折中这是最好的
#如果想让 Redis 能更高效地运行，也可以设置为 no，让操作系统决定什么时候执行
#如果想让数据更安全也可以设置为 always
#如果不确定就用 everysec
appendfsync always
```

```
appendfsync everysec
appendfsync no
#AOF 策略设置为 always 或者 everysec 时,后台处理进程(后台保存或者 AOF 日志重写)
#会执行大量的 I/O(输入/输出)操作
#在某些 Linux 配置中会阻止过长的 fsync() 请求。注意现在没有任何修复,即使 fsync 在
#另外一个线程进行处理
#为了减缓这个问题,可以设置下面这个参数 no-appendfsync-on-rewrite
no-appendfsync-on-rewrite no
#AOF   自动重写
#当 AOF 文件增加到一定大小的时候 Redis 能够调用 BGREWRITEAOF 对日志文件进行重写
#它是这样工作的: Redis 会记住上次进行此日志后文件的大小 (如果从开机以来还没进行过
#重写,那日志大小在开机的时候确定)
#同时需要指定一个最小大小用于 AOF 重写,这个用于阻止即使文件很小但是增长幅度很大也会
#重写 AOF 文件的情况
#设置 percentage 为 0 就关闭这个特性
auto-aof-rewrite-percentage 100
auto-aof-rewrite-min-size 64mb
######## # LUA SCRIPTING #########
#一个 Lua 脚本最长的执行时间为 5000 ms(5 s),如果为 0 或负数
#表示无限执行时间
lua-time-limit 5000
###############################LOW LOG############################
#Redis Slow Log   记录超过特定执行时间的命令。执行时间不包括 I/O(输入/输出)计算,比
#如连接客户端、返回结果等,只是命令执行时间
#可以通过两个参数设置 slow log:一个是告诉 Redis 执行超过多少时间被记录的参数
#slowlog-log-slower-than(µs)另一个是 slow log 的长度。当一个新命令被记录的时候
#最早的命令将被从队列中移除
#下面的时间以 µs 为单位,因此 1000000 代表 1s
#注意指定一个负数关闭慢日志,设置为 0 将强制每个命令都会记录
slowlog-log-slower-than 10000
#   对日志长度没有限制,只是要注意它会消耗内存
#   可以通过 slowlog reset 回收被慢日志消耗的内存
#   推荐使用默认值 128,当慢日志超过 128 时,最先进入队列的记录会被踢出
slowlog-max-len 128
```

20.7 Redis 常用配置

Redis 缓存服务器命令行中常用命令如下:

```
#Redis  CONFIG 命令格式如下
redis 127.0.0.1:6379> CONFIG GET|SET CONFIG_SETTING_NAME
CONFIG  GET  *                              #获取 Redis 服务器所有配置信息
CONFIG  SET  loglevel  "notice"             #设置 Redis 服务器日志级别
```

```
CONFIG SET requirepass "jfedu"
AUTH   jfedu
redis-cli -h host -p port -a password    #远程连接 Redis 数据库
CLIENT GETNAME                 #获取连接的名称
CLIENT SETNAME                 #设置当前连接的名称
CLUSTER SLOTS                  #获取集群节点的映射数组
COMMAND                        #获取 Redis 命令详情数组
COMMAND COUNT                  #获取 Redis 命令总数
COMMAND GETKEYS                #获取给定命令的所有键
TIME                           #返回当前服务器时间
CONFIG GET parameter           #获取指定配置参数的值
CONFIG SET parameter value     #修改 Redis 配置参数，无须重启
CONFIG RESETSTAT               #重置 INFO 命令中的某些统计数据
DBSIZE                         #返回当前数据库的 key 的数量
DEBUG OBJECT key               #获取 key 的调试信息
DEBUG SEGFAULT                 #让 Redis 服务崩溃
FLUSHALL                       #删除所有数据库的所有 key
FLUSHDB                        #删除当前数据库的所有 key
ROLE                           #返回主从实例所属的角色
SAVE                           #异步保存数据到硬盘
SHUTDOWN                       #异步保存数据到硬盘，并关闭服务器
SLOWLOG                        #管理 Redis 的慢日志
SET  keys  values              #设置 key 为 jfedu, 值为 123
DEL  jfedu                     #删除 key 及值
INFO  CPU                      #查看服务器 CPU 占用信息
KEYS  jfedu                    #查看是存在 jfedu 的 key
KEYS  *                        #查看 Redis 所有的 key
CONFIG REWRITE                 #启动 Redis 时所指定的 redis.conf 配置文件进行改写
INFO [section]                 #获取 Redis 服务器的各种信息和统计数值
SYNC                           #用于复制功能(replication)的内部命令
SLAVEOF host port              #指定服务器的从属服务器(Slave server)
MONITOR                        #实时打印出 Redis 服务器接收到的命令调试用
LASTSAVE                       #返回最近一次 Redis 成功将数据保存到磁盘上的时间
CLIENT PAUSE timeout           #指定时间内终止运行来自客户端的命令
BGREWRITEAOF                   #异步执行一个 AOF(AppendOnly File)文件重写操作
BGSAVE                         #后台异步保存当前数据库的数据到磁盘
```

20.8　Redis 集群主从实战

为了提升 Redis 数据库的可用性，除了备份 Redis dump 数据之外，还需要创建 Redis 主从架构，可以利用从数据库持久化（把数据保存到磁盘上，保证不会因为断电等因素丢失数据）。

Redis 数据库需要经常将内存中的数据同步到磁盘保证持久化。Redis 数据库支持两种持久化方式，一种是 snapshotting（快照），也是默认方式；另一种是 append-only file（aof，替代的持久性方式）。

Redis 主从复制，当用户往 Master 服务器写入数据时，通过 Redis Sync 机制将数据文件发送至 slave 服务器，slave 服务器也会执行相同的操作，确保数据一致；且实现 Redis 的主从复制非常简单。同时 slave 服务器上还可以开启二级 slave 服务器，三级 slave 从数据库，跟 MySQL 的主从类似。

Redis 主从配置非常简单，只需要在 Redis 从数据库 192.168.149.130 的配置文件中设置如下指令，slaveof 表示指定主数据库的 IP，192168.149.129 为 Master 服务器，6379 为 Master 服务器 Redis 端口，配置方法如下。

（1）192.168.149.129 Redis 主数据库的 redis.conf 配置文件如下。

```
daemonize no
pidfile /var/run/redis.pid
port 6379
tcp-backlog 511
timeout 0
tcp-keepalive 0
loglevel notice
logfile ""
databases 16
save 900 1
save 300 10
save 60 10000
stop-writes-on-bgsave-error yes
rdbcompression yes
rdbchecksum yes
dbfilename redis.rdb
dir /data/redis/
slave-serve-stale-data yes
slave-read-only yes
repl-disable-tcp-nodelay no
slave-priority 100
appendonly no
appendfilename "appendonly.aof"
appendfsync everysec
no-appendfsync-on-rewrite no
auto-aof-rewrite-percentage 100
auto-aof-rewrite-min-size 64mb
lua-time-limit 5000
slowlog-log-slower-than 10000
slowlog-max-len 128
latency-monitor-threshold 0
notify-keyspace-events ""
hash-max-ziplist-entries 512
```

```
hash-max-ziplist-value 64
list-max-ziplist-entries 512
list-max-ziplist-value 64
set-max-intset-entries 512
zset-max-ziplist-entries 128
zset-max-ziplist-value 64
hll-sparse-max-bytes 3000
activerehashing yes
client-output-buffer-limit normal 0 0 0
client-output-buffer-limit slave 256mb 64mb 60
client-output-buffer-limit pubsub 32mb 8mb 60
hz 10
aof-rewrite-incremental-fsync yes
```

（2）192.168.149.130 Redis 从数据库的 redis.conf 配置文件如下。

```
daemonize no
pidfile /var/run/redis.pid
port 6379
slaveof 192.168.149.129 6379
tcp-backlog 511
timeout 0
tcp-keepalive 0
loglevel notice
logfile ""
databases 16
save 900 1
save 300 10
save 60 10000
stop-writes-on-bgsave-error yes
rdbcompression yes
rdbchecksum yes
dbfilename redis.rdb
dir /data/redis/
slave-serve-stale-data yes
slave-read-only yes
repl-disable-tcp-nodelay no
slave-priority 100
appendonly no
appendfilename "appendonly.aof"
appendfsync everysec
no-appendfsync-on-rewrite no
auto-aof-rewrite-percentage 100
auto-aof-rewrite-min-size 64mb
lua-time-limit 5000
slowlog-log-slower-than 10000
slowlog-max-len 128
latency-monitor-threshold 0
notify-keyspace-events ""
hash-max-ziplist-entries 512
hash-max-ziplist-value 64
```

```
list-max-ziplist-entries 512
list-max-ziplist-value 64
set-max-intset-entries 512
zset-max-ziplist-entries 128
zset-max-ziplist-value 64
hll-sparse-max-bytes 3000
activerehashing yes
client-output-buffer-limit normal 0 0 0
client-output-buffer-limit slave 256mb 64mb 60
client-output-buffer-limit pubsub 32mb 8mb 60
hz 10
aof-rewrite-incremental-fsync yes
```

（3）重启 Redis 主数据库、从数据库服务，在 Redis 主数据库创建 key 及 key 值，登录 Redis 从数据库查看，如图 20-13 所示。

```
[root@www-jfedu-net-129 ~]# redis-cli
redis 127.0.0.1:6379>
redis 127.0.0.1:6379> set jf1  www.jf1.com
OK
redis 127.0.0.1:6379>
redis 127.0.0.1:6379> set jf2  www.jf2.com
OK
redis 127.0.0.1:6379>
redis 127.0.0.1:6379> set jf3  www.jf3.com
OK
redis 127.0.0.1:6379>
redis 127.0.0.1:6379> get jf1
"www.jf1.com"
redis 127.0.0.1:6379>
redis 127.0.0.1:6379> get jf2
"www.jf2.com"
```

（a）

```
[root@192-168-149-130-jfedu ~]# redis-cli
127.0.0.1:6379>
127.0.0.1:6379>
127.0.0.1:6379> get jf1
"www.jf1.com"
127.0.0.1:6379>
127.0.0.1:6379> get jf2
"www.jf2.com"
127.0.0.1:6379>
127.0.0.1:6379>
127.0.0.1:6379>
127.0.0.1:6379> get jf3
"www.jf3.com"
127.0.0.1:6379>
```

（b）

图 20-13　Redis 创建 key 及 key 值

（a）Redis 主数据库创建 key；（b）Redis 从数据库获取 key 值

20.9 Redis 数据备份与恢复

Redis 数据库中的所有数据都是保存在内存中，Redis 数据备份可以定期通过异步方式保存到磁盘上，该方式称为半持久化模式；如果每一次数据变化都写入 aof 文件，则称为全持久化模式。还可以基于 Redis 主从数据库复制实现 Redis 的备份与恢复。

20.9.1 半持久化 RDB 模式

半持久化 RDB 模式（快照模式）也是 Redis 备份默认方式，是通过快照（snapshotting）完成的，当符合在 Redis.conf 配置文件中设置的条件时，Redis 会自动将内存中的所有数据进行快照并存储在硬盘上，完成数据备份。

Redis 数据库进行快照的条件由用户在配置文件中自定义，由两个参数构成：时间和改动的键个数。当在指定的时间内被更改的键个数大于指定的数值时就会进行快照。在配置文件中已经预置了 3 个条件：

```
save        900 1              #900s 内有至少 1 个键被更改则进行快照
save        300 10             #300s 内有至少 10 个键被更改则进行快照
save        60  10000          #60s 内有至少 10000 个键被更改则进行快照
```

默认可以存在多个条件，条件之间是"或"的关系，只要满足其中一个条件，就会进行快照。如果想要禁用自动快照，只需要将所有的 save 参数删除即可。Redis 数据库会默认将快照文件存储在 Redis 数据目录，默认文件名为 dump.rdb，可以通过配置 dir 和 dbfilename 两个参数指定快照文件的存储路径和文件名。也可以在 Redis 命令行执行 config get dir 命令时获取 Redis 数据保存路径，如图 20-14 所示。

Redis 数据库实现快照的过程如下：使用 fork() 函数复制一份当前进程（父进程）的副本（子进程），父进程继续接收并处理客户端发来的命令，而子进程开始将内存中的数据写入硬盘中的临时文件，当子进程写入完所有数据后会用该临时文件替换旧的 RDB 文件，至此一次快照操作完成。

执行 fork() 函数时操作系统会使用写时复制（copy-on-write）策略，即 fork() 函数发生的一刻父子进程共享同一内存数据，当父进程要更改其中某些数据时，操作系统会将该部分数据复制一份以保证子进程的数据不受影响，所以新的 RDB 文件存储的是执行 fork() 函数一刻的内存数据。

Redis 数据库在进行快照的过程中不会修改 RDB 文件，只有快照结束后才会将旧的文件替换成新的，也就是说任何时候 RDB 文件都是完整的。这使得用户可以通过定时备份 RDB 文件实现 Redis 数据库备份。

```
111) "slaveof"
112) ""
113) "notify-keyspace-events"
114) ""
115) "bind"
116) ""
redis 127.0.0.1:6379> config get dir
1) "dir"
2) "/data/redis"
redis 127.0.0.1:6379>
redis 127.0.0.1:6379>
redis 127.0.0.1:6379>
redis 127.0.0.1:6379>
redis 127.0.0.1:6379>
```

（a）

```
[root@www-jfedu-net-129 ~]#
[root@www-jfedu-net-129 ~]# ps -ef |grep redis
root      1381  1124  0 09:28 pts/0    00:00:00 /usr/local/redis/bin/re
root      1393  1124  0 09:28 pts/0    00:00:00 grep redis
[root@www-jfedu-net-129 ~]#
[root@www-jfedu-net-129 ~]# cd /data/redis/
[root@www-jfedu-net-129 redis]#
[root@www-jfedu-net-129 redis]# ls
dump.rdb
[root@www-jfedu-net-129 redis]#
[root@www-jfedu-net-129 redis]# ll
total 4
-rw-r--r-- 1 root root 18 Jun 10 09:28 dump.rdb
[root@www-jfedu-net-129 redis]#
```

（b）

图 20-14　Redis 数据目录及 dump.rdb 文件

（a）获取 Redis 数据目录；（b）Redis 数据目录及 dump.rdb 文件

RDB 文件是经过压缩（可以配置 rdbcompression 参数以禁用压缩节省 CPU 占用）的二进制格式，所以占用的空间会小于内存中的数据大小，更加利于传输。除了自动快照，还可以手动发送 SAVE 和 BGSAVE 命令让 Redis 数据库执行快照，两个命令的区别在于，前者是由主进程进行快照操作，会阻塞其他请求，后者会通过创建子进程进行快照操作。

Redis 数据库启动后会读取 RDB 快照文件，将数据从硬盘载入内存，根据数据量大小与结构和服务器性能不同，通常将一个记录 10 000 000 个字符串、大小为 1 GB 的快照文件载入内存需花费 20 ~ 30 s。

通过 RDB 方式实现持久化，一旦 Redis 数据库异常退出，就会丢失最后一次快照以后更改的所有数据。此时需要开发者根据具体的应用场合，通过组合设置自动快照条件的方式将可能发生的数据损失控制在能够接受的范围内。

20.9.2 全持久化 AOF 模式

如果数据很重要无法承受任何损失,可以考虑使用只追加操作的文件(append only file, AOF)方式进行持久化。默认 Redis 数据库没有开启 AOF 方式的全持久化模式。

Redis 数据库在启动时会逐个执行 AOF 文件中的命令将硬盘中的数据写入内存,载入的速度较 RDB 慢一些。开启 AOF 持久化后,每执行一条会更改 Redis 数据库中数据的命令,Redis 数据库就会将该命令写入硬盘中的 AOF 文件。AOF 文件的保存位置和 RDB 文件的位置相同,都通过 dir 参数设置,默认的文件名是 appendonly.aof,可以通过 appendfilename 参数修改该名称。

Redis 数据库允许同时开启 AOF 和 RDB,既保证了数据安全又使备份等操作十分容易。此时重新启动 Redis 数据库后其会使用 AOF 文件恢复数据,因为 AOF 方式的持久化可能会使丢失的数据更少。可以在 redis.conf 中通过 appendonly 参数开启 Redis AOF 全持久化模式。

```
appendonly  yes
appendfilename appendonly.aof
auto-aof-rewrite-percentage 100
auto-aof-rewrite-min-size 64mb
appendfsync always
#appendfsync everysec
#appendfsync no
```

Redis AOF 持久化参数配置详解如下:

```
appendonly  yes                              #开启 Redis AOF 持久化模式
appendfilename appendonly.aof                #AOF 持久化保存文件名
appendfsync always                           #每次执行写入都会执行同步,最安全也最慢
#appendfsync everysec                        #每秒执行一次同步操作
#appendfsync no                              #不主动进行同步操作,而是完全交由操作系统来
                                             #做,每 30s 一次,最快也最不安全
auto-aof-rewrite-percentage  100             #当 AOF 文件大小超过上一次重写时的 AOF 文件大
                                             #小的百分之多少时,会再次进行重写,如果之前没
                                             #有重写过,则以启动时的 AOF 文件大小为依据
auto-aof-rewrite-min-size        64mb        #允许重写的最小 AOF 文件大小配置写入 AOF 文件
                                             #后,要求系统刷新硬盘缓存的机制
```

20.9.3 Redis 主从复制备份

通过持久化功能,Redis 数据库保证了即使在服务器重启的情况下也不会损失(或少量损失)数据。但是由于数据存储在一台服务器上,如果这台服务器的硬盘出现故障,也会导致数据丢失。

为了避免单点故障，希望将数据库复制多个副本以部署在不同的服务器上，即使只有一台服务器出现故障，其他服务器依然可以继续提供服务，这就要求当一台服务器上的数据库更新后，可以自动将更新的数据同步到其他服务器上。Redis 数据库提供了复制（replication）功能可以自动实现同步的过程。通过配置文件在 Redis 从数据库的配置文件中加入 slaveof master-ip master-port 即可，主数据库无须配置。

利用 Redis 主从复制，Web 应用程序可以基于主从同步实现读写分离，以提高服务器的负载能力。在常见的场景中，读的频率一般比较大，当单机 Redis 无法应付大量的读请求时，可以通过复制功能建立多个从数据库，主数据库只进行写操作，而从数据库负责读操作，还可以基于 LVS+keepalived+Redis 对 Redis 实现负载均衡和高可用。

从数据库持久化通常相对比较耗时，为了提高性能，可以通过复制功能建立一个（或若干个）从数据库，并在从数据库中启用持久化，同时在主数据库禁用持久化。

当从数据库崩溃并重启后主数据库会自动将数据同步过来，所以无须担心数据丢失。而当主数据库崩溃时，在从数据库中使用 slaveof no one 命令将从数据库提升成主数据库继续服务，并在原来的主数据库启动后使用 slave of 命令将其设置成新的主数据库的从数据库，即可将数据同步回来。

20.10 CentOS7 Redis Cluster 实战

1. Redis Cluster概念剖析

Redis 3.0 版本之前，可以通过 Redis Sentinel（哨兵）实现高可用（high availability，HA），从 3.0 版本之后，官方推出了 Redis Cluster，其主要用途是实现数据分片（data sharding），也同样可以实现 HA，是官方当前的推荐方案。

在 Redis Sentinel 模式中，每个节点需要保存全量数据，冗余比较多，而在 Redis Cluster 模式中，每个分片只需要保存一部分的数据。对于内存数据库来说，还是要尽量减少冗余，在数据量太大的情况下，故障恢复需要较长时间，另外，内存实在是太贵了。

Redis Cluster 模式采用了 hash 槽的概念，集群会预先分配 16 384 个槽，并将这些槽分配给具体的服务节点，通过对 key 进行 CRC16(key)%16 384 运算确定对应的槽，从而将读写操作转发到该槽所对应的服务节点。

当有新的节点加入或者移除时，再迁移这些槽以及其对应的数据。在这种设计之下，就可以很方便地进行动态扩容或缩容，笔者也比较倾向于这种集群模式。Redis Cluster 结构如图 20-15 所示。

Redis Cluster 模式需要 Redis 3.0 以上的版本支持。

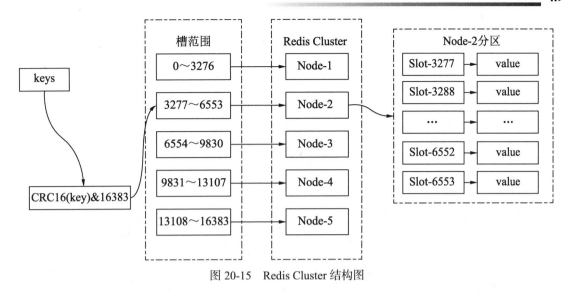

图 20-15　Redis Cluster 结构图

2. Redis Cluster环境准备

至少准备 2 台服务器，每台服务器上部署 3 个实例，一共 2 台服务器 6 个实例。生产环境中建议都在 6 台服务器上搭建，并尽量保证每个 Master 都跟自己的 Slave 不在同一台服务器上。

```
10.10.10.140 7000 7001 7002
10.10.10.141 7000 7001 7002
```

（1）2 台服务器均使用 yum 安装 Redis 数据库的相关软件包，代码如下，如图 20-16 所示。

```
yum install redis redis-trib -y
yum -y install ruby ruby-devel rubygems rpm-build
```

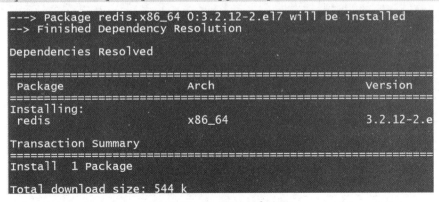

图 20-16　Redis 软件包安装

（2）安装完成后，每台服务器各创建三个数据目录、pid、log 目录，配置 3 个实例配置文件。

```
rm -rf /var/lib/redis/ /var/log/redis/* /var/run/redis*
mkdir -p /var/lib/redis/{7000..7002}
```

```
touch /var/log/redis/redis_{7000..7002}.log
touch /var/run/redis_{7000..7002}.pid
```

(3) redis_7000.conf 配置文件内容如下。

```
bind 0.0.0.0
protected-mode yes
port 7000
tcp-backlog 511
timeout 0
tcp-keepalive 300
daemonize yes
supervised no
pidfile /var/run/redis_7000.pid
loglevel notice
logfile /var/log/redis/redis_7000.log
databases 16
save 900 1
save 300 10
save 60 10000
stop-writes-on-bgsave-error yes
rdbcompression yes
rdbchecksum yes
dbfilename dump.rdb
dir /var/lib/redis/7000
slave-serve-stale-data yes
slave-read-only yes
repl-diskless-sync no
repl-diskless-sync-delay 5
repl-disable-tcp-nodelay no
slave-priority 100
appendonly no
appendfilename "appendonly.aof"
appendfsync everysec
no-appendfsync-on-rewrite no
auto-aof-rewrite-percentage 100
auto-aof-rewrite-min-size 64mb
aof-load-truncated yes
lua-time-limit 5000
cluster-enabled yes
cluster-config-file nodes-7000.conf
cluster-node-timeout 15000
cluster-slave-validity-factor 10
cluster-migration-barrier 1
cluster-require-full-coverage yes
```

```
slowlog-log-slower-than 10000
slowlog-max-len 128
latency-monitor-threshold 0
notify-keyspace-events ""
hash-max-ziplist-entries 512
hash-max-ziplist-value 64
list-max-ziplist-size -2
list-compress-depth 0
set-max-intset-entries 512
zset-max-ziplist-entries 128
zset-max-ziplist-value 64
hll-sparse-max-bytes 3000
activerehashing yes
client-output-buffer-limit normal 0 0 0
client-output-buffer-limit slave 256mb 64mb 60
client-output-buffer-limit pubsub 32mb 8mb 60
hz 10
aof-rewrite-incremental-fsync yes
```

通过 redis_7000.conf 配置文件生成另外 2 个端口的配置文件，命令如下：

```
\cp /etc/redis_7000.conf /etc/redis_7001.conf
\cp /etc/redis_7000.conf /etc/redis_7002.conf
sed -i 's/7000/7001/g' /etc/redis_7001.conf
sed -i 's/7000/7002/g' /etc/redis_7002.conf
```

（4）依次启动 6 个 Redis 实例，命令如下。

```
ps -ef|grep redis|awk '{print $2}'|xargs kill -9
sleep 3;
/usr/bin/redis-server /etc/redis_7000.conf
/usr/bin/redis-server /etc/redis_7001.conf
/usr/bin/redis-server /etc/redis_7002.conf
ps -ef|grep redis
netstat -tnlp|grep redis
#ps -ef|grep redis|awk '{print $2}'|xargs kill -9
```

3. 创建Redis集群（三主三从）

Redis-trib.rb 是官方提供的 Redis Cluster 管理工具，无须额外下载，默认位于源码包的 src 目录下，yum 安装直接产生 redis-trib 命令工具，但因该工具是使用 Ruby 语言开发的，所以需要准备相关的依赖环境。

```
/usr/bin/redis-trib create --replicas 1 10.10.10.140:7000 10.10.10.140:7001
10.10.10.140:7002 10.10.10.141:7000 10.10.10.141:7001 10.10.10.141:7002
```

执行以上命令创建 Redis Cluster 集群，默认是三主三从，会自动选择主数据库和从数据库，无须人工指定，接受默认设置即可，如图 20-17 所示。

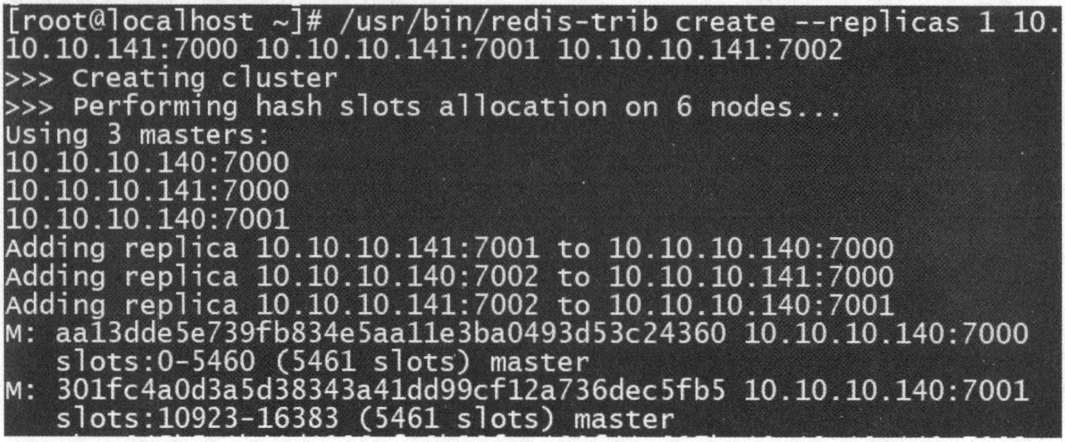

```
[root@localhost ~]# /usr/bin/redis-trib create --replicas 1 10.
10.10.141:7000 10.10.10.141:7001 10.10.10.141:7002
>>> Creating cluster
>>> Performing hash slots allocation on 6 nodes...
Using 3 masters:
10.10.10.140:7000
10.10.10.141:7000
10.10.10.140:7001
Adding replica 10.10.10.141:7001 to 10.10.10.140:7000
Adding replica 10.10.10.140:7002 to 10.10.10.141:7000
Adding replica 10.10.10.141:7002 to 10.10.10.140:7001
M: aa13dde5e739fb834e5aa11e3ba0493d53c24360 10.10.10.140:7000
   slots:0-5460 (5461 slots) master
M: 301fc4a0d3a5d38343a41dd99cf12a736dec5fb5 10.10.10.140:7001
   slots:10923-16383 (5461 slots) master
```

图 20-17　Redis Cluster 集群创建

4. Redis Cluster验证

查看 Redis Cluster 节点状态，代码如下，如图 20-18 所示。

```
redis-cli -c -h 10.10.10.140 -p 7000
info replication
```

```
# Cluster
cluster_enabled:1
10.10.10.140:7000>
10.10.10.140:7000>
10.10.10.140:7000> info replication
# Replication
role:master
connected_slaves:1
slave0:ip=10.10.10.141,port=7001,state=online,offset=127,lag=1
master_repl_offset:127
repl_backlog_active:1
repl_backlog_size:1048576
repl_backlog_first_byte_offset:2
repl_backlog_histlen:126
10.10.10.140:7000>
10.10.10.140:7000>
10.10.10.140:7000>
```

图 20-18　Redis Cluster 集群信息

创建 K-V，输入以下命令：

```
set web www.jfedu.net
```

登录其他节点，查看是否有刚创建的 Web key 即可，如图 20-19 所示。

```
10.10.10.140:7000> set web www.jfedu.net
-> Redirected to slot [9635] located at 10.10.10.141:7000
OK
10.10.10.141:7000>
10.10.10.141:7000> keys *
1) "web"
10.10.10.141:7000>
10.10.10.141:7000> exit
[root@localhost ~]# redis-cli -c -h 10.10.10.141 -p 7000
10.10.10.141:7000>
10.10.10.141:7000> keys *
1) "web"
10.10.10.141:7000> get web
"www.jfedu.net"
```

图 20-19　Redis Cluster 集群测试

5. Redis集群注意事项

（1）Redis 集群至少三主三从，即包含 3 个主服务器和 3 个从服务器。

（2）Redis 集群没有使用一致性哈希，而是引入了哈希槽的概念。Redis 集群有 16 384 个哈希槽，每个 key 通过 CRC16 校验后对 16 384 取模决定放置在哪个槽。集群的每个节点负责一部分哈希槽。如果是三主三从，A 节点崩溃后，从节点 A1 就会顶替 A 节点掌管它的哈希槽，如果 A1 崩溃，其哈希槽就会没有节点掌管，集群就会不可用。

（3）写操作会随机到 3 个主节点上，即使是在从节点上进行的写操作，也会被随机重定向到某个主节点中。

（4）数据是分开存储的，主节点不进行数据的相互同步与复制，数据的复制发生在主节点和其从节点之间。

（5）数据 a 存在于节点 A 中，在节点 B 中查找数据 a，Redis 会自动重定向到节点 A 中进行查找。

（6）Redis 并不能保证数据的强一致性。这意味着在实际中，集群在特定的条件下可能会丢失写操作。比如，写入 A 节点的数据，A 在同步给从节点 A1 的过程中 A 出现死机，未同步过去的数据就会丢失。

（7）默认主节点 A 死机后，从节点 A1 成为主服务器，但当 A 重新启用后并不会重新抢占为主服务器。

20.11　LAMP 企业架构读写分离

LAMP+Discuz+Redis 缓解了 MySQL 的部分压力，但是如果访问量非常大，Redis 缓存中第一次没有缓存数据，会导致 MySQL 数据库压力增大，此时可以基于分库、分表、分布式集群或者读写分离来分担 MySQL 数据库的压力。以读写分离为案例，实现分担 MySQL 数据库的压力。

MySQL 读写分离的原理其实就是让主服务器数据库处理事务性新增、删除、修改、更新操作（create、delete、insert、update），而让 slave 数据库处理选择（select）操作。MySQL 读写分离的前提是基于 MySQL 主从复制，这样可以保证在主服务器上修改数据，从服务器同步之后，Web 应用可以读取到从服务器的数据。

实现 MySQL 读写分离可以基于第三方插件，也可以通过开发修改代码实现，实现读写分离的常见方式有如下四种：

（1）MySQL-Proxy 读写分离；
（2）Amoeba 读写分离；
（3）MyCAT 读写分离；
（4）基于程序读写分离（效率很高，实施难度大，开发需改代码）。

Amoeba 是以 MySQL 为底层数据存储，并对 Web 应用提供 MySQL 协议接口的 proxy（代理服务器）。它集中响应 Web 应用的请求，依据用户事先设置的规则，将 SQL 请求发送到特定的数据库上执行，基于此可以实现负载均衡、读写分离、高可用性等需求。

Amoeba 相当于一个 SQL 请求的路由器，目的是为负载均衡、读写分离、高可用性提供机制，而不是完全实现它们。用户需要结合使用 MySQL 的复制（replication）等机制来实现副本同步等功能。

MySQL-Proxy 是 MySQL 官方提供的 MySQL 中间件服务，支持无数客户端连接，同时后端可连接若干台 MySQL 服务器。MySQL-Proxy 自身基于 MySQL 协议，连接 MySQL-Proxy 的客户端无须修改任何设置，与正常连接 MySQL 服务器没有区别，无须修改程序代码。

MySQL-Proxy 是应用（客户端）与 MySQL 服务器之间的一个连接代理，MySQL-Proxy 负责将应用的 SQL 请求根据转发规则，转发至相应的后端数据库，基于 Lua 脚本，可以实现复杂的连接控制和过滤，从而实现数据读写分离和负载均衡的需求。

MySQL-Proxy 服务允许用户指定 Lua 脚本对 SQL 请求进行拦截，对请求进行分析与修改，还允许用户指定 Lua 脚本对服务器的返回结果进行修改，加入或者去除一些结果集，对 SQL 的请求通常为读请求、写请求。基于 Lua 脚本，可以实现将 SQL 读请求转发至后端从服务器，将 SQL 写请求转发至后端主服务器。

图 20-20 所示为 MySQL-Proxy 读写分离架构图，通过架构图可以清晰地看到 SQL 请求整个流向的过程。

MySQL-Proxy 读写分离架构实战配置如图 20-21 所示，两台 Web 服务器通过 MySQL-Proxy 连接后端 192.168.1.14 和 192.168.1.15 MySQL 服务器。

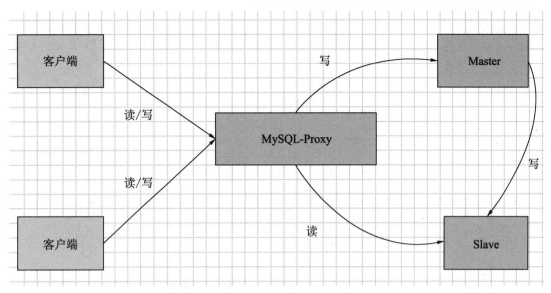

图 20-20　MySQL-Proxy 读写分离流程

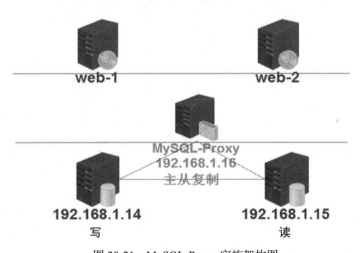

图 20-21　MySQL-Proxy 实施架构图

构建 MySQL 读写分离架构首先需要将两台 MySQL 服务器配置为主从复制（前文已存在，此处省略配置），配置完毕后，在 192.168.1.16 服务器上安装 MySQL-Proxy 服务即可，配置步骤如下。

（1）下载 MySQL-Proxy 软件，解压并保存至/usr/local/mysql-proxy 目录，命令如下。

```
wget http://ftp.ntu.edu.tw/pub/MySQL/Downloads/MySQL-Proxy/mysql-proxy-0.8.4-linux-el6-x86-64bit.tar.gz
useradd -r mysql-proxy
tar -xzvf mysql-proxy-0.8.4-linux-el6-x86-64bit.tar.gz -C /usr/local
mv /usr/local/mysql-proxy-0.8.4-linux-el6-x86-64bit  /usr/local/mysql-
```

proxy

（2）在环境变量配置文件/etc/profile 中加入以下代码并保存，退出，然后执行 source/etc/profile 命令使环境变量配置生效即可。

```
export PATH=$PATH:/usr/local/mysql-proxy/bin/
```

（3）启动 MySQL-Proxy 中间件，命令如下：

```
mysql-proxy --daemon --log-level=debug --user=mysql-proxy --keepalive
--log-file=/var/log/mysql-proxy.log --plugins="proxy" --proxy-backend-
addresses="192.168.1.162:3306"
--proxy-read-only-backend-addresses="192.168.1.163:3306"
--proxy-lua-script="/usr/local/mysql-proxy/share/
doc/mysql-proxy/rw-splitting.lua" --plugins=admin --admin-username=
"admin" --admin-password="admin" --admin-lua-script="/usr/local/mysql-
proxy/lib/mysql-proxy/lua/admin.lua"
```

（4）MySQL-Proxy 的相关参数详解如下：

```
--help-all                                        #获取全部帮助信息
--proxy-address=host:port                         #代理服务监听的地址和端口，默认为4040
--admin-address=host:port                         #管理模块监听的地址和端口，默认为4041
--proxy-backend-addresses=host:port               #后端 MySQL 服务器的地址和端口
--proxy-read-only-backend-addresses=host:port     #后端只读 MySQL 服务器的地址和端口
--proxy-lua-script=file_name                      #完成 MySQL 代理功能的 Lua 脚本
--daemon                                          #以守护进程模式启动 mysql-proxy
--keepalive                                       #在 mysql-proxy 崩溃时尝试重启之
--log-file=/path/to/log_file_name                 #日志文件名称
--log-level=level                                 #日志级别
--log-use-syslog                                  #基于 syslog 记录日志
--plugins=plugin                                  #在 MySQL-Proxy 启动时加载的插件
--user=user_name                                  #运行 MySQL-Proxy 进程的用户
--defaults-file=/path/to/conf_file_name           #默认使用的配置文件路径，其配置段使用
                                                  #[mysql-proxy]标识
--proxy-skip-profiling                            #禁用 profile
--pid-file=/path/to/pid_file_name                 #进程文件名
```

（5）MySQL-Proxy 启动后，在服务器查看端口，其中 4040 为 proxy 代理端口，用于 Web 应用连接，4041 为管理端口，用于 SA 或者 DBA 管理，如图 20-22 所示。

```
[root@localhost ~]# netstat -ntpl|grep mysql-proxy
tcp        0      0 0.0.0.0:4040            0.0.0.0:*               LISTEN      2520/my
sql-proxy
tcp        0      0 0.0.0.0:4041            0.0.0.0:*               LISTEN      2520/my
sql-proxy
[root@localhost ~]#
```

图 20-22　MySQL-Proxy 启动端口

（6）基于4041端口MySQL-Proxy查看读写分离状态，登录4041管理端口，命令如下。

```
mysql -h192.168.1.16 -uadmin -p -P 4041
```

（7）以4041管理口登录，然后执行select命令，如图20-23所示，state（状态）均为up，type（类型）为rw、ro，则证明读写分离成功。如果状态为unknown（未知状态），可以在4040端口登录执行show databases;命令，直到状态变成up为止。

```
select * from backends;
```

```
mysql> select * from backends;
+-------------+------------------+-------+------+------+-------------------+
| backend_ndx | address          | state | type | uuid | connected_clients |
+-------------+------------------+-------+------+------+-------------------+
|           1 | 192.168.1.14:3306| up    | rw   | NULL |                 4 |
|           2 | 192.168.1.15:3306| up    | ro   | NULL |                 0 |
+-------------+------------------+-------+------+------+-------------------+
2 rows in set (0.00 sec)

mysql>
mysql>
```

图20-23　MySQL-Proxy读写分离状态

（8）读写分离数据测试，以3306端口登录到从数据库，进行数据写入和测试，在从数据库上创建jfedu_test测试库，并写入内容，如图20-24所示。

```
mysql> create database jfedu_test;
Query OK, 1 row affected (0.00 sec)

mysql>
mysql>
mysql> use jfedu_test
Database changed
mysql>
mysql> create table t1 (id char(20),name char(20));
Query OK, 0 rows affected (0.04 sec)

mysql>
mysql>
mysql> insert into t1 values (01,'jfedu.net');
Query OK, 1 row affected (0.00 sec)

mysql> insert into t1 values (02,'jfteach.com');
Query OK, 1 row affected (0.00 sec)
```

图20-24　MySQL-Proxy读写分离测试

（9）读写分离数据测试，以4040代理端口登录，执行如下命令，可以查看到数据即证明读写分离成功。

```
mysql -h192.168.1.16 -uroot -p123456 -P4040 -e "select * from jfedu_test.t1;"
```

（10）登录 Apache Web 服务器，修改 Discuz PHP 发布网站/usr/local/apache2/htdcos 目录下全局配置文件 config_global.php，查找 dbhost 段，将 192.168.1.16 改成 192.168.1.16:40404，如图 20-25 所示。

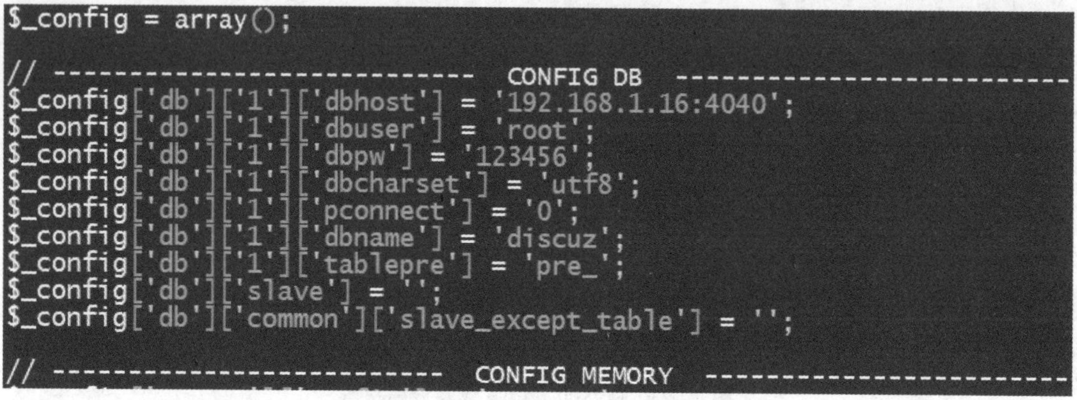

```
$_config = array();
// --------------------------- CONFIG DB ---------------------------
$_config['db']['1']['dbhost'] = '192.168.1.16:4040';
$_config['db']['1']['dbuser'] = 'root';
$_config['db']['1']['dbpw'] = '123456';
$_config['db']['1']['dbcharset'] = 'utf8';
$_config['db']['1']['pconnect'] = '0';
$_config['db']['1']['dbname'] = 'discuz';
$_config['db']['1']['tablepre'] = 'pre_';
$_config['db']['slave'] = '';
$_config['db']['common']['slave_except_table'] = '';
// --------------------------- CONFIG MEMORY ---------------------------
```

图 20-25　MySQL-Proxy 读写分离测试

第 21 章 Zabbix 分布式监控企业实战

企业服务器对用户提供服务，作为运维工程师最重要的工作就是保证该网站正常稳定地运行，需要实时监控网站、服务器的运行状态，出现故障及时处理。

监控网站无须时刻人工访问 Web 网站或登录服务器检查，可以借助开源监控软件（如 Zabbix、Cacti、Nagios、Ganglia 等）实现对网站 7×24 h 的监控，并且做到有故障及时报警通知 SA（系统管理员）解决。

本章介绍企业级分布式监控 Zabbix 入门、Zabbix 监控原理、最新版本 Zabbix 安装实战、Zabbix 批量监控客户端、监控 MySQL、Web 关键词及微信报警等。

21.1 Zabbix 监控系统入门简介

Zabbix 是一个基于 Web 界面提供分布式系统监控的企业级开源解决方案。Zabbix 能监视各种网络参数，保证服务器系统安全稳定地运行，并提供灵活的通知机制以让 SA（系统管理员）快速定位并解决存在的各种问题。Zabbix 分布式监控系统的优点如下：

（1）支持自动发现服务器和网络设备；
（2）支持底层自动发现；
（3）分布式的监控体系和集中式的 Web 管理；
（4）支持主动监控和被动监控模式；
（5）服务器支持 Linux、Solaris、HP-UX、AIX、FreeBSD、OpenBSD、MAC 等多种操作系统；
（6）agent 客户端支持 Linux、Solaris、HP-UX、AIX、FreeBSD、Windows 等多种操作系统；
（7）基于 SNMP、IPMI 接口方式、agent 方式；
（8）安全的用户认证及权限配置；
（9）基于 Web 的管理方法，支持自由的自定义事件和邮件、短信发送；

（10）高水平的业务视图监控资源，支持日志审计、资产管理等功能；

（11）支持高水平 API 二次开发、脚本监控、key 自定义、自动化运维整合调用。

21.2 Zabbix 监控组件及流程

Zabbix 监控组件如图 21-1 所示，主要包括 Zabbix server（服务器）、Zabbix proxy（代理服务器）、agent（客户端）、Zabbix Web、database。

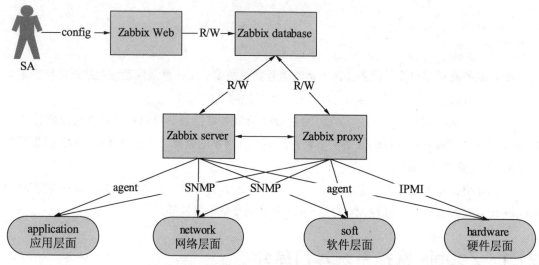

图 21-1　Zabbix 监控组件

Zabbix 监控系统具体监控系统流程如图 21-2 所示。

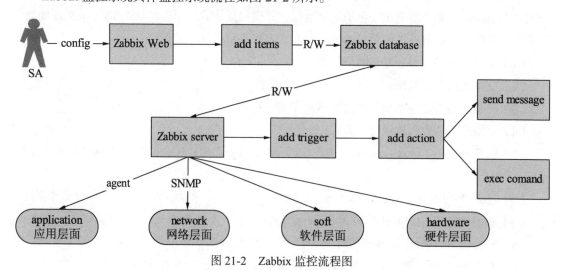

图 21-2　Zabbix 监控流程图

Zabbix 监控完整流程包括：agent（客户端）安装在被监控的主机上，负责定期收集客户端本地各项数据，并发送到 Zabbix server（服务器），Zabbix server 收到数据，将数据存储到数据库中，用户基于 Zabbix Web 可以看到数据在前端展现图像。

当 Zabbix 监控某个具体的项目时，该项目会设置一个触发器阈值，当被监控的指标超过该触发器设定的阈值，会进行一些必要的动作，包括邮件、微信报警或者执行命令等操作。如下为 Zabbix 完整监控系统各个部分负责的工作。

（1）Zabbix server：负责接收 agent 发送的报告信息的核心组件，所有配置数据统计及数据操作均由其组织进行。

（2）database storage：专用于存储所有的配置信息，以及存储由 Zabbix 收集到的数据。

（3）Web Interface：Zabbix 的 GUI 接口，通常与 server 运行在同一台主机上。

（4）proxy：常用于分布监控环境中，代理 server 收集部分被监控端的监控数据并统一发往 server。

（5）Zabbix agent：部署在被监控主机上，负责收集本地数据并发往 server 端或 proxy 端。

Zabbix 监控部署在系统中，会包含常见的五个程序：zabbix_server、zabbix_get、zabbix_agentd、zabbix_proxy、zabbix_sender 等。五个程序启动后分别对应五个进程，以下为每个进程的功能。

（1）zabbix_server：Zabbix 服务器守护进程，其中 zabbix_agentd、zabbix_get、zabbix_sender、zabbix_proxy 的数据最终均提交给 Zabbix_Server。

（2）zabbix_agentd：客户端守护进程，负责收集客户端数据，如收集 CPU 负载、内存、硬盘使用情况等。

（3）zabbix_get：Zabbix 数据获取工具，单独使用的命令，通常在 server 或者 proxy 端执行获取远程客户端信息的命令。

（4）zabbix_sender：Zabbix 数据发送工具，用于发送数据给 server 或者 proxy，通常用于耗时比较长的检查。很多检查非常耗时间，导致 Zabbix 超时，故在脚本执行完毕之后，使用 sender 主动提交数据。

（5）zabbix_proxy：Zabbix 分布式代理守护进程，分布式监控架构需要部署 zabbix_proxy。

21.3 Zabbix 监控方式及数据采集

Zabbix 分布式监控系统监控客户端的方式常见有三种，分别是 agent 方式、SNMP 方式、IPMI 方式。三种方式特点如下。

（1）agent 方式：Zabbix 可以基于自身 Zabbix_agent 客户端插件监控 OS 的状态，如 CPU、内存、硬盘、网卡、文件等。

（2）SNMP 方式：Zabbix 可以通过简单网络管理协议（simple network management protocol,

SNMP）协议监控网络设备或者 Windows 操作系统的主机等，通过设定 SNMP 的参数将相关监控数据传送至服务器。交换机、防火墙等网络设备一般都支持 SNMP 协议。

（3）IPMI 方式：智能平台管理接口（intelligent platform management interface，IPMI）主要用于监控设备的物理特性，包括温度、电压、电扇工作状态、电源供应以及机箱入侵等。IPMI 最大的优势在于无论 OS 在开机还是关机的状态下，只要接通电源就可以实现对服务器的监控。

Zabbix 监控客户端监控模式分为主动模式与被动模式，以客户端为参照，Zabbix 监控客户端默认为被动模式，可以修改为主动模式，只需要在客户端配置文件中添加 StartAgents=0，即可关闭被动模式。主动模式与被动模式区别如下：

（1）Zabbix 主动模式：agent 主动请求 server 获取主动的监控项列表，并主动将监控项内需要检测的数据提交给 server/proxy，Zabbix agent 首先向 ServerActive 配置的 IP 请求获取 active items，获取并提交 active items 的数据值。

（2）Zabbix 被动模式：server 向 agent 请求获取监控项的数据，agent 返回数据，server 打开一个 TCP 连接，server 发送请求 agent.ping，agent 接收到请求并且响应，server 处理接收到的数据。

21.4　Zabbix 监控平台概念

Zabbix 监控系统包括很多监控概念，掌握 Zabbix 监控概念有助于快速理解 Zabbix 监控。Zabbix 监控平台常用术语及解释如下：

```
主机（host）：被监控的网络设备，可以写 IP 或者 DNS；
主机组（host group）：用于管理主机，可以批量设置权限；
监控项（item）：具体监控项，值由独立的 keys（关键字）进行识别；
触发器（trigger）：为某个监控项设置触发器，达到触发器会执行动作（action）；
事件（event）：例如达到某个触发器，称为一个事件；
动作（action）：对于特定事件事先定义的处理方法，默认可以发送信息及发送命令；
报警升级（escalation）：发送警报或执行远程命令的自定义方案，如每隔 5min 发送一次警报，共发送 5 次等；
媒介（media）：发送通知的方式，可以支持 Mail、SMS、Scripts 等；
通知（notification）：通过设置的媒介向用户发送的有关某事件的信息；
远程命令：达到触发器，可以在被监控端执行命令；
模板（template）：可以快速监控被监控端，模块包含 item、trigger、graph、screen、application；
Web 场景（web scennario）：用于检测 Web 站点可用性，监控 HTTP 关键词；
Web 前端（frontend）：Zabbix 的 Web 接口；
图形（graph）：监控图像；
```

屏幕（screens）：屏幕显示；

幻灯（slide show）：幻灯片形式显示。

21.5 Zabbix 监控平台部署

部署 Zabbix 监控平台有两种方法，一种是使用 yum 在线安装，另外一种是源码编译安装。yum 在线安装方法如下：

```
#安装 LNMP 环境
yum install nginx mysql-server mysql mysql-devel php php-fpm php-common php-gd php-mbstring php-xml php-bcmath php-mysql php-cli php-devel php-pear -y
#添加 Zabbix 扩展源
rpm -Uvh https://repo.zabbix.com/zabbix/6.0/rhel/8/x86_64/zabbix-release-6.0-2.el8.noarch.rpm
```

```
#安装 Zabbix 相关软件包
yum install zabbix-server-mysql zabbix-agent zabbix-web-mysql -y
sed -i '/date.timezone/i date.timezone = PRC' /etc/php.ini
#启动相关服务
service nginx restart
service mysqld restart
#创建数据库,密码授权
create database zabbix character set utf8 collate utf8_bin;
create user zabbix@localhost identified by 'aaaAAA111.';
grant all privileges on zabbix.* to zabbix@localhost;
alter user 'zabbix'@'localhost' identified with mysql_native_password by 'aaaAAA111.';
flush privileges;
#导入基础数据库
zcat /usr/share/doc/zabbix-sql-scripts/mysql/server.sql.gz|mysql -uzabbix -paaaAAA111. zabbix
#复制 Zabbix Web 程序至 Nginx 发布目录
\cp -a /usr/share/zabbix/* /usr/share/nginx/html/
#整合 Nginx 和 PHP-FPM 配置代码,主要增加 PHP 9000 配置段;
server {
        listen       80;
        server_name  localhost;
        location / {
            root   /usr/share/nginx/html;
            index  index.php index.html index.htm;
        }
        location ~ \.php$ {
            root           /usr/share/nginx/html;
```

```
                fastcgi_pass    127.0.0.1:9000;
                fastcgi_index   index.php;
                fastcgi_param   SCRIPT_FILENAME  $document_root$fastcgi_
script_name;
                include         fastcgi_params;
        }
}
#最后重启Nginx服务即可；
service nginx restart
```

yum 方式安装简单、快捷，但如果需要添加扩展的功能和模块，需使用源码包的方式编译安装 Zabbix。如下为源码编译安装 Zabbix 的步骤。

```
#1）Zabbix server端和Zabbix agent执行如下代码：
#Zabbix监控平台部署，至少需要安装四个组件，分别是Zabbix_Server、Zabbix_Web、
#Databases、Zabbix_Agent，如下为Zabbix监控平台安装配置详细步骤
#2）系统环境
#server端：192.168.149.128
#agent端：192.168.149.129
#3）下载Zabbix版本，各个版本之间安装方法相差不大，可以根据实际情况选择安装版本，本文
#版本为zabbix-6.0.10.tar.gz
wget https://cdn.zabbix.com/zabbix/sources/stable/6.0/zabbix-6.0.10.tar.gz
yum -y install gcc curl curl-devel net-snmp net-snmp-devel perl-DBI
libxml2-devel libevent-devel curl-devel pcre
groupadd  zabbix
useradd -g zabbix zabbix
usermod -s /sbin/nologin zabbix
```

（1）Zabbix server 端配置。

创建 Zabbix 数据库，执行授权命令。

```
create database zabbix character set utf8 collate utf8_bin;
create user zabbix@localhost identified by 'aaaAAA111.';
grant all privileges on zabbix.* to zabbix@localhost;
alter user 'zabbix'@'localhost' identified with mysql_native_password by
'aaaAAA111.';
flush privileges;
```

解压 Zabbix 软件包并将 Zabbix 基础 SQL 文件导入 Zabbix 数据库。

```
tar  -xzvf zabbix-6.0.10.tar.gz
cd  zabbix-6.0.10
mysql -uzabbix -paaaAAA111. zabbix <database/mysql/schema.sql
mysql -uzabbix -paaaAAA111. zabbix <database/mysql/images.sql
mysql -uzabbix -paaaAAA111. zabbix < database/mysql/data.sql
```

切换至 Zabbix 解压目录，执行以下代码，安装 Zabbix server。

```
./configure --prefix=/usr/local/zabbix --enable-server --enable-agent
--with-mysql --enable-ipv6 --with-net-snmp --with-libcurl --with-libxml2
make
make install
ln -s /usr/local/zabbix/sbin/zabbix_*  /usr/local/sbin/
```

Zabbix Server 安装完毕，cd /usr/local/zabbix/etc/ 目录如图 21-3 所示。

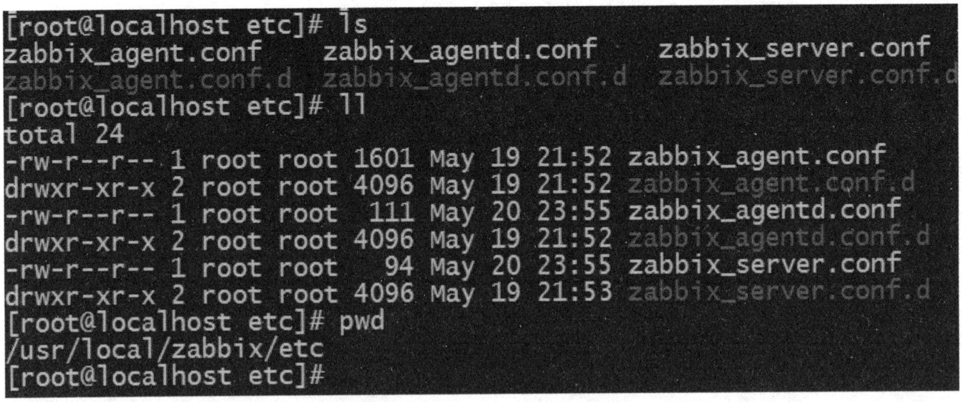

图 21-3 Zabbix 监控流程图

备份 Zabbix Server 配置文件，代码如下：

```
cp zabbix_server.conf zabbix_server.conf.bak
```

zabbix_server.conf 配置文件中代码设置如下：

```
LogFile=/tmp/zabbix_server.log
DBHost=localhost
DBName=zabbix
DBUser=zabbix
DBPassword=aaaAAA111.
```

复制 zabbix_server 启动脚本至/etc/init.d/目录，启动 zabbix_server、zabbix_server，默认监听端口为 10051。

```
cd zabbix-6.0.10
cp misc/init.d/tru64/zabbix_server  /etc/init.d/zabbix_server
chmod o+x  /etc/init.d/zabbix_server
```

配置 Zabbix interface Web 页面，安装 LNMP 环境，此处采用 yum 方式部署，将 Zabbix Web 代码发布至 Nginx 默认发布目录。请确保本机 PHP 版本安装为 7.4.x 或者 8.0。代码如下：

```
yum install php php-cli php-common php-gd php-ldap php-mbstring php-mcrypt
php-mysql php-pdo  -y
yum   install nginx mysql-server mysql mysql-devel -y
cp -a   /root/zabbix-6.0.10/ui/*  /usr/share/nginx/html/
sed   -i   '/date.timezone/i date.timezone = PRC'   /etc/php.ini
```

将 nginx 和 php-fpm 整合，修改 nginx.conf 部分代码如下：

```
#整合 Nginx 和 PHP-FPM 配置部分代码，主要增加 PHP 9000 配置段；
server {
        listen       80;
        server_name  localhost;
        location / {
            root    /usr/share/nginx/html;
            index   index.php index.html index.htm;
        }
        location ~ \.php$ {
            root              /usr/share/nginx/html;
            fastcgi_pass      127.0.0.1:9000;
            fastcgi_index     index.php;
            fastcgi_param     SCRIPT_FILENAME    $document_root$fastcgi_script_name;
            include           fastcgi_params;
        }
}
#最后重启 Nginx 服务即可；
service nginx restart
```

重新启动 Zabbix Server、HTTP、MySQL 服务，代码如下：

```
/etc/init.d/zabbix_server  restart
service nginx restart
service mysqld restart
```

（2）Zabbix Web GUI 安装配置。

通过浏览器 Zabbix Web 验证，通过浏览器访问 http://192.168.149.128/，如图 21-4 所示。

图 21-4　Zabbix Web 安装界面

单击"下一步"按钮，如果有错误提示，如图21-5所示，需要把错误依赖解决完，方可进行下一步操作。

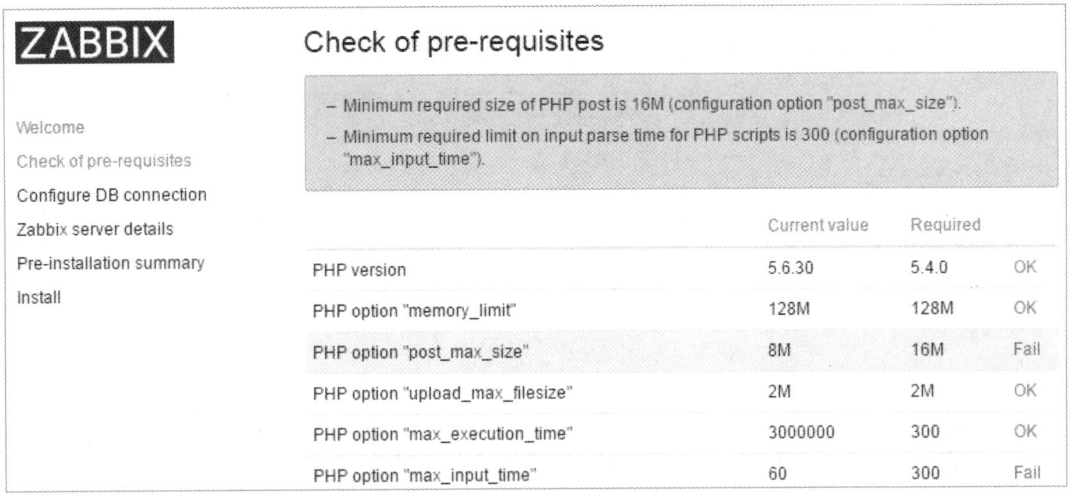

图21-5 Zabbix Web 安装错误提示

错误解决方法代码如图21-5所示，安装缺失的软件包，并修改php.ini对应参数的值即可，如图21-6所示。

```
yum install php-mbstring php-bcmath php-gd php-xml -y
yum install gd gd-devel -y
sed -i '/post_max_size/s/8/16/g;/max_execution_time/s/30/300/g;/max_input_time/s/60/300/g;s/\;date.timezone.*/date.timezone \= PRC/g;s/\;always_populate_raw_post_data/always_populate_raw_post_data/g' /etc/php.ini
service php-fpm restart
```

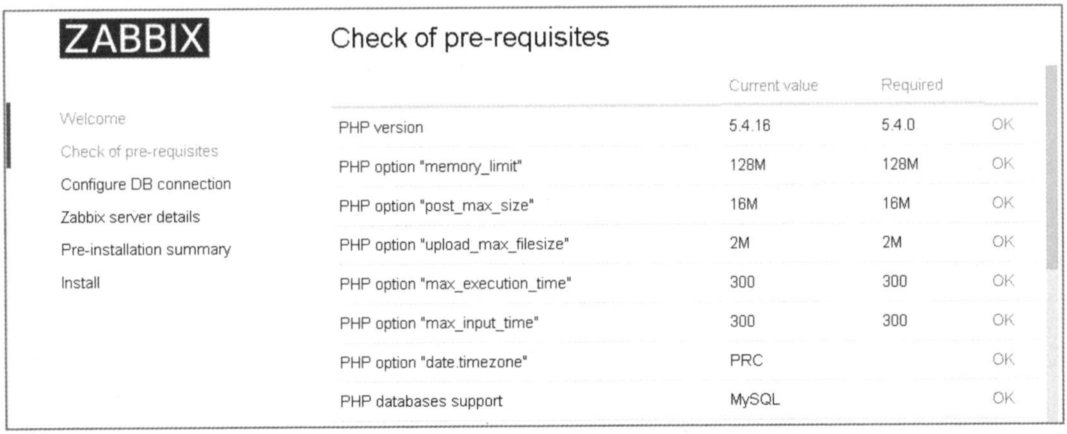

图21-6 Zabbix Web 测试安装环境

单击"下一步"按钮，界面将弹出如图 21-7 所示的对话框，配置数据库连接，输入数据库名、用户名、密码，单击 Test connection，显示 OK，单击"下一步"按钮即可。

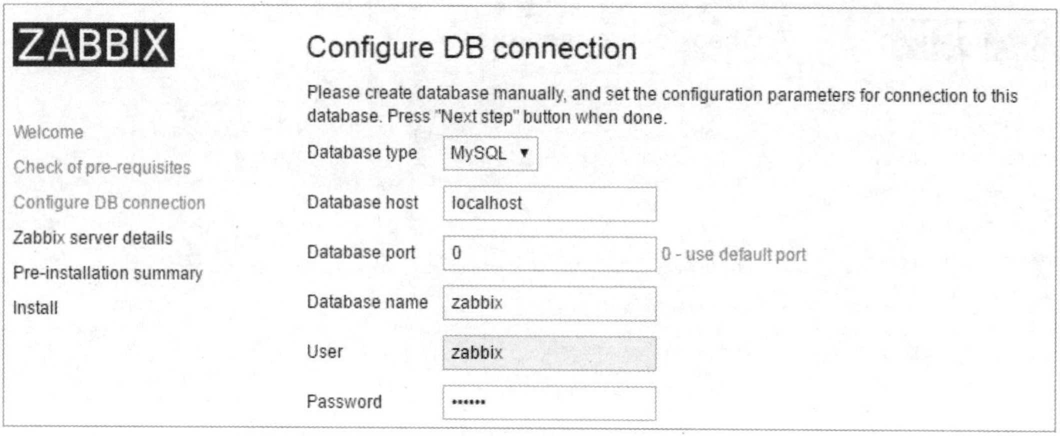

图 21-7　Zabbix Web 数据库配置

继续单击"下一步"按钮，将出现如图 21-8 所示的详情设置界面，在 Name 文本框中填写名称，可以为空，也可以输入自定义的名称。

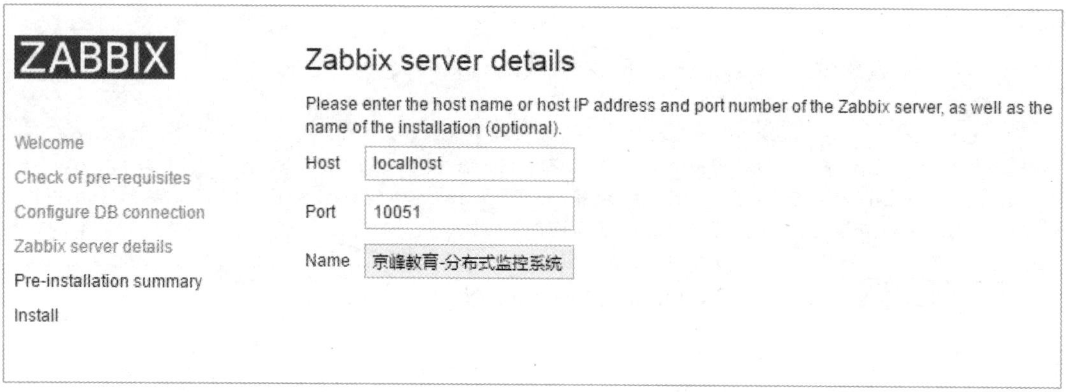

图 21-8　Zabbix Web 详细信息

单击"下一步"按钮，界面将如图 21-9 所示，需要创建 zabbix.conf.php 文件，执行如下命令，或者单击 Download the configuration file 下载 zabbix.conf.php 文件，并将该文件上传至 /usr/share/nginx/html/目录，并设置为可写权限，刷新 Web 页面，zabbix.conf.php 内容代码如下，最后单击 Finish 按钮即可。

```
<?php
//Zabbix GUI configuration file.
global $DB;
```

```
$DB['TYPE']        = 'MYSQL';
$DB['SERVER']      = 'localhost';
$DB['PORT']        = '0';
$DB['DATABASE']    = 'zabbix';
$DB['USER']        = 'zabbix';
$DB['PASSWORD']    = 'aaaAAA111.';
// Schema name. Used for IBM DB2 and PostgreSQL.
$DB['SCHEMA']      = '';
$ZBX_SERVER        = 'localhost';
$ZBX_SERVER_PORT   = '10051';
$ZBX_SERVER_NAME   = '京峰教育-分布式监控系统';
$IMAGE_FORMAT_DEFAULT = IMAGE_FORMAT_PNG;
```

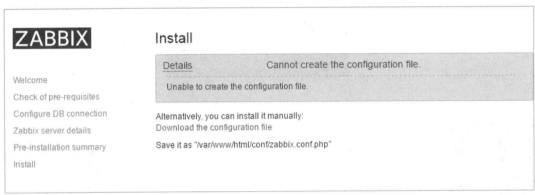

图 21-9　Zabbix Web 配置文件测试

登录 Zabbix Web 界面，默认用户名和密码为 Admin/zabbix，如图 21-10 所示。

（3）agent 客户端安装配置。

解压 zabbix-6.0.10.tar.gz 源码文件，切换至解压目录，编译安装 Zabbix，命令如下：

```
./configure --prefix=/usr/local/zabbix --enable-agent
make
make install
ln -s /usr/local/zabbix/sbin/zabbix_* /usr/local/sbin/
```

修改 zabbix_agentd.conf 客户端配置文件，执行如下命令，修改 zabbix_agentd.conf 内容，指定服务器 IP，同时设置本地 Hostname（主机名）为本地 IP 地址或者 DNS 名称。

```
LogFile=/tmp/zabbix_agentd.log
Server=192.168.149.128
ServerActive=192.168.149.128
Hostname = 192.168.149.129
```

复制 zabbix_agentd 启动脚本至/etc/init.d/目录下，启动 zabbix_agentd 服务即可，Zabbix_agentd 默认监听端口为 10050。

```
cd zabbix-6.0.10
cp misc/init.d/tru64/zabbix_agentd /etc/init.d/zabbix_agentd
chmod o+x /etc/init.d/zabbix_agentd
/etc/init.d/zabbix_agentd  start
```

(a)

(b)

图 21-10　Zabbix Web 登录界面和后台界面

(a) Zabbix Web 登录界面；(b) Zabbix Web 后台界面

(4) Zabbix 监控客户端。

Zabbix 服务器和客户端安装完毕之后，需通过 Zabbix server 添加客户端监控。Zabbix Web 界面添加客户端监控的操作步骤如下，如图 21-11 所示。

在 Zabbix Web 主界面依次选择 configuration →Hosts →Create host →Host name 和 Agent interfaces 选项，同时选择 Templates→Add 命令，然后在 Link new templates 复选框中勾选 Template OS Linux 命令，单击 Add 按钮提交。

注意：此处 Host name 名称需与 Agentd.conf 配置文件中 Hostname 保持一致，否则会报错。

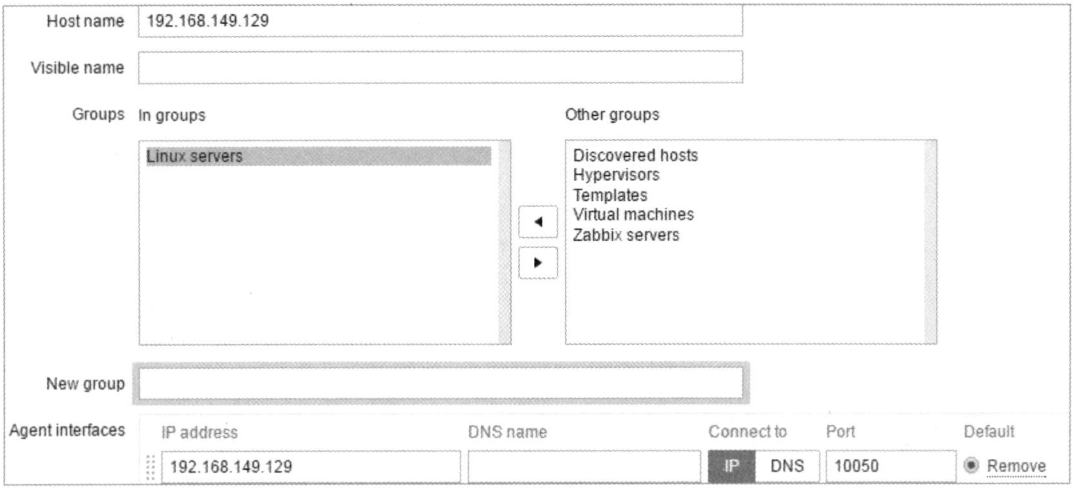

图 21-11 Zabbix 添加客户端监控

将客户端主机链接至 Template OS Linux 操作系统，启用模板完成主机默认监控，单击 Add 按钮，再单击 Update 按钮即可，如图 21-12 所示。

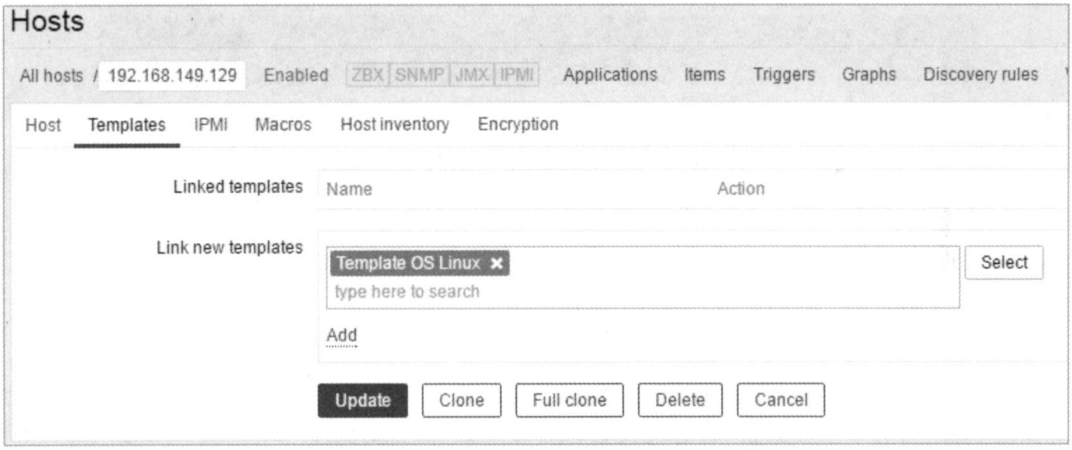

图 21-12 Zabbix 为客户端监控添加模板

在 Zabbix Web 主界面依次选择 Monitoring→Graphs→Group→Host→Graph 命令，查看监控图像，如图 21-13 所示。

如果无法监控到客户端，可以在 Zabbix server 端执行相关命令获取 agent 的 Items Key 值是否有返回内容，如 system.uname 命令要求返回客户端的 uname 信息，监测命令如下：

```
/usr/local/zabbix/bin/zabbix_get  -s 192.168.149.130   -k system.uname
```

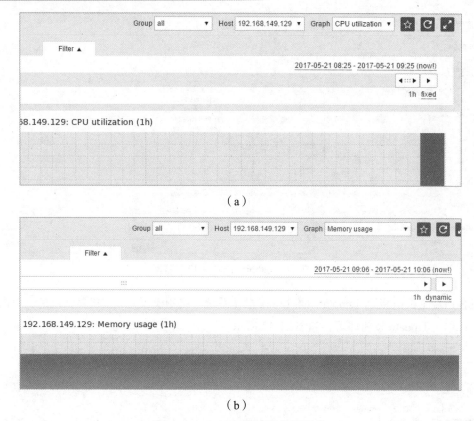

图 21-13　Zabbix 客户端监控图像

（a）查看 192.168.149.129 的 CPU 监控图像；（b）查看 192.168.149.129 的 Memory 监控图像

21.6　Zabbix 配置文件优化实战

Zabbix 监控系统组件分为 server（服务器）、proxy（代理服务器）、agent（客户端），对参数的详细了解，有助于深入理解 Zabbix 监控功能及对 Zabbix 进行调优。以下为三个组件常用参数详解：

（1）Zabbix_server.conf 配置文件参数详解如下。

```
DBHost                  #数据库主机地址
DBName                  #数据库名称
DBPassword              #数据库密码
DBPort                  #数据库端口，默认为 3306
AlertScriptsPath        #提示脚本存放路径
CacheSize               #存储监控数据的缓存
CacheUpdateFrequency    #更新一次缓存时间
```

DebugLevel	#日志级别
LogFile	#日志文件
LogFileSize	#日志文件大小，超过自动切割
LogSlowQueries	#数据库慢查询记录，单位 ms
PidFile	#PID 文件
ProxyConfigFrequency	#proxy 被动模式下，server 间隔多少秒同步配置文件至 proxy
ProxyDataFrequency	#被动模式下，server 间隔多少秒向 proxy 请求历史数据
StartDiscoverers	#发现规则线程数
Timeout	#连接 agent 超时时间
TrendCacheSize	#历史数据缓存大小
User	#Zabbix 运行的用户
HistoryCacheSize	#历史记录缓存大小
ListenIP	#监听本机的 IP 地址
ListenPort	#监听端口
LoadModule	#模块名称
LoadModulePath	#模块路径

（2）Zabbix_proxy.conf 配置文件参数详解如下：

ProxyMode	#Proxy 工作模式，默认为主动模式，主动发送数据至 server
Server	#指定 server 端地址
ServerPort	#server 端 PORT
Hostname	#proxy 端主机名
ListenPort	#proxy 端监听端口
LogFile	#proxy 代理端日志路径
PidFile	#pID 文件的路径
DBHost	#Proxy 端数据库主机名
DBName	#proxy 端数据库名称
DBUser	#proxy 端数据库用户
DBPassword	#proxy 端数据库密码
DBSocket	#proxy 数据库 socket 路径
DBPort	#proxy 数据库端口号
DataSenderFrequency	#proxy 向 server 发送数据的时间间隔
StartPollers	#proxy 程池数量
StartDiscoverers	#proxy 端自动发现主机的线程数量
CacheSize	#内存缓存配置
StartDBSyncers	#同步数据线程数
HistoryCacheSize	#历史数据缓存大小
LogSlowQueries	#慢查询日志记录，单位为 ms
Timeout	#超时时间

（3）Zabbix_agentd.conf 配置文件参数详解如下：

EnableRemoteCommands	#运行服务器远程至客户端执行命令或者脚本

```
Hostname                    #客户端主机名
ListenIP                    #监听的 IP 地址
ListenPort                  #客户端监听端口
LoadModulePath              #模块路径
LogFile                     #日志文件路径
PidFile                     #PID 文件名
Server                      #指定服务器 IP 地址
ServerActive                #Zabbix 主动监控服务器的 IP 地址
StartAgents                 #客户端启动进程，如果设置为 0，表示禁用被动监控
Timeout                     #超时时间
User                        #运行 Zabbix 的用户
UserParameter               #用户自定义 key
BufferSize                  #缓冲区大小
DebugLevel                  #Zabbix 日志级别
```

21.7 Zabbix 自动发现及注册

至此读者应该已经熟练掌握了通过 Zabbix 监控平台监控单台客户端。但企业中可能有成千上万台服务器，如果手动添加会非常耗时间，造成大量的人力成本的浪费，有没有自动化添加客户端的方法呢？

Zabbix 自动发现就是为了解决批量监控而设计的功能之一。什么是自动发现呢？简单来说就是 Zabbix 服务器可以基于设定的规则，自动批量发现局域网若干服务器，并自动把服务器添加至 Zabbix 监控平台，省去人工手动频繁地添加，节省大量的人力成本。

Nagios、Cacti 如果要想批量监控，需要手动单个添加设备、分组、项目、图像，也可以使用脚本，但是不能实现自动发现方式添加。

Zabbix 最大的特点之一就是可以利用发现（Discovery）模块，实现自动发现主机、自动将主机添加到主机组、自动加载模板、自动创建项目（Items）、自动创建监控图像。操作步骤如下。

（1）打开 Zabbix 主页，选择 Configuration→Discovery → Create discovery rule 命令，将弹出如图 21-14 所示的对话框。

相关参数含义如下：

```
Name：规则名称；
Discovery by proxy：通过代理探索；
IP range: zabbix_server 探索区域的 IP 范围；
Delay(in sec)：搜索一次的时间间隔；
Checks ：检测方式，如用 ping 方式发现主机，Zabbix_Server 需安装 fping,此处使用 agent
方式发现；
Device uniqueness criteria: 以 IP 地址作为被发现主机的标识。
```

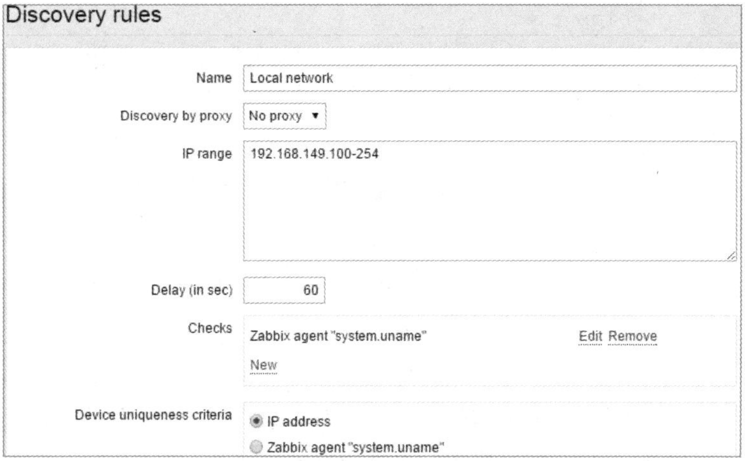

图 21-14　创建客户端发现规则

（2）Zabbix 客户端安装 agent。

由于发现规则里选择 checks 方式为 agent，所以需在所有被监控的服务器安装 Zabbix agent。可以手动安装，也可以使用 Shell 脚本安装。附 Zabbix 客户端安装脚本如下，脚本运行方法为执行命令 sh auto_install_zabbix.sh。

```
#!/bin/bash
#auto install zabbix
#by jfedu.net 2021
#############
ZABBIX_SOFT="zabbix-6.0.10.tar.gz"
INSTALL_DIR="/usr/local/zabbix/"
SERVER_IP="192.168.149.128"
IP=`ifconfig|grep Bcast|awk '{print $2}'|sed 's/addr://g'`
AGENT_INSTALL(){
yum -y install curl curl-devel net-snmp net-snmp-devel perl-DBI
groupadd zabbix ;useradd -g zabbix zabbix;usermod -s /sbin/nologin zabbix
tar -xzf $ZABBIX_SOFT;cd `echo $ZABBIX_SOFT|sed 's/.tar.*//g'`
./configure --prefix=/usr/local/zabbix --enable-agent&&make install
if [ $? -eq 0 ];then
ln -s /usr/local/zabbix/sbin/zabbix_* /usr/local/sbin/
fi
cd - ;cd zabbix-6.0.10
cp misc/init.d/tru64/zabbix_agentd /etc/init.d/zabbix_agentd ;chmod o+x /etc/init.d/zabbix_agentd
#config zabbix agentd
cat >$INSTALL_DIR/etc/zabbix_agentd.conf<<EOF
LogFile=/tmp/zabbix_agentd.log
Server=$SERVER_IP
ServerActive=$SERVER_IP
Hostname = $IP
EOF
#start zabbix agentd
/etc/init.d/zabbix_agentd restart
```

```
/etc/init.d/iptables stop
setenforce 0
}
AGENT_INSTALL
```

(3)创建发现 Action。

Zabbix 发现规则创建完毕,客户端 agent 安装完后,被发现的 IP 对应的主机不会自动添加至 Zabbix 监控列表,需要添加发现动作,添加方法为:

在 Zabbix 主页依次选择 Configuration→ Actions → Event source(选择 Discovery) → Create action 命令。

添加规则时,系统默认存在一条发现规则。可以新建规则,也可以编辑默认规则,如图 21-15 所示,编辑默认发现规则,单击 Operations 按钮设置发现操作,分别选择 Add host、Add to host groups、Link to templates 选项卡进行设置,最后启用规则即可。

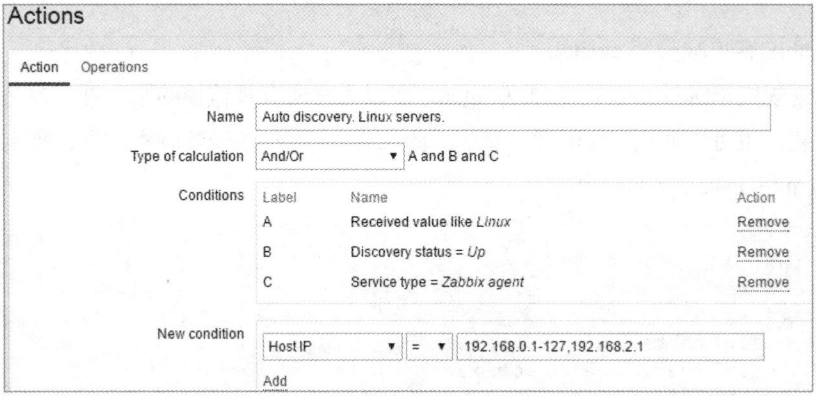

(a)

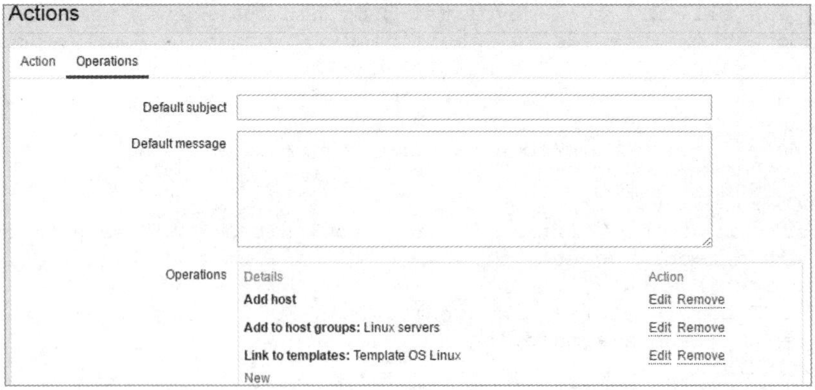

(b)

图 21-15 创建或编辑默认规则

(a)创建客户端发现动作;(b)客户端发现自动添加至 Zabbix

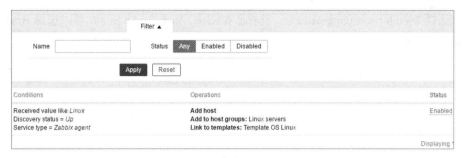

（c）

图 21-15　创建或编辑默认规则（续）

（c）客户端发现自动添加至 Zabbix

依次选择 Montoring→Discovery 命令，查看通过发现规则找到的服务器 IP 列表，如图 21-16 所示。

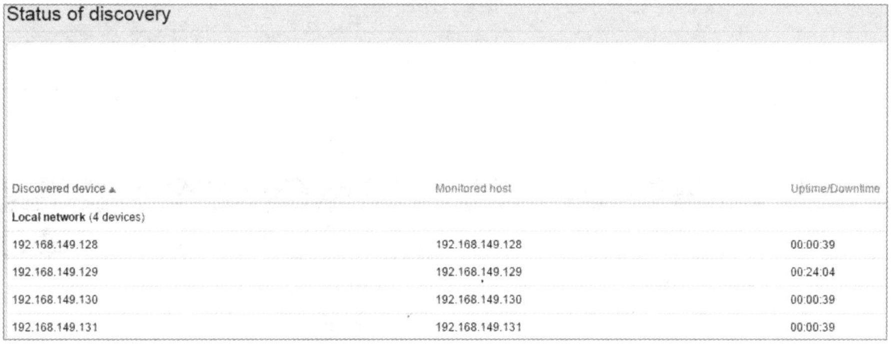

图 21-16　被发现的客户端列表

依次选择 Configuration→Hosts 命令，查看 4 台主机是否被自动监控至 Zabbix 监控平台，如图 21-17 所示。

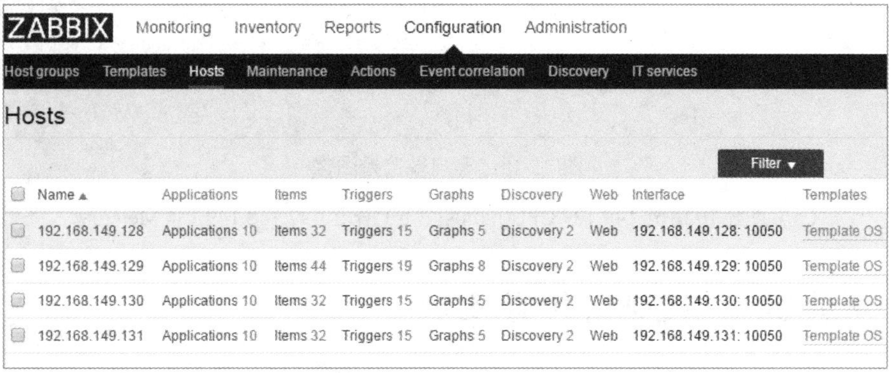

图 21-17　自动发现的主机被添加至 Hosts 列表

依次选择 Monitoring→Graphs 命令，查看监控图像，如图 21-18 所示，可以选择 Host、Graph 分别查看监控图像。

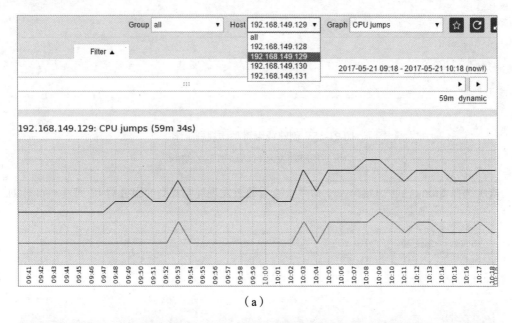

(a)

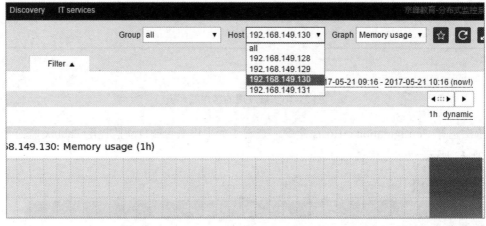

(b)

图 21-18　客户端监控图像

（a）查看 192.168.149.129 CPU jumps；（b）查看 192.168.149.130 Memory

21.8　Zabbix 监控邮件报警实战

Zabbix 监控服务器、客户端都已经部署完成，被监控主机也已经添加，Zabbix 监控运行正常，通过查看 Zabbix 监控服务器，可以了解服务器的运行状态是否正常，运维人员无须时刻登录 Zabbix 监控平台刷新，即可查看服务器的状态。

可以在 Zabbix 服务器设置邮件报警，当被监控主机死机或者达到设定的触发器预设值时，会自动发送报警邮件、微信信息到指定的运维人员，以便运维人员第一时间解决故障。Zabbix 邮件报警设置步骤如下。

（1）设置邮件模板及邮件服务器。

依次选择 Administration→Media types→Create media type 命令，填写邮件服务器信息，根据提示设置完毕，如图 21-19 所示。

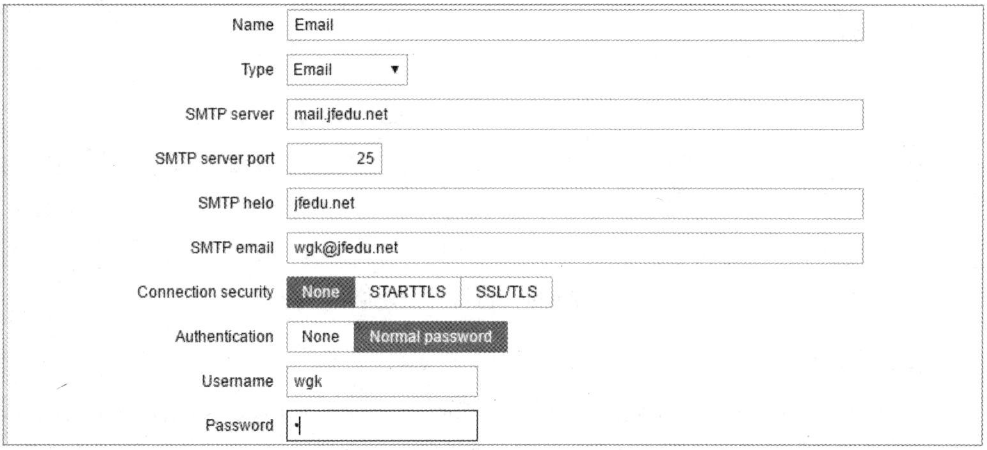

（a）

（b）

图 21-19　Zabbix 邮件报警邮箱设置

（a）添加 email 媒介；（b）查看 Media 媒介列表

（2）配置接收报警的邮箱。

依次选择 Administration→user→Admin (Zabbix Administrator)→user→admin 命令，选择 Media

选项卡，单击 Add 按钮添加发送邮件的类型 Email，同时指定接收邮箱地址为 wgkgood@163.com，根据实际需求改成自己的接收人，如图 21-20 所示。

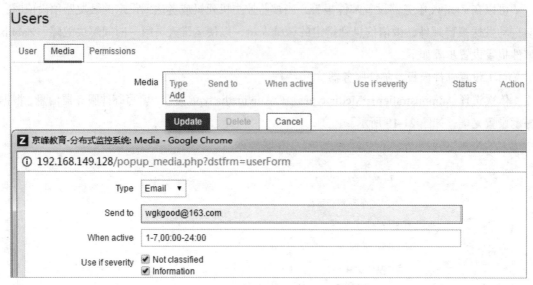

图 21-20　Zabbix 邮件报警添加接收人

（3）添加报警触发器。

打开 Zabbix 主页，选择 Configuration→Actions→Action→ Event source→Triggers-Create Action 命令，如图 21-21 所示，分别选择 Action、Operations、Recovery operations 选项卡进行设置。

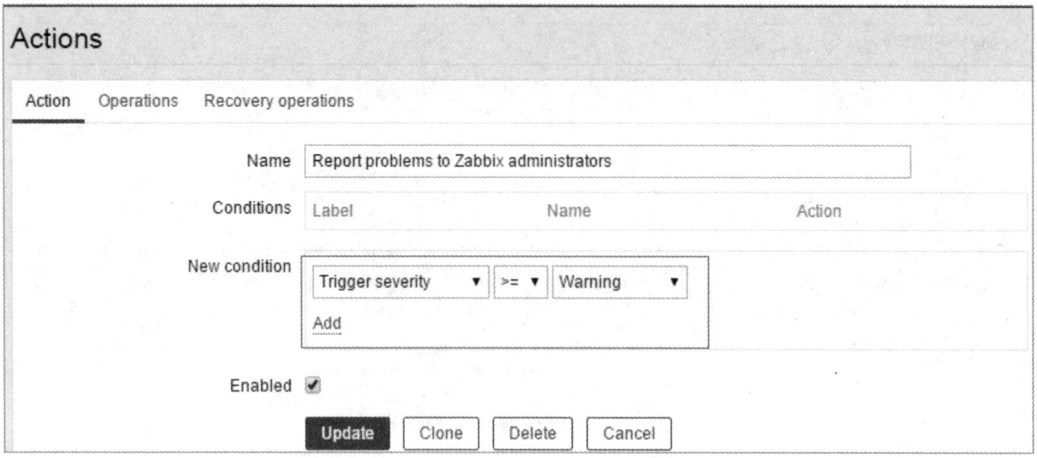

（a）

图 21-21　邮箱报警设置

（a）邮件报警 Action 设置

(b)

(c)

图 21-21　邮箱报警设置（续）

（b）邮件报警 Operations 设置；（c）邮件报警 Recovery operations 设置

① Action 选项卡：在 New condition 选项组中分别选择 Trigger serverity、">=" 和 Warning 选项；

② Operations 选项卡：设置报警间隔为 60 s，自定义报警信息，报警信息发送至 administrators 组；

③ Recovery operations 选项卡：自定义恢复信息，恢复信息发送至 administrators 组。

报警邮件标题可以使用默认信息，也可使用如下中文报警内容：

```
名称：Action-Email
默认标题：故障{TRIGGER.STATUS}，服务器:{HOSTNAME1}发生：{TRIGGER.NAME}故障！
默认信息：
告警主机:{HOSTNAME1}
告警时间:{EVENT.DATE} {EVENT.TIME}
告警等级:{TRIGGER.SEVERITY}
告警信息：{TRIGGER.NAME}
告警项目:{TRIGGER.KEY1}
问题详情:{ITEM.NAME}:{ITEM.VALUE}
当前状态:{TRIGGER.STATUS}:{ITEM.VALUE1}
事件 ID:{EVENT.ID}
```

恢复邮件标题可以使用默认信息，也可使用如下中文报警恢复内容：

```
恢复标题：恢复{TRIGGER.STATUS}，服务器:{HOSTNAME1}：{TRIGGER.NAME}已恢复！
恢复信息：
告警主机:{HOSTNAME1}
告警时间:{EVENT.DATE} {EVENT.TIME}
告警等级:{TRIGGER.SEVERITY}
告警信息：{TRIGGER.NAME}
告警项目:{TRIGGER.KEY1}
问题详情:{ITEM.NAME}:{ITEM.VALUE}
当前状态:{TRIGGER.STATUS}:{ITEM.VALUE1}
事件 ID:{EVENT.ID}
```

打开 Zabbix 主页选择 Monitoring→Problems 命令，检查有问题的 Action 事件，单击 Time 选项下方的时间，如图 21-22 所示，可以看到执行结果。

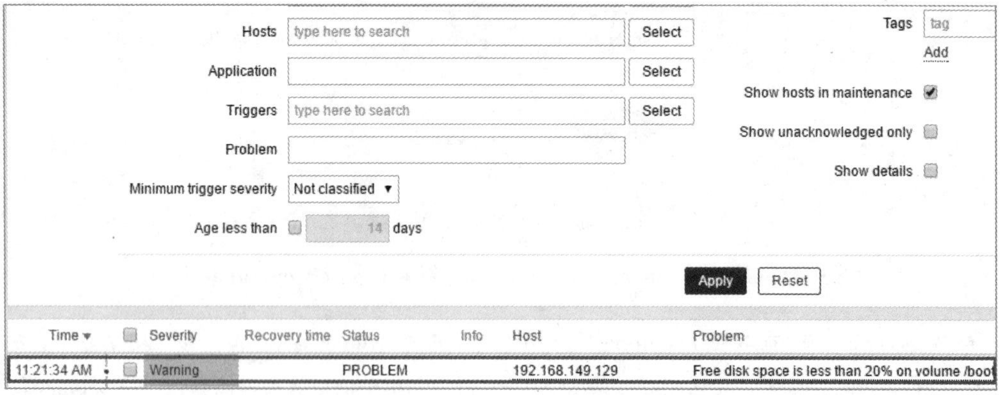

（a）

图 21-22 查看执行结果

（a）Zabbix 查看有问题的事件

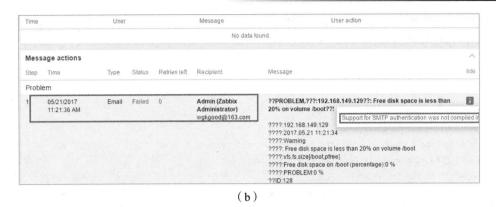

(b)

图 21-22　查看执行结果（续）

（b）Zabbix 有问题的事件执行任务

Zabbix 邮件发送失败，报错内容为 Support for SMTP authentication was not compiled in，原因是 Zabbix CURL 版本要求至少是 7.20+版本。升级 Zabbix CURL 方法如下。

创建 repo 源 vim /etc/yum.repos.d/city-fan.repo，并且写入以下语句。

```
cat>/etc/yum.repos.d/city-fan.repo<<EOF
[CityFan] name=City Fan Repo baseurl=http://www.city-fan.org/ftp/contrib/
yum-repo/rhel5/x86_64/ enabled=1 gpgcheck=0
EOF
yum clean all
yum install curl
```

Zabbix CURL 升级完毕之后，测试邮件发送，还是报同样的错误，原因是需要重新将 Zabbix_Server 服务通过源码编译安装一遍，安装完毕重启服务；乱码问题是由于数据库字符集需改成 UTF-8 格式，将 Zabbix 库导出，然后修改 latin1 为 UTF-8，再将 SQL 导入，重启 Zabbix 即可，最终如图 21-23 所示。

(a)

图 21-23　测试邮件发送

（a）Zabbix 事件发送邮件进程

```
故障PROBLEM,服务器:192.168.149.130发生: Free disk space is less than 20% on volume /boot故障!
发件人： wgk<wgk@jfedu.net>
收件人： 我<wgkgood@163.com>
时  间：2017年05月21日 12:15（星期日）

告警主机:192.168.149.130
告警时间:2017.05.21 12:15:01
告警等级:Warning
告警信息: Free disk space is less than 20% on volume /boot
告警项目:vfs.fs.size[/boot,pfree]
问题详情:Free disk space on /boot (percentage):0 %
当前状态:PROBLEM:0 %
事件ID:226
```

(b)

```
恢复OK, 服务器:192.168.149.130: Free disk space is less than 20% on volume /boot已恢复!
发件人： wgk<wgk@jfedu.net>
收件人： 我<wgkgood@163.com>
时  间：2017年05月21日 12:13（星期日）

告警主机:192.168.149.130
告警时间:2017.05.21 12:03:01
告警等级:Warning
告警信息: Free disk space is less than 20% on volume /boot
告警项目:vfs.fs.size[/boot,pfree]
问题详情:Free disk space on /boot (percentage):85.74 %
当前状态:OK:85.74 %
事件ID:194
```

(c)

图 21-23　测试邮件发送（续）

（b）Zabbix 监控故障 Item 发送报警邮件；（c）Zabbix 监控故障 Item 发送恢复邮件

21.9　Zabbix 监控 MySQL 主从实战

Zabbix 监控除了可以使用 agent 插件监控客户端服务器状态、CPU、内存、硬盘、网卡流量，同时 Zabbix 还可以监控 MySQL 主从、监控 LAMP、Nginx Web 服务器等，以下为 Zabbix 监控 MySQL 主从复制的步骤。

（1）在 Zabbix agent 端的/data/sh 目录下创建 Shell 脚本 mysql_ab_check.sh，写入如下代码：

```
#!/bin/bash
/usr/local/mysql/bin/mysql -uroot -e 'show slave status\G' |grep -E "Slave_
```

```
IO_Running|Slave_SQL_Running"|awk '{print $2}'|grep -c Yes
```

（2）在客户端 Zabbix_agentd.conf 配置文件中加入如下代码：

```
UserParameter=mysql.replication,sh /data/sh/mysql_ab_check.sh
```

（3）Zabbix 服务器获取监控数据，如果返回值为 2，则证明从数据库 I/O（输入/输出）、SQL 线程均为 YES，表示主从同步成功。

```
/usr/local/zabbix/bin/zabbix_get -s 192.168.149.129 -k mysql.replication
```

（4）Zabbix Web 平台，在 192.168.149.129 hosts 中创建 Item 监控项，如图 21-24 所示，单击窗口右上角的 create item，在图 21-24（b）所示窗口的 Key 文体框中填写 Zabbix agentd 配置文件中的 mysql.replication 即可。

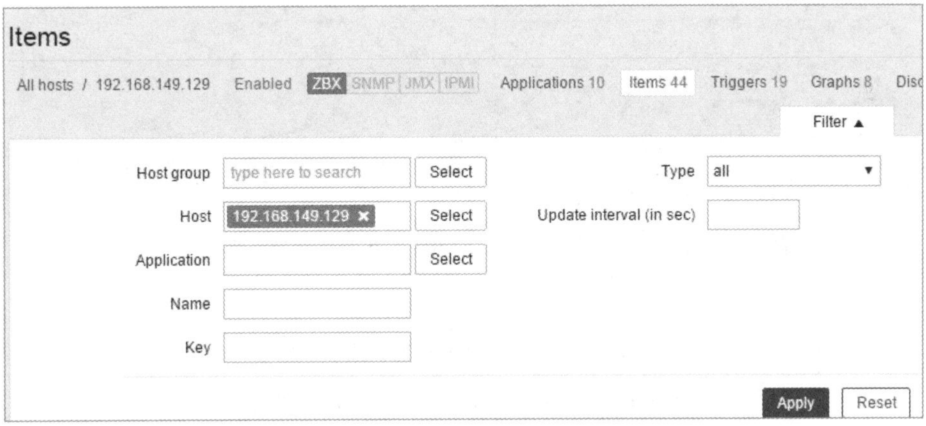

(a)

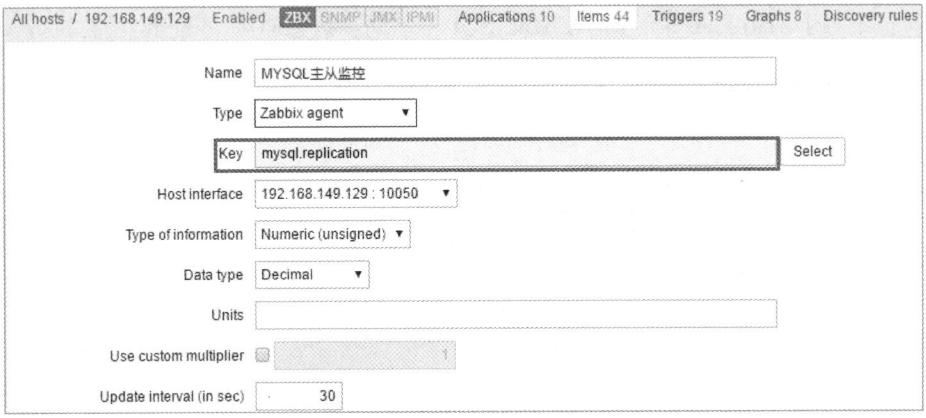

(b)

图 21-24　Zabbix 添加 MySQL 主从 Item

（a）查看 192.168.149.129 Items；（b）添加 mysql.replication Key

MySQL 主从监控项创建 Graph 图像，如图 21-25 所示。

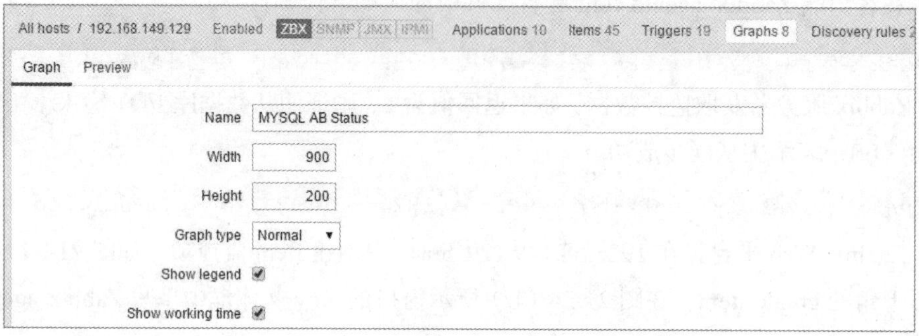

（a）

（b）

图 21-25　创建 MySQL 主从监控图像

（a）添加 MYSQL AB Status 图形；（b）设置 MYSQL AB Status 绑定监控项

MySQL 主从监控项创建触发器，如图 21-26 所示。MySQL 主从状态监控，设置触发器条件为 Key 值不等于 2 即可，不等于 2 即表示 MySQL 主从同步状态异常，匹配触发器，执行 Actions。

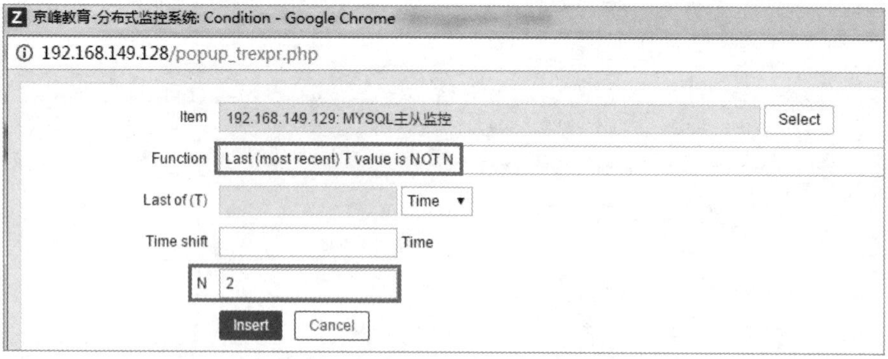

（a）

图 21-26　创建 MySQL 主从监控触发器

（a）添加 MYSQL 主从监控触发器

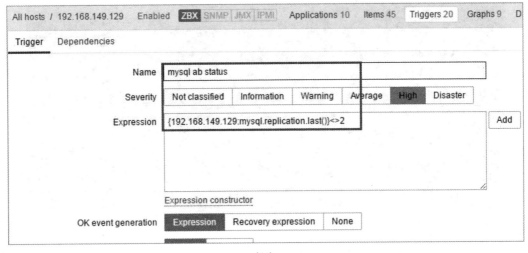

(b)

图 21-26　创建 MySQL 主从监控触发器（续）

(b) 查看 MYSQL 主从监控触发器

如果主从同步状态异常，Key 值不等于 2，会触发邮件报警，报警信息如图 21-27 所示。

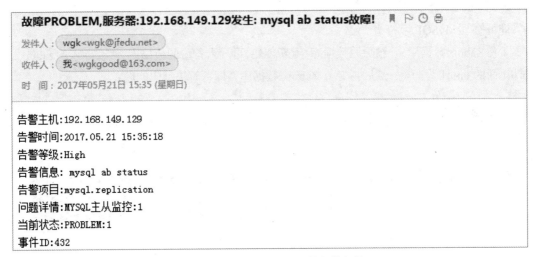

图 21-27　MySQL 主从监控报警邮件

21.10　Zabbix 日常问题汇总

Zabbix 可以汉化，如果访问 Zabbix 会出现历史记录乱码、Web 界面乱码，原因是数据库导入前的字符集没有被设置 UTF-8，如图 21-28 所示。

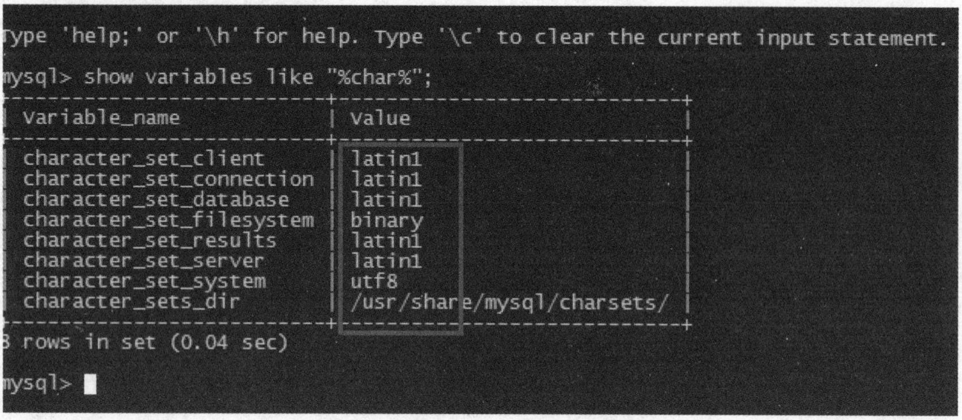

图 21-28 数据库原字符集为 latin1

在文件 vim /etc/my.cnf 的配置段加入如下代码：

```
[mysqld]
character-set-server= utf8
[client]
default-character-set = utf8
[mysql]
default-character-set = utf8
```

即可修改 MySQL 字符集。

备份 Zabbix 数据库，并删除原数据库，重新创建，再导入备份的数据库，修改导入的 zabbix.sql 文件里面的 latin1 为 utf8，然后再导入 Zabbix 数据库，即可解决乱码问题。

```
sed -i 's/latin1/utf8/g' zabbix.sql
```

如果在查看 Graphs 监控图像界面的时候出现乱码，如图 21-29 所示，则打开控制面板，双击"字体"图标，在弹出的对话框中选择一种中文字库，如"楷体"，如图 21-30 所示。

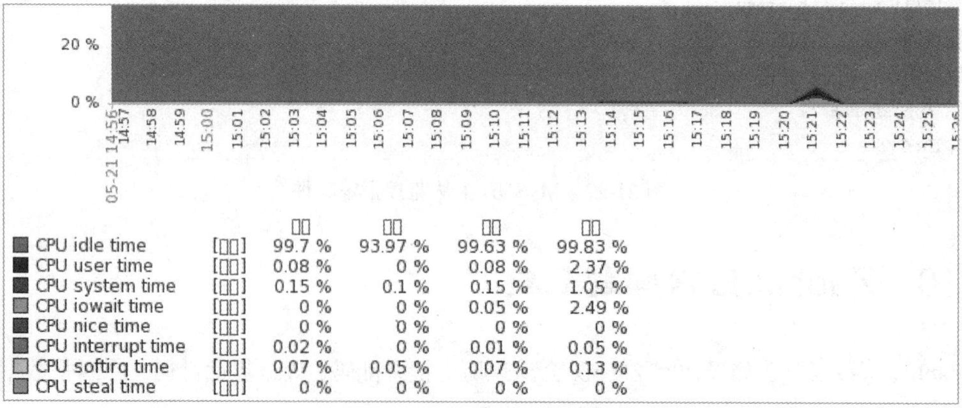

图 21-29 Graphs 图像乱码

计算机 ▸ OSDisk (C:) ▸ Windows ▸ Fonts ▸
预览、删除或者显示和隐藏计算机上安装的字体
组织 ▾
预览
删除
显示
黑体 常规
华文彩云 常规
华文仿宋 常规
华文行楷 常规
华文琥珀 常规
华文楷体 常规
华文隶书 常规
华文细黑 常规
华文新魏 常规
华文中宋 常规
楷体 常规
隶书 常规
宋体 常规
微软雅黑
简体字

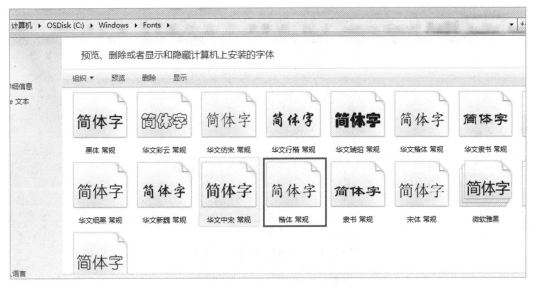

图 21-30 Windows 简体中文字体

将字体文件复制至 Zabbix 服务 dauntfonts 的目录下（/usr/share/nginx/html/fonts），并且将 stkaiti.ttf 重命名为 DejaVuSans.ttf，最后刷新 Graph 图像，即可解决乱码问题，如图 21-31 所示。

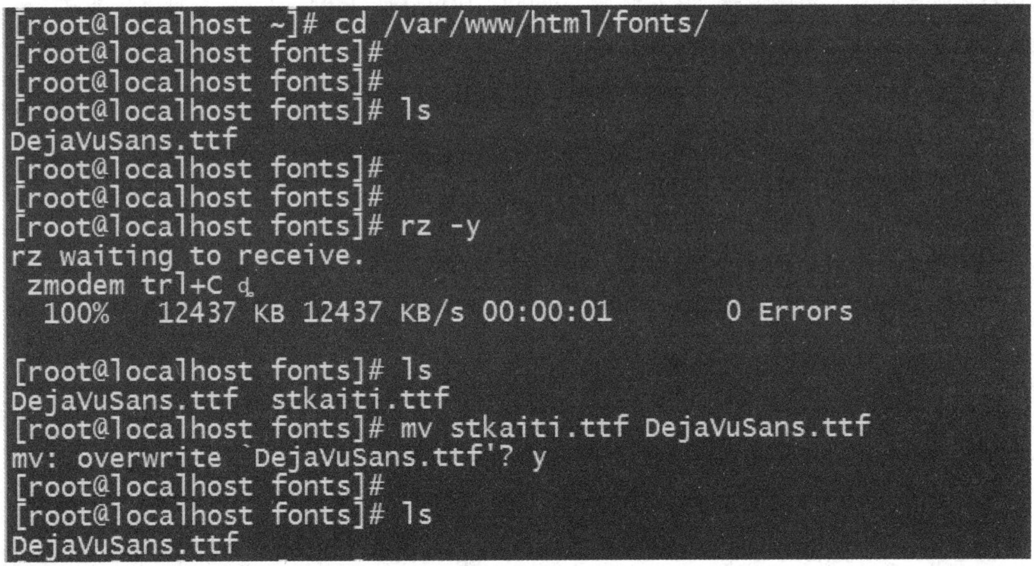

[root@localhost ~]# cd /var/www/html/fonts/
[root@localhost fonts]#
[root@localhost fonts]#
[root@localhost fonts]# ls
DejaVuSans.ttf
[root@localhost fonts]#
[root@localhost fonts]#
[root@localhost fonts]# rz -y
rz waiting to receive.
zmodem trl+C
100% 12437 KB 12437 KB/s 00:00:01 0 Errors
[root@localhost fonts]# ls
DejaVuSans.ttf stkaiti.ttf
[root@localhost fonts]# mv stkaiti.ttf DejaVuSans.ttf
mv: overwrite `DejaVuSans.ttf'? y
[root@localhost fonts]#
[root@localhost fonts]# ls
DejaVuSans.ttf

（a）

图 21-31 乱码问题解决方法

（a）上传 Windows 简体中文字体

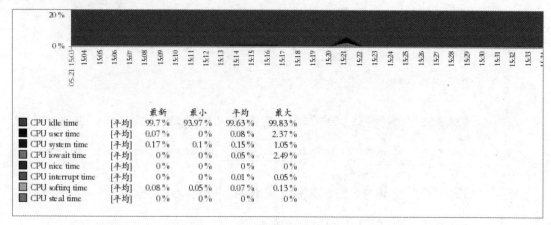

(b)

图 21-31　乱码问题解决方法（续）

(b) Graph 图像乱码问题解决

21.11　Zabbix 触发命令及脚本

Zabbix 监控在对服务或者设备进行监控的时候，如果被监控客户端服务异常，满足触发器，默认可以邮件报警、短信报警及微信报警。Zabbix 还可以远程执行命令或者脚本对部分故障实现自动修复。具体可以执行的任务包括：

（1）重启应用程序，如 Apache、Nginx、MySQL、Tomcat 服务等；

（2）通过 IPMI 接口重启服务器；

（3）删除服务器磁盘空间及数据；

（4）执行脚本及资源调度管理；

（5）远程命令最大长度为 255 字符；

（6）同时支持多个远程命令；

（7）Zabbix 代理不支持远程命令。

使用 Zabbix 远程执行命令，首先需在 Zabbix 客户端配置文件开启对远程命令的支持，在 zabbix_agentd.conf 行尾加入如下代码，并重启服务，如图 21-32 所示。

```
EnableRemoteCommands = 1
```

创建 Action，选择 Configuration→Actions→Triggers 命令，如图 21-33 所示，Operation type（类型）选择 Remote Command，Steps 设置为执行命令 1~3 次，Step duration 设置为每次命令间隔 5 s 执行一次，执行命令方式选择 Zabbix agent，基于 sudo 执行命令即可。

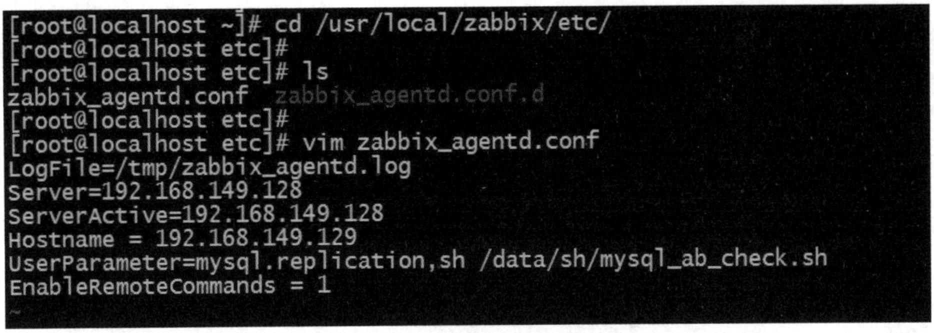
[root@localhost ~]# cd /usr/local/zabbix/etc/
[root@localhost etc]#
[root@localhost etc]# ls
zabbix_agentd.conf zabbix_agentd.conf.d
[root@localhost etc]#
[root@localhost etc]# vim zabbix_agentd.conf
LogFile=/tmp/zabbix_agentd.log
Server=192.168.149.128
ServerActive=192.168.149.128
Hostname = 192.168.149.129
UserParameter=mysql.replication,sh /data/sh/mysql_ab_check.sh
EnableRemoteCommands = 1

图 21-32 客户端配置远程命令支持

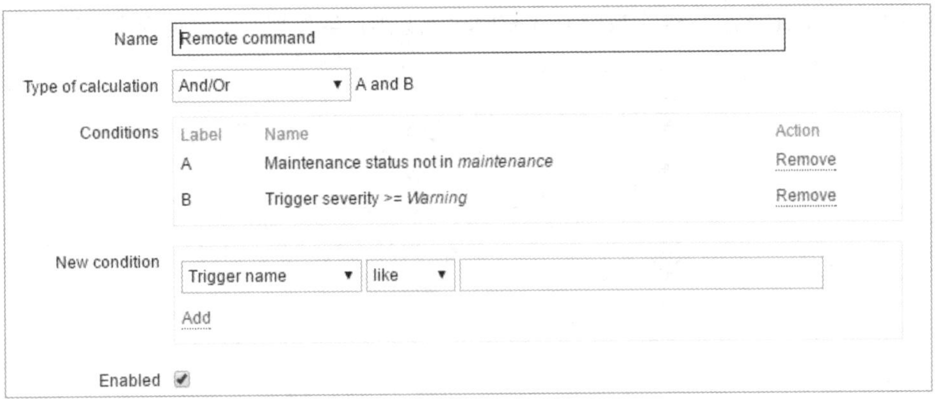
Name
Remote command
Type of calculation
And/Or
A and B
Conditions
Label
Name
Action
A
Maintenance status not in maintenance
Remove
B
Trigger severity >= Warning
Remove
New condition
Trigger name
like
Add
Enabled

（a）

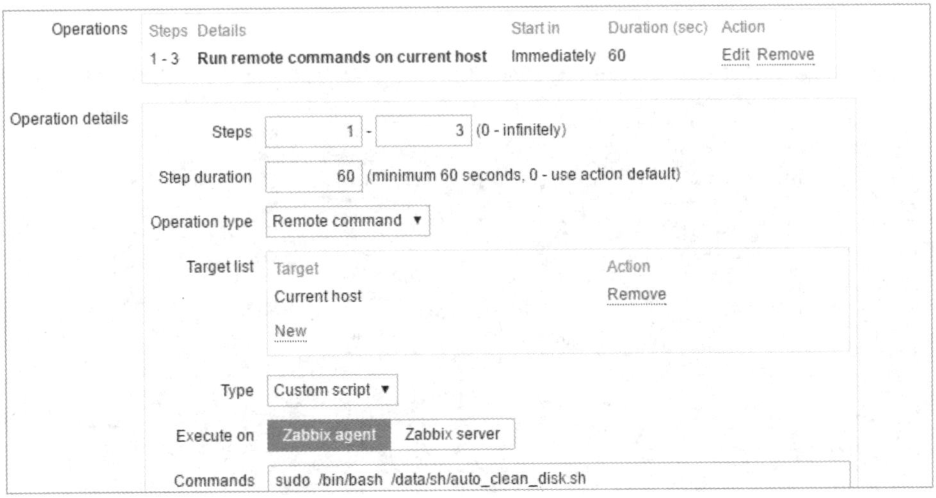
Operations
Steps
Details
Start in
Duration (sec)
Action
1 - 3
Run remote commands on current host
Immediately
60
Edit
Remove
Operation details
Steps
1
3
(0 - infinitely)
Step duration
60
(minimum 60 seconds, 0 - use action default)
Operation type
Remote command
Target list
Target
Action
Current host
Remove
New
Type
Custom script
Execute on
Zabbix agent
Zabbix server
Commands
sudo /bin/bash /data/sh/auto_clean_disk.sh

（b）

图 21-33 创建 Action

（a）客户端触发器满足条件；（b）Operations type 选择 Remote command

Zabbix 客户端/etc/sudoer 配置文件中添加 Zabbix 用户拥有执行权限且无须密码登录。

```
Defaults:zabbix         !requiretty
zabbix  ALL=(ALL)       NOPASSWD: ALL
```

在 Zabbix 客户端/data/sh/目录下创建文件 auto_clean_disk.sh，脚本代码如下。

```
#!/bin/bash
#auto clean disk space
#2021年6月21日10:12:18
#by author jfedu.net
rm -rf /boot/test.img
find /boot/ -name "*.log" -size +100M -exec rm -rf {} \;
```

将 192.168.149.129 服务器的/boot 目录临时写满，满足触发器，实现远程命令执行，查看问题事件命令执行结果，如图 21-34 所示。

（a）

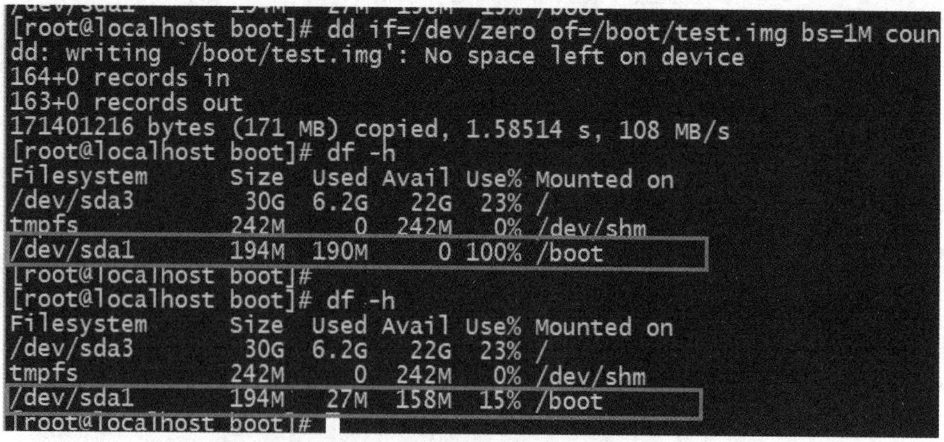

（b）

图 21-34　远程执行命令

（a）远程命令执行成功；（b）远程命令执行磁盘清理成功

如果 Zabbix 客户端脚本或者命令没有执行成功，HTTP 服务没有停止，可以在 Zabbix server 端执行如下命令，如图 21-35 所示。

```
/usr/local/zabbix/bin/zabbix_get -s 192.168.149.129 -k "system.run[sudo /etc/init.d/httpd restart]"
```

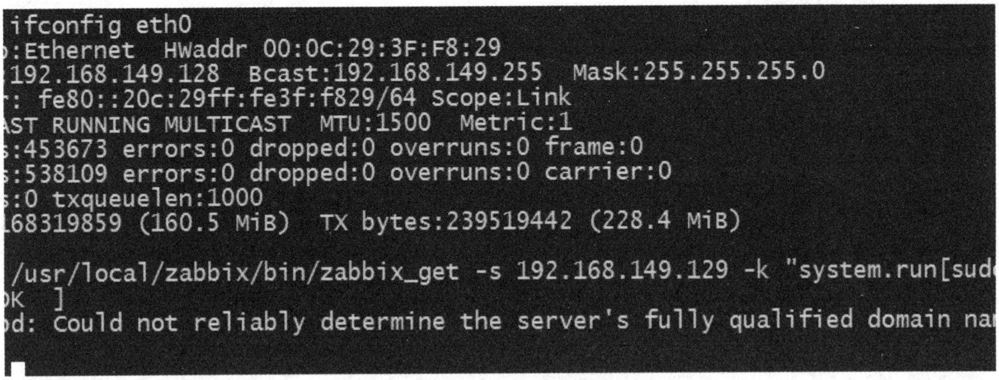

图 21-35　测试远程命令

21.12　Zabbix 分布式监控实战

Zabbix 是一个分布式监控系统，它可以以一个中心点、多个分节点的模式运行。使用 proxy 能大大降低 Zabbix server 的压力。Zabbix proxy 可以运行在独立的服务器上，如图 21-36 所示。

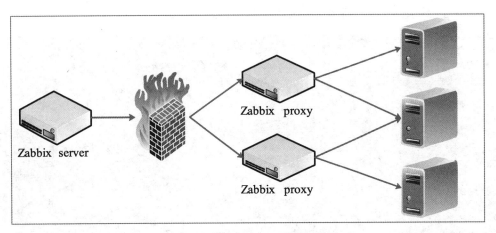

图 21-36　Zabbix proxy 网络拓扑图

安装 Zabbix proxy，基于 zabbix-6.0.10.tar.gz 软件包，同时需要导入 Zabbix 基本框架库，具体实现方法如下。

（1）下载 Zabbix 软件包，代码如下：

```
wget http://sourceforge.net/projects/zabbix/files/ZABBIX%20Latest%20Stable/
3.2.6/zabbix-6.0.10.tar.gz/download
```

（2）在 Zabbix proxy 上执行如下代码：

```
yum -y install curl curl-devel net-snmp net-snmp-devel perl-DBI
groupadd zabbix ;useradd -g zabbix zabbix;usermod -s /sbin/nologin zabbix
```

（3）Zabbix proxy 端配置。

创建 Zabbix 数据库，执行授权命令如下：

```
create database zabbix_proxy charset=utf8;
grant all on zabbix_proxy.* to zabbix@localhost identified by 'aaaAAA111.';
flush privileges;
```

解压 Zabbix 软件包并将 Zabbix 基础 SQL 文件数据导入 Zabbix 数据库：

```
tar   -xzvf  zabbix-6.0.10.tar.gz
cd    zabbix-6.0.10
mysql -uzabbix -paaaAAA111. zabbix_proxy <database/mysql/schema.sql
mysql -uzabbix -paaaAAA111. zabbix_proxy <database/mysql/images.sql
```

切换至 Zabbix 解压目录，执行如下代码，安装 Zabbix_server：

```
./configure --prefix=/usr/local/zabbix/ --enable-proxy --enable-agent
--with-mysql --enable-ipv6 --with-net-snmp --with-libcurl
make
make install
ln -s /usr/local/zabbix/sbin/zabbix_*  /usr/local/sbin/
```

Zabbix proxy 安装完毕，进入 usr/local/zabbix/etc/目录，如图 21-37 所示。

```
[root@www-jfedu-net-129 ~]#
[root@www-jfedu-net-129 ~]# cd /usr/local/zabbix/
[root@www-jfedu-net-129 zabbix]# ls
bin  etc  lib  sbin  share
[root@www-jfedu-net-129 zabbix]# cd etc/
[root@www-jfedu-net-129 etc]# ls
zabbix_agentd.conf   zabbix_agentd.conf.d   zabbix_proxy.conf   zabbix_
[root@www-jfedu-net-129 etc]# ll
total 24
-rw-r--r-- 1 root root 10234 May 24 00:47 zabbix_agentd.conf
drwxr-xr-x 2 root root  4096 May 24 00:47 zabbix_agentd.conf.d
-rw-r--r-- 1 root root   220 May 24 00:52 zabbix_proxy.conf
drwxr-xr-x 2 root root  4096 May 24 00:48 zabbix_proxy.conf.d
[root@www-jfedu-net-129 etc]#
```

图 21-37　Zabbix proxy 安装目录

（4）备份 Zabbix proxy 配置文件，代码如下：

```
cp zabbix_proxy.conf zabbix_proxy.conf.bak
```

（5）zabbix_proxy.conf 配置文件中代码设置如下：

```
Server=192.168.149.128
Hostname=192.168.149.130
LogFile=/tmp/zabbix_proxy.log
DBName=zabbix_proxy
DBUser=zabbix
DBPassword=aaaAAA111.
Timeout=4
LogSlowQueries=3000
DataSenderFrequency=30
HistoryCacheSize=128M
CacheSize=128M
```

（6）Zabbix 客户端安装 agent，同时配置 agent 端 server 设置为 proxy 服务器的 IP 地址或者主机名，zabbix_agentd.conf 配置文件代码如下：

```
LogFile=/tmp/zabbix_agentd.log
Server=192.168.149.130
ServerActive=192.168.149.130
Hostname = 192.168.149.131
```

（7）Zabbix server Web 端添加 proxy，实现集中管理和分布式添加监控，如图 21-38 所示。

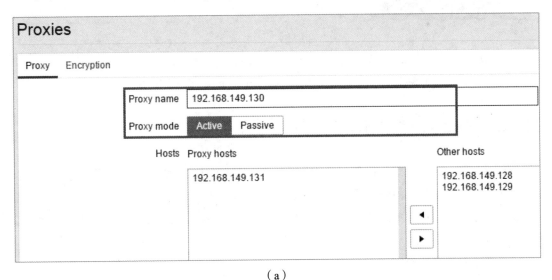

图 21-38　实现集中管理和分布式添加监控

（a）Zabbix proxy Web 添加

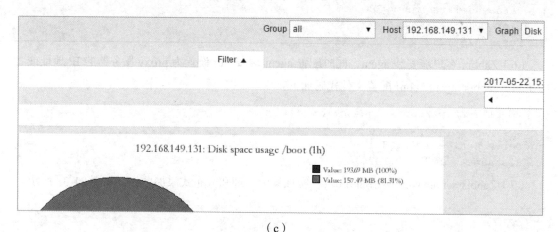

（b）

（c）

图 21-38　实现集中管理和分布式添加监控（续）
（b）Zabbix proxy 监控客户端；（c）Zabbix proxy 监控客户端图像

21.13　Zabbix 监控微信报警实战

　　Zabbix 除了可以使用邮件报警之外，还可以通过多种方式把报警信息发送到指定人，例如，微信报警方式。越来越多的企业开始使用 Zabbix 结合微信作为主要的报警方式，因为大家几乎每天都在使用微信，这样可以及时有效地把报警信息推送到接收人，方便及时处理。Zabbix 微信报警设置步骤如下。

　　（1）微信企业号注册。

　　企业号注册地址为 https://qy.weixin.qq.com/，填写企业注册信息，待审核完成，用微信扫描登录企业公众号，如图 21-39 所示。

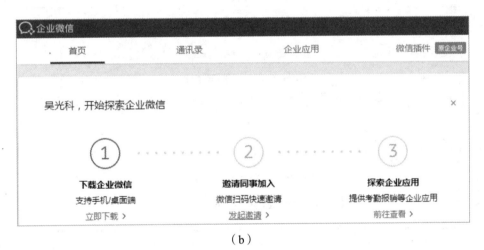

图 21-39 微信企业公众号注册与登录

（a）微信企业公众号注册；（b）微信企业公众号登录

（2）通信录（后面所提到的"通信录"都指的是图片中的"通讯录"）添加运维部门及人员。

登录新建的企业号，提前把企业成员信息添加到组织或者部门，需要填写手机号、微信号或邮箱。通过这样的方式让别人扫码关注企业公众号，如图 21-40 所示。

（3）企业应用–创建应用。

除了对个人添加微信报警之外，还可以添加不同管理组，接收同一个应用推送的消息。

调用 API 接口需要用到成员账号、组织部门 ID、应用 Agent ID、CorpID 和 Secret 等信息，如图 21-41 所示。

(a)

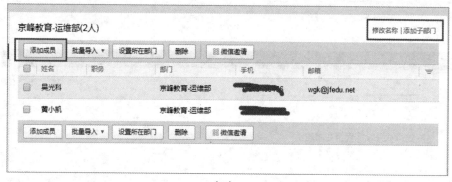

(b)

图 21-40　微信企业公众号通信录

(a) 企业微信通信录; (b) 添加通信录

(a)

图 21-41　微信企业公众号创建应用

(a) 创建企业微信应用

(b)

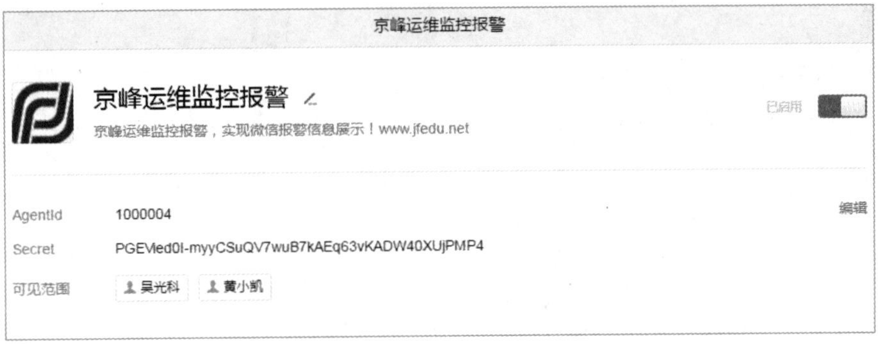

(c)

图 21-41　微信企业公众号创建应用（续）

（b）填写应用名称；（c）查看应用状态

（4）获取企业 CorpID。单击企业公众号首页"我的企业"即可看到，如图 21-42 所示。

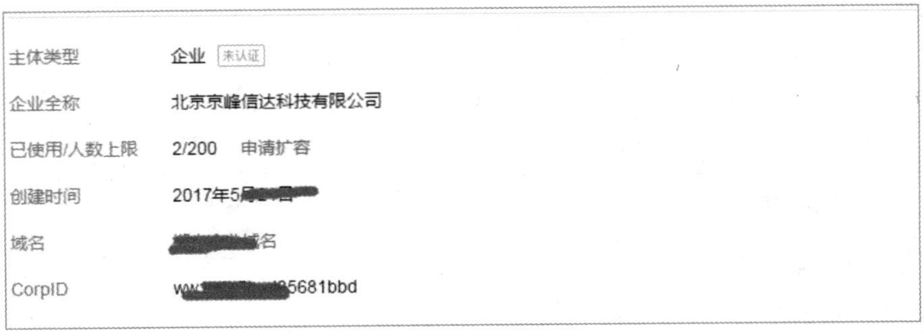

图 21-42　微信企业公众号 CorpID

(5)微信接口调试。调用微信接口需要一个调用接口的凭证：Access_token，通过 CorpID 和 Secret 可以获得。微信企业号接口调试地址为 http://qydev.weixin.qq.com/debug，如图 21-43 所示。

（a）

（b）

图 21-43　微信企业公众号调试

（a）测试企业微信接口；（b）查看企业微信测试结果

（6）获取微信报警工具，代码如下：

```
mkdir -p /usr/local/zabbix/alertscripts
cd /usr/local/zabbix/alertscripts
wget http://dl.cactifans.org/tools/zabbix_weixin.x86_64.tar.gz
tar -xzvf zabbix_weixin.x86_64.tar.gz
mv zabbix_weixin/weixin .
chmod o+x weixin
mv zabbix_weixin/weixincfg.json /etc/
rm -rf -xzvf zabbix_weixin.x86_64.tar.gz
rm -rf zabbix_weixin/
```

修改 /etc/weixincfg.json 配置文件中的 corpid、secret 和 agentid，并测试脚本发送信息，如图 21-44 所示。

```
cd /usr/local/zabbix/alertscripts
./weixin wuguangke 京峰教育报警测试 Zabbix故障报警
./weixin contact subject body
#标准信息格式
#contact,为你的微信账号,注意不是微信号,不是微信昵称,可以把用户账号设置成微信号或微
#信昵称,subject 为告警主题,body 为告警详情
```

(a)

(b)

图 21-44　Zabbix server 端微信配置文件

（a）填写微信脚本配置；（b）查看企业微信客户端信息

（7）脚本调用设置。

Zabbix server 端设置脚本执行路径，编辑 zabbix_server.conf 文件，添加如下内容：

```
AlertScriptsPath=/usr/local/zabbix/alertscripts
```

（8）Zabbix Web 端配置，设置 Action 动作，并设置触发微信报警，如图 21-45 所示。

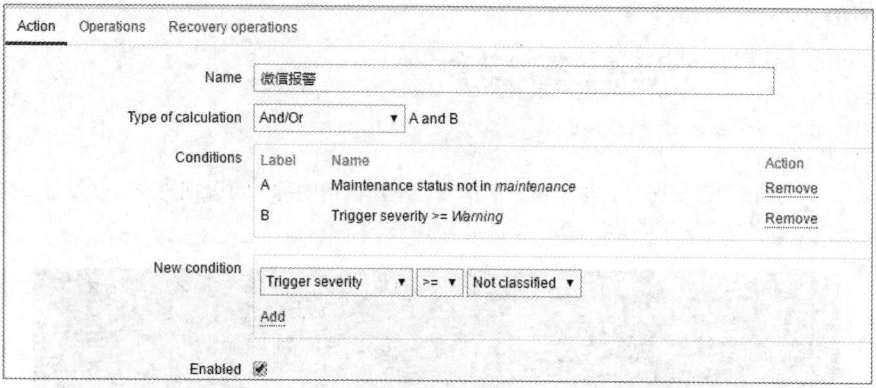

（a）

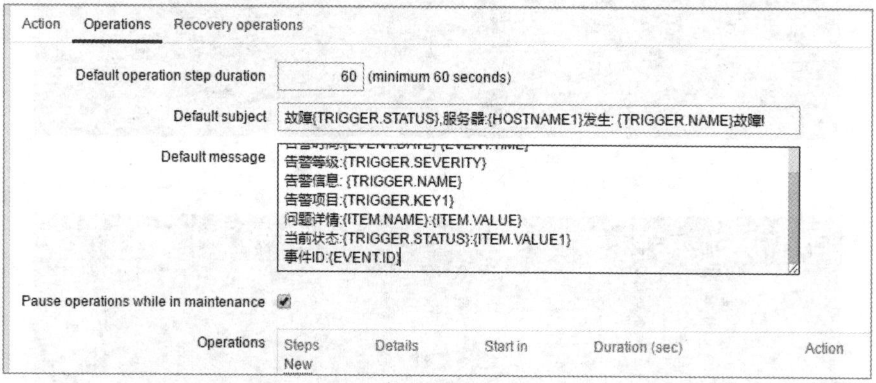

（b）

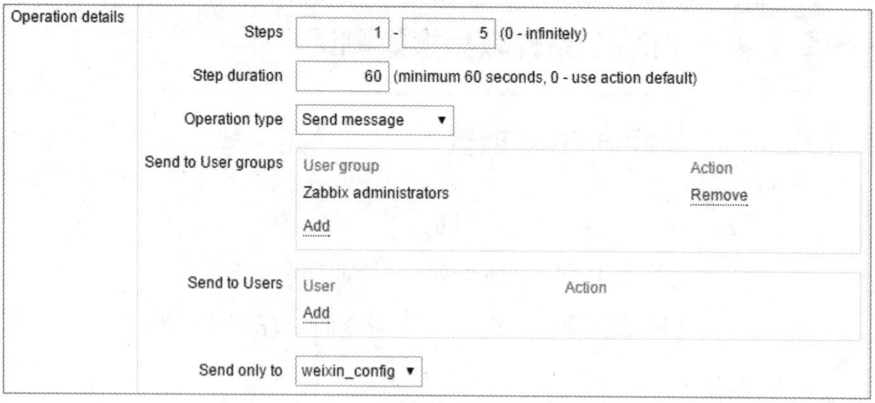

（c）

图 21-45　Zabbix server Action 动作配置

（a）添加微信报警动作；（b）设置微信报警标题和内容；（c）设置企业微信动作间隔时间为 60 s

（9）配置 Media Type 微信脚本，选择 Administration→Media Types→Create Media Type 命令，如图 21-46 所示，脚本加入：{ALERT.SENDTO}{ALERT.SUBJECT}和{ALERT.MESSAGE}三个参数。

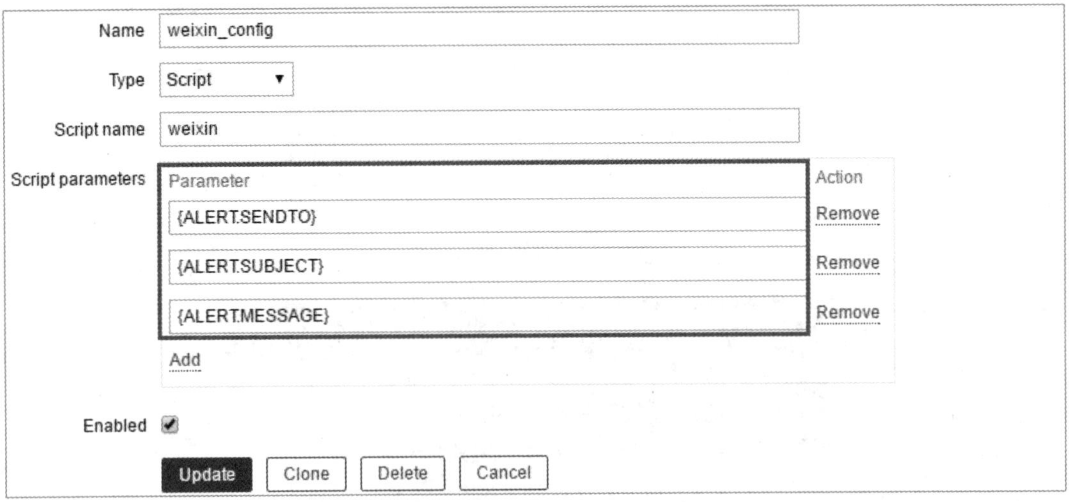

图 21-46　微信配置

（10）配置接收微信信息的用户信息，选择 Administration→Users→Admin→Media 命令，如图 21-47 所示。

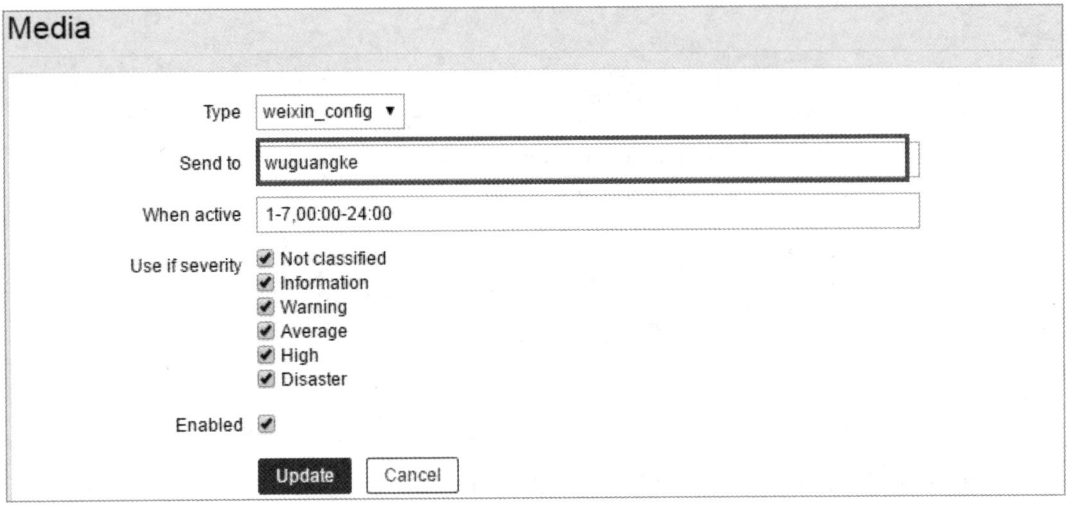

图 21-47　用户信息配置

（11）微信报警信息测试，磁盘容量剩余不足 20%时会触发微信报警，如图 21-48 所示。

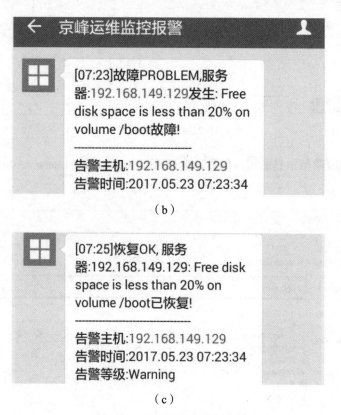

图 21-48　微信报警信息测试

（a）Zabbix 微信报警信息；（b）Zabbix 微信报警故障信息；（c）Zabbix 微信报警恢复信息

21.14 Zabbix 监控原型及批量端口实战

线上生产环境运行着各种软件服务，每个软件服务对应不同的端口和进程，通常需要运维人员对多个软件服务的端口进行监控。

如果手动逐个添加端口，会消耗大量的人力成本。为了提高工作效率，可以采用批量添加监控端口的方法。Zabbix 通过 Discovery 功能实现该需求。

使用 Zabbix 监控服务器端口状态，工作流程如下：Zabbix 监控软件服务自带端口监控的监控项，所以需要手动定义监控项，客户端获取的端口列表通过 agent 传送到服务器，只须在服务器进行端口监控模板配置，然后自定义监控图形，添加监控项即可。

（1）编写自动监控服务器上所有软件服务端口的脚本，脚本内容如下：

```bash
#!/bin/bash
PORT_ARRAY=(`netstat -tnlp|egrep -i "$1"|awk {'print $4'}|awk -F':' '{if ($NF~/^[0-9]*$/) print $NF}'|sort|uniq`
)
length=${#PORT_ARRAY[@]}
printf "{\n"
printf '\t'"\"data\":["
for ((i=0;i<$length;i++))
do
printf '\n\t\t{'
printf "\"{#TCP_PORT}\":\"${PORT_ARRAY[$i]}\"}"
if [ $i -lt $[$length-1] ];then
printf ','
fi
done
printf "\n\t]\n"
printf "}\n"
```

（2）Zabbix 客户端的配置文件加入如下代码：

```
UserParameter=tcpportlisten,/bin/sh /data/sh/discover_port.sh "$1"
```

（3）添加 netstat 指令的 s 权限，重启 Zabbix agent 服务，命令如下：

```
chmod u+s /usr/bin/netstat
/etc/init.d/zabbix_agent restart
```

（4）客户端测试 discover_port.sh 脚本是否检测到端口，代码如下，如图 21-49 所示。

```
/usr/local/zabbix/bin/zabbix_get -s 10.0.0.122 -k tcpportlisten
/usr/local/zabbix/bin/zabbix_get -s 10.0.0.122 -k tcpportlisten
```

```
[root@localhost ~]# /usr/local/zabbix/bin/zabbix_get -s 192.168.1.
{
    "data":[
        {"{#TCP_PORT}":"10050"},
        {"{#TCP_PORT}":"10051"},
        {"{#TCP_PORT}":"22"},
        {"{#TCP_PORT}":"25"},
        {"{#TCP_PORT}":"3306"},
        {"{#TCP_PORT}":"80"}
    ]
}
[root@localhost ~]#
[root@localhost ~]# /usr/local/zabbix/bin/zabbix_get -s 192.168.1.
```

图 21-49　Zabbix 批量监控端口

（5）将自动发现规则添加至 Template OS Linux 模板中，如图 21-50 所示。

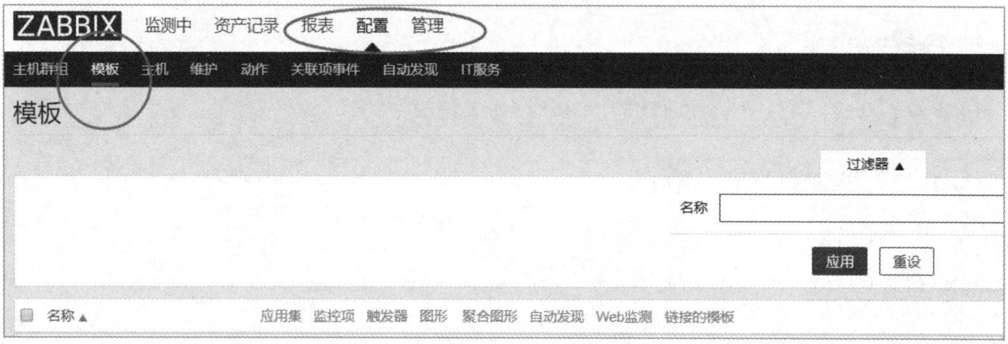

(a)

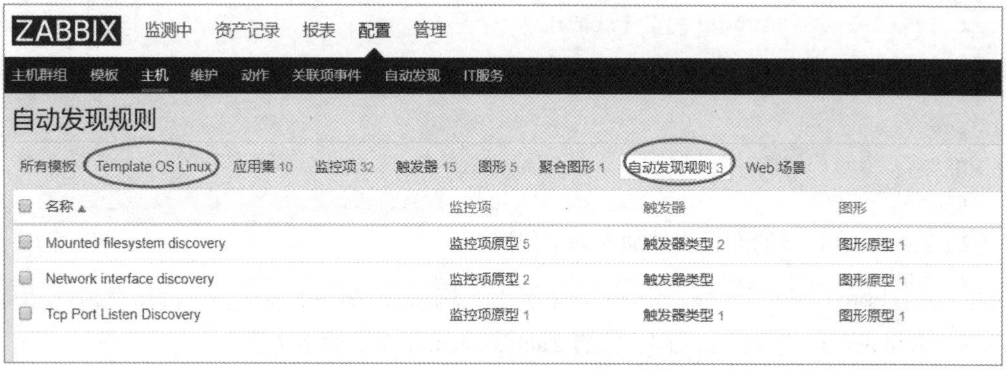

(b)

图 21-50　Zabbix Web 界面配置

(a) Zabbix 查看模板；(b) 查看自动发现规则

（6）创建自动发现规则，如图 21-51 所示，键值设置为与 Agentd 配置文件中一致的值（tcpportlisten）即可。

图 21-51 Zabbix Web 发现规则定义

（7）在自动发现规则中创建监控项原型，并且填写如下值，如图 21-52 所示。

图 21-52 Zabbix Web 监控原型配置

（8）在自动发现规则中创建触发器类型，并且填写如下值，如图 21-53 所示。

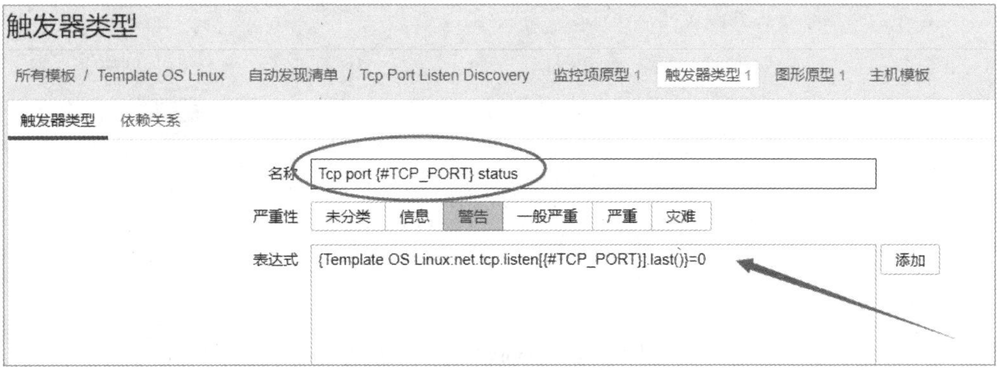

图 21-53 Zabbix Web 触发类型配置

（9）在自动发现规则中创建图形原型，并且填写如下值，如图21-54所示。

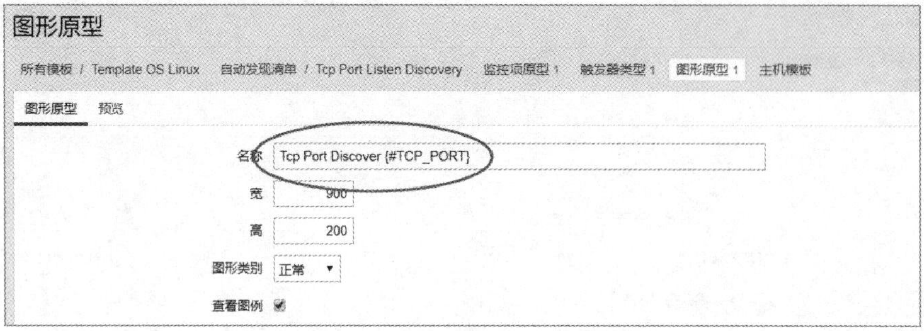

（a）

（b）

图21-54　Zabbix Web 图形原型

（a）添加图形原型；（b）添加图形监控项

（10）查看配置-主机-监控列表，如图21-55所示。

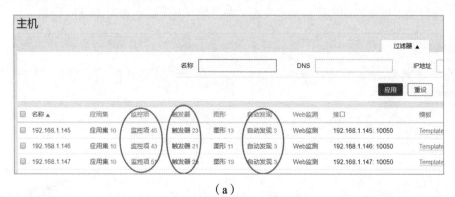

（a）

图21-55　Zabbix Web 主机列表

（a）查看主机监控状态

	Tcp Port Listen Discovery: 22	触发器 1	net.tcp.listen[22]	3
	Tcp Port Listen Discovery: 25	触发器 1	net.tcp.listen[25]	3
	Tcp Port Listen Discovery: 6380	触发器 1	net.tcp.listen[6380]	3
	Tcp Port Listen Discovery: 6381	触发器 1	net.tcp.listen[6381]	3
	Tcp Port Listen Discovery: 6382	触发器 1	net.tcp.listen[6382]	3
	Tcp Port Listen Discovery: 6383	触发器 1	net.tcp.listen[6383]	3
	Tcp Port Listen Discovery: 6384	触发器 1	net.tcp.listen[6384]	3
	Tcp Port Listen Discovery: 6385	触发器 1	net.tcp.listen[6385]	3
	Tcp Port Listen Discovery: 6386	触发器 1	net.tcp.listen[6386]	3
	Tcp Port Listen Discovery: 6387	触发器 1	net.tcp.listen[6387]	3
	Tcp Port Listen Discovery: 10050	触发器 1	net.tcp.listen[10050]	3

(b)

图 21-55　Zabbix Web 主机列表（续）

(b) 查看主机监控端口

(11) 查看监控-图形，如图 21-56 所示。

图 21-56　Zabbix Web 图形展示

(a) 查看主机监控状态；(b) 查看主机监控端口

21.15　Zabbix 监控网站关键词

随着公司网站系统越来越多，不能通过人工每天手动刷新网站来检查网站代码及页面是否被篡改。通过 Zabbix 监控可以实现自动检查，例如，监控某个客户端网站页面中关键词 ATM 是否被修改，通过脚本监控的方法如下。

（1）agent 端编写 Shell 脚本监控网站关键词，在/data/sh/目录下编写 Shell 脚本内容如下，如图 21-57 所示。

```
#!/bin/bash
#2021年5月24日 09:49:48
#by author jfedu.net
###################
WEBSITE="http://192.168.149.131/"
NUM=`curl -s $WEBSITE|grep -c "ATM"`
echo $NUM
```

```
[root@localhost sh]# cat check_http_word.sh
#!/bin/bash
#2017年5月24日09:49:48
#by author jfedu.net
###################
WEBSITE="http://192.168.149.131/"
NUM=`curl -s $WEBSITE|grep -c "ATM"`
echo $NUM
[root@localhost sh]#
[root@localhost sh]#
[root@localhost sh]# sh check_http_word.sh
1
[root@localhost sh]#
[root@localhost sh]#
```

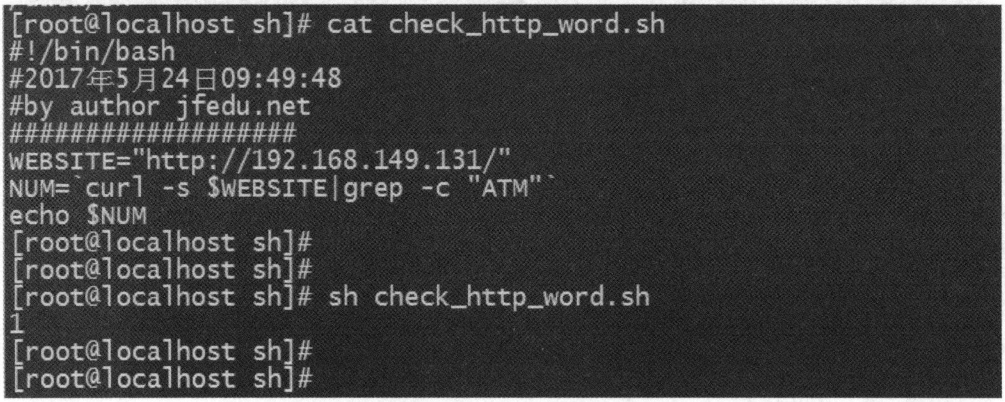

图 21-57　Zabbix 客户端脚本内容

（2）在客户端 zabbix_agentd.conf 文件中加入如下代码，并重启 agentd 服务即可，执行结果如图 21-58 所示。

```
UserParameter=check_http_word,sh /data/sh/check_http_word.sh
```

（3）服务器获取客户端的关键词，如为 1，则表示 ATM 关键词存在，如果不为 1 则表示 ATM 关键词被篡改。

```
/usr/local/zabbix/bin/zabbix_get -s 192.168.149.131 -k check_http_word
```

（4）Zabbix Web 端添加客户端的监控项，如图 21-59 所示。

```
[root@localhost sh]# cat /usr/local/zabbix/etc/zabbix_agentd.conf
LogFile=/tmp/zabbix_agentd.log
Server=192.168.149.128
ServerActive=192.168.149.128
Hostname = 192.168.149.131
UserParameter=check_http_word,sh /data/sh/check_http_word.sh
[root@localhost sh]#
[root@localhost sh]# pwd
/data/sh
[root@localhost sh]#
```

图 21-58　Zabbix 客户端脚本执行结果

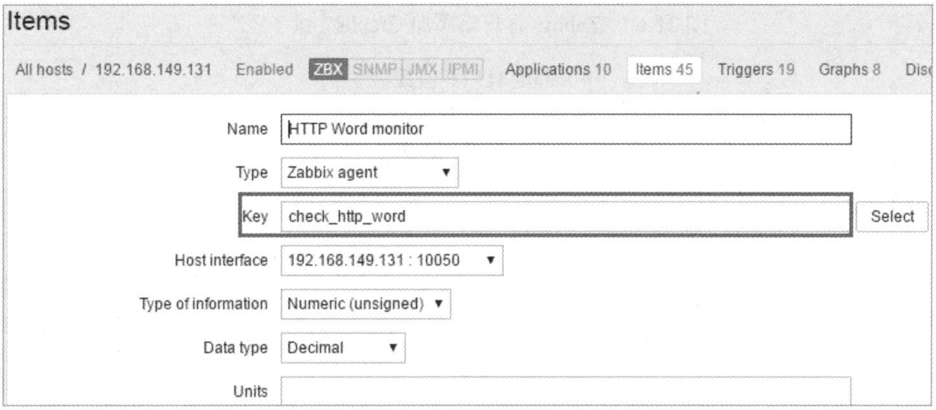

图 21-59　Zabbix 客户端添加 Key

（5）创建 check_http_word 监控 Graphs 的图像，如图 21-60 所示。

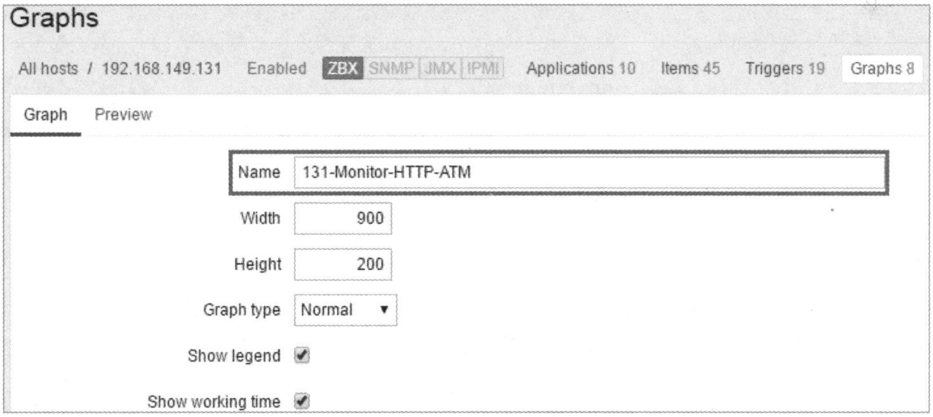

（a）

图 21-60　Zabbix 客户端添加 Graphs

（a）添加 131 ATM 关键词图形

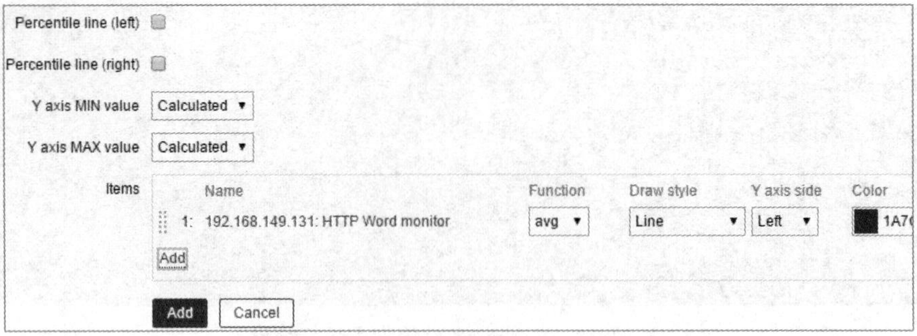

（b）

图 21-60　Zabbix 客户端添加 Graphs（续）

（b）绑定 HTTP 监控项

（6）创建 check_http_word 触发器，如图 21-61 所示。

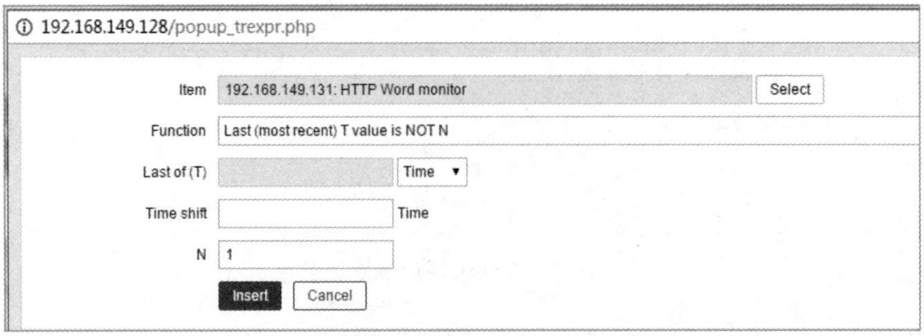

（a）

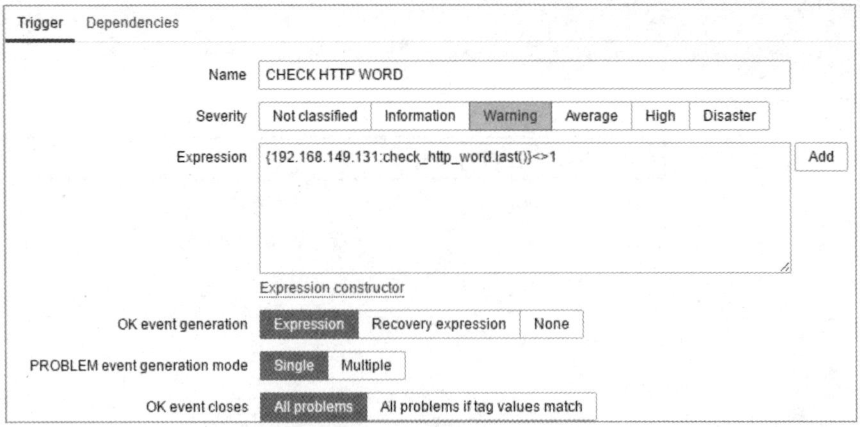

（b）

图 21-61　Zabbix 客户端创建触发器

（a）创建 check_http_word 触发器；（b）设置 check_http_word 触发器值

（7）查看 Zabbix 客户端监控图像，如图 21-62 所示。

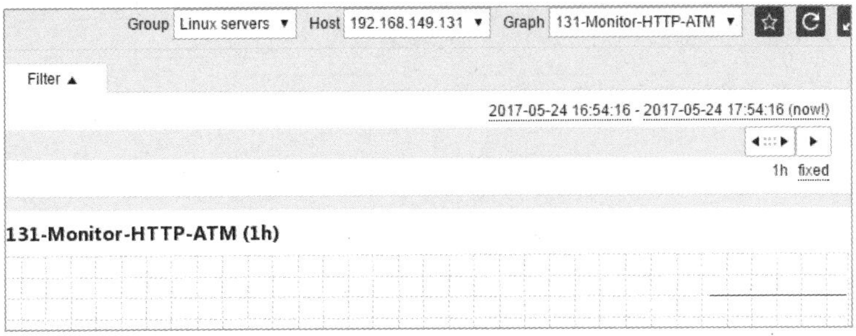

（a）

（b）

图 21-62　查看 Zabbix 客户端监控图像

（a）Zabbix HTTP word monitor 监控图；（b）Zabbix HTTP word monitor 触发器微信报警

除了使用以上 Shell 脚本方法，还可以通过 Zabbix Web 界面配置 HTTP URL 监控，方法如下：

（1）依次选择 Configuration→Hosts→Web 命令，创建 Web 监控场景，基于 Chrome 38.0 访问 HTTP Web 页面，如图 21-63 所示。

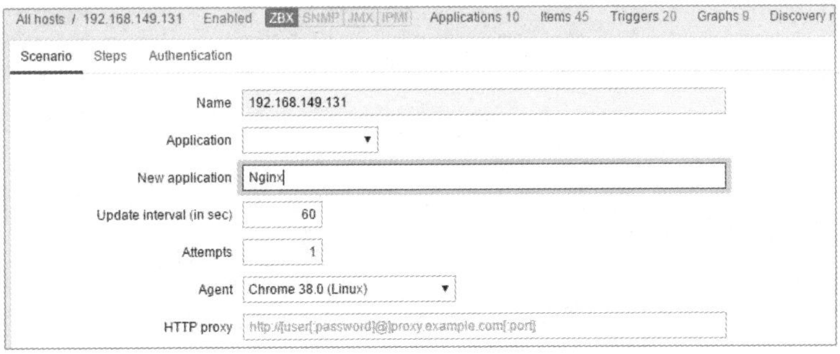

（a）

图 21-63　创建 Web 监控场景

（a）Zabbix Web 场景配置 1

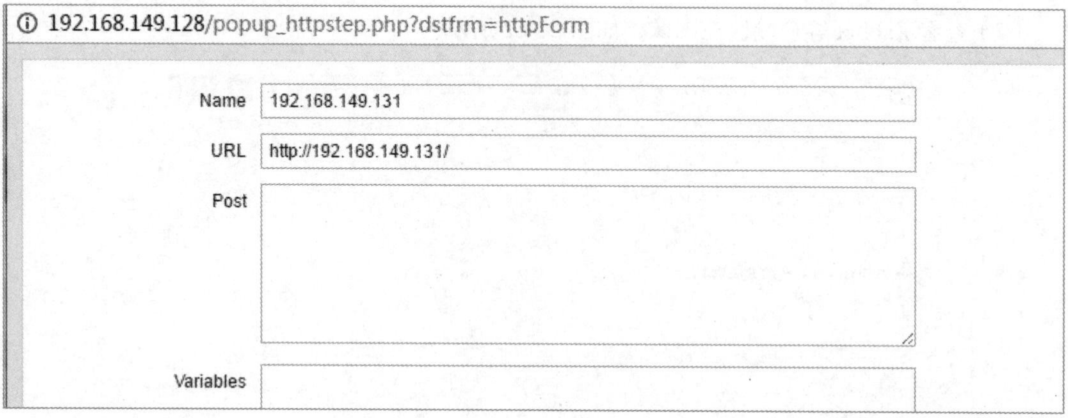

（b）

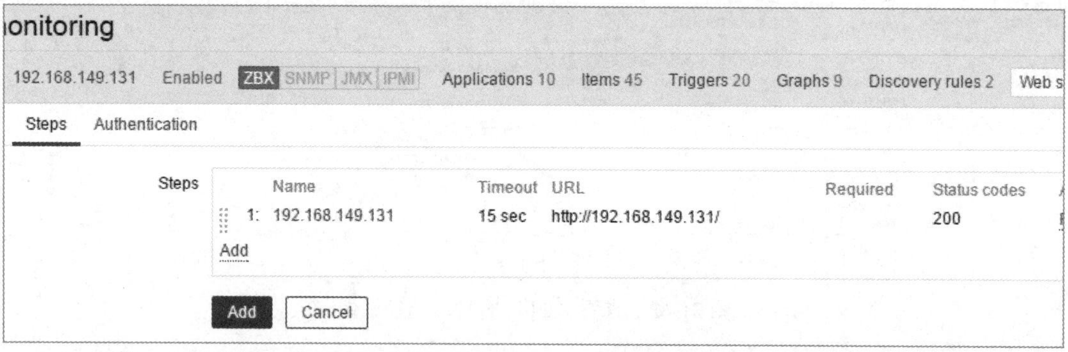

（c）

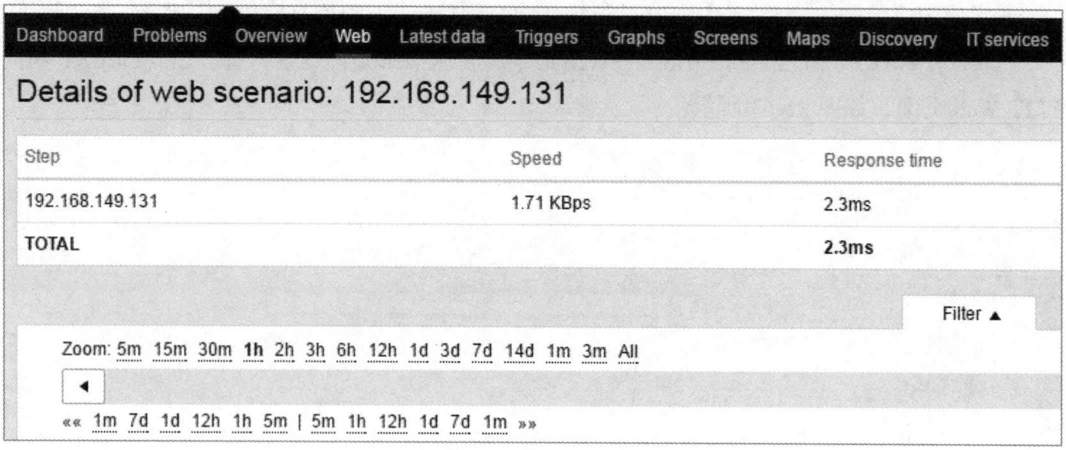

（d）

图 21-63　创建 Web 监控场景（续）

（b）Zabbix Web 场景配置 2；（c）Zabbix Web 场景配置 3；（d）Zabbix Web 监控图 1

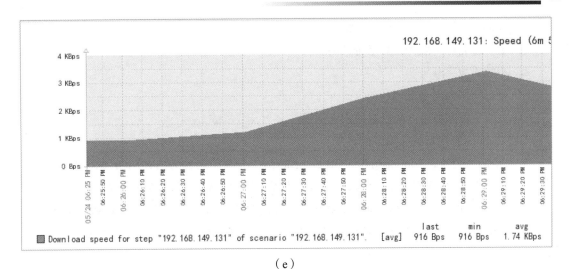

(e)

图 21-63　创建 Web 监控场景（续）

(e) Zabbix Web 监控图 2

21.16　Zabbix 高级宏案例实战

Zabbix 宏变量使 Zabbix 监控系统变得更灵活，变量可以定义在主机、模板以及全局，变量名称类似{$MACRO}，宏变量一般都是大写。熟练掌握宏变量，则会感受到 Zabbix 的强大。

（1）Zabbix 宏变量的特点如下。

① 宏是一种抽象，他根据一系列预定义的规则替换一定的文本模式，而解释器或编译器在遇到宏时会自动进行这一模式替换，可以理解为变量。

② Zabbix 内置的宏，如{HOST.NAME}{HOST.IP}{TRIGGER.DESCRIPTION}{TRIGGER.NAME}{TRIGGER.EVENTS.ACK}等。

③ Zabbix 支持全局、模板或主机级别自定义宏，用户自定义宏要使用{$MACRO}这种特殊的语法格式，宏的名称只能使用大写字母、数字及下划线。

④ 宏可以应用在 item keys 和 descriptions、trigger 名称和表达式、主机接口 IP/DNS 及端口、discovery 机制的 SNMP 协议的相关信息中等。

（2）Zabbix 宏变量的应用范围如下。

① 项目名称。

② 项目参数。

③ 触发器名称和描述。

④ 触发器表达式。

(3) Zabbix 宏变量的命名规范如下。

① 宏变量名称一般为大写字母开头。

② 不能以数字开头。

③ 可以使用大写字母+数字。

④ 大写字母和数字之间可以使用下划线。

(4) Zabbix 宏变量的应用案例。

定义全局宏位置，Administration-General-Macros，定义宏名称为{$MYSQL_NUMBER}，值为 2。定义主机/模板级宏变量，编辑主机或者模板，找到 Macros 选项卡，定义宏变量。

宏变量经常用于替代账号、端口、密码等，如需要监控的账号和密码，可以将其定义为宏，下次账号和密码有修改，只需要修改宏的值即可，而不需要对每个监控项都修改账号和密码，如图 21-64 所示。

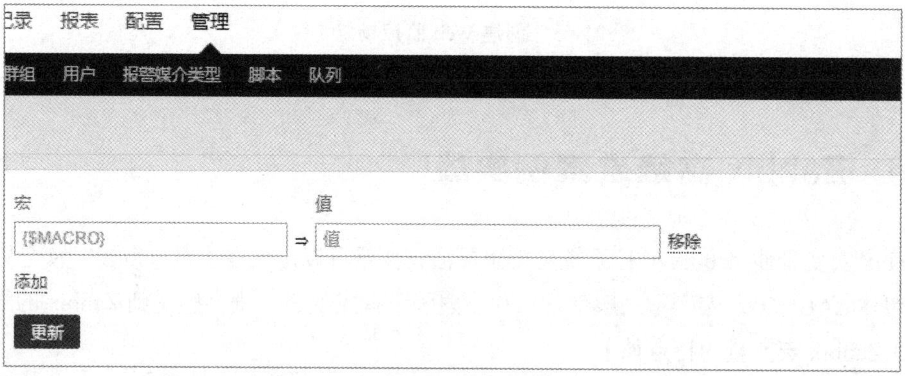

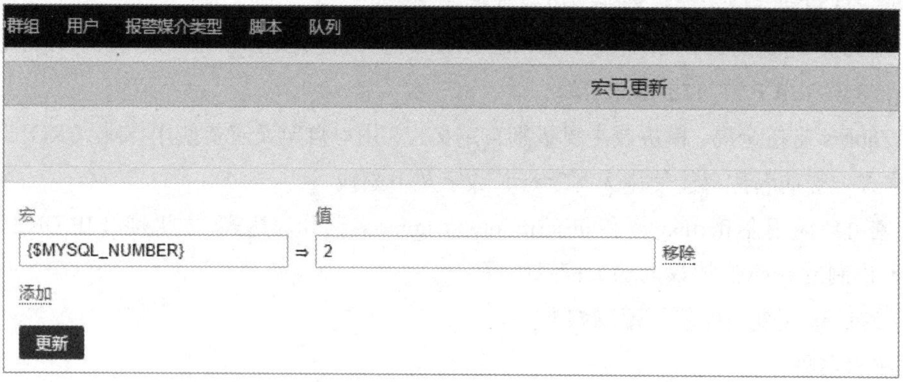

图 21-64　Zabbix 宏变量设置

(a) 打开 zabbix 宏变量；(b) 设置 MYSQL_NUMBER 变量和值

（5）Zabbix 宏变量的引用。

创建 MySQL_Monitor 监控 MySQL 主从监控项，监控从数据库 MySQL 两个线程均为 YES 方可，自定义 key，获取两个线程为 YES 时值等于 2，将 2 设置为宏变量值，然后创建触发器，如图 21-65 所示。

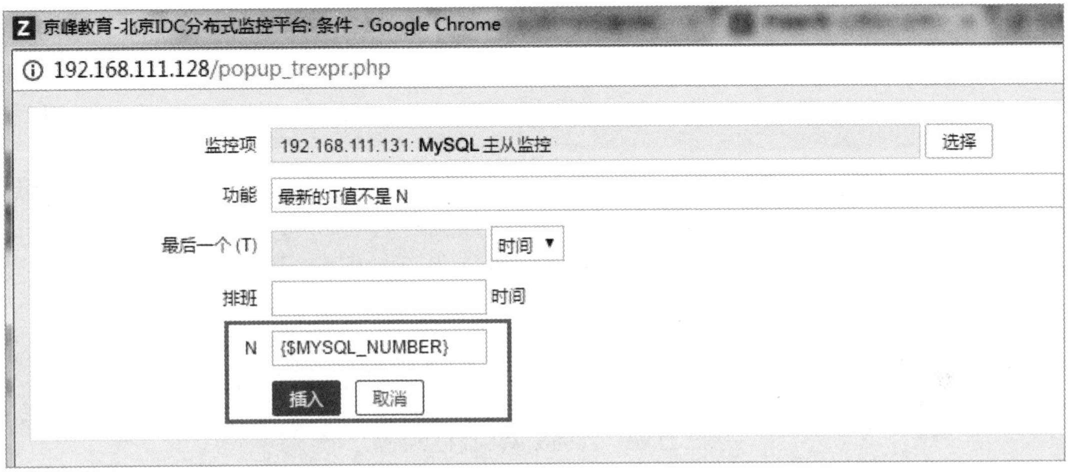

（a）

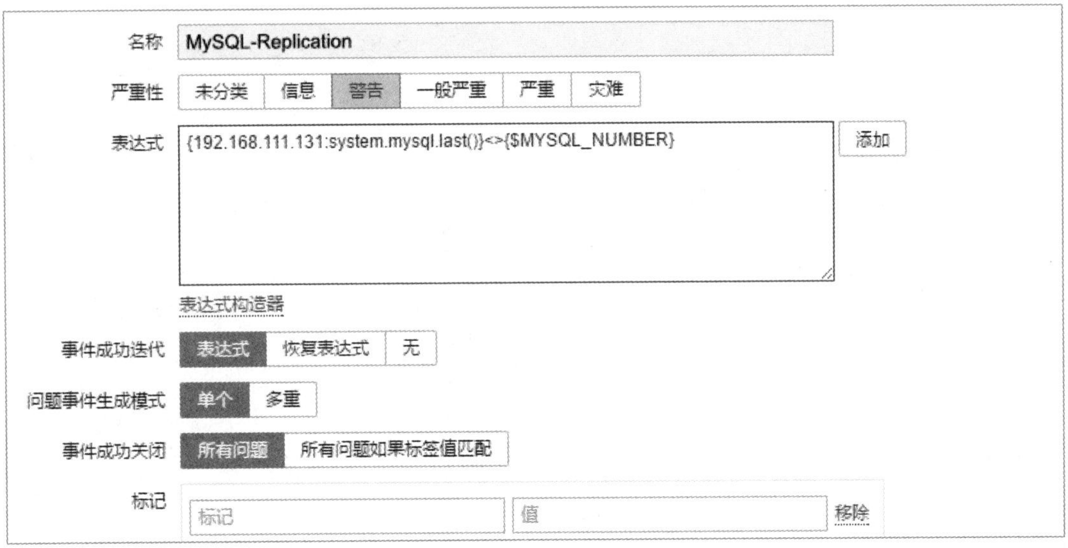

（b）

图 21-65 Zabbix 宏变量设置

（a）修改 MYSQL 主从监控触发器值；（b）查看 MYSQL 主从监控触发器

最终查看监控图像，如图 21-66 所示。

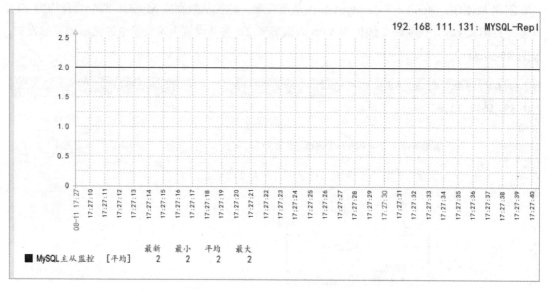

图 21-66　Zabbix Web 监控界面 1

停止 MySQL slave 服务，如图 21-67 所示。

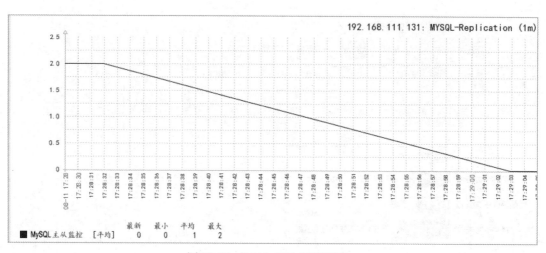

图 21-67　Zabbix Web 监控界面 2

查看触发器及报警，如图 21-68 所示。

如上配置，证明宏{$MYSQL_NUMBER}变量生效。值为图像中的 2，可以随时修改宏的值，改动图像展示。

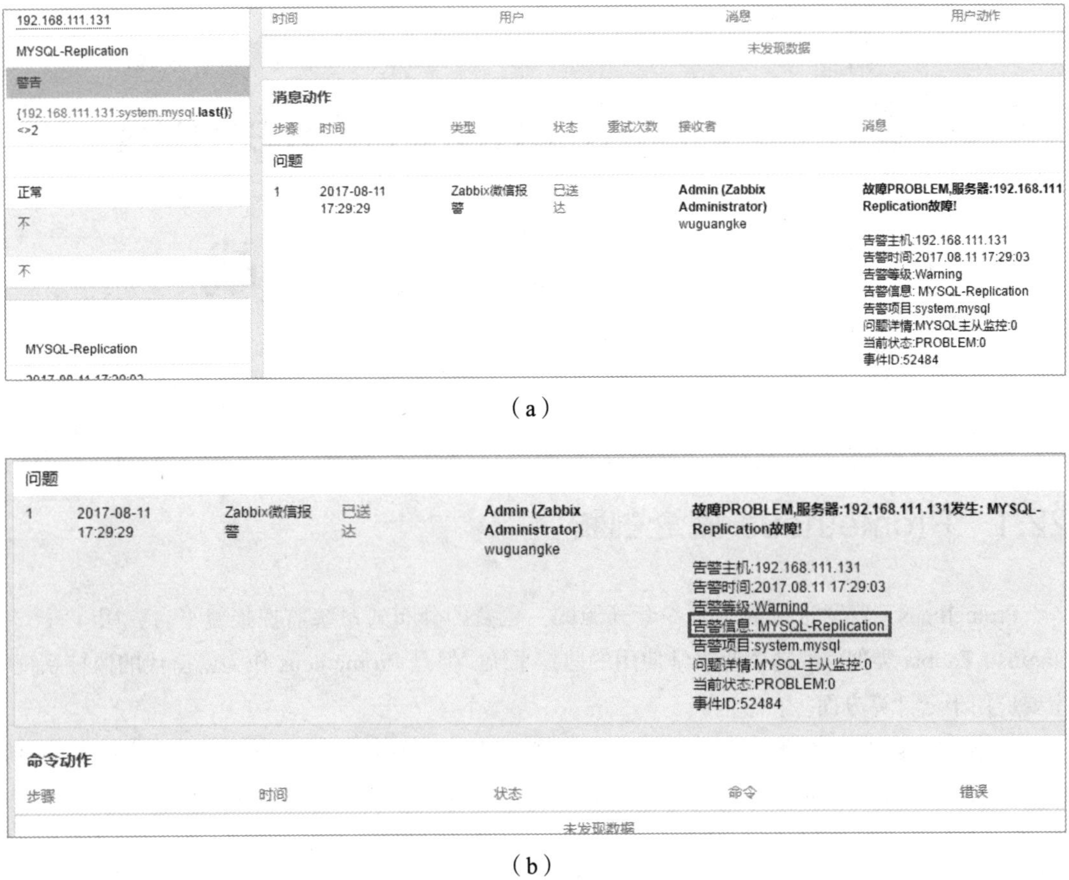

(a)

(b)

图 21-68　Zabbix Web 监控界面 3

(a) 查看报警列表；(b) 查看报警 MYSQL Replication 信息

第 22 章 Prometheus+Grafana 分布式监控实战

22.1 Prometheus 概念剖析

Prometheus（普罗米修斯）是一套开源的、免费的分布式系统监控报警平台，跟 Cacti、Nagios、Zabbix 类似，都是企业最常使用的监控系统，但是 Prometheus 作为新一代的监控系统，主要应用于云计算方面。

Prometheus 自 2012 年成立以来，已被许多公司和组织所采用，现在是一个独立的开源项目。从 2016 年起，Prometheus 加入云计算基金会作为 Kubernetes 之后的第二托管项目。

22.2 Prometheus 监控优点

Prometheus 相比传统监控系统（Cacti、Nagios、Zabbix）有如下优点。

（1）易管理。

Prometheus 核心部分只有一个单独的二进制文件，可直接在本地工作，不依赖于分布式存储。

（2）业务数据相关性。

监控服务的运行状态，基于 Prometheus 丰富的 Client 库，用户可以轻松地在应用程序中添加对 Prometheus 的支持，以获取服务和应用内部真正的运行状态。

（3）性能高效。

单一 Prometheus 可以处理数以百万的监控指标，每秒处理数十万的数据点。

（4）易伸缩。

通过使用功能分区（sharing）+集群（federation），可以对 Prometheus 进行扩展，形成一个逻辑集群。

（5）良好的可视化。

Prometheus 除了自带有 Prometheus 用户界面（user interface，UI），还提供了一个独立的基于 Ruby On Rails 的 Dashboard 解决方案 Promdash。另外最新的 Grafana 可视化工具也提供了完整的 Proetheus 支持，基于 Prometheus 提供的 API 还可以实现自己的监控可视化 UI。

22.3　Prometheus 监控特点

Prometheus 监控特点如下：
（1）由度量名和键值对标识的时间序列数据的多维数据模型；
（2）灵活的查询语言；
（3）不依赖于分布式存储，单服务器节点是自治的；
（4）通过 HTTP 上的拉模型实现时间序列收集；
（5）通过中间网关支持推送时间序列；
（6）通过服务或静态配置发现目标；
（7）图形和仪表板支持的多种模式。

22.4　Prometheus 组件实战

Prometheus 生态由多个组件组成，这些组件大部分是可选的。

1．Prometheus server（服务器）

Prometheus sever 是 Prometheus 组件中的核心部分，负责实现对监控数据的获取、存储及查询。

Prometheus server 可以通过静态配置管理监控目标，也可以配合使用 service discovery 的方式动态管理监控目标，并从这些监控目标中获取数据。

其次，Prometheus server 需要对采集到的数据进行存储，Prometheus server 本身就是一个实时数据库，它将采集到的监控数据按照时间顺序存储在本地磁盘当中。Prometheus server 对外提供了自定义的 PromQL，实现对数据的查询以及分析。另外，Prometheus server 的联邦集群能力可以使其从其他 Prometheus server 实例中获取数据。

2．Exporters（监控客户端）

Exporter 将监控数据采集的端点通过 HTTP 服务的形式暴露给 Prometheus server，Prometheus server 通过访问该 Exporter 提供的端点（Endpoint），即可以获取到需要采集的监控数据。可以将 Exporter 分为以下 2 类。

（1）直接采集：这一类 Exporter 直接内置了对 Prometheus 监控的支持，如 cAdvisor、Kubernetes、Etcd、Gokit 等，都直接内置了用于向 Prometheus 暴露监控数据的端点。

（2）间接采集：原有监控目标并不直接支持 Prometheus，因此需要通过 Prometheus 提供的 client library（客户端库）编写该监控目标的监控采集程序，如 MySQL Exporter、JMX Exporter、Consul Exporter 等。

3. AlertManager（报警模块）

在 Prometheus Server 中支持基于 PromQL 创建警报规则，如果满足 PromQL 定义的规则，则会产生一条警报。在 AlertManager 从 Prometheus server 端接收到警报后，会去除重复数据，分组，发出报警。常见的接收方式有电子邮件、pagerduty、webhook 等。

4. PushGateway（网关）

Prometheus 数据采集基于 Prometheus server 从 Exporter 拉取数据，因此当网络环境不允许 Prometheus server 和 Exporter 进行通信时，可以使用 PushGateway 进行中转。通过 PushGateway 将内部网络的监控数据主动推送到 gateway 中，Prometheus server 采用针对 Exporter 同样的方式，将监控数据从 PushGateway 拉取到 Prometheus server。

5. Web UI平台

Prometheus 的 Web 接口，可用于简单可视化、语句执行或者服务状态监控。

22.5　Prometheus 体系结构

Prometheus 从 jobs 获取度量数据，也可以直接或通过推送网关获取临时 jobs 的度量数据。它在本地存储所有被获取的样本，并对这些数据运行规则，对现有数据进行聚合和记录新的时间序列，或生成警报。通过 Grafana 或其他 API，消费者可以可视化地查看收集到的数据。

Pometheus 的整体架构和生态组件如图 22-1 所示。

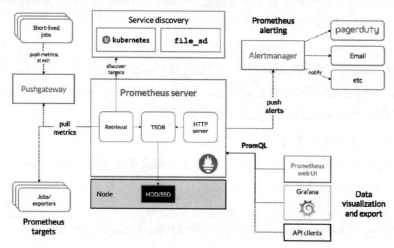

图 22-1　Prometheus 的整体架构和生态组件

22.6　Prometheus 工作流程

（1）Prometheus 服务器定期从配置好的 jobs 或者 Exporters 中获取度量数据，或者接收推送网关发送过来的度量数据。

（2）Prometheus 服务器在本地存储收集到的度量数据，并对这些数据进行聚合。

（3）运行已定义好的 alert.rules，记录新的时间序列或者向告警管理器推送警报。

（4）告警管理器根据配置文件，对接收到的警报进行处理，并通过 Email、微信、钉钉等途径发出警报。

（5）Grafana 等图形工具获取到监控数据，并以图形化的方式进行展示。

22.7　Prometheus 服务器部署

Prometheus 监控平台部署配置，有两种方式：①官网下载 Prometheus 镜像进行安装；②从 Docker 上获取镜像进行安装。

（1）从官网下载 Prometheus 镜像进行安装。

```
#下载 Prometheus 软件包
wget https://github.com/prometheus/prometheus/releases/download/v2.25.0/prometheus-2.25.0.linux-amd64.tar.gz
#解压 Prometheus 软件包
tar -xzvf prometheus-2.25.0.linux-amd64.tar.gz
#部署 Prometheus 服务
mv prometheus-2.25.0.linux-amd64 /usr/local/prometheus/
#查看服务是否部署成功
ls -l /usr/local/prometheus/
#进入 Prometheus 主目录
cd /usr/local/prometheus/
#后台启动 Prometheus 服务，并且监听 9090 端口
nohup ./prometheus --config.file=prometheus.yml &
netstat -tnlp|grep -aiwE 9090
```

（2）从 Docker 上获取镜像进行安装。

```
docker run -p 9090:9090 -v /tmp/prometheus.yml:/etc/prometheus/prometheus.yml \    -v /tmp/first.rules:/etc/prometheus/first.rules \
-v /tmp/prometheus-data:/prometheus-data  prom/prometheus
```

（3）部署完成，通过 9090 端口访问 Web 平台（http://47.98.151.187:9090/graph），如图 22-2 所示。

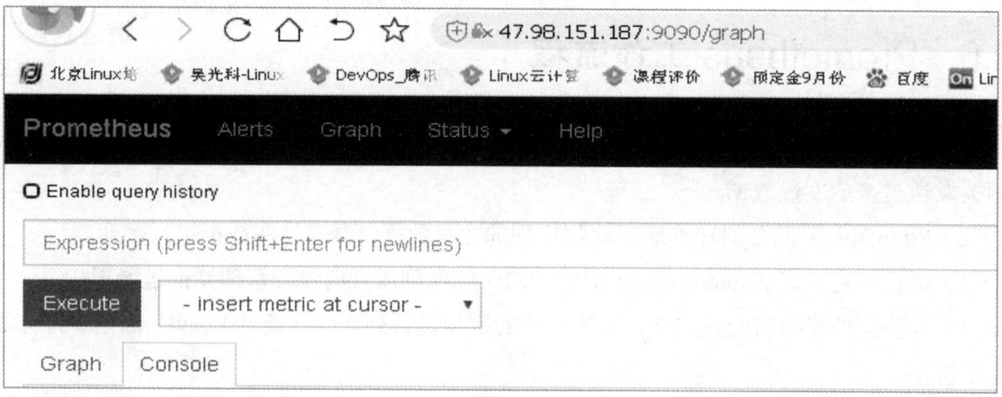

（a）

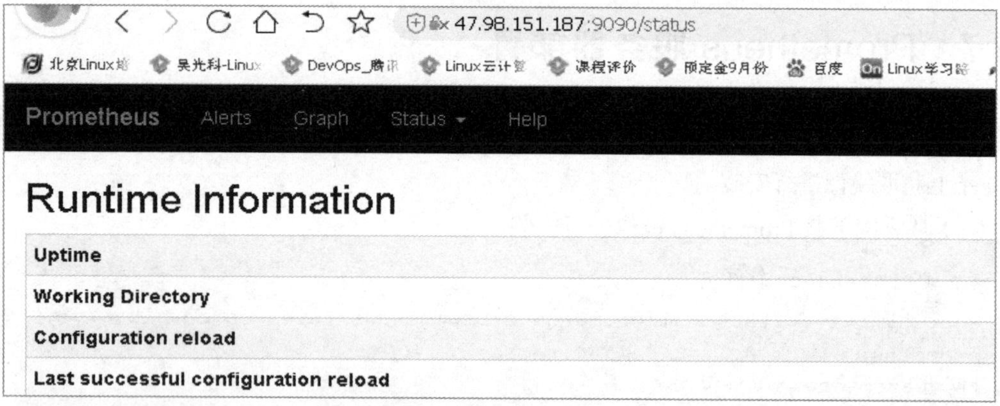

（b）

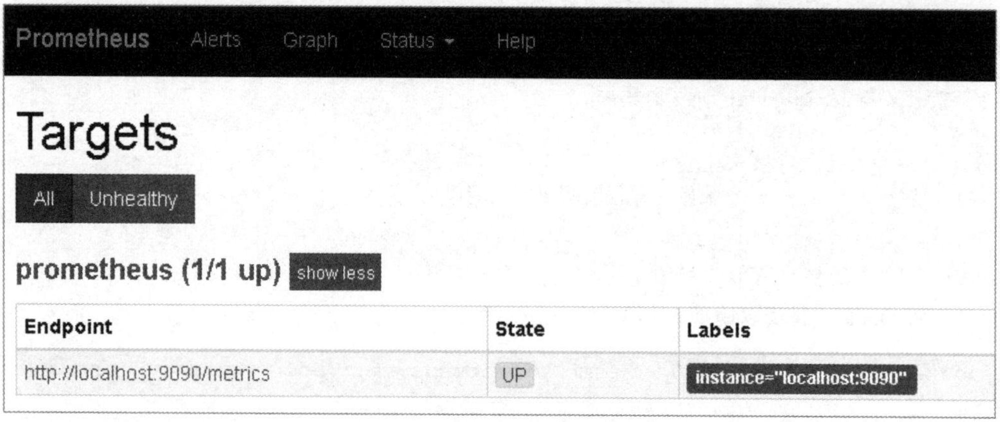

（c）

图 22-2 Prometheus Web 实战操作

（a）查看 Prometheus graph；（b）查看 Prometheus status；（c）查看 Prometheus targets

Prometheus 的配置文件采用的是 yaml 文件，yaml 文件书写规范如下：

（1）大小写敏感；

（2）使用缩进表示层级关系；

（3）缩进时不允许使用 Tab 键，只允许使用空格；

（4）缩进的空格数目不重要，只要相同层级的元素左侧对齐即可。

Prometheus 的配置文件解析如下：

```yaml
# my global config
global:
  scrape_interval:     15s # Set the scrape interval to every 15 seconds. Default is every 1 minute.
  evaluation_interval: 15s # Evaluate rules every 15 seconds. The default is every 1 minute.
  # scrape_timeout is set to the global default (10s).
# Alertmanager configuration
alerting:
  alertmanagers:
  - static_configs:
    - targets:
      # - alertmanager:9093
# Load rules once and periodically evaluate them according to the global 'evaluation_interval'.
rule_files:
  # - "first_rules.yml"
  # - "second_rules.yml"
# A scrape configuration containing exactly one endpoint to scrape:
# Here it's Prometheus itself.
scrape_configs:
  # The job name is added as a label `job=<job_name>` to any timeseries scraped from this config.
  - job_name: 'prometheus'
    # metrics_path defaults to '/metrics'
    # scheme defaults to 'http'.

    static_configs:
    - targets: ['localhost:9090']
```

22.8　Node_Exporter 客户端安装

（1）Prometheus 服务器配置成功之后，需要配置客户端，客户端上需要安装 Node_Exporter 插件，操作方法和指令如下：

```
#下载 Node_Exporter 插件
wget -c http://github.com/prometheus/node_exporter/releases/download/v1.1.1/node_exporter-1.1.1.linux-amd64.tar.gz
#解压 Node_Exporter 插件
tar -xzvf node_exporter-1.1.1.linux-amd64.tar.gz
#部署 Node_Exporter 插件
mv node_exporter-1.1.1.linux-amd64 /usr/local/node_exporter/
#进入 node_exporter 部署目录
cd /usr/local/node_exporter/
#启动 node_exporter 服务进程
nohup ./node_exporter &
```

（2）根据以上 Node_Exporter 指令操作，Node_Exporter 部署成功，如图 22-3 所示。

(a)

(b)

图 22-3　Node_Exporter 部署成功

（a）查看 Node_Exporter 日志；（a）查看 Node_Exporter 状态

(3)验证 Node_Exporter 是否安装成功,操作方法和指令如下:

```
curl 127.0.0.1:9100
curl 127.0.0.1:9100/metrics
```

22.9 Grafana Web 部署实战

Grafana 是一个可视化面板(dashboard),有着非常漂亮的图表和布局展示、功能齐全的度量仪表盘和图形编辑器,支持 Graphite、Zabbix、InfluxDB、Prometheus 和 OpenTSDB 作为数据源,可以混合多种风格,支持白天和夜间模式。

(1)添加 Grafana 网络源,操作的方法和指令如下:

```
#安装 init 初始化脚本
yum install initscripts fontconfig -y
#添加 Grafana 网络源
cat>/etc/yum.repos.d/grafana.repo <<EOF
[grafana]
name=grafana
baseurl=https://packages.grafana.com/oss/rpm
repo_gpgcheck=1
enabled=1
gpgcheck=0
gpgkey=https://packages.grafana.com/gpg.key
sslverify=1
sslcacert=/etc/pki/tls/certs/ca-bundle.crt
EOF
```

(2)yum 安装 Grafana 软件包,操作方法和指令如下:

```
yum install grafana -y
```

(3)启动 Grafana 服务,操作方法和指令如下:

```
service grafana-server restart
```

(4)将 Grafana 服务加入系统启动项,操作方法和指令如下:

```
systemctl enable grafana-server.service
```

(5)查看 Grafana 服务运行状态,操作方法和指令如下:

```
systemctl status grafana-server
```

(6)根据以上操作方法和步骤,访问 Grafana Web 平台,网址为 http://47.98.151.187:3000,默认用户名密码:admin/admin,如图 22-4 所示。

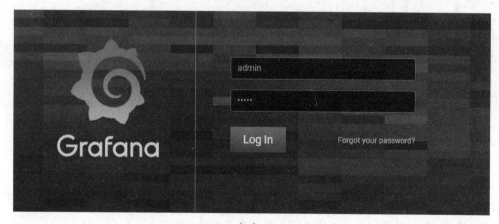

图 22-4　Granafa 案例实战

（a）启动 Grafana 服务；（b）查看 Grafana 状态；（c）登录 Granafa 平台

22.10　Grafana+Prometheus 整合

（1）增加数据源，在首页选择 Data Souce→Setting 命令，选择 Prometheus 源即可，如图 22-5

所示。

图 22-5　Prometheus+Granafa 案例实战 1

（2）指定 Prometheus 的访问 URL 地址并添加 Dashboard，如图 22-6 所示。

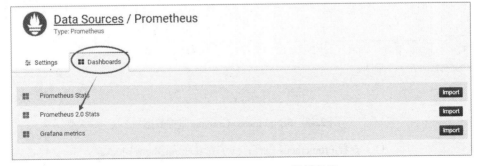

图 22-6　Prometheus+Granafa 案例实战 2

（3）选择 Dashboards 标签，创建监控图形，如图 22-7 所示。

图 22-7　Prometheus+Granafa 案例实战 3

（4）查看 Dashboard 图形监控，如图 22-8 所示。

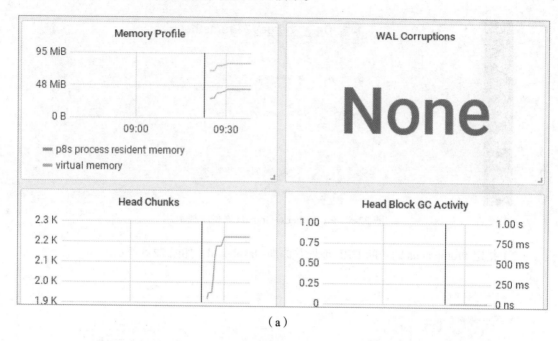

（a）

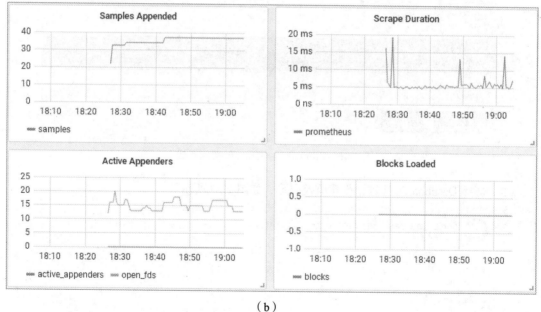

（b）

图 22-8　Prometheus+Granafa 监控数据

（a）查看 Prometheus 内存；（b）查看 Prometheus Blocks

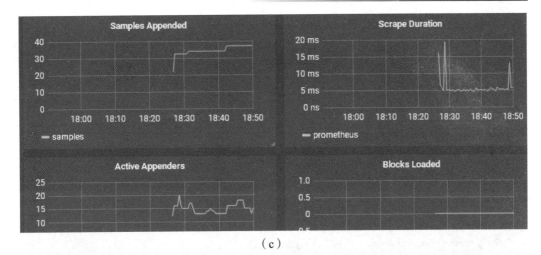

(c)

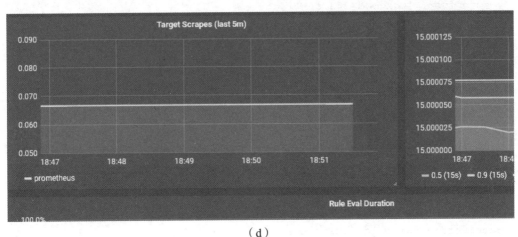

(d)

图 22-8　Prometheus+Granafa 监控数据（续）

（c）查看 Prometheus Active；（d）查看 Prometheus Target

22.11　Alertmanager 安装

根据以上所有操作步骤，Prometheus 和 Grafana 部署成功，默认可以监控客户端，但是不能实现发送报警邮件、短信等操作。所以需要配置 Alertmanager 实现信息报警，操作方法和指令如下：

```
#下载 alertmanager 软件包
wget https://github.com/prometheus/alertmanager/releases/download/v0.21.0/alertmanager-0.21.0.linux-amd64.tar.gz
#解压 alertmanager 软件包
```

```
tar -xzvf alertmanager-0.21.0.linux-amd64.tar.gz
#部署 alertmanager
mv alertmanager-0.21.0.linux-amd64 /usr/local/alertmanager/
#切换至部署目录
cd /usr/local/alertmanager/
```

22.12 配置 Alertmanager

Alertmanager 安装目录下有默认的 simple.yml 文件，可以创建新的配置文件，在启动时指定即可。配置文件如下：

```
global:
  smtp_smarthost: 'smtp.163.com:25'
  smtp_from: 'wgkgood@163.com'
  smtp_auth_username: 'wgkgood@163.com'
  smtp_auth_password: 'jfedu666'
  smtp_require_tls: false
templates:
  - '/alertmanager/template/*.tmpl'
route:
  group_by: ['alertname', 'cluster', 'service']
  group_wait: 30s
  group_interval: 5m
  repeat_interval: 10m
  receiver: default-receiver

receivers:- name: 'default-receiver'
  email_configs:
  - to: 'whiiip@163.com'
    html: '{{ template "alert.html" . }}'
    headers: { Subject: "[WARN] 报警邮件 test" }
```

相关参数含义如下。

（1）smtp_smarthost：用于发送邮件的邮箱的 SMTP 服务器地址和端口。

（2）smtp_auth_password：发送邮箱的授权码而不是登录密码。

（3）smtp_require_tls：默认为 true，当为 true 时会有 starttls 错误，可以用其他办法解决。简单起见，这里直接设置为 false。

（4）templates：指出邮件的模板路径。

（5）receivers 下 html 指出邮件内容模板名，这里模板名为 alert.html，在模板路径中的某个文件中定义。

(6) headers:邮件标题。

22.13　Prometheus 报警规则

(1) 要实现 Prometheus 信息报警，还需要配置 Prometheus 报警规则，规则配置文件 rule.yml 内容如下：

```yaml
groups:- name: test-rule
  rules:
  - alert: clients
    expr: redis_connected_clients > 1
    for: 1m
    labels:
      severity: warning
    annotations:
      summary: "{{$labels.instance}}: Too many clients detected"
      description: "{{$labels.instance}}: Client num is above 80% (current value is: {{ $value }}"
```

(2) 在 prometheus.yml 中指定 rule.yml 的路径，操作方法如下：

```yaml
# my global config
global:
  scrape_interval:     15s # Set the scrape interval to every 15 seconds. Default is every 1 minute.
  evaluation_interval: 15s # Evaluate rules every 15 seconds. The default is every 1 minute.
  # scrape_timeout is set to the global default (10s).
# Alertmanager configuration
alerting:
  alertmanagers:
  - static_configs:
    - targets: ["localhost:9093"]
# Load rules once and periodically evaluate them according to the global 'evaluation_interval'.
rule_files:
   - /rule.yml
  # - "second_rules.yml"
# A scrape configuration containing exactly one endpoint to scrape:
# Here it's Prometheus itself.scrape_configs:
  # The job name is added as a label `job=<job_name>` to any timeseries scraped from this config.
  - job_name: 'prometheus'
```

```
      # metrics_path defaults to '/metrics'
      # scheme defaults to 'http'.
      static_configs:
        - targets: ['localhost:9090']
    - job_name: redis_exporter
      static_configs:
        - targets: ['localhost:9122']
```

22.14　Prometheus 邮件模板

创建 Prometheus 发送邮件信息的目标，文件后缀为.tmpl，代码如下：

```
{{ define "alert.html" }}<table>
    <tr><td>报警名</td><td>开始时间</td></tr>
    {{ range $i, $alert := .Alerts }}
        <tr><td>{{ index $alert.Labels "alertname" }}</td><td>{{ $alert.StartsAt }}</td></tr>
    {{ end }}</table>
{{ end }}
```

22.15　Prometheus 启动和测试

Prometheus 启动和测试的代码如下：

```
#启动 Alertmanager
cd /root/alertmanager-0.21.0.linux-amd64
./alertmanager --config.file=alert.yml
#启动 Prometheus
cd /root/prometheus-0.21.0.linux-amd64
./prometheus --config.file=prometheus.yml
#启动 exporter
cd /prometheus_exporters
./node_exporter &
./redis_exporter redis//localhost:6379 & -web.listenaddress 0.0.0.0:9122
```

22.16　Prometheus 验证邮箱

完成以上 Prometheus 和 Alertmanager 的配置步骤，接下来直接访问报警列表和邮箱，如图 22-9 所示。

(a)

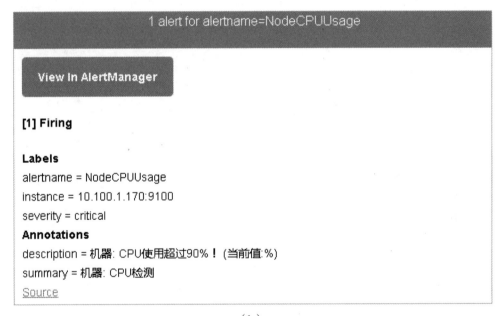

(b)

图 22-9 访问报警

(a)Alertmanager 报警列表展示;(b)163 邮箱报警信息